冶金专业教材和工具书经典传承国际传播工程
Project of the Inheritance and International Dissemination of Classical Metallurgical Textbooks & Reference Books

职 业 本 科 “ 十 四 五 ” 规 划 教 材

冶金工业出版社

现代连铸生产技术

主　编　曹　磊　郑久强
副主编　王国连　韩立浩　孟　娜　孙立根
主　审　朱立光

扫码输入刮刮卡密码
查看数字资源

国家级在线精品课
配套教材

北　京
冶 金 工 业 出 版 社
2025

内 容 提 要

本书以模块形式从实际应用出发，按照现代连铸生产技术典型岗位（群）职业能力要求，依据现代连铸实际生产任务设置了 7 个模块，包括走进钢的浇注成型、钢包浇注工艺、中间包浇注工艺、铸坯切割、连铸坯质量控制、连铸工艺虚拟仿真实训和连铸工艺数值模拟，每个模块包含若干个工作任务，并以任务驱动方式组织教学内容。

本书可作为职业本科院校、高职院校钢铁智能冶金技术、钢铁智能轧制技术等专业的教材，也可作为钢铁企业职工技能培训教材以及普通本科院校冶金工程专业学生的参考书。

图书在版编目（CIP）数据

现代连铸生产技术 / 曹磊，郑久强主编. -- 北京 : 冶金工业出版社，2025. 1. --（职业本科“十四五”规划教材）. -- ISBN 978-7-5240-0116-4

Ⅰ. TG249. 7

中国国家版本馆 CIP 数据核字第 2025YP6234 号

现代连铸生产技术

出版发行 冶金工业出版社　　电　　话 (010)64027926
地　　址 北京市东城区嵩祝院北巷 39 号　　邮　　编 100009
网　　址 www. mip1953. com　　电子信箱 service@ mip1953. com

策划编辑 杜婷婷　责任编辑 杜婷婷　美术编辑 吕欣童
版式设计 郑小利　责任校对 梅雨晴　责任印制 禹　蕊
三河市双峰印刷装订有限公司印刷
2025 年 1 月第 1 版，2025 年 1 月第 1 次印刷
787mm×1092mm　1/16；20. 75 印张；459 千字；315 页
定价 65. 00 元

投稿电话 (010)64027932　投稿信箱 tougao@cnmip. com. cn
营销中心电话 (010)64044283
冶金工业出版社天猫旗舰店 yjgycbs. tmall. com
（本书如有印装质量问题，本社营销中心负责退换）

冶金专业教材和工具书
经典传承国际传播工程
总 序

钢铁工业是国民经济的重要基础产业，为我国经济的持续快速增长和国防现代化建设提供了重要支撑，做出了卓越贡献。当前，新一轮科技革命和产业变革深入发展，中国经济已进入高质量发展新时代，中国钢铁工业也进入了高质量发展的新时代。

高质量发展关键在科技创新，科技创新离不开高素质人才。党的二十大报告指出："教育、科技、人才是全面建设社会主义现代化国家的基础性、战略性支撑。必须坚持科技是第一生产力、人才是第一资源、创新是第一动力，深入实施科教兴国战略、人才强国战略、创新驱动发展战略，开辟发展新领域新赛道，不断塑造发展新动能新优势。"加强人才队伍建设，培养和造就一大批高素质、高水平人才是钢铁行业未来发展的一项重要任务。

随着社会的发展和时代的进步，钢铁技术创新和产业变革的步伐也一直在加速，不断推出的新产品、新技术、新流程、新业态已经彻底改变了钢铁业的面貌。钢铁行业必须加强对科技进步、教育发展及人才成长的趋势研判、规律认识和需求把握，深化人才培养体制机制改革，进一步完善相应的条件支撑，持续增强"第一资源"的保障能力。中国钢铁工业协会《"十四五"钢铁行业人力资源规划指导意见》提出，要重视创新型、复合型人才培养，重视企业家培养，重视钢铁上下游复合型人才培养。同时要科学管理，丰富绩效体系，进一步优化人才成长环境，造就一支能够支撑未来钢铁行业高质量发展的人才队伍。

高素质人才来源于高水平的教育和培训，并在丰富多彩的创新实践中历练成长。以科技创新为第一动力的发展模式，需要科技人才保持知识的更新频率，站在钢铁发展新前沿去思考未来，系统性地将基础理论学习和应用实践学习体系相结合。要深入推进职普融通、产教融合、科教融汇，建立高等教育+职业教育+继续教育和培训一体化行业人才培养体制机制，及时把钢铁科技创新成果转化为钢铁从业人员的知识和技能。

一流的专业教材是高水平教育培训的基础，做好专业知识的传承传播是当代中国钢铁人的使命。20 世纪 80 年代，冶金工业出版社在原冶金工业部的领导支持下，组织出版了一批优秀的专业教材和工具书，代表了当时冶金科技的水平，形成了比较完备的知识体系，成为一个时代的经典。但是由于多方面的原因，这些专业教材和工具书没能及时修订，导致内容陈旧，跟不上新时代的要求。反映钢铁科技最新进展和教育教学最新要求的新经典教材的缺失，已经成为当前钢铁专业人才培养最明显的短板和痛点。

为总结、提炼、传播最新冶金科技成果，完成行业知识传承传播的历史任务，推动钢铁强国、教育强国、人才强国建设，中国钢铁工业协会、中国金属学会、冶金工业出版社于 2022 年 7 月发起了“冶金专业教材和工具书经典传承国际传播工程”（简称“经典工程”），组织相关高校、钢铁企业、科研单位参加，计划用 5 年左右时间，分批次完成约 300 种教材和工具书的修订再版和新编，以及部分教材和工具书的对外翻译出版工作。2022 年 11 月 15 日在东北大学召开了工程启动会，率先启动了高等教育和职业教育教材部分工作。

“经典工程”得到了东北大学、北京科技大学、河北工业职业技术大学、山东工业职业学院等高校，中国宝武钢铁集团有限公司、鞍钢集团有限公司、首钢集团有限公司、河钢集团有限公司、江苏沙钢集团有限公司、中信泰富特钢集团股份有限公司、湖南钢铁集团有限公司、包头钢铁（集团）有限责任公司、安阳钢铁集团有限责任公司、中国五矿集团公司、北京建龙重工集团有限公司、福建省三钢（集团）有限责任公司、陕西钢铁集团有限公司、酒泉钢铁（集团）有限责任公司、中冶赛迪集团有限公司、连平县昕隆实业有限公司等单位的大力支持和资助。在各冶金院校和相关钢铁企业积极参与支持下，工程相关工作正在稳步推进。

征程万里，重任千钧。做好专业科技图书的传承传播，正是钢铁行业落实习近平总书记给北京科技大学老教授回信的重要指示精神，培养更多钢筋铁骨高素质人才，铸就科技强国、制造强国钢铁脊梁的一项重要举措，既是我国钢铁产业国际化发展的内在要求，也有助于我国国际传播能力建设、打造文化软实力。

让我们以党的二十大精神为指引，以党的二十大精神为强大动力，善始善终，慎终如始，做好工程相关工作，完成行业知识传承传播的使命任务，支撑中国钢铁工业高质量发展，为世界钢铁工业发展做出应有的贡献。

中国钢铁工业协会党委书记、执行会长

2023 年 11 月

前　言

习近平总书记在2018年全国教育大会上指出，要着眼于“教好”，围绕教师、教材、教法推进改革，探索形式多样、行之有效的教学方式方法。教学改革改到深处是课程，改到痛处是教师，改到实处是教材。“三教”改革中，教材是实实在在的改革。因此，编者以“三教”改革为出发点和落脚点，在总结多年从事钢铁智能冶金技术专业教学和钢铁企业生产工作经验的基础上，结合钢铁智能冶金技术职业本科专业教学实践特点，编写了专业核心课“现代连铸生产技术”的配套教材。本书具有如下特点：

1. 以“做”为中心的“教学做合一”的教材

本书按照“以学生为中心、学习成果为导向、促进自主学习”思路进行开发设计，弱化“教学材料”的特征，强化“学习资料”的功能，根据连续铸钢生产工艺过程，以“真实生产项目、典型工作任务、生产实践案例”为内容载体，将相关理论知识点分解到工作任务中，便于运用“工学结合”“做中学”“学中做”和“做中教”教学模式，体现“教学做合一”理念。

2. 编写体例、形式和内容突出职业本科教育特点

本书结构设计符合职业本科学生认知规律，采用模块化设计，以“任务”为驱动，强调“理实一体，学做合一”，更加突出实践性，力求实现情景化、场景化教学。本书共分7个模块，每个模块下设若干个任务清单，任务清单又设置任务情景、任务目标、任务实施等内容，激发学生学习兴趣，明确学习目标，学生通过完成任务总结知识，循序渐进实现必备理论知识积累、实践技能提升和解决复杂问题能力提高。同时，

各模块中还设置能量加油站、连铸人物、钢铁材料等内容，将课程思政有机融入教材，提升学生的综合职业素养。

3. 教材内容实现“岗课赛证”融通

本书将现代连铸生产操作、工艺技术等岗位对智能化、绿色化发展的技能要求，全国大学生职业技能大赛新材料智能生产与检测赛项中对职业素养的要求，全国大学生金相技能大赛对钢中夹杂物检测分析的要求以及国家职业技能等级证书中关于连铸连轧等新技术要求有机融入教材，实现了“岗课赛证”融通，可以达到“技能逐级递进，能力渐次提升”的教学效果，实用性强。

4. 校企双元共同开发，体现“新”和“实”

本书紧跟钢铁产业发展趋势和行业人才需求，及时将反映钢铁产业发展的薄板坯连铸连轧、连铸坯动态轻压下等新技术、新工艺、新规范融入教材内容，突出连铸生产技术典型岗位（群）职业能力要求，并吸收行业企业技术人员、能工巧匠和普通高等院校专业教师等深度参与教材编写，突出理论与实践相结合，强调实践性。本书在编写团队深入企业调研的基础上开发完成，所有的工作任务均来自钢铁企业真实生产任务，同时增加了更加直观的钢铁企业的实物照片、现场视频、动画和微课，体现教材的“新”和“实”。

5. 探索纸质教材数字化改造

本书为新形态融媒体教材，将来自企业生产一线的原汁原味的生产视频等资源以二维码形式融入教材，读者可扫描书中二维码观看相应资源，随扫随学，促进学生自主学习，实现高效课堂。在智慧职教与超星平台均建设了数字化教材，实现与钢铁智能冶金技术国家级教学资源库、“连续铸钢生产”国家级在线精品课、国家虚拟仿真实验教学项目“连铸关键工艺技术及过程控制虚拟仿真实验”的无缝连接，可通过更新数字资源形式实现教材“活页”功能，是一本可视、可听、可练、可互动、可动态更新的新形态教材。

本书入选中国钢铁工业协会、中国金属学会和冶金工业出版社组织的“冶金专业教材和工具书经典传承国际传播工程”第一批立项教材。

本书由河北工业职业技术大学具有9年钢铁企业工作经历、6年职业院校教学一线经历的“双师”教师曹磊与全国劳动模范、“华夏第一炼钢工”郑久强担任主编；由一直奋战在炼钢连铸生产一线的首钢京唐钢铁联合有限责任公司钢轧作业部正高级工程师王国连，河北工业职业技术大学韩立浩、孟娜与华北理工大学孙立根教授担任副主编；东北大学祭程、邓志银，河北科技工程职业技术大学张燕超，河北科技大学郭志红，重庆科技大学王宏丹，河北工业职业技术大学陈敏、陈超、齐素慈、付菁媛、王素平、赵锦辉、高宇宁、宋昱、王文涛、马路杰参编。

本书由河北科技大学朱立光教授担任主审，朱立光教授在百忙之中审阅了全书，提出了许多宝贵意见，在此谨致谢意。

本书在编写过程中参阅了有关文献资料，在此向文献资料的作者表示感谢。

由于编者水平所限，书中不足之处，敬请同行和广大读者批评指正。

编 者

2024年4月

目　录

模块 1　走进钢的浇注成型

学习目标

知识目标：

（1）掌握钢水浇注的概念和方法；

（2）熟悉模铸、连铸等钢水浇注方法；

（3）了解连铸机的不同分类与特点。

技能目标：

（1）会描述钢水浇注的概念和方法；

（2）能分析模铸、连铸的优缺点；

（3）能识别典型的模铸、连铸产品。

素质目标：

（1）培养学生爱国主义情怀；

（2）培养学生严谨细致的工作作风，提高对比分析、总结归纳能力。

任务 1.1　认识钢的浇注方法

知识准备

微课　钢的浇注方法

1.1.1　钢水浇注成型方法

钢水的浇注方法主要有两种：一种是钢锭模浇注，即模铸工艺；一种是连续铸钢，即连铸工艺。模铸工艺和连铸工艺对比如图 1-1 所示。

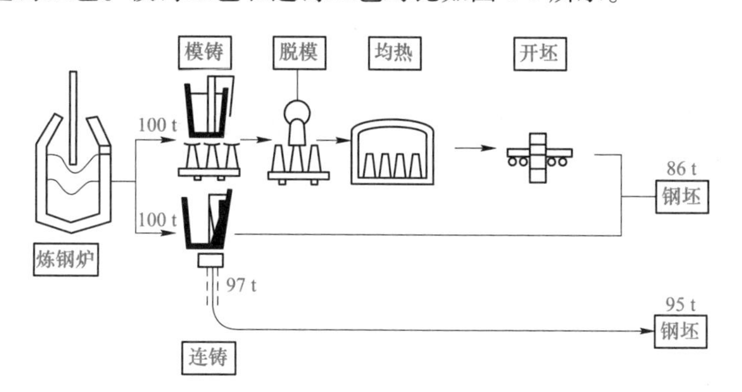

图 1-1　模铸工艺和连铸工艺的对比

1.1.1.1 模铸

模铸是在间断情况下，把液态钢水浇注到钢锭模内部，经过冷却凝固形成固体钢锭，脱模之后经初轧机开坯得到钢坯的工艺过程。

视频 模铸工艺介绍

不同形状的钢锭模可以获得不同形状的钢锭，钢锭模的种类有扁锭模、方锭模、圆锭模、八角锭模、梅花锭模等。图1-2是某钢厂扁锭模的实物照片，图1-3是某钢厂扁钢锭和方钢锭的实物照片。

图1-2 某钢厂扁锭模实物照片

图1-3 某钢厂扁钢锭和方钢锭实物照片

动画视频 连铸工艺介绍

模铸法分为上注法和下注法两种，如图1-4和图1-5所示。

1.1.1.2 连续铸钢

连续铸钢是钢铁工业发展过程中继氧气转炉炼钢后的又一项革命性

技术。连铸是把液态钢水用连铸机浇注、冷凝、切割而直接得到铸坯的工艺，它是连接炼钢与轧钢的关键环节，是炼钢生产的重要组成部分，连铸生产的顺稳是炼钢厂生产稳定的基石，连铸坯质量的好坏直接影响轧材的质量和成材率。连铸工艺如图 1-6 所示。

动画 上注法

动画 下注法

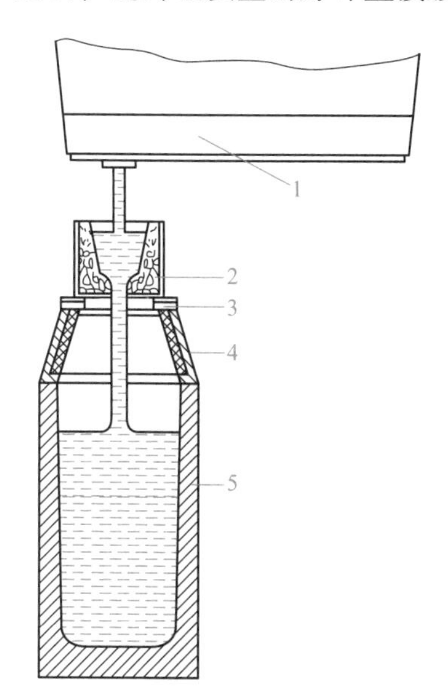

图 1-4 上注法

1—钢包；2—中间漏斗；3—底座；
4—保温帽；5—钢锭模

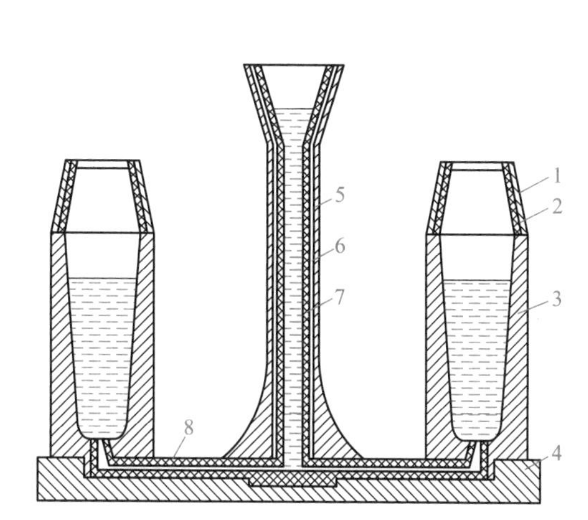

图 1-5 下注法

1—保温帽；2—绝热层；3—钢锭模；4—底盘；
5—中注管铁壳；6—石英砂；7—中注管砖；
8—流钢砖（汤道）

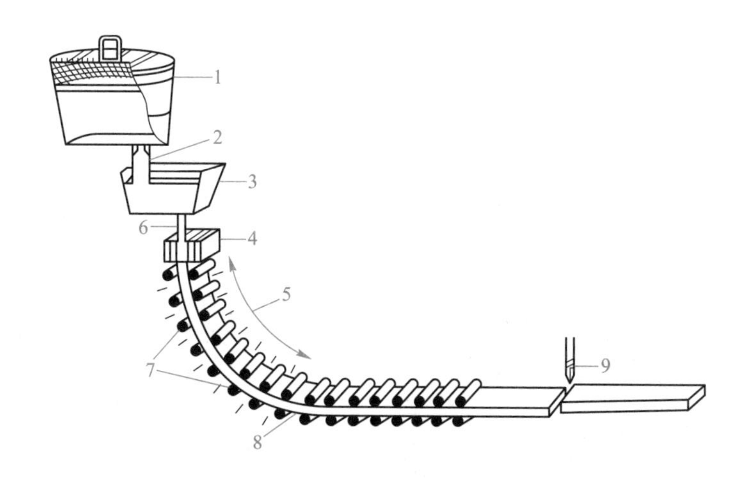

图 1-6 连铸工艺

1—钢包；2—长水口；3—中间包；4—结晶器；5—二冷区；6—浸入式水口；
7—支承辊；8—矫直；9—切割机

思考：连铸工艺相对于模铸工艺具有哪些优越性？连铸工艺是否完全取代了模铸工艺，为什么？

1.1.2 连铸机的分类

微课 连铸机的分类

1.1.2.1 按铸坯断面形状分类

（1）方坯连铸机。横截面为正方形，如 50 mm×50 mm、450 mm×450 mm。

（2）圆坯连铸机。横截面为圆形，如 ϕ500 mm、ϕ1000 mm。

（3）板坯连铸机。横截面为长方形，且宽厚比大于 3，如 2000 mm×250 mm、2400 mm×450 mm。

（4）矩形坯连铸机。横截面为长方形，且宽厚比小于 3，如 400 mm×630 mm、50 mm×108 mm。

（5）异形连铸机。横截面为椭圆形、中空形等异形，如 120 mm×240 mm（椭圆形）、450 mm×100 mm（椭圆形）、356 mm×775 mm×100 mm（H 形）。

不同断面形状连铸机生产的铸坯实物照片如图 1-7 所示。

注意：板坯连铸机和矩形坯连铸机生产的连铸坯横断面都是长方形，区别在于宽厚比。

(a) (b) (c) (d)

(e)

(f)

图 1-7 不同断面形状连铸机生产的铸坯实物照片

(a) 小方坯；(b) 圆坯；(c) 板坯；(d) 矩形坯；(e) H 形坯；(f) 中空形圆坯

查资料：目前世界上最大断面的连铸机是多大断面的？它是哪个钢铁企业的？

1.1.2.2 按连铸机机构外形（机型）分类

（1）立式连铸机。立式连铸机是 20 世纪 50—60 年代的主要机型，其主要特点是从中间包到切割装置等主要设备均布置在垂直中心线上，如图 1-8 所示。

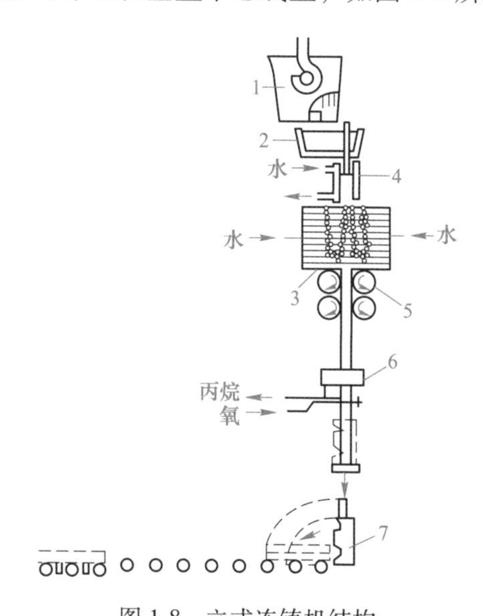

图 1-8 立式连铸机结构

1—钢包；2—中间包；3—导辊；4—结晶器；5—拉辊；6—切割装置；7—移坯装置

优点：钢液在垂直结晶器和二次冷却段冷却凝固，钢液中非金属夹杂物易于上浮；铸坯四面冷却均匀，热应力小；不受弯曲矫直应力作用，产生裂纹的可能性较小；适于优质钢、合金钢和对裂纹敏感钢种。

缺点：钢水静压力大，铸坯鼓肚、变形较突出；厂房建设高度高，投资大；铸坯的运输不方便。

注意：立式连铸机虽然机型很古老，缺点十分明显，但是并没有完全被淘汰。例如，河钢集团石钢公司新区新建了一台立式连铸机，断面为460 mm×610 mm，地上建筑标高16.74 m，地下最大土建施工深度42.55 m。

（2）立弯式连铸机。立弯式连铸机是连铸技术发展过程的一种过渡机型。其上部与立式连铸机完全相同，不同之处是待铸坯全部凝固后，立弯式连铸机用顶弯装置将铸坯顶弯90°，在水平方向切割出坯，设备高度比立式连铸机降低约25%。立弯式连铸机结构如图1-9所示。

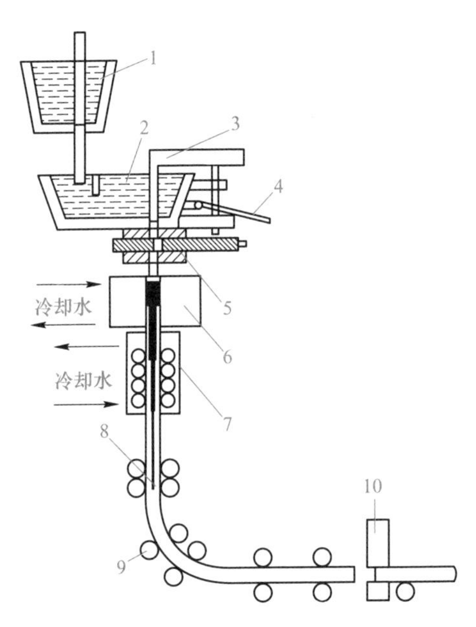

图1-9 立弯式连铸机结构

1—钢包；2—中间包；3—塞棒；4—压棒；5—滑动水口；6—结晶器；7—上部导辊；8—拉辊；9—弯曲辊；10—切割机

优点：与立式连铸机基本相同。

缺点：在铸坯完全凝固后才用顶弯装置顶弯90°，主要适用于浇注小断面连铸坯，不适用浇注大断面连铸坯。

（3）弧形连铸机。弧形连铸机又分为全弧形连铸机和带直线段（直结晶器、垂直扇形段）的弧形连铸机。

1）全弧形连铸机。全弧形连铸机的结晶器、二次冷却段夹辊、拉坯矫直机等主要设备均布置在同一半径的1/4圆周弧线及水平延长线上；铸坯成弧形后再进行矫直，而后切成定尺，从水平方向出坯。矫直方式分为单点矫直和多点矫直。全弧形连铸机机型如图1-10所示。

优点：设备高度低，钢水静压力减小，鼓肚引起的内裂和偏析的概率低。

缺点：连铸坯夹杂物分布不均匀，容易在内弧侧聚集；铸坯要经过弯曲矫直，受弯曲

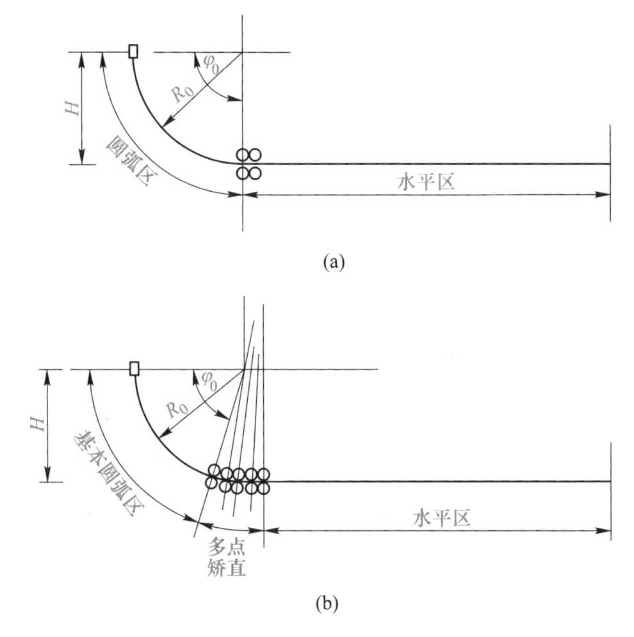

图 1-10　全弧形连铸机机型

（a）单点矫直全弧形连铸机；（b）多点矫直全弧形连铸机

矫直机械外力的影响，铸坯容易产生裂纹缺陷。

思考：为什么全弧形连铸机生产的连铸坯夹杂物分布不均匀，容易在内弧侧聚集？如何解决夹杂物分布不均匀问题？

2）带直线段的弧形连铸机。在弧形连铸机上采用直结晶器，在结晶器下口设 2~3 m 垂直线段，带液芯的铸坯经多点弯曲，或逐渐弯曲进入弧形段，然后再进行多点矫直。垂直段可使液相穴内夹杂物充分上浮，可以有效解决铸坯夹杂物的不均匀分布问题。带直线段弧形连铸机机型如图 1-11 所示。

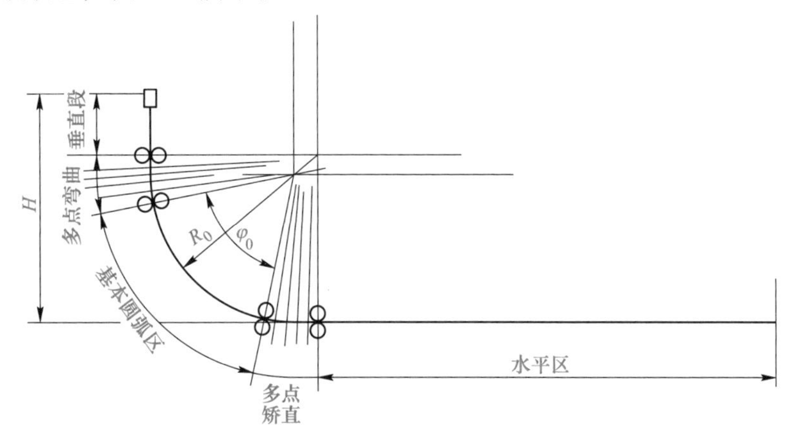

图 1-11　带直线段弧形连铸机机型

（4）椭圆形连铸机。椭圆形连铸机结晶器、二次冷却段夹辊、拉坯矫直机等主要设备均布置在 1/4 椭圆形圆弧线上。椭圆形连铸机机型如图 1-12 所示。

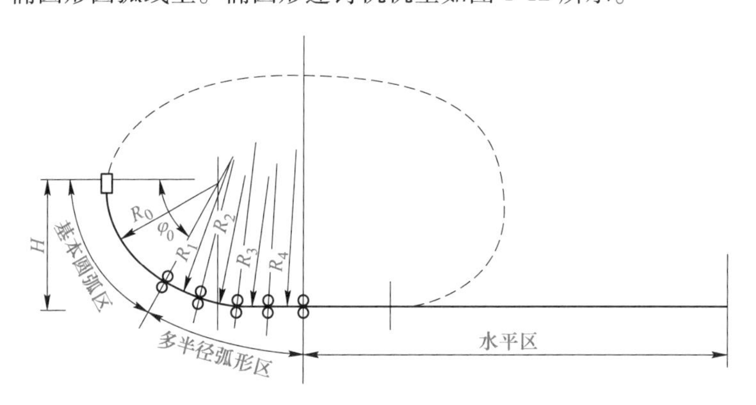

图 1-12 椭圆形连铸机机型

优点：设备高度进一步降低。

缺点：与全弧形连铸机相同，夹杂物分布不均匀。

（5）水平式连铸机。水平式连铸机结晶器、二次冷却区、拉矫机、切割装置等设备布置在水平位置上。中间包与结晶器是紧密相连的，相连处装有分离环。拉坯时，结晶器不振动，而是通过拉坯机带动铸坯做“拉—反推—停”不同组合的周期性运动来实现拉坯的。水平连铸机机型如图 1-13 所示。

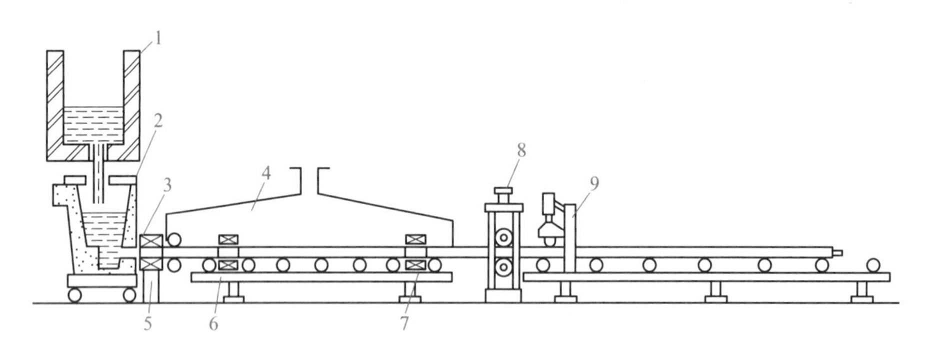

图 1-13 水平连铸机机型

1—钢包；2—中间包；3—结晶器；4—二冷区；5~7—电磁搅拌器；8—拉坯机；9—测量辊

优点：高度低，投资省，设备维修方便，处理事故方便，钢水静压力小，避免了鼓肚变形，不受弯曲矫直作用，有利于特殊钢和高合金钢的浇注。

缺点：受拉坯时惯性力限制，适合浇注 200 mm 以下中小断面方、圆坯。另外，结晶器的石墨板和分离环价格贵。

查资料：通过查资料调研，目前最常用的机型是哪一种？

任务清单

项目名称	任务清单内容
任务情景	（1）中国一重集团有限公司（以下简称中国一重）是中央管理的涉及国家安全和国民经济命脉的国有重要骨干企业之一，在 2022 年 2 月 18 日中央广播电视总台拍摄制作的纪录片《钢铁脊梁》中展示了如何将 670 t 钢水同时注入模具，浇注出了 4.3 m 中厚板轧机机架的壮观场景，浇注难度极大，要保证 670 t 的钢水同一时间一刻不停地注入巨大的模具，经过中国一重人 12 天的奋战，轧机机架终于顺利浇注。 （2）2019 年 11 月 17 日 21 时 36 分，首钢股份公司炼钢 4 号板坯连铸机完成了 508 炉连浇。此次连续浇注于 11 月 2 日 10 时 16 分开浇，连续浇注 16 d，371 h，22280 min，浇注长度达 26095 m，共浇注 9 个钢种组、46 个出钢标记，其间进行 42 次中间包快换、44 次插隔板、67 次在线调宽，首次实现硅钢与碳钢及低、中、高各牌号无取向硅钢联合中间包快换。 （3）首钢京唐 MCCR 产线是一条世界首创的多模式全连续铸轧生产线，设计生产能力 210 万吨/年，具有全新的工艺模式和技术，同时，该线也是一条低碳生态产线，符合国家提出的“碳达峰、碳中和”目标要求。该线产品规格最薄为 0.8 mm，产线布局新颖紧凑，全长 288 m，从“钢水”到“钢卷”仅需 25 min，时间上仅为传统热连轧工艺的 1/8。
任务目标	认知钢水浇注成型的不同工艺，掌握不同工艺的优缺点。
任务要求	请你根据任务情景，结合知识准备中背景知识，完成以下任务： （1）任务情景（1）、（2）、（3）中钢水浇注的工艺分别是什么？ （2）绘制模铸工艺示意图并描述工艺过程。 （3）绘制连铸工艺示意图并描述工艺过程。
任务思考	（1）模铸工艺如何将钢水变成钢锭？ （2）连铸工艺如何将钢水变成钢坯？ （3）连铸连轧工艺如何将钢水变成钢卷？

项目名称	任务清单内容
任务实施	（1）任务情景（1）中钢水浇注的工艺是什么？ （2）任务情景（2）中钢水浇注的工艺是什么？ （3）任务情景（3）中钢水浇注的工艺是什么？ （4）绘制模铸工艺示意图并描述工艺过程。 （5）绘制连铸工艺示意图并描述工艺过程。
任务总结	通过完成上述任务，你学到了哪些知识，掌握了哪些技能？
实施人员	
任务点评	

做中学，学中做

请归纳总结不同连铸机机型的优缺点，填写下表。

浇注工艺	优点	缺点
立式连铸机		
立弯式连铸机		
全弧形连铸机		
带直线段弧形连铸机		

问题研讨

为什么薄板坯连铸连轧能够受到国内外各大钢铁企业重视，其具有哪些工艺技术特点?

薄板坯连铸连轧是 20 世纪 80 年代末开发成功的一项新技术，该技术将传统的炼钢厂和热轧厂紧凑地压缩并流畅地结合在一起，具有流程短、投资省、成本低等优势，受到国内外各大钢铁企业重视，并得到快速发展。

从直观上看，从连铸到热卷的产线长度缩短了 60%~80%。从成本上来讲，热轧吨钢能耗能够降低 30%，如果实现“以热代冷”，那么连铸连轧+酸洗的吨钢能耗能够比传统热轧+冷轧+退火的吨钢能耗下降 70%。

薄板坯连铸连轧是一种近终成型技术，技术上的显著特征包括:

（1）快速凝固。采用薄铸坯后，凝固速度提高 10 倍，凝固时间缩短为原来的 1/10。

（2）大变形。最终产品厚度低至 0.7 mm，变形量达到 98%。

（3）温度均匀。由于产线紧凑，作业时间短，加上采用半无头或全无头轧制，头尾温度波动更小。

在以上工业特点基础上，获得的组织特点为：

(1) 铸坯偏析小；

(2) 晶粒细小；

(3) 析出物更加弥散。

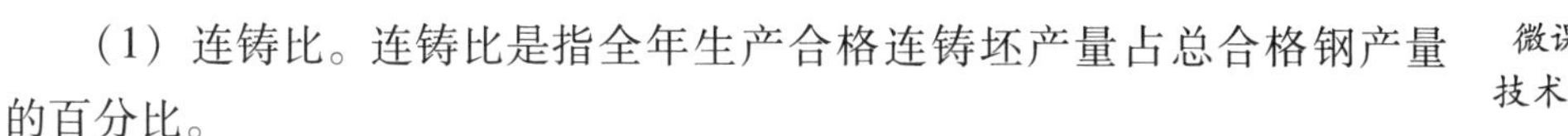

任务 1.2 计算连铸技术经济指标

知识准备

微课 连铸技术经济指标

连铸生产的主要技术经济指标主要有以下几种。

（1）连铸比。连铸比是指全年生产合格连铸坯产量占总合格钢产量的百分比。

（2）连铸坯产量。连铸坯产量是指在某一规定的时间内（一般以月、季、年为时间计算单位）合格铸坯的产量。

连铸坯产量（t）= 生产铸坯总量-检验废品量-轧后或用户退废量

（3）连铸坯合格率。连铸坯合格率是指合格铸坯产量占连铸坯产量的百分比。

（4）连铸坯收得率。连铸坯收得率是指合格连铸坯产量占连铸浇注钢水总量的百分比。

（5）连铸机作业率。连铸机作业率是指连铸机实际作业时间占总日历时间的百分比（一般可按月、季、年统计计算）。连铸机作业率是一项衡量一台连铸机生产稳定性的综合指标，连铸作业率越高，说明连铸机非计划停机、连铸机检修、生产事故越少，生产越稳定。

（6）连铸机达产率。连铸机达产率是指在某一时间段内（一般以年统计），连铸机实际产量占该台连铸机设计产量的百分比。一般新建连铸机投产初期，连铸机达产率指标使用较多。

（7）连浇炉数。连浇炉数是指连续铸钢过程中上一次引锭杆可以连续浇注的炉数，是全连铸钢厂的重要技术指标，充分反映一个企业从炼铁到炼钢/连铸、轧钢，从设备到工艺操作，从技术到管理的综合水平。提高连浇炉数，可以提高连铸机生产能力和钢水收得率，节约耐火材料等，最终取得良好的经济效益。

（8）铸机溢漏率。铸机溢漏率是指在某一时间段内连铸机发生溢漏钢的流数占该段时间内该铸机浇注总流数的百分比。连铸机溢漏钢是连铸生产工序最严重的生产事故。

（9）连铸机的年产量。连铸机的年产量是指连铸机一年生产合格连铸坯的产量。

任务清单

项目名称	任务清单内容
任务情景	2022年10月，首钢京唐公司钢轧作业部计划浇注钢水量22万吨，实际浇注钢水量21.9万吨，计划连铸坯产量21.5万吨，实际生产连铸坯21.4万吨，当月铸坯检验判废量355 t，当月轧制后退废155 t。
任务目标	认知连铸技术经济指标，计算连铸坯产量、合格率、收得率等指标。
任务要求	请你根据任务情景，结合知识准备中背景知识，完成以下任务： （1）2022年10月，首钢京唐公司钢轧作业部连铸坯产量是多少？ （2）2022年10月，首钢京唐公司钢轧作业部连铸坯合格率是多少？ （3）2022年10月，首钢京唐公司钢轧作业部连铸坯收得率是多少？
任务思考	（1）什么是连铸坯产量，如何计算？ （2）什么是连铸坯合格率，如何计算？ （3）什么是连铸坯收得率，如何计算？

项目名称	任务清单内容
任务实施	（1）2022 年 10 月，首钢京唐公司钢轧作业部连铸坯产量是多少？ （2）2022 年 10 月，首钢京唐公司钢轧作业部连铸坯合格率是多少？ （3）2022 年 10 月，首钢京唐公司钢轧作业部连铸坯收得率是多少？
任务总结	通过完成上述任务，你学到了哪些知识，掌握了哪些技能？
实施人员	
任务点评	

做中学，学中做

2022 年 10 月，首钢京唐公司钢轧作业部 1 号连铸机正常检修 4 次，每次 6 h，因设备故障临时停机 4 h，生产等待时间 15 h。请核算此台连铸机当月连铸机作业率。

实际作业时间 = 总日历时间 - 检修时间 - 临时停机时间 - 生产等待时间

= 31×24 - 4×6 - 4 - 15 = 701 h

连铸机作业率 = 实际作业时间/总日历时间 = 701/744 = 94.2%

问题研讨

连铸坯的重量是理论重量还是实际测量重量?

不同企业的不同连铸机情况不同。有的钢铁企业连铸机辊道有称量系统，可以对生产的连铸坯重量进行实际称量。而有的连铸机不具有称量功能，只能采用理论测算的办法进行计量，即根据连铸坯尺寸计算连铸坯的体积，然后再乘以钢坯的密度，从而得到连铸坯的理论重量。当然，不同钢种的密度会有所不同。

知识拓展

拓展 1-1 具有工业生产意义的 3 种连铸技术方法

（1）固定结晶器（Immobile Mold）。固定结晶器可以与注入液体金属的容器相连（密封浇铸），也可在自由弯液面下浇铸（敞开浇铸），经常与间断拉坯（停-拉）相结合以减轻摩擦的影响（因为润滑被取消或润滑低效），如水平连铸（钢）和立式连铸（有色金属）等。

（2）振动结晶器（Oscillating Mold）。结晶器在自由弯液面下上下振动，可以在低的摩擦力下实现连续拉坯，同时连续加入润滑剂，如现在大量使用的常规连续铸钢机，包括薄板坯连铸机等。就生产率和质量而言，它是最成熟可靠的技术方式。支持技术包括结晶器振动、液面控制、浸入式水口/保护渣浇铸、结晶器内腔锥度、板坯机在线变宽、辊列设计、凝固控制和末端轻压下等。

（3）随动结晶器（Traveling Mold）。由轮/辊或轮/带形成结晶器型腔（多数为自由弯液面浇铸），实际上因为没有摩擦，所以不用加润滑剂（但为了防止坯壳黏结可以添加防黏剂），如薄板坯、薄带、小断面坯和钢丝（棒）等的高速连铸等，表面振痕也不复存在。同步运动式结晶器的连铸机机型如图 1-14 所示。

连铸技术的发展已经持续了 150 多年，今天它已成为生产上将金属凝固成型的主流技术。对于铝、铜和钢来说，它们之间的明显区别在于：由于热物理性质不同，浇铸速度即生产率存在巨大差异；对于铜和铝可以采用摩擦力较大的固定式结晶器技术，而对于要求高生产率的钢，可以采用振动、随动结晶器技术。

拓展 1-2 连铸发展历史的回顾与评价

钢的连铸从最初 20 世纪 40 年代的试验到 90 年代成长为成熟的主体生产技术，其间经历了 50 多年。1975—1995 年是连铸大发展时期。2006 年美国纽克尔公司在印第安纳州 Crawfordsville 投产直接浇铸钢带的铸机之前，所有工业生产性铸机都是基于容汉斯振动结

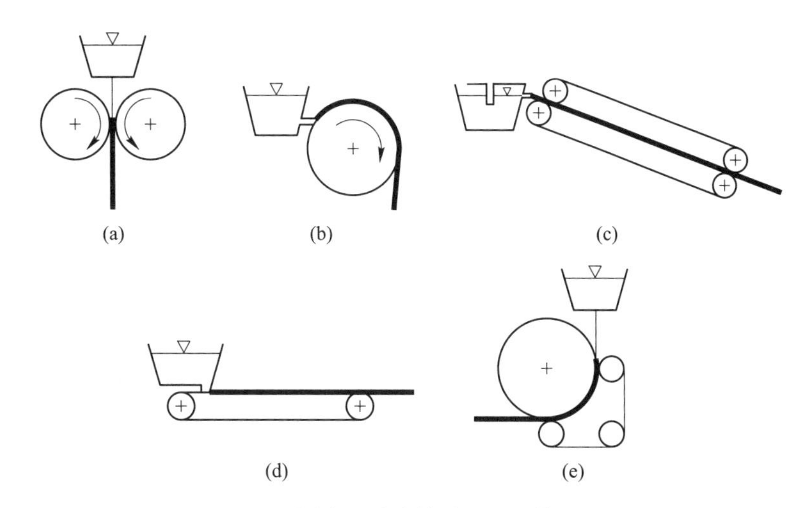

图 1-14 同步运动式结晶器的连铸机机型
（a）双辊式连铸机；（b）单辊式连铸机；（c）双带式连铸机；（d）单带式连铸机；（e）轮带式连铸机

晶器的原理发展起来的。而现在所有连铸工艺又都是基于常规的凝固机制，即凝固一经开始，就是通过坯壳向结晶器或在二冷区向周围气氛传热消除潜热、过热来进行的。人们对过冷凝固及其工业化潜力关注不多，然而能显著提高凝固速度的方法却是在开始凝固之前显著消除潜热和过热。尽管今天的连铸已经达到相当成熟的高度，但以振动结晶器为标志的常规连铸法存在的 3 大问题，即表面振痕、凝固组织和传热机制，依然是有待克服的技术障碍。常规连铸凝固传热机制中至今仍存在有待进一步研发的问题。例如：（1）在炼钢温度下，钢水凝固时二次枝晶间液体中的二次相析出，将影响浇铸性能和钢的质量；（2）结晶器中钢的凝固，将影响钢的表面质量和凝固组织的形成；（3）结晶器保护渣的结晶化，将影响连铸结晶器中总的传热效率。

技术发展是一个连续渐进的过程。为了解决上述障碍和问题，近几十年来的新技术、新理念和新方法层出不穷。凭借这些，连续铸钢技术取得了一次次突破和飞跃。

拓展 1-3 连铸技术发展中的关键突破

连铸技术发展中的关键突破包括：（1）结晶器振动的引入（负滑脱以及非正弦等的演进，既是连铸成功之钥，也是推动进步之助力）；（2）弧形铸机的出现（降低设备高度、提高生产率、开启原有钢厂采用连铸方便之门）；（3）采用浸入式水口保护渣浇铸（稳定操作、改善质量，迈向取代模铸的关键一步）；（4）近终形连铸/连续铸轧的发展（节能、简化工序、铸轧连接）；（5）直接连铸钢带登上舞台（随动结晶器、高速、铸轧合一、组织超细，连铸舞台呈现新面貌）。

连铸人物

徐宝陞教授——中国连铸技术的开拓者

M. Wolf 博士在《连铸历史》中，把徐宝陞教授列为对世界连铸技术发展做出突出贡献的13位先驱者之一。这不仅是对徐宝陞教授个人为连铸进步所做奉献的尊重，也是对中国在世界连铸发展中地位的肯定。

徐宝陞，又名乃霆，1912年1月4日出生于山东省昌邑县刘家埠村一个农民家庭。他自幼随父母从事农业劳动，农闲时在村中私塾读书。1929年春，徐宝陞以半工半读形式进入山东潍县私立文华中学附属小学读高小；半年后入初中，通过自学跳级，以4年时间读完中学。1933年秋，他考入清华大学机械系。在校期间，他成绩优秀，有3年获得山东省教育厅的奖学金。大学教育使徐宝陞打下了较好的理论基础，也培养了他严肃认真的工作作风。徐宝陞1937年毕业，获工程科学学士学位；1937—1938年，任资源委员会湘潭煤矿实习生；1938—1941年，任中国兴业公司副工程师、工程师；1941—1945年，任四川嘉华水泥厂工务主任，兼武汉大学机械系讲师；1945—1946年，任中央大学机械系讲师；1946—1947年，任天津化学公司工程师；1947—1949年，美国密执安大学研究生院机械化工专业研究生，1948年获硕士学位；1949—1958年，任中国兴业公司钢铁厂（现重庆钢铁公司第三钢铁厂）总工程师；1958—1966年，任北京钢铁学院（现北京科技大学）机械系教授、系主任、院附属钢厂副厂长；1966—1978年，任冶金工业部科技司、机动司主任工程师。

徐宝陞研发了钢轨垫板生产的新工艺及其设备；设计制成我国第一台工业生产型立式连铸机，建成世界上第一台工业生产型板坯、方坯两用弧形连铸机，开发了高速小型连铸机等新型连铸机，为我国钢铁工业的发展作出了重要贡献。

1957年，徐宝陞赴苏联考察连续铸钢技术，回国后为重钢三厂设计了中国第一台工业生产型立式双流连铸机，并结合现场特点，首次采用摆动式飞剪机剪切铸坯。他1958年设计制造的中国第一台工业生产型立式连铸机，1960年通过国家鉴定，其中飞剪机于1966年获得了由国家科学技术委员会聂荣臻主任签发的第272号发明证书，并得到了冶金工业部的奖励。1960年，徐宝陞在北京钢铁学院附属钢厂试验成功世界上第一台弧形连铸机。在国家科学技术委员会和冶金工业部支持下，1964年6月，他在重钢三厂建成世界上第一台工业生产型板坯、方坯两用弧形连铸机。在当时，这也是世界上最大的弧形连铸机之一。他还探索开发了高速小型连铸机等新型连铸机。1978年，他创造了一种倾斜轮式小方坯连铸机，能以15 ~18 m/min的速度浇铸52~70 mm小方坯。

20世纪90年代，年已八旬的徐宝陞仍在为开发新型连铸机而辛勤地探索着，包括离心铸锭机、步进轮式连铸机、步进槽式连铸机等，徐宝陞仍旧不断构思、设计、试验。他为我国连续铸钢事业的发展呕心沥血，披荆斩棘，永不休止地开拓着新的领域。

能量加油站

党的二十大报告原文学习：增强中华文明传播力影响力。坚守中华文化立场，提炼展示中华文明的精神标识和文化精髓，加快构建中国话语和中国叙事体系，讲好中国故事、传播好中国声音，展现可信、可爱、可敬的中国形象。

中国古代冶金技术：在我国古代，冶铁业的发展是农耕时代生产力进步的重要标志。

我国古代炼铁工业长期领先于世界。西周时开始使用铁器；春秋战国时期，我国已掌握了脱碳、热处理技术方法，发明的铸铁柔化处理技术是世界冶铁史的一大成就，比欧洲早2000 多年。那时候的炼铁方法是块炼铁，即在较低的冶炼温度下，将铁矿石固态还原获得海绵铁，再经锻打成铁块。冶炼块炼铁，一般采用地炉、平地筑炉和竖炉 3 种。据考证，我国在掌握块炼铁技术后不久，就炼出了含碳 2%以上的液态生铁，并用以铸成工具。战国后期，人们发明了可重复使用的“铁范”（用铁制成的铸造金属器物的空腹器）。西汉初期，人们就已经懂得用木炭与铁矿石混合高温冶炼生铁，煤也成为冶铁的燃料；人们发明了淬火技术，领先欧洲 1000 余年；还发明了坩埚炼铁法、炒钢法。东汉光武帝时期，发明了水力鼓风炉，即“水排”，比欧洲早 100 多年。汉代以后，发明了灌钢方法，《北齐书·美母怀文传》称为“宿钢”，后世称为灌钢，又称为团钢，这是我国古代炼钢技术的又一重大成就。南宋末年的工匠掌握了用焦炭炼铁，而欧洲最早是英国直到 500 年后（相当于清朝乾隆末年）才掌握这一技术。

模块 2　钢包浇注工艺

学习目标

知识目标：

（1）了解钢包与钢包回转台的作用、结构与运行原理；

（2）掌握钢包尺寸计算方法；

（3）熟悉钢包浇注工艺操作流程；

（4）掌握钢包控流结构和方法。

技能目标：

（1）会描述钢包与钢包回转台的作用、结构与运行原理；

（2）能根据转炉出钢量计算钢包各部位尺寸；

（3）会绘制钢包浇注工艺流程示意图；

（4）能通过虚拟仿真软件完成一炉钢的钢包浇注。

素质目标：

（1）培养学生实践、团队协作和语言表达能力；

（2）培养学生发现问题、思考分析问题、解决实际问题的能力。

任务 2.1　钢包及钢包回转台结构认知

知识准备

微课　钢包及钢包回转台

2.1.1　钢包

钢包又称为盛钢桶、钢水包等，主要作用是盛装、运载、精炼、浇注钢水。某钢厂 300 t 钢包现场实物照片如图 2-1 所示。

钢包容量应与炼钢炉的最大出钢量相匹配。由于转炉出钢量存在一定程度的波动，因此钢包容量在设计时需要留有 10%的余量以及一定炉渣量。另外，作为精炼钢水的容器，钢包上口还应留有一定的净空。某钢厂钢包净空实物照片如图 2-2 所示。

钢包的形状应能够减少散热，便于夹杂物上浮，易于顺利倒出残钢、残渣。包壁应该有 5%~15%倒锥度，平均内径与高度之比一般选 0.9~1.1。为了减少钢包浇注末期剩余钢水量，可以将钢包底部设计成向水口方向倾斜 3%~5%，或者设计成阶梯形包底。

钢包各部位尺寸及关系计算可参照图 2-3 和表 2-1。钢包主要系列参数见表 2-2。

图 2-1　某钢厂 300 t 钢包现场实物照片

图 2-2　某钢厂钢包净空实物照片

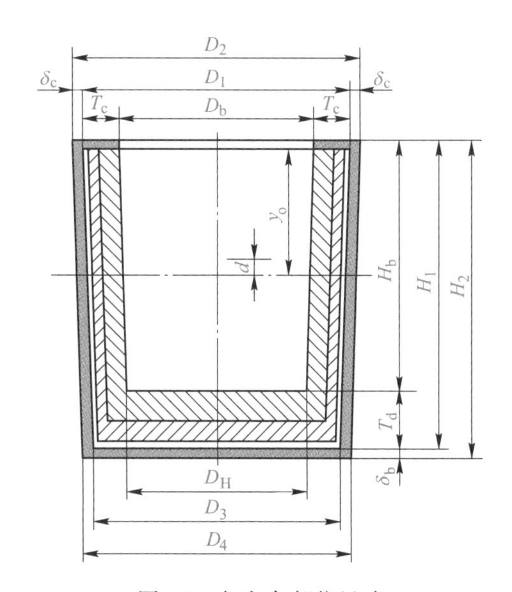

图 2-3　钢包各部位尺寸

表 2-1　钢包各部位尺寸关系计算

$D_b = H_b = 0.667\sqrt[3]{P}$	$D_H = 0.567\sqrt[3]{P}$	$V = 0.673D_b^3$
$D_1 = 1.14D_b$	$H_1 = 1.1D_b$	$\delta_c = 0.01D_b$
$D_2 = 1.16D_b$	$H_2 = 1.112D_b$	$\delta_b = 0.012D_b$
$D_3 = 0.99D_b$	$T_c = 0.07D_b$	$W_1 = 0.533D_b$
$D_4 = 1.01D_b$	$T_d = 0.1D_b$	$W_2 = 0.376D_b$

续表 2-1

$Q = 0.27P + W' + W''$	$Q' = 1.535P + W' + W''$	$y_0 = 0.539D_b$
$d = 200 \sim 400$ mm		

注：1. P—正常出钢量；V—总体积；Q—钢包重；Q'—超载10%时的总重；W_1—衬重；W_2—壳重；W'—注流控制机械重；W''—腰箍及耳轴重；其他符号对应图2-3。

2. 表中单位：重量为t，尺寸为m。

3. 本表为简易计算。

表 2-2 钢包主要系列参数

容量/t	容积/m^3	金属部分重量/t	包衬重量/t	总重/t	上部直径/mm	直径与高度比	锥度/%	耳轴中心距/mm	包壁钢板厚度/mm	包底钢板厚度/mm	钢包高度/mm
90	15.32	18.69	16.40	35.09	3110	0.96	10.0	3620	24	32	3228
130	20.50	29.00	16.50	45.5	3484	0.96	7.5	4150	26	34	3860
200	30.80	40.60	29.00	69.60	3934	0.85	8.2	4050	28	38	4659
260	40.20	47.50	32.00	79.50	4450	0.94	6.5	5100	28	38	4750

钢包的结构如图2-4所示。

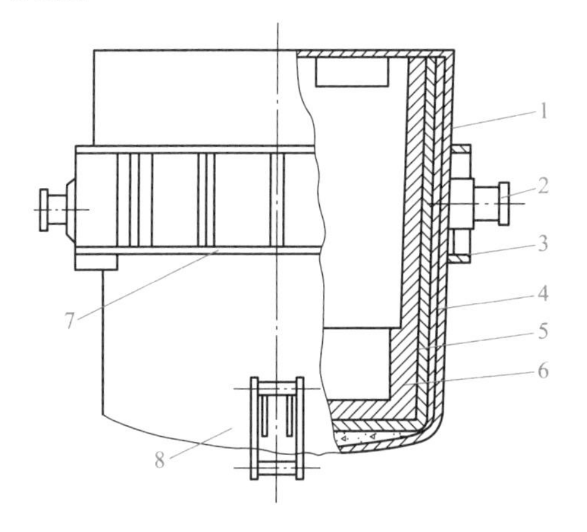

微课 钢包结构

图2-4 钢包的结构

1—包壳；2—耳轴；3—支撑座；4—保温层；5—永久层；6—工作层；7—加强箍；8—倾翻吊环

（1）钢包外壳。一般由锅炉钢板焊接而成，包壁和包底钢板厚度分别为15~30 mm和22~40 mm。钢包外壳上钻有一些直径8~10 mm的小孔。

思考：为什么要在钢包外壳上钻一些小孔？

（2）加强箍。用于防止钢包使用过程中变形，保证钢包的坚固性和刚度。

（3）耳轴。用于天车调运钢包。耳轴位置一般比钢包满载时重心高200~400 mm。

思考：为什么耳轴位置要比重心高？

（4）注钢口。用于钢水浇注。

（5）倾翻装置。天车的两个主钩挂住两个耳轴，天车的副钩挂住钢包的倾翻装置，相互配合，可以实现钢包翻转，以完成倒渣作业。某钢厂的倒渣作业实物图如图 2-5 所示。

图 2-5　某钢厂倒渣作业实物图

（6）支座。保持钢包平稳。

（7）钢包盖。可以起到保温作用。

（8）钢包内衬。图 2-6 所示为国内某钢厂钢包的砌筑，图 2-7 所示为正在砌筑中的钢

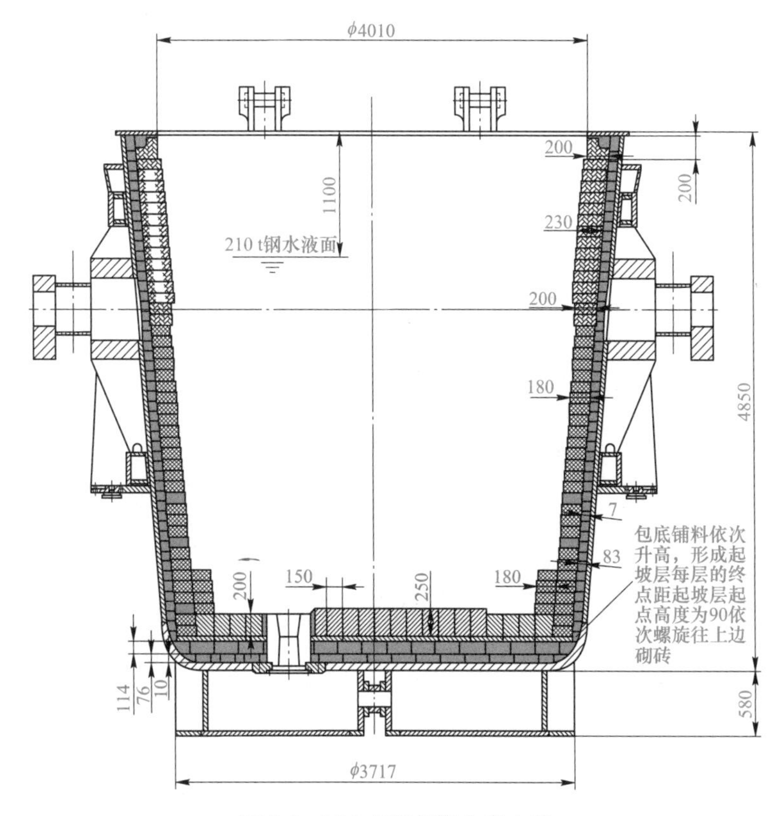

图 2-6　国内某钢厂钢包的砌筑

（单位：mm）

包，可以清楚地看到内衬由保温层、永久层和工作层组成。保温层紧贴外壳钢板，厚 10~15 mm，主要作用是减少热损失，常用石棉板砌筑。永久层厚 30~60 mm，一般由有一定保温性能的黏土砖或高铝砖砌筑。工作层直接与钢液和炉渣接触，可根据钢包的工作环境砌筑不同材质、厚度的耐火砖，以使内衬各部位损坏同步，这样从整体上提高钢包的使用寿命。

图 2-7　砌筑中钢包内衬实物照片

已经砌筑好的钢包内衬实物照片如图 2-8 所示。

图 2-8　砌筑完毕钢包内衬实物照片

思考：钢包渣线位置的内衬材质与其他部位材质不同（颜色不同），为什么？

2.1.2 钢包回转台

动画 钢包回转台

2.1.2.1 钢包回转台的作用

钢包回转台将钢包从精炼跨运送到浇注跨，并在浇注过程中起支承作用。钢包回转台结构示意图如图 2-9 所示，实物图如图 2-10 所示。钢包回转台能够在转臂上同时承放两个钢包，在浇注跨一侧的用于浇注，在精炼跨一侧的用于承接精炼合格的钢水。当浇注跨钢包内的钢水浇注完毕后，钢包回转台旋转 180°，将精炼跨一侧精炼合格的钢水旋转至浇注跨进行浇注，同时浇注完毕后的钢包用天车吊走，从而实现钢水的异跨运输，实现多炉连浇。

图 2-9 钢包回转台结构示意图

视频 钢包回转台工作

图 2-10 钢包回转台实物图

2.1.2.2 钢包回转台的类型

钢包回转台按臂的结构形式可分为直臂式和双臂式两种。两个钢包坐在直臂的两端，同时做升降和旋转运动，称为直臂整体旋转升降式，如图 2-11（a）所示。双臂式回转台又分为整体旋转单独升降式［见图 2-11（b）］和单独旋转单独升降式［见图 2-11（c）］两种。

目前使用最多的蝶形钢包回转台，属于双臂整体旋转单独升降式，其结构如图 2-12 所示。

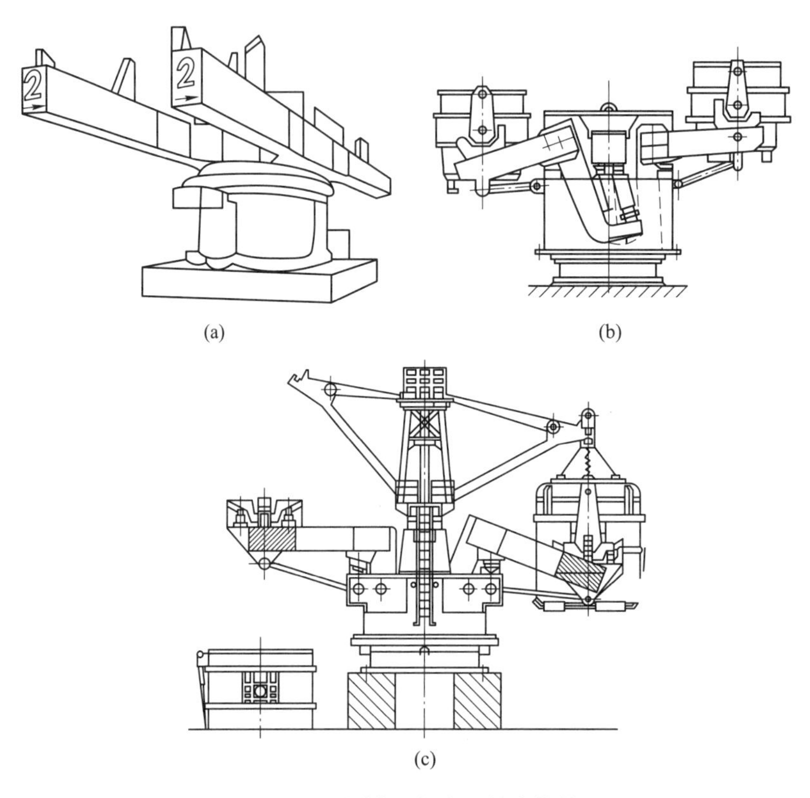

图 2-11 不同类型钢包回转台结构

（a）直臂整体旋转升降式；（b）整体旋转单独升降式；（c）单独旋转单独升降式

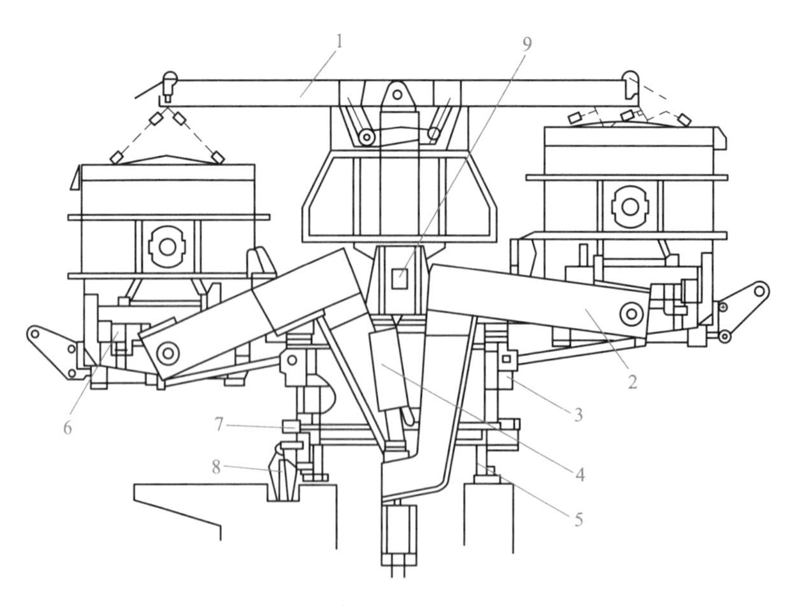

图 2-12 蝶形钢包回转台结构

1—钢包盖装置；2—叉型壁；3—旋转盘；4—升降装置；5—塔座；6—称量装置；7—回转环；8—回转夹紧装置；9—背撑梁

2.1.2.3　钢包回转台的驱动与参数

钢包回转台的驱动装置是由电机机构和事故气动机构构成的。正常操作时，由电力驱动；发生故障时，启动气动马达工作，以保障生产安全。转臂的升降可采用机械或液压驱动。为了保证回转台定位准确，驱动装置还设有制动和锁定机构。

钢包回转台主要参数包括承载能力、回转速度、回转半径、升降行程、升降速度等。

某钢厂蝶形钢包回转台的技术参数见表 2-3。

表 2-3　某钢厂蝶形钢包回转台的技术参数

型　式	蝶形，2 个钢包支撑臂单独升降，共同旋转
单臂承载	约 355 t/0 t
双侧承载	约 355 t/355 t
旋转半径	6.0 m
主驱动	电机驱动
事故驱动	气动马达驱动
旋转速度	主驱动 1 r/min，事故驱动 0.33 r/min
旋转角度	360°无限制
提升高度	992 mm
提升速度	25 mm/s
称重设备	称重梁
供电方式	滑环
锁紧装置	液压控制的锁紧销

任务清单

项目名称	任务清单内容
任务情景	首钢京唐公司钢轧作业部有 3 座 210 t 转炉，正常出钢量一般在 210~220 t，由于产量增加，钢包周转数量需求增加，现需要重新定制一批钢包作为备用。
任务目标	设计钢包结构与尺寸。
任务要求	请你根据任务情景，结合知识准备中背景知识，完成以下任务： （1）钢包形状是什么样的？ （2）钢包结构是什么样的？ （3）计算钢包各部位尺寸，绘制钢包结构图。
任务思考	（1）钢包形状是什么样的，为什么这么设计？ （2）钢包都包含哪几部分结构？内衬结构如何？ （3）如何计算钢包各部位尺寸？

项目名称	任务清单内容
任务实施	（1）绘制钢包形状示意图，为什么这么设计？ （2）绘制钢包结构，包含内衬结构示意图。 （3）计算钢包各部位尺寸，并标注在钢包结构示意图中。
任务总结	通过完成上述任务，你学到了哪些知识，掌握了哪些技能？
实施人员	
任务点评	

做中学，学中做

钢包使用之前都需要做哪些准备工作，填写下表。

准备工作	内容	原因
倒浇注残余		
清理冷钢残渣		
检查确认		
更换滑板、水口		
钢包烘烤		

问题研讨

钢包内衬材料的种类都有哪些？各自有什么特点？

（1）黏土砖：Al_2O_3 含量（质量分数）一般为 30%～50%，价格低廉，主要用于钢包永久层和钢包底。

（2）高铝砖：主要原料是铝矾土，高铝砖 Al_2O_3 含量（质量分数）为 45%～80%，具有很强的抵抗高温钢水熔蚀和炉渣侵蚀的能力，主要用于工作层。

（3）镁炭砖：主要由高纯镁砂、优质石墨和一些添加剂制成。该砖主要用于钢包渣线部位。砖中 MgO 含量（质量分数）一般在 76%左右，C 含量（质量分数）为 15%～20%。其特点是熔渣侵蚀性小，耐侵蚀、耐剥落性好。其性能与砖中石墨含量有很大关系。随着石墨含量的增加，砖的强度降低、线膨胀系数减小、残余膨胀率增大。因此，应控制砖中石墨含量（质量分数）在 15%～20%范围内。

（4）铝镁炭砖和铝尖晶石炭砖：采用高铝矾土、镁砂和鳞片状石墨为原料制成的，具有较高的抗渣性、抗热震性以及良好的结构稳定性。

（5）镁钙系钢包砖：不仅具有良好的抗渣性、抗热震性和高温化学稳定性，而且其中的 CaO 还对钢水有良好的净化作用，是精炼钢包理想的耐火材料。

（6）锆英石砖：主要原料是纯锆英石砂，具有较好的耐侵蚀性，用于砌筑钢包的渣线部位，可以较大幅度地提高钢包的使用寿命。但是其价格比较昂贵，很少使用。

（7）铝镁尖晶石浇筑料：以高铝熟料做骨料，以铝镁细粉做基质，以水玻璃做结合剂制成铝镁浇筑料，用于浇注钢包内衬。在高温钢水作用下，Al_2O_3 与 MgO 作用生成尖晶石（$MgO \cdot Al_2O_3$），熔点高达 2135 ℃，使包衬具有良好的抗渣性和热稳定性。但是由于浇筑料中添加了 MgO，因此高温状态下的包衬会产生收缩而出现收缩裂纹，从而降低使用寿命。

任务2.2 钢包浇注准备

知识准备

2.2.1 钢包浇注生产准备

钢包的准备工作包括：清理钢包内残钢、残渣，保证钢包内干净；安装检查钢包水口；烘烤钢包至1000 ℃以上；水口内装入饱满的引流砂；已装钢水的钢包坐到回转台上以后，转到浇注位，装上长水口，并检查长水口与钢包下水口的接触密封。

对于采用回转台式的钢包支撑设备，浇注前要试转，向左转动两周，向右转动两周，检查确认旋转是否正常，停位是否准确，限位开关是否好用；相关的电压、液压、机械系统是否正常。

钢包注流保护的机械手在浇注前应检查确认处于良好状态，拖圈叉头无冷钢、无残渣，转动灵活。

2.2.2 钢包浇注对温度的要求

微课 连铸钢液准备及温度控制

连铸钢水温度对连铸操作的顺利进行非常关键，不仅是连铸能够顺利浇注的前提，而且也是良好连铸坯质量的前提。连铸钢水温度必须稳定合适，不得过高也不得过低，一般控制过热度在15~30 ℃。

过热度=中间包内钢水实际温度-浇注钢种的液相线温度

液相线温度 T_L(℃) 的计算公式：

$$T_L = 1536.6 - 90\times w(\mathrm{C}) - 8\times w(\mathrm{Si}) - 5\times w(\mathrm{Mn}) - 30\times w(\mathrm{P}) - 25\times w(\mathrm{S}) - 3\times w(\mathrm{Al}) - 1.55\times w(\mathrm{Cr}) - 4\times w(\mathrm{Ni}) - 2\times w(\mathrm{Mo}) - 18\times w(\mathrm{Ti}) - 80\times w(\mathrm{N}) - 5\times w(\mathrm{Cu})$$

钢液温度过高，主要有以下危害：加剧水口耐火材料的熔损，导致注流失控，增加浇注安全风险；温度过高会减小连铸坯出结晶器下口时的坯壳厚度，增加漏钢风险；为了降低漏钢风险，不得不采取降低拉速方式进行补救，影响连铸机生产率。从质量控制角度讲，温度过高，会加剧钢水二次氧化和钢包、中间包耐火材料的侵蚀，增加钢液夹杂物含量；温度过高，连铸坯柱状晶发达，中心偏析等内部缺陷严重。

温度过低也有以下危害：一方面，钢液流动性差，水口容易冻流，导致连铸中断；另一方面，温度过低，结晶器钢液面容易结冷钢，影响连铸保护渣的熔化，恶化连铸坯的表面质量。

2.2.3 钢包浇注对钢水成分的要求

钢水成分最基本要求是要符合冶炼操作要点中成分判定要求，最好可以稳定控制在内控范围之内。国内某钢厂典型钢种成分见表2-4。

表 2-4 典型钢种成分 （质量分数,%）

钢种	钢号	化学成分	C	Si	Mn	P(≤)	S(≤)
碳结构钢	Q235A/B	范围	0.14~0.20	0.15~0.35	0.30~1.00	0.045	0.045
		目标	0.17	0.25	0.45	0.030	0.025
碳结构钢	SS400	范围	0.14~0.20	0.15~0.35	0.70~1.00	0.035	0.025
		目标	0.17	0.25	0.80	0.025	0.020
HSLA	Q345A/B	范围	0.16~0.20	0.20~0.50	1.30~1.60	0.035	0.035
		目标	0.18	0.35	1.40	0.030	0.020
Z 向	Q345ZNb	范围	0.14~0.17	0.10~0.35	1.40~1.60	0.020	0.005
		目标	0.15	0.20	1.50	0.018	0.004
锅炉钢	Q345R	范围	0.14~0.17	0.10~0.35	1.40~1.60	0.025	0.015
		目标	0.15	0.20	1.50	0.015	0.010
船用钢板	A/B	范围	0.14~0.17	0.15~0.40	0.85~1.20	0.025	0.020
		目标	0.15	0.30	0.90	0.020	0.015
船用钢板	A32/D32	范围	0.14~0.17	0.00~0.50	1.30~1.50	0.025	0.020
		目标	0.15	0.15	1.35	0.020	0.010
桥梁钢	Q370qD	范围	0.15~0.18	0.20~0.50	1.30~1.50	0.020	0.010
		目标	0.16	0.35	1.40	0.018	0.009
碳素钢	45 号	范围	0.42~0.50	0.17~0.37	0.50~0.80	0.020	0.010
		目标	0.46	0.27	0.65	0.015	0.005
美标板	A516Gr70	范围	0.19~0.23	0.15~0.40	0.95~1.20	0.020	0.010
		目标	0.21	0.30	1.15	0.015	0.008
合金容器	15CrMoR	范围	0.12~0.18	0.15~0.40	0.40~0.70	0.020	0.010
		目标	0.16	0.25	0.50	0.015	0.008
高强钢	Q550	范围	0.06~0.09	0.15~0.45	1.75~1.90	0.015	0.010
		目标	0.07	0.30	1.80	0.010	0.006
低温容器	SG610E	范围	0.08~0.11	0.20~0.30	1.35~1.50	0.010	0.005
		目标	0.09	0.25	1.40	0.007	0.003
管线钢	X70	范围	0.04~0.08	0.10~0.30	1.55~1.70	0.015	0.004
		目标	0.060	0.20	1.60	0.012	0.003

每个钢种都有属于自己的冶炼操作要点，扫描二维码可以查看国内某钢厂不同钢种的冶炼操作要点。

思考：

（1）钢水成分是否只要在判定范围内就可以了，为什么？

（2）不同钢种之间，前后炉次可以连浇吗？

冶炼操作要点

注意：在钢种成分设计时，尽量避免碳含量（质量分数）在0.10%~0.12%范围内，避免因为包晶反应，坯壳收缩过大导致的铸坯表面裂纹等缺陷。浇注碳含量（质量分数）在0.10%~0.12%范围内的钢种，一般通过降低拉速、提高保护渣碱度等措施控制铸坯表面裂纹缺陷的产生。

任务清单

项目名称	任务清单内容
任务情景	（1）首钢京唐公司钢轧作业部 1 号连铸机需要生产一批低碳 TMCP 类船坯，钢种分别为 E36、E36-Z25、E40-Z25，每个钢种各两炉，根据冶炼操作要点，其成分要求见表 2-5。 （2）浇次第一炉为 E36，精炼处理结束后，取样化验成分如下：C 0.10%、Si 0.40%、Mn 1.45%、P 0.02%、S 0.01%、Al_t 0.035%、Nb 0.035%、Ti 0.018%。钢水测温 1582 ℃。 （3）根据 1 号连铸机生产工艺技术规程，此类钢种液相线温度 1520 ℃；中间包目标温度为液相线温度+20 ℃；浇次第一炉钢水上机温度为中间包目标温度+30~40 ℃，连浇炉次钢水上机温度为中间包目标温度+15~25 ℃。
任务目标	判断钢水条件是否能够满足浇注要求。
任务要求	如果你是一名连铸工艺技术人员，请你根据任务情景，完成以下任务： （1）E36、E36-Z25、E40-Z25 各两炉浇注，是否可以组成一个浇次进行混合浇注，为什么？ （2）如果 E36、E36-Z25、E40-Z25 三个钢种组成一个浇次混浇，如何设计它们之间的炉次顺序？如何进行各个炉次的实际成分控制？ （3）浇次第一炉的钢水条件是否满足连铸开机条件，为什么？
任务思考	（1）判断能否混合浇注的条件是什么？ （2）不同钢种混合浇注时，相邻炉次的钢水成分如何控制？钢种如何划分？ （3）钢水上机浇注需要满足哪些条件？

项目名称	任务清单内容
任务实施	（1）E36、E36-Z25、E40-Z25各两炉浇注，是否可以组成一个浇次进行混合浇注，为什么？ （2）如果E36、E36-Z25、E40-Z25三个钢种组成一个浇次混浇，如何设计它们之间的炉次顺序？如何进行各个炉次的实际成分控制？ （3）浇次第一炉的钢水条件是否满足连铸开机条件，为什么？
任务总结	通过完成上述任务，你学到了哪些知识，掌握了哪些技能？
实施人员	
任务点评	

表 2-5 首钢京唐公司典型钢种成分 （%）

钢种	执行	w(C)	w(Si)	w(Mn)	w(P)（≤）	w(S)（≤）	$w(Al_t)$	w(Nb)	w(V)	w(Ti)	Ceq
E36	判定	0.08~0.11	0.20~0.50	1.30~1.50	0.025	0.015	0.020~0.060	0.020~0.040	—	0.010~0.020	0.30~0.36
	内控	0.09~0.11	0.25~0.45	1.30~1.50	0.022	0.012	0.020~0.040	0.020~0.040		0.010~0.020	0.31~0.36
	目标	0.10	0.35	1.40	0.020	0.010	0.030	0.030	—	0.015	0.33
E36-Z25	判定	0.08~0.11	0.20~0.50	1.30~1.50	0.015	0.006	0.020~0.060	0.020~0.040	—	0.010~0.020	0.30~0.36
	内控	0.09~0.11	0.25~0.45	1.30~1.50	0.012	0.005	0.020~0.040	0.020~0.040		0.010~0.020	0.31~0.36
	目标	0.10	0.35	1.40	0.010	0.004	0.030	0.030	—	0.015	0.33
E40-Z25	判定	0.05~0.08	0.20~0.50	1.30~1.60	0.015	0.006	0.020~0.060	0.020~0.050	0.020~0.070	0.010~0.020	0.25~0.37
	内控	0.05~0.07	0.25~0.45	1.35~1.50	0.012	0.005	0.020~0.040	0.030~0.050	0.030~0.050	0.010~0.020	0.28~0.34
	目标	0.06	0.35	1.40	0.010	0.004	0.030	0.040	0.040	0.015	0.30

注：碳当量计算公式 $Ceq=w(C)+w(Mn)/6+w(Cr+Mo+V)/5+w(Ni+Cu)/15$。

做中学，学中做

请归纳总结连铸浇注对钢水条件的要求，并填写下表。

项 目	要 求
温 度	
成 分	
混 浇	

问题研讨

钢水成分是否只要在判定范围内就可以了，为什么？

钢水成分在判定范围内仅仅是最基本要求，实际生产过程中，需要尽最大努力将每一炉的钢水成分保持在相对稳定的水平，避免钢水成分波浪线式忽高忽低变化。因为成分虽然在钢种判定范围内，但是其波动最后会影响轧制后最终产品的性能指标。为了产品的稳定，在冶炼过程中要严格控制成分等条件处于稳定状态。

任务 2.3 完成一炉钢水钢包浇注作业

知识准备

视频 大包开浇

2.3.1 钢包浇注的具体操作

（1）当钢包到达回转台后，转动回转台将钢包转至浇注位置并锁定。停止中间包的烘烤，并关闭塞棒或者滑板；如果是离线单独烘烤浸入式水口，需要将浸入式水口安装到中间包上。

（2）开动中间包车至浇注位，并将水口与结晶器对中，对中包括左右对中和前后对中。

（3）下降中间包，将浸入式水口伸入结晶器至设定位置。

（4）多次开闭塞棒或者滑板，确认开闭正常。

（5）安装保护套管，并做好密封。

（6）稍微下降钢包，缓慢开启钢包滑动水口，引流砂自动引流开浇。如果不能自开，将滑板完全打开，并来回开关两次；如果还不能自开，则要立即关闭滑板，摘掉长水口，烧氧引流，待钢液流出一定重量后，再关闭滑板，快速套上长水口，再次拉开滑板并调节至合适开度。

（7）钢包开浇成功后，降低钢包至预定位置，待钢液达到预定高度并浸没长水口后，往中间包内加入一定数量的覆盖剂和保温稻壳。

动画 钢包滑板控流

（8）中间包内钢液达到一定数量后，开始多次测量中间包内钢液温度，并反馈给中间包工，为中间包开浇操作提供参考。

2.3.2 钢包控流装置及其原理

思考：如何控制钢包内钢水浇注到下一个容器中间包？

钢包滑动水口包括上水口、上滑板（固定板）、下滑板（滑动板）、下水口（与下滑板相连），如图 2-13 所示。

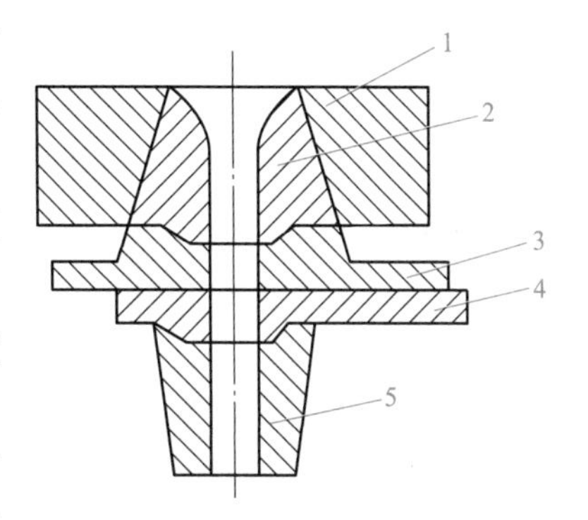

图 2-13 钢包滑动水口的安装

1—座砖；2—上水口；3—上滑板；4—下滑板；5—下水口

滑动水口安装在钢包底部，借助机械装置采用液压或电动使活动滑板做往复直线或旋转运动，根据上、中、下滑板浇注孔的相对位置，即浇注孔的重合程度来控制注流大小。滑动水口控制原理如图 2-14 所示。

滑板砖是影响钢水流量控制的关键部位，材质有高铝质、铝碳质、铝锆碳质和镁质。多数钢厂使用高铝质滑板。在选用滑板砖的材质时需考虑浇注的钢种，如浇注一般钢种时，可采用高铝质滑板砖；而浇注锰

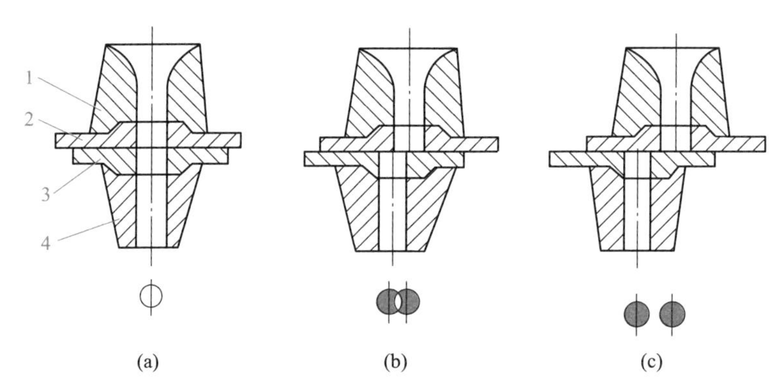

图 2-14 滑动水口控制原理

(a) 全开；(b) 半开；(c) 全闭

1—上水口；2—上滑板；3—下滑板；4—下水口

含量高的钢种和氧含量高的低碳钢时，由于钢中锰和氧侵蚀滑板会使滑板注口孔径扩大，缩短其使用寿命，因此应选用耐侵蚀性强的镁质、铝碳质、铝锆碳质滑板砖。国内滑动水口用耐火材料的化学成分及基本指标见表 2-6。此外，滑板表面的加工精度要求极高，应有理想的粗糙度和平行度，以保证滑板砖在承受钢水静压力及高速钢流冲刷时，上下滑板之间紧密配合不漏钢。

表 2-6 国内滑动水口用耐火材料的化学成分及基本指标

项 目	单位	指标
$w(Al_2O_3)$	%	≥70
$w(C)$	%	≥10
$w(ZrO_2)$	%	≥6
体积密度	g/cm^3	≥2.9
显气孔率	%	≤5
常温耐压强度	MPa	≥50

2.3.3 连铸全程保护浇注

通过精炼处理后，成分、温度、洁净度合格的钢液运送至连铸机进行浇注，浇注过程中如果发生二次氧化，钢液会被再次污染，因此钢包内、从钢包到中间包浇注、中间包内、中间包到结晶器浇注、结晶器内等全程都需要做好保护浇注，防止钢液和空气接触，造成二次氧化。连铸全程保护浇注示意图如图 2-15 所示。

动画 全氧化保护浇注

连铸全程保护浇注每个环节的关键控制点：钢包内，对钢液表面加覆盖剂+钢包盖；从钢包到中间包浇注，采用长水口+氩气密封；中间包内，对钢液面加覆盖剂+保温稻壳，有的吹入氩气进行保护浇注；中间包到结晶器浇注，采用浸入式水口+氩气密封；结晶器内采用保护渣覆盖。其中最为关键也是最容易发生吸氧污染的两个环节是钢包到中间包浇注的保护浇注和中

微课 无氧化保护浇注

间包到结晶器内浇注的保护浇注。

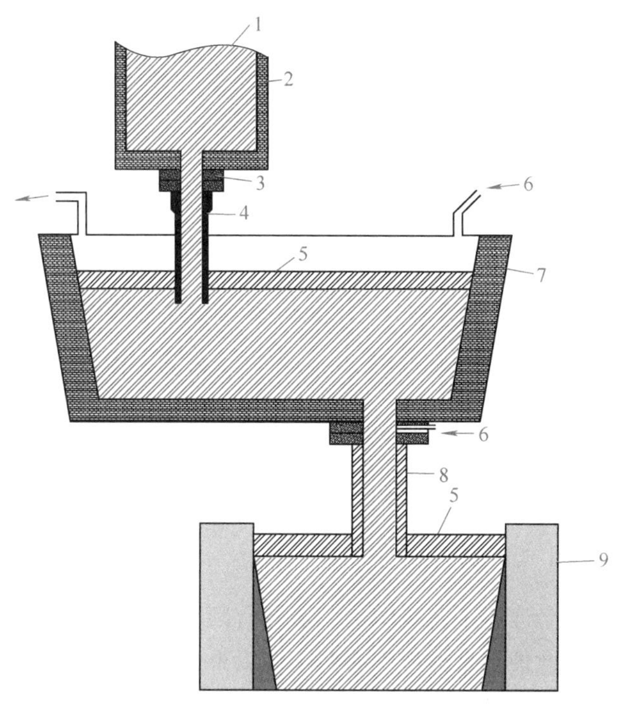

图 2-15　连铸全程保护浇注示意图

1—钢液；2—钢包；3—滑动水口；4—长水口；5—结晶器保护渣；6—氩气；7—中间包；8—浸入式水口；9—结晶器

思考： 钢包到中间包内浇注采用长水口+氩气密封进行保护浇注，为什么采用氩气密封？另外，如何判断钢包浇注时保护浇注效果的好坏？

任务清单

项目名称	任务清单内容
任务情景	（1）首钢京唐公司钢轧作业部 2023 年 3 月，计划浇注一炉 9Ni 钢，精炼处理结束后，钢水温度和成分均符合上机浇注要求。连铸工序也已经做好开机准备。 （2）精炼结束后钢水上连铸机前，精炼工小张测温取样，化验结果显示钢中［N］含量为 38×10^{-6}。此炉钢水浇注至 50%时，连铸钢包工小李测温取样，化验结果显示钢中［N］含量为 55×10^{-6}。
任务目标	能描述钢包浇注一炉钢操作流程；能判断钢包浇注过程中保护浇注效果。
任务要求	如果你是一名钢包工岗位操作人员，如何完成这一炉 9Ni 钢的钢水浇注？ 如果你是连铸工艺技术员，请分析判断任务情景（2）中保护浇注效果，并思考，此炉钢水会产生哪些不良后果？
任务思考	（1）钢包开浇的一般流程有哪些？ （2）钢包开浇后需要进行哪些操作？ （3）为什么要进行保护浇注？增氮的原因是什么？

项目名称	任务清单内容
任务实施	（1）描述 9Ni 钢完成钢包钢水浇注的完整流程。 （2）分析判断钢水中氮含量增加的主要原因。 （3）连铸过程中钢水增氮会带来什么样后果？
任务总结	通过完成上述任务，你学到了哪些知识，掌握了哪些技能？
实施人员	
任务点评	

做中学，学中做

请总结归纳保护浇注措施和保护浇注效果的判断方法，并填写下表。

项 目	内 容
保护浇注措施	
保护浇注效果判断方法	

问题研讨

动画 具有过滤功能新型连铸长水口

目前传统的钢包开浇采用的是引流砂引流开浇，但是引流砂完成引流后会直接进入中间包内的钢液中，从而对钢液造成污染，怎么样才能避免传统引流砂对钢液的污染？

知识拓展

动画 连铸钢包氩气搅拌原理

大多数耐火材料与渣同属于氧化物，耐火材料易溶入渣中而造成耐火材料的损毁。在追求耐火材料长寿命的年代，人们对渣蚀反应进行了大量的研究，而对钢液与耐火材料的反应研究相对较少。与渣相比，钢液对耐火材料的侵蚀要小得多，至今也没有衡量耐火材料与钢液反应的性能指标。随着人们对钢材质量要求的提高，耐火材料对钢洁净度的影响逐渐受到重视。耐火材料与钢液的反应以及其对钢洁净度的影响主要包括如下几个方面：

（1）在钢液的强烈冲刷下，耐火材料有成块脱落的现象。耐火材料脱落物进入钢液中会形成夹杂物，这些夹杂物一般为大型夹杂物。

动画 连铸钢包浇注系统工作原理

（2）耐火材料与钢液反应（包括耐火材料直接溶解到钢液中）提高钢中相关元素的含量，并与钢中其他元素结合生成夹杂物，这些夹杂物通常为细小夹杂物。耐火材料与钢液的反应主要是耐火材料与钢中合金元素的反应，其影响包括两方面：一方面，其与合金元素（如 Ti、Al 和 Si 等）反应增加合金元素的消耗量；另一方面，其与钢中一些有害元素（如 P 和 S 等）反应可以吸收这些有害元素。耐火材料与这些元素的反应自然会对钢洁净度产生影响，同时也是钢中夹杂物的重要来源之一。

（3）耐火材料可以吸收钢中的夹杂物。现代精炼技术采用搅拌使钢液激烈运动，钢中夹杂物与精炼设备耐火材料的碰撞概率增加。在一定的条件下，耐火材料可以吸附夹杂物，有利于提高钢液的质量。

拓展 2-1 耐火材料对钢中氧含量的影响

钢中的氧含量包括两个部分：一部分是溶解于钢中的氧，称为溶解氧［O］；另一部分是氧化物夹杂物中的氧（O）。两者之和称为全氧含量 T.O，全氧含量 T.O 可以用式（2-1）来表示。

$$\mathrm{T.O} = [\mathrm{O}] + (\mathrm{O}) \tag{2-1}$$

耐火氧化物在钢中的溶解可以用式（2-2）来表示。

$$\mathrm{M}_x\mathrm{O}_y(\mathrm{s}) = x[\mathrm{M}] + y[\mathrm{O}] \tag{2-2}$$

式中，［M］表示钢液中的溶解元素。

根据式（2-2）可计算得到各种不同耐火氧化物在钢液中的平衡氧含量与温度的关系，如图 2-16 所示。由图可知，SiO_2 和 Cr_2O_3 等酸性氧化物易使钢液增氧，而碱性氧化物（如 MgO 和 CaO）使钢液的增氧作用很小。汤浅悟郎等人提出用氧势指数 IOP（Index of Oxygen Potential）来衡量耐火氧化物向钢液中溶解氧的能力，见式（2-3）。

$$\mathrm{IOP} = \frac{\sum\left(\frac{M_i}{\rho_i}x_i\right)^{2/3}\Delta G_i^{\ominus}}{\sum\left(\frac{M_i}{\rho_i}x_i\right)} \tag{2-3}$$

式中 $\Delta G_i^{\ominus}$ ——氧化物 i 的标准生成吉布斯自由能，J/mol；

M_i ——氧化物 i 的相对分子质量；

x_i ——氧化物 i 的摩尔分数；

ρ_i ——氧化物 i 的密度。

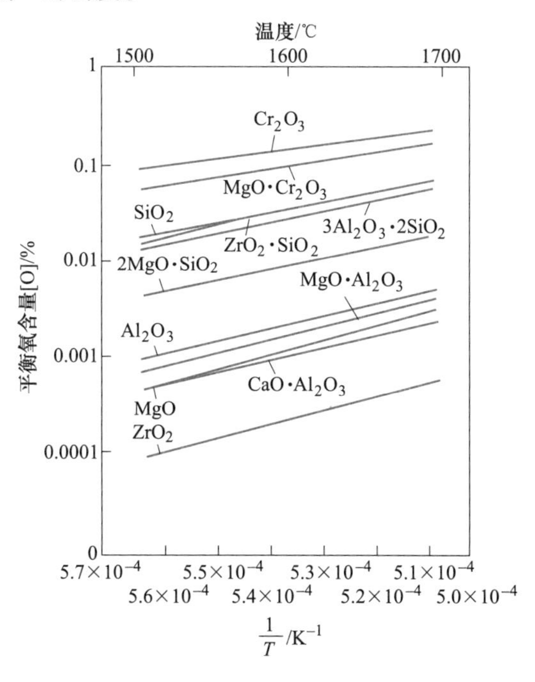

图 2-16 不同氧化物平衡氧含量与温度的关系

一些耐火氧化物的IOP值与以它们作为炉衬时钢中平均氧含量的关系如图2-17所示。由图可以看出，氧化物的IOP值越大（负数的绝对值越小），钢中的平均氧含量越大；也可以利用氧化物的标准生成自由能$\Delta G_i^{\ominus}$的大小来判断它们向钢液中溶解的难易程度。氧化物的生成自由能越小，越稳定，越难溶入钢液中。从式（2-3）中也可以看出，$\Delta G_i^{\ominus}$越小，IOP值越小。

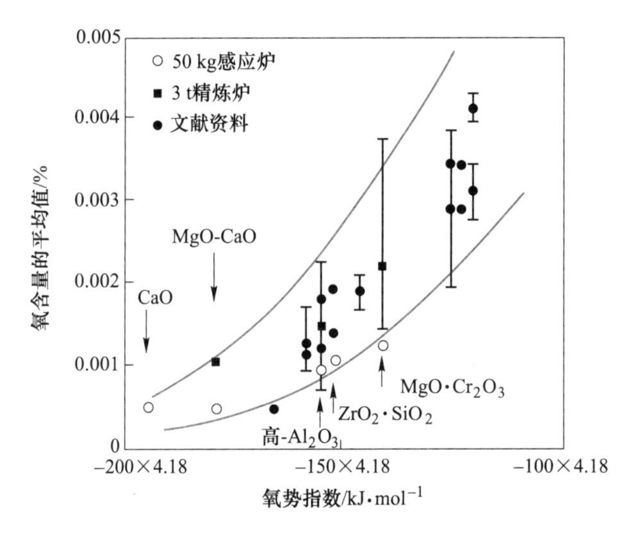

图2-17 耐火氧化物的IOP值与钢中平均氧含量的关系

耐火材料向钢液的溶解过程包括两个步骤：耐火氧化物溶入钢液中；溶入钢液的元素从耐火材料-钢液界面向钢液扩散。通常认为溶解过程受扩散所控制。

除了耐火氧化物向钢液溶解影响钢液的氧含量外，钢液中Al和Mn等元素与耐火氧化物的反应也是影响钢中氧含量的重要因素。在一定条件下，这一作用比耐火氧化物直接溶解的影响更大。例如，反应式（2-4）和式（2-5）生成的Al_2O_3和MnO可以形成夹杂物，也可能被耐火材料吸附。

$$3(SiO_2)_{耐火材料} + 4[Al] = 3[Si] + 2Al_2O_3(s) \tag{2-4}$$

$$(SiO_2)_{耐火材料} + 2[Mn] = [Si] + 2MnO(s) \tag{2-5}$$

拓展2-2 含碳耐火材料碳的溶解与增碳作用

自20世纪70年代以来，碳复合耐火材料，如镁碳砖和铝碳砖已成为钢铁冶炼用耐火材料的重要组成部分，它对提高耐火材料的使用寿命起了很大作用。含碳耐火材料在与钢液接触的过程中，其中的碳会溶解进入钢液中，使钢液增碳，这对于低碳钢和超低碳钢是有害的。碳向钢中的溶解可用式（2-6）来表示。

$$C(s) = [C] \tag{2-6}$$

碳向钢液溶解受到钢种、耐火材料的组成、温度以及气氛的影响。随着碳的溶解，在含碳耐火材料边缘形成一层脱碳层。钢液继续渗入脱碳层，接触到耐火材料中的碳，碳又溶解到渗入的钢液。因此，碳的溶解过程包括在钢液-碳界面上碳的溶解和碳在脱碳层的扩散两部分。后者可能是控制步骤，其结果使碳向钢中的溶解速度下降。由于非脱氧钢中存在有大量的溶解氧，它与钢中的碳化合生成 CO 气体从钢液中排出，反应见式（2-7）。当碳的溶解速度与其氧化速度基本达到平衡时，钢中的碳含量维持不变。

$$[C]+[O] = CO(g) \tag{2-7}$$

对于铝脱氧钢，由于钢中氧含量很低，碳的氧化速度小于碳的溶解速度，因此钢中的碳含量随接触时间的延长而继续增大。钢液中的碳含量与钢水中的碳-氧平衡有密切关系。在空气气氛中，有足够的氧气与钢水中的碳反应，即使在有渣覆盖的情况下，氧仍可通过渣进入钢液中。相反，在真空条件下，没有足够的氧与钢液中的碳反应。因而，气氛对钢中的碳-氧平衡有很大的影响，进而影响钢中的碳含量。此外，碳复合耐火材料的碳含量、添加剂的种类及热处理条件都会影响其向钢中增碳。

拓展 2-3 碱性耐火材料的脱硫和脱磷作用

耐火材料中的 MgO 和 CaO 等可以与钢液中的［S］反应生成 MgS 和 CaS 进入耐火材料中，反应见式（2-8）、式（2-9）。

$$(CaO)+[S] = (CaS)+[O] \tag{2-8}$$

$$(MgO)+[S] = (MgS)+[O] \tag{2-9}$$

耐火材料的组成和钢液的成分等对耐火材料的脱硫作用有很大影响。由于式（2-8）的平衡常数远大于式（2-9）的平衡常数，因此 MgO 的脱硫作用比 CaO 差得多。耐火材料中杂质的含量也对其脱硫作用有较大影响。几种氧化物添加剂与 MgO-CaO 系耐火材料对铝镇静钢脱硫率的影响如图 2-18 所示。由图可见，Cr_2O_3 对耐火材料脱硫率有很大影响，

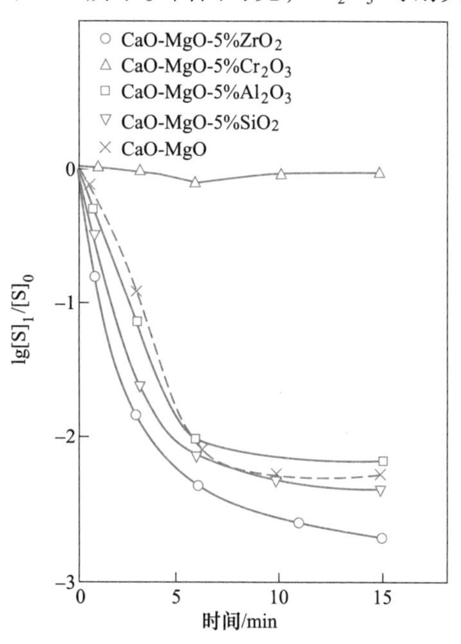

图 2-18　MgO-CaO 系耐火材料中杂质含量对其脱硫率的影响

（1600 ℃，钢中铝含量为 0.5%）

而 ZrO_2、Al_2O_3 和 SiO_2 的影响相对较小。需要指出的是，即使是同一种添加剂，其加入量不同、钢液的成分不同，也有可能会得出不同的结果。钢中的氧含量越低，越有利于脱硫。

通常钢液的脱磷是将磷氧化变为 P_2O_5，但 P_2O_5 在钢液中很不稳定，必须与 CaO 等结合成磷酸盐并溶入渣中才能达到脱磷的目的。碱性耐火材料中的 MgO 与 CaO 就可以起到这种作用，见式（2-10）和式（2-11）。在 MgO-CaO 耐火材料中，CaO 与 MgO 的脱磷作用有很大的区别。从热力学上看，与 CaO 相比，MgO 的脱磷作用可以忽略不计。尽管如此，钢液中的氧势对脱磷效果有重大影响。在镇静钢中，钢包耐火材料的脱磷作用很难显现。

$$4CaO + 2[P] + 5[O] = 4CaO \cdot P_2O_5 \tag{2-10}$$

$$3MgO + 2[P] + 5[O] = 3CaO \cdot P_2O_5 \tag{2-11}$$

拓展 2-4 耐火材料对钢中夹杂物演变的影响

不同钢种经过冶炼后，钢中的夹杂物类型通常与最初的脱氧产物有较大的区别，这与钢中的元素密切相关。对于铝镇静钢（如轴承钢、工具钢和冷镦钢等），转炉或电炉的初炼钢经过脱氧后，会生成大量的 Al_2O_3 夹杂物。随着钢中微量元素 Mg 和 Ca 的生成，这些 Al_2O_3 夹杂物会演变成 $MgO \cdot Al_2O_3$ 尖晶石夹杂物，并进一步演变成 $CaO\text{-}Al_2O_3(\text{-}MgO)$ 系夹杂物。因此，常规的铝镇静钢经过较长时间精炼后，钢中的夹杂物类型主要为 $CaO\text{-}Al_2O_3(\text{-}MgO)$ 系夹杂物。这些类型夹杂物的典型形貌照片如图 2-19 所示。

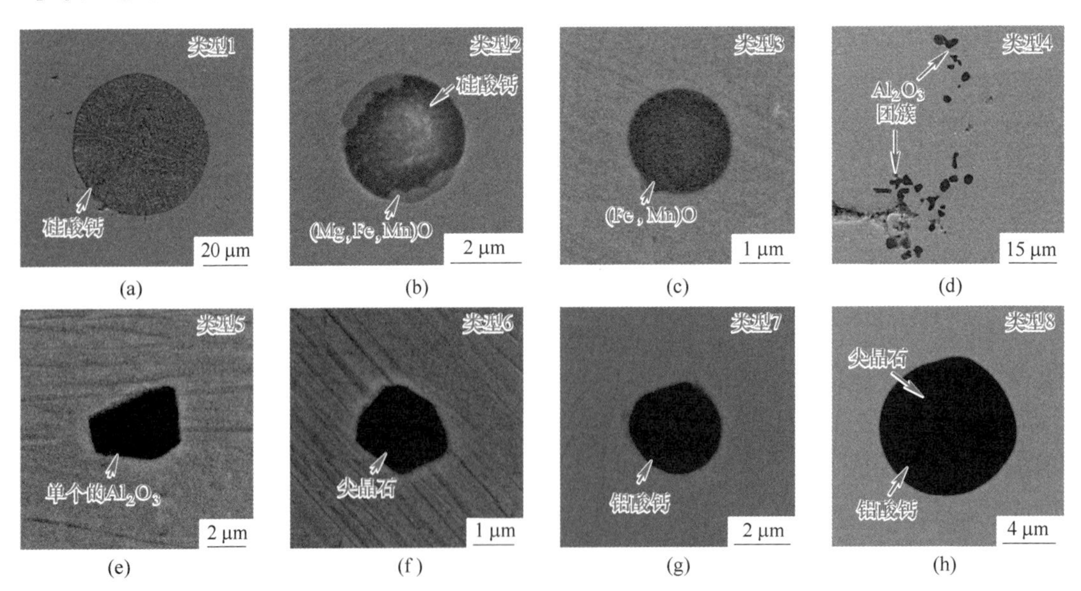

图 2-19 转炉初炼钢和铝镇静钢中典型夹杂物形貌

（a）$CaO\text{-}SiO_2\text{-}FeO$ 夹杂物；（b）$CaO\text{-}SiO_2\text{-}FeO$+(Mg, Fe, Mn)O 双相夹杂物；（c）(Fe, Mn)O 夹杂物；（d）Al_2O_3 夹杂物簇群；（e）单个 Al_2O_3 夹杂物；（f）$MgO \cdot Al_2O_3$ 夹杂物；（g）$CaO\text{-}Al_2O_3(\text{-}MgO)$ 夹杂物；（h）$CaO\text{-}Al_2O_3(\text{-}MgO)$+$MgO \cdot Al_2O_3$ 双相夹杂物

$MgO \cdot Al_2O_3$ 尖晶石有以下几种生成机理：Al_2O_3 夹杂物与钢液中的溶解 Mg 反应生成 $MgO \cdot Al_2O_3$ 尖晶石夹杂物；MgO 耐火材料剥落，并与钢液（包括钢中夹杂物和溶解元素）反应生成 $MgO \cdot Al_2O_3$ 尖晶石夹杂物；在冷却凝固过程中，液态硅酸盐夹杂物中结晶析出 $MgO \cdot Al_2O_3$ 尖晶石夹杂物。铝镇静钢中 Al_2O_3 夹杂物生成 $MgO \cdot Al_2O_3$ 尖晶石夹杂物的证据如图 2-20 所示。

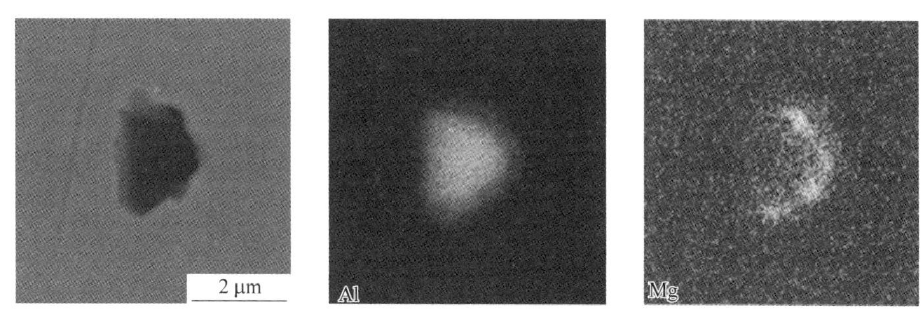

图 2-20　尖晶石在 Al_2O_3 夹杂物边缘生成的面扫描图

当钢中含有溶解 Ca 时，尖晶石夹杂物在热力学上并不稳定。钢中溶解 Ca 可以使 $MgO \cdot Al_2O_3$ 尖晶石夹杂物变性，并生成液态的 $CaO\text{-}Al_2O_3(\text{-}MgO)$ 系夹杂物。其演变机理见式（2-12）。

$$[Ca] + MgO \cdot xAl_2O_3 = CaO \cdot xAl_2O_3 + [Mg] \tag{2-12}$$

许多学者认为，除了合金元素加入，钢中的 Mg 和 Ca 元素主要源自精炼渣和耐火材料中 MgO 和 CaO 被钢中的 Al 和 Si 等元素还原。同时，含碳耐火材料中的碳可以将 MgO 和 CaO 还原生成 Mg 和 Ca。在高碳钢中，钢中溶解的碳也可能将 MgO 和 CaO 还原。反应见式（2-13）~式(2-18)，可以明显看出，耐火材料和精炼渣对夹杂物的生成和演变具有重要的作用。

$$3MgO + 2[Al] = Al_2O_3 + 3[Mg] \tag{2-13}$$

$$3CaO + 2[Al] = Al_2O_3 + 3[Ca] \tag{2-14}$$

$$MgO + C(s) = CO(g) + Mg(g) \tag{2-15}$$

$$CaO + C(s) = CO(g) + Ca(g) \tag{2-16}$$

$$MgO + [C] = CO(g) + [Mg] \tag{2-17}$$

$$CaO + [C] = CO(g) + [Ca] \tag{2-18}$$

研究发现，Si-Mn 脱氧产物（$MnO\text{-}SiO_2$）在精炼过程中也会演变生成 $CaO\text{-}MnO\text{-}SiO_2$ 系夹杂物，甚至 $CaO\text{-}SiO_2$ 系夹杂物，这与使用的含 CaO 耐火材料密切相关。在硅锰镇静钢中（如帘线钢）有时也会发现一些硬脆夹杂物，如 Al_2O_3 和 $MgO \cdot Al_2O_3$ 尖晶石等，如图 2-21 所示，这些夹杂物是帘线钢发生断丝最主要的原因。很多学者指出，耐火材料与这些硬脆夹杂物的出现有着非常紧密的关系。帘线钢通常需要严格管控耐火材料中的 Al_2O_3 含量。

耐火材料对钢液洁净度的影响是多方面的。在实际生产过程中，应该发挥耐火材料在净化钢液等方面的积极作用，避免耐火材料对钢液产生污染。

图 2-21 钢帘线断裂截面发现的硬脆夹杂物

钢铁材料

全球首发新能源车超轻超强车身

近年来，我国汽车行业朝着电动化、低碳化方向发展，新能源汽车也越来越受关注。相关研究表明，车身重量的减轻可以带来续航里程的增加。

那么，什么样的钢铁材料才能匹配新能源电动汽车的需求？

吉帕钢是抗拉强度在 1000 MPa 以上的超高强钢。2000 年以前，我国汽车用钢强度最高不到 600 MPa。汽车行业的快速发展，倒逼着钢铁行业汽车板的研发生产。

吉帕钢是钢铁行业的尖端技术，其研发、大规模生产与应用一直是世界级难题。中国宝武研发团队以先进材料、成熟工艺和结构优化等为创新点，从车身造型、功能结构和安全性等方面着手，历经十多年艰苦研发试验，取得了一系列创新突破，实现了我国汽车钢板从“跟跑”“并跑”到“领跑”的历史性跨越。

用吉帕钢打造车身的完整骨架，能够有效抵御各个方面的撞击，保护乘客的安全。按照一辆车全生命周期使用 20 万千米的情况计算，吉帕钢在每台新能源车的车身制造过程中，不仅能够实现车身的减重，而且还可以在车身材料制造阶段就降低大约 0.2 t 的二氧化碳排放，在汽车使用阶段能够降低 0.95 t 的二氧化碳排放。

能量加油站

党的二十大报告原文学习：建设现代化产业体系。坚持把发展经济的着力点放在实体经济上，推进新型工业化，加快建设制造强国、质量强国、航天强国、交通强国、网络强国、数字中国。实施产业基础再造工程和重大技术装备攻关工程，支持专精特新企业发展，推动制造业高端化、智能化、绿色化发展。

钢铁强国之路：我国正在从钢铁大国逐渐奋进至钢铁强国。我国钢铁工业已进入高质量发展的新阶段，且高质量发展的着力点在产业升级、智能制造、绿色低碳、标准引领、创新驱动等方面。我国的钢铁产品结构必须进一步向中高端转变；钢铁生产过程进一步注重高效和节能，从而向低成本转变；钢铁企业的盈利模式必须从单纯的产品制造商向综合服务商转变；产业结构从钢铁生产向产业链延伸转变。也有专家表示，中国已经成为钢铁强国。我国钢铁品种开发世界一流、流程技术一流，环保指标大幅改善，智能化和绿色化发展取得巨大的成就。

2018 年 10 月 23 日，港珠澳大桥正式开通。这是世界上最长的跨海大桥，跨越伶仃洋东接香港，西接广东珠海和澳门，总长约 55 km，在中国交通建设史上被称为“技术最复杂”的“世纪工程”，填补了世界空白，成为中国迈入桥梁强固的里程碑。钢铁材料是支撑起港珠澳大桥的核心材料，其必须可抗击 51 m/s 的风速，相当于抗御 16 级台风和 8 级地震，同时必须确保使用寿命达到 120 年。这就对钢材的屈服强度、抗拉强度提出了极高的要求，也给冶炼、轧制等环节带来重重困难。我国鞍钢、河钢、宝武、华菱钢铁、太钢等钢铁企业对此作出了巨大贡献。其中，河钢提供了精品钢材，武钢提供了桥梁钢，宝钢提供了冷轧搪瓷钢等。

模块 3　中间包浇注工艺

学习目标

知识目标：

（1）了解中间包与中间包车的作用、结构与运行原理；

（2）掌握结晶器作用、结构及工艺技术参数的计算；

（3）了解连铸机铸坯导向、二次冷却与拉矫设备作用；

（4）掌握结晶器振动的方式、振动参数的概念与参数选择；

（5）掌握结晶器保护渣的功能、熔化过程结构和理化性能；

（6）熟悉中间包浇注工艺流程；

（7）掌握钢液凝固理论基础知识。

技能目标：

（1）会描述中间包、中间包车、结晶器、铸坯导向二次冷却、拉坯矫直设备的作用；

（2）会计算结晶器重要参数，选择合适引锭头；

（3）会进行结晶器振动方式选择；

（4）会绘制结晶器保护渣熔化过程示意图；

（5）会测量结晶器保护渣液渣层厚度及保护渣消耗量；

（6）会绘制中包浇注工艺流程示意图；

（7）能通过虚拟仿真软件完成一炉钢的中间包浇注。

素质目标：

（1）培养学生安全、环保意识；

（2）培养学生强烈责任心，及时发现生产过程中出现的异常问题；

（3）培养学生严谨的工作作风。

微课　中间包及中间包车

任务 3.1　中间包及中间包车设备认知

知识准备

动画　D-GS07-中间包 01

3.1.1　中间包

3.1.1.1　中间包的作用

中间包简称中包，是位于钢包与结晶器之间用于钢液浇注的装置，接受钢包注入的钢水，然后将钢水注入结晶器进行冷却凝固。某钢厂中间包实物图如图 3-1 所示。

图 3-1　某钢厂中间包实物图

中间包在连铸过程中起着减压、稳流、去夹杂、贮钢、分流及中间包冶金等重要作用。具体来说包括：

（1）中间包高度比钢包高度低，因此钢水静压力减小，注流稳定；

（2）钢水在中间包内停留的过程中，有利于夹杂物上浮至中间包渣面，起到去夹杂、净化钢液作用；

（3）如果是多流连铸机，可以将钢水分配到多个结晶器内多流浇注，起到钢水分配器的作用；

（4）多炉连浇的情况下，更换钢包时不会停浇；

（5）为了进一步提高钢水的洁净度与质量水平，近年来发展了中间包吹氩、感应加热、去夹杂等中间包冶金技术。

3.1.1.2　中间包的形状

中间包应具有最小的散热面积、良好的保温性能，同时保证钢液在中间包内不旋流。常见的中间包形状与类型如图 3-2 所示。

3.1.1.3　中间包的构造

动画　中间包结构

中间包由包壳、包盖、内衬、水口及水口控制机构（滑动水口机构、塞棒机构）、挡渣墙等装置组成，如图 3-3 和图 3-4 所示。

（1）中间包包壳。中间包的外壳用钢板焊成，壳体外部焊有加固圈和加强筋，防止热变形；设计预留排气孔供设备干燥时使用；在两侧和端头焊有锻钢耳轴，用来支撑和吊运中间包；耳轴下面还有坐垫，以稳定地坐在中间包小车上。另外还设有溢流槽，主要用于中间包排渣。

（2）中间包内衬。中间包内衬由绝热层、永久层和工作层组成。绝热层紧贴包壳钢板，以减少散热，一般可用石棉板、保温砖或轻质浇注料砌筑；永久层与绝热层相邻，用黏土砖砌筑或者整体浇注成型；工作层与钢液直接接触，可用高铝砖、镁质砖砌筑，也可用绝热板组装砌筑，还可在工作层砌筑表面喷涂一层 10~30 mm 的涂料。

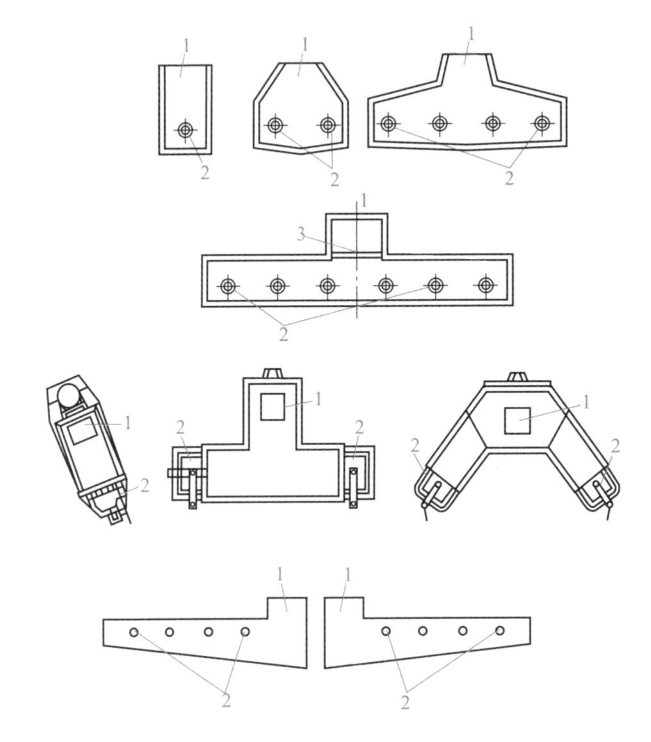

图 3-2 中间包断面的各种形状

1—钢包注流位置；2—中间包水口；3—挡渣

图 3-3 中间包实物图

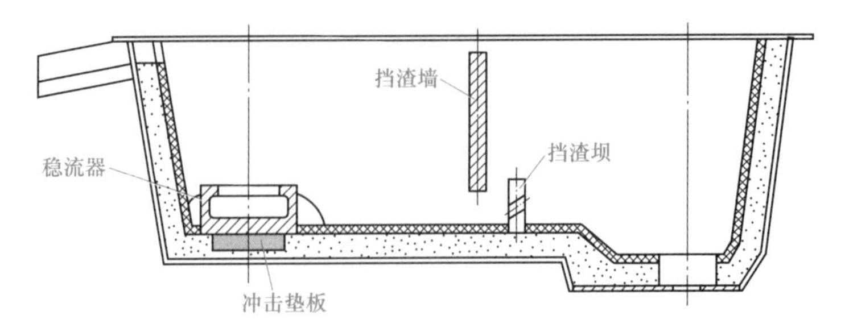

图 3-4 中间包结构示意图

（3）中间包内腔结构。为增加钢水在中间包内的停留时间，促使非金属夹杂物上浮，要在中间包内砌筑挡渣墙、坝等，材料通常是高铝质，可以用砖砌筑在中间包内，也可以制成预制块，安装在中间包内。

（4）中间包包盖。中间包盖采用整体焊接钢结构，带耐火材料内衬，放置在中间包上面起保温作用。中间包盖上有开孔，用来进行预热中间包、加入覆盖剂、插入塞棒和测温等操作。

国内某钢厂中间包用耐火材料的基本指标参数见表 3-1~表 3-9。

表 3-1 中间包永久层浇注料

项　　目	单位	指标
$w(Al_2O_3)$	%	≥80
$w(CaO)$	%	≤2.5
体积密度	g/cm³	≥2.7
常温耐压强度	MPa	≥40

表 3-2 中间包干式料

项　　目	单位	指标
$w(MgO)$	%	≥81
$w(SiO_2)$	%	≤8
低温抗折强度（220 ℃×3 h）	MPa	≥5
高温抗折强度（1500 ℃×4 h）	MPa	≥6
低温体积密度（220 ℃×3 h）	g/cm³	≥2
高温体积密度（1500 ℃×4 h）	g/cm³	≥2.1

表 3-3 冲击板

项目	$w(MgO)$	$w(Al_2O_3)$	$w(C)$	$w(SiO_2)$	显气孔率	体积密度	常温耐压强度	高温抗折强度
单位	%	%	%	%	%	g/cm³	MPa	MPa
指标	≥80	≥4.5	≥6	≤1.5	≤5	≥2.85	≥25.5	≥6

表 3-4 过滤挡墙（坝）

项　　目	单位	指标
$w(Al_2O_3)$	%	72~97
$w(SiO_2)$	%	≤10
$w(Fe_2O_3)$	%	≤5
体积密度	g/cm³	≥2.6
显气孔率	%	≤17
常温耐压强度	MPa	≥25

表 3-5 高效隔热板

项　　目	单位	指标
$w(Al_2O_3)$	%	≥45
$w(Al_2O_3+SiO_2)$	%	≥96
$w(Fe_2O_3)$	%	≤1.5
体积密度	kg/m^3	≤800
线变化率（1150 ℃×6 h）	%	≤4
导热系数（热面 800 ℃）	W/(m·K)	≤0.11

表 3-6 稳流器

项　　目		单位	指标
$w(Al_2O_3+MgO)$		%	≥80
体积密度		g/cm^3	≥2.8
耐压强度	110 ℃×24 h	MPa	≥30
	1500 ℃×3 h		≥30

表 3-7 中包座砖

项　　目	单位	指标
$w(Al_2O_3)$	%	≥80
$w(C)$	%	≥2
体积密度	g/cm^3	≥2.9
显气孔率	%	≤15
常温耐压强度	MPa	≥50

表 3-8 中包上水口

项　　目	单位	本体	碗部	渣线
$w(Al_2O_3)$	%	≥50	≥70	—
$w(C)$	%	≥20	≥13	≥12
$w(ZrO_2)$	%	—	—	≥75
体积密度	g/cm^3	≥2.3	≥2.6	≥3.5
显气孔率	%	≤18	≤17	≤16
常温耐压强度	MPa	≥23	≥23	≥23
常温抗折强度	MPa	≥10	≥10	—

表 3-9　中包滑板

项　目	单位	指标
$w(Al_2O_3)$	%	≥70
$w(C)$	%	≥10
$w(ZrO_2)$	%	≥6
体积密度	g/cm^3	≥2.9
显气孔率	%	≤5
常温耐压强度	MPa	≥50

（5）塞棒。中间包用塞头与水口相配合来控制注流。目前大多数中间包塞棒采用铝碳质复合型整体塞棒，如图 3-5 所示，塞棒头部复合一层耐高温耐侵蚀的材料，如锆碳层。国内某钢厂塞棒基本指标见表 3-10，可供参考。

塞棒使用前要与中间包一起烘烤，快速升温至 1000~1100 ℃，安装好的塞棒不能垂直对准水口砖中心，棒头顶点应偏向开闭器方向，留有 2~3 mm 的啃头，关闭塞棒时，塞棒头切着水口内表面向水口中心方向滑动，最终把水口堵严。

图 3-5　复合整体塞棒

表 3-10　国内某钢厂塞棒基本指标

项　目	单位	棒头	本体
$w(Al_2O_3)$	%	≥70	≥50
$w(C+SiC)$	%	≥13	≥25
体积密度	g/cm^3	≥2.60	≥2.3
显气孔率	%	≤17	≤18
常温耐压强度	MPa	≥26	≥25
常温抗折强度	MPa	≥8	≥7
热震稳定性	次	≥8	≥5

塞棒机构的结构如图 3-6 所示，它由操纵手柄、升降滑杆、横梁、塞棒芯杆、支架调整装置、扇形齿轮等组成。操纵手柄与扇形齿轮连成一体，通过环形齿轮条拨动升降滑杆上升和下降，带动横梁和塞棒芯杆，驱动塞棒做升降运动。

（6）滑动水口。滑动水口用来在浇注过程中开放、关闭和控制从中间包流出的钢水流量。它和塞棒水口浇注相比，安全可靠，能精确控制钢流，有利于实现自动化。滑动水口机构安装在中间包或盛钢桶底部，工作条件得到改善，另外插入式和旋转式滑动水口在浇

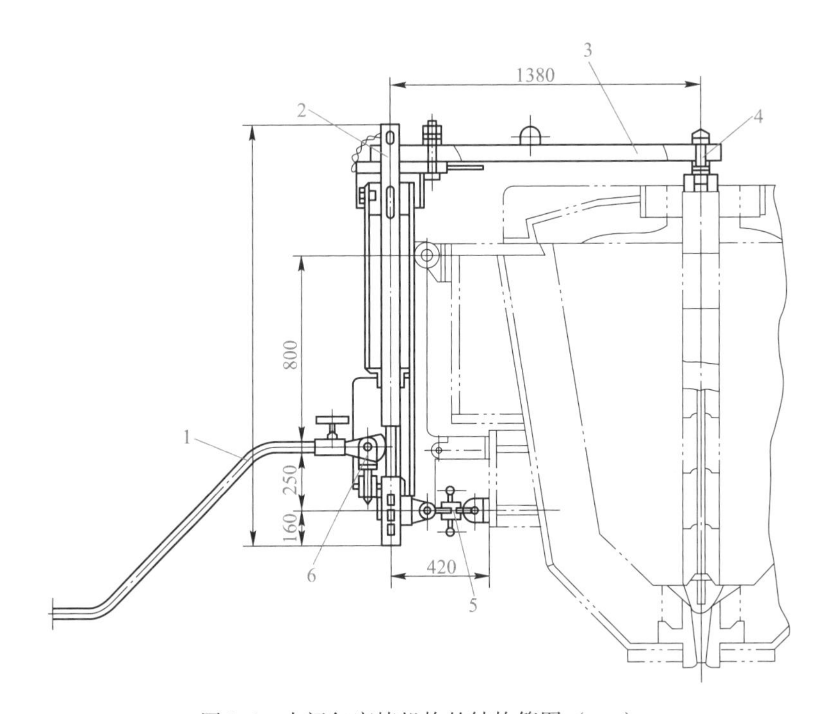

图 3-6 中间包塞棒机构的结构简图（mm）

1—操纵手柄；2—升降滑杆；3—横梁；4—塞棒芯杆；5—支架调整装置；6—扇形齿轮

注过程中可更换滑板，使中间包连续使用，有利于实现多炉连浇。滑动水口驱动方式有液压、电动和手动三种。国内最常见的为液压驱动。

滑动水口依滑板活动方式不同有插入式（见图 3-7）、往复式（见图 3-8）和旋转式三

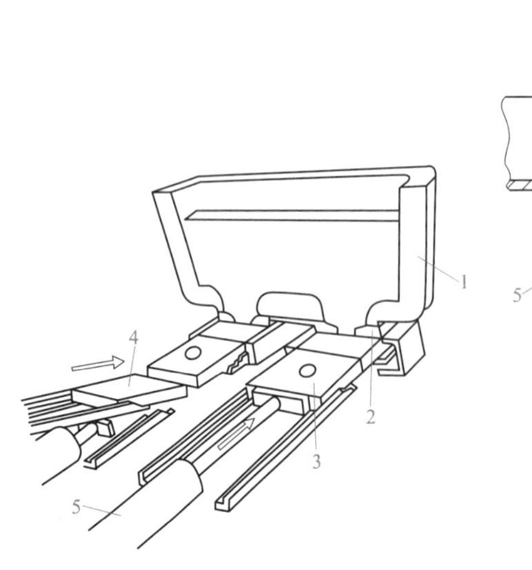

图 3-7 插入式滑动水口

1—中间包；2—固定滑板；3—带水口活动滑板；4—无水口活动滑板；5—液压缸

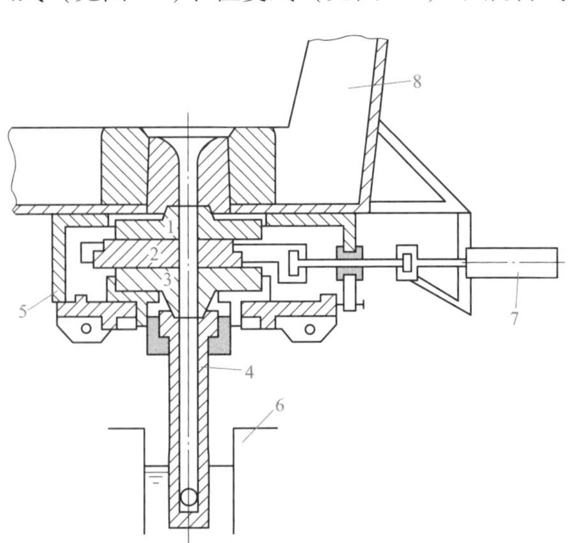

图 3-8 往复式滑动水口

1—上固定滑板；2—活动滑板；3—下固定滑板；4—浸入式水口；5—滑动水口箱体；6—结晶器；7—液压缸；8—中间包

种形式。它们都是采用三块耐火材料滑板，上下两块为带流钢孔的固定滑板，中间加一块活动滑板以控制钢流。插入式滑动水口是按所需程序，将新活动滑板由一侧推入两固定滑板之间，而从另一侧推出用过的活动滑板。往复式滑动水口的带孔滑板通过液压传动做往复运动，达到控制钢流的目的。旋转式滑动水口是在一旋转托盘上装有 8 块活动滑板以替换使用，调节钢流时，托盘缓慢转动以实现水口的开关及钢流控制。

滑动水口上下滑板之间用特殊耐热合金制造的螺旋弹簧压紧，浇注时弹簧用压缩空气冷却。

（7）浸入式水口。浸入式水口安装在中间包底部，插入结晶器内，将中间包内钢水浇注至结晶器内，如图 3-9 所示。浸入式水口大多采用熔融石英质或 Al_2O_3-C 质。目前大多数钢厂采用 Al_2O_3-C 质水口，石英水口作为异常情况下的备用，因为其可以不用烘烤直接使用。国内某钢厂使用浸入式水口的成分及性能见表 3-11。

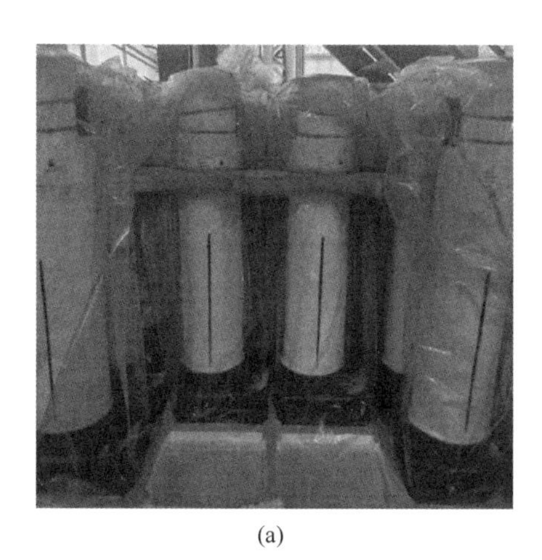

(a)

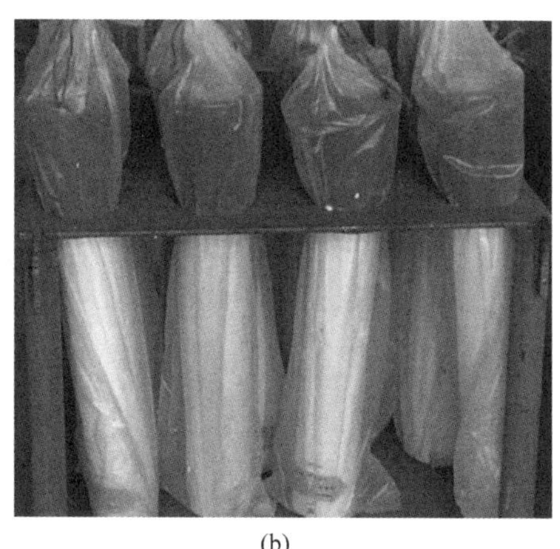

(b)

图 3-9　国内某钢厂使用的浸入式水口

（a）板坯用双侧孔浸入式水口；（b）方坯连用直桶型浸入式水口

表 3-11　国内某钢厂使用浸入式水口的成分及性能

项　目	单位	指　标	
		本体	渣线
$w(Al_2O_3)$	%	≥50	—
$w(C)$	%	≥25	≥12
$w(ZrO_2)$	%	—	≥75
体积密度	g/cm^3	≥2.3	≥3.5
显气孔率	%	≤18	≤16
常温耐压强度	MPa	≥23	≥23
常温抗折强度	MPa	≥6	≥6
热震稳定性	次	≥10	—

铝碳质浸入式水口渣线部位侵蚀最为严重，图 3-10 为侵蚀实物照片。为了提高铝碳质浸入式水口渣线部位抵抗侵蚀的能力，可在渣线部位复合一层 ZrO_2-C 质耐火材料。

3.1.2 中间包车

中间包车（见图 3-11）是中间包的运载设备，设置在连铸浇注平台上，一般每台连铸机配备两台中间包车，用一备一。在浇注前用中间包车将烘烤好的中间包运至结晶器上方并对准浇注位置，浇注完毕或发生事故时，再用中间包车将中间包从结晶器上方运走。生产工艺要求中间包车具有横移、升降调节和称量功能。

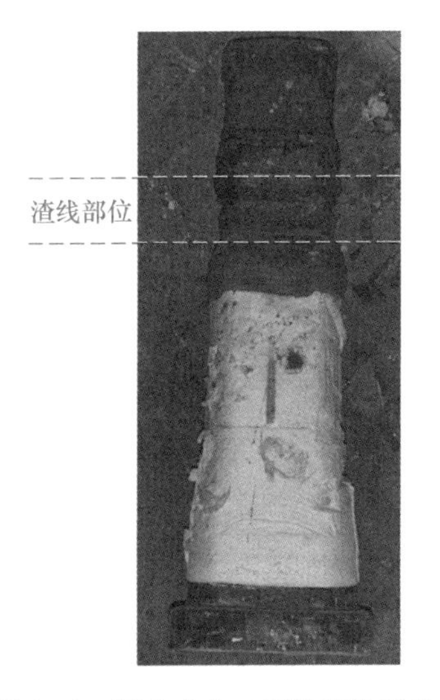

图 3-10 浸入式水口侵蚀实物照片

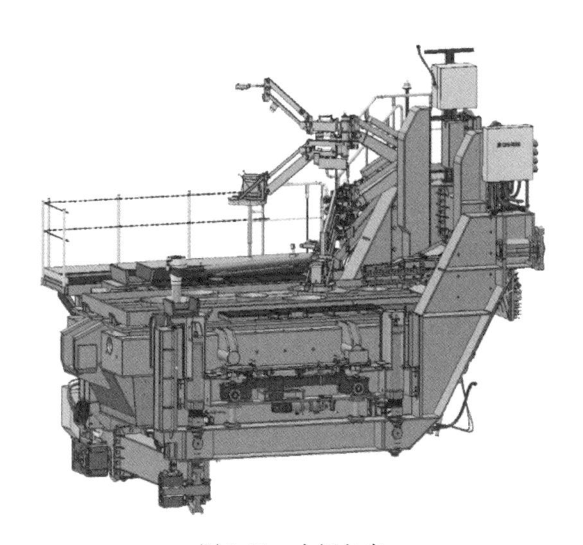

图 3-11 中间包车

中间包车按中间包水口、中间包车的主梁和轨道的位置，可分为悬吊式和门式两种类型。

中间包车由车架走行机构、升降机构、对中装置及称量装置等组成。中间包车行走机构一般是两侧单独驱动，并设有自动停车定位装置。行走速度设有快速和慢速两挡。快速挡用于中间包车的快速移动，速度为 10~20 m/min；而慢速挡主要用于中间包车在浇注位时浸入式水口的对中，因此速度较慢，只有 1~2 m/min。中间包的升降机构有电动和液压驱动两种，升降速度约 30 mm/s。两侧升降一定要同步，应设有自锁定位功能，并且中间包车前后左右 4 个液压油缸的位置要处于同一水平面，否则容易引起浸入式水口在结晶器内倾斜，从而影响结晶器内的流场。中间包车升降动作应该与钢包回转台的高低位具有联锁保护，即当钢包回转台处于低位时，中间包车严禁提升，防止与钢包或钢包回转台碰撞。中间包车还设有电子称量系统，用于中间包内钢水重量的精确称量。某钢厂中间包车的技术参数见表 3-12。

表 3-12 某钢厂中间包车的技术参数

空包重量	22 t
包盖重量	4 t
中间包称重误差	±0.2 t
浇注区域/烘烤区范围	±150 mm
浇注位置范围	±20 mm
形式	半悬挂式（悬臂型）
数量	2 台
承载能力	76 t（包体+盖+钢水+塞棒系统）
驱动运行	液压
提升运动	液压
对中运动	单液压缸
行走速度	快速 20 m/min，慢速 1.2 m/min
提升速度	30 mm/s
对中速度	5 mm/s
升降行程	600 mm
对中行程	±75 mm
中间包称重	称重梁
公辅设施及供电	电缆拖链

任务清单

项目名称	任务清单内容
任务情景	（1）首钢京唐公司钢轧作业部1号连铸机为单流板坯连铸机，中间包内衬由绝热层、永久层、工作层组成，保温层材质为隔热硬质耐火纤维板，永久层材质为高铝质，工作层为镁质干式料。 （2）中间包正常容量：46 t；中间包溢流容量：49 t；塞棒侧工作液位：1240 mm；溢流液位：1300 mm；耐火材料内衬厚度：200 mm；溢流箱容量：25 t。 （3）中间包的壳体采用钢板焊接而成，形状为矩形，壳体外部焊有加固圈和加强筋，防止热变形。设计预留排气孔供设备干燥时使用。另外还设计溢流槽。在两侧和端头焊有经过加工的锻钢耳轴，用来支撑和吊运中间包。 （4）中间包内腔装有湍流器、挡墙、挡坝。
任务目标	能绘制中间包结构示意图。
任务要求	如果你是连铸工艺技术人员，请你根据任务情景，设计单流中间包结构和尺寸。
任务思考	（1）中间包外壳与内衬有哪几层结构？ （2）如何根据中间包容量及液位参数确定中间包尺寸？ （3）中间包内腔结构是什么样的，为什么这么设置？

项目名称	任务清单内容
任务实施	（1）绘制单流中间包结构示意图（标注各部分结构名称、尺寸）。 （2）中间包不同结构部件的功能是什么？
任务总结	通过完成上述任务，你学到了哪些知识，掌握了哪些技能？
实施人员	
任务点评	

做中学，学中做

请归纳总结中间包的类型、作用、使用标准，并填写下表。

项　目	内　　容
中间包类型	

项　目	内　　容
中间包作用	
中间包使用标准	

问题研讨

（1）十机十流连铸机使用的中间包是什么样的，如何设计？

（2）可以采取哪些措施促进钢液中夹杂物在中间包内的上浮和去除？

任务 3.2 连铸结晶器设备认知

知识准备

微课 连铸机的结晶器

3.2.1 结晶器的作用与类型

3.2.1.1 结晶器的作用

结晶器是连铸机非常重要的部件，被称为连铸机的“心脏”。钢液在结晶器内初步冷却凝固成一定坯壳厚度的铸坯外形，并被连续地从结晶器下口拉出，进入二冷区。结晶器应具有良好的导热性和刚性、不易变形和内表面耐磨等优点，同时还要结构简单，便于制造和维护。图 3-12 是某钢厂连铸板坯组合式结晶器的实物外观。

图 3-12 某钢厂连铸板坯组合式结晶器

动画 管式结晶器

3.2.1.2 结晶器的类型

从结构来看，结晶器有管式和组合式两种。小方坯及小断面矩形坯多采用管式结晶器，而大方坯、大断面矩形坯和板坯多采用组合式结晶器。

（1）管式结晶器。国内某企业生产的铜管结晶器如图 3-13 所示。管式结晶器铜管厚 10~25 mm，材质为磷脱氧铜、银铜、铬锆铜；镀层材质为 Ni-Co+Cr 复合镀层；锥度有单锥度、多锥度、抛物线锥度、复合锥度等；水缝式冷却，适合浇注普碳钢、低合金、高中碳、合金钢、不锈钢等多种钢种。

（2）组合式结晶器。组合式结晶器由 4 块复合壁板组合而成。每块复合壁板都由铜质内壁和钢质外壳组成。在与钢壳接触的铜板面上铣出许多沟槽形成中间水缝，如图 3-14 所示。复合壁板用双螺栓连接固定，如图 3-15 所示。图 3-16 为组合式结晶器结构图。冷却水从下部进入，流经水缝后从上部排出。4 块壁板有各自独立的冷却水系统，如图 3-17 所示。

动画 组合式板坯结晶器

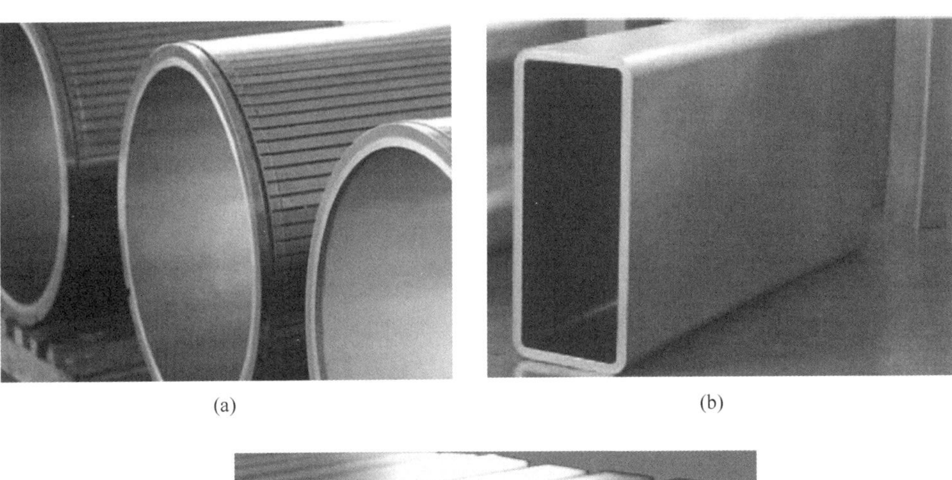

(a) (b)

(c)

图 3-13 某企业生产的铜管结晶器

（a）圆坯铜管；（b）矩形坯铜管；（c）方坯铜管

图 3-14 结晶器水缝实物照片

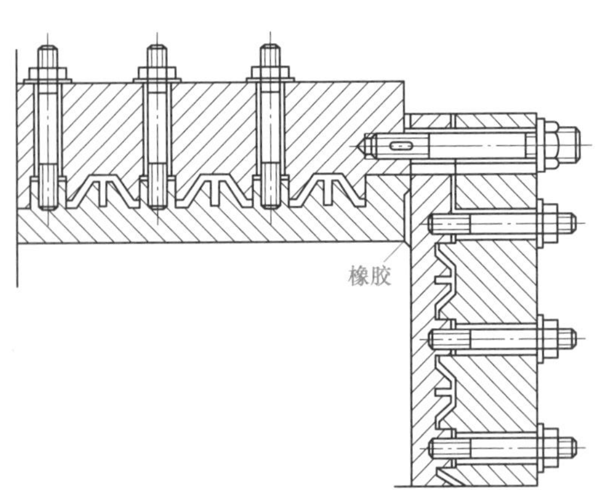

图 3-15 铜板与钢板的螺钉连接形式

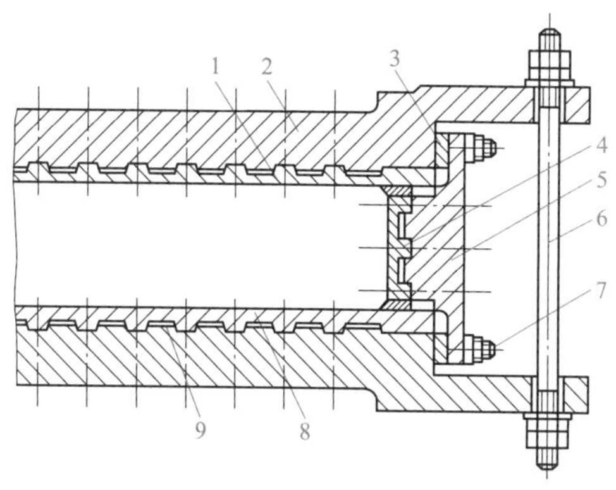

图 3-16　组合式结晶器结构

1—外弧内壁；2—外弧外壁；3—调节垫块；
4—侧内壁；5—侧外壁；6—双头螺栓；
7—螺栓；8—内弧内壁；9—一字形水缝

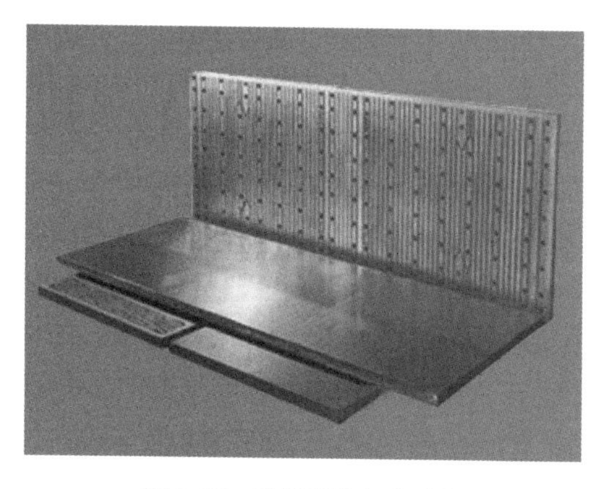

图 3-17　壁板及冷却水系统

微课　结晶器的几个重要参数

3.2.2　结晶器的主要参数

结晶器的主要参数包括结晶器的断面形状和尺寸、结晶器的倒锥度、长度及水缝面积等。

3.2.2.1　结晶器长度

作为一次冷却，结晶器长度是一个非常重要的参数，它是保证连铸坯出结晶器时能否具有足够安全坯壳厚度的重要因素。如果长度太短，出结晶器下口时铸坯厚度达不到安全厚度，容易产生漏钢事故；如果长度太长，拉坯阻力大，加工也困难。

出结晶器下口时坯壳的厚度为：

$$\delta = K_m\sqrt{t}$$

即

$$t = \left(\frac{\delta}{K_m}\right)^2 \tag{3-1}$$

式中　δ——出结晶器下口坯壳厚度，mm；

K_m——结晶器内钢液凝固系数，mm/min$^{1/2}$；

t——钢水在结晶器内停留时间，min。

则结晶器有效长度（结晶器实际容纳钢水的长度）为：

$$L_m = v_c t = v_c\left(\frac{\delta}{K_m}\right)^2 \tag{3-2}$$

式中　L_m——结晶器有效长度，m；

v_c——拉坯速度，m/min。

在实际生产过程中，钢液面距离结晶器上口留有 100 mm 左右的距离，故结晶器的长度为：

$$L = L_m + 100 \tag{3-3}$$

根据大量的理论研究和实践经验，结晶器长度一般在700~900 mm比较合适。目前大多数倾向于把结晶器长度增加到900 mm，以适应高拉速的需要。

3.2.2.2 结晶器倒锥度

结晶器倒锥度有两种常见计算方法。

（1）适用于方圆坯结晶器倒锥度计算的公式。

$$\varepsilon_1 = \frac{S_{上} - S_{下}}{S_{上} L} \times 100\% \tag{3-4}$$

式中 ε_1——结晶器每米长度的倒锥度，%/m；

$S_{上}$——结晶器上口断面面积，mm^2；

$S_{下}$——结晶器下口断面面积，mm^2；

L——结晶器长度，m。

（2）适用板坯结晶器倒锥度计算的公式。因为板坯的宽厚比悬殊很大，所以板坯结晶器的倒锥度分宽面倒锥度和窄面倒锥度。其中宽面倒锥度按式（3-5）计算。

$$\varepsilon_1 = \frac{B_{上} - B_{下}}{B_{上} L} \times 100\% \tag{3-5}$$

式中 ε_1——结晶器每米长度的倒锥度，%/m；

$B_{上}$——结晶器上口宽度，mm；

$B_{下}$——结晶器下口宽度，mm；

L——结晶器长度，m。

板坯结晶器宽面倒锥度为0.9%/m~1.3%/m。

因为板坯厚度方向的凝固收缩比宽度方向收缩要小得多，所以一般情况下，板坯结晶器宽边被设计成平行的，即窄面倒锥度为0%。当然，随着板坯连铸机厚度规格越来越大，厚度不小于250 mm的结晶器，窄面倒锥度可以设计成固定的1~3 mm，即结晶器上口开口度比结晶器下口开口度大1~3 mm。表3-13所列是国内某钢厂结晶器厚度方向有2~3 mm的倒锥度。

表3-13 国内某钢厂结晶器顶部与底部厚度尺寸设定值

结晶器厚度规格	位置	厚度尺寸设定值
250 mm	顶部	260.75 mm
	底部	258.75 mm
300 mm	顶部	317.50 mm
	底部	315.50 mm
400 mm	顶部	420.50 mm
	底部	417.50 mm

除了常规的直板结晶器外，现在有些钢厂的结晶器加工成了双锥度、多锥度甚至抛物线型锥度，以便更符合钢液凝固时体积的变化规律，但是这种结晶器加工困难，使用并不普遍。

思考：结晶器形状为什么设计倒锥度？倒锥度的大小与什么有关系？

实际生产过程中要根据铸坯断面、拉速和钢的高温收缩率综合选定合适的结晶器倒锥度。如果倒锥度选取过小，则坯壳与结晶器铜板之间的气隙过大，可能导致铸坯变形，产生角部纵裂纹等缺陷；如果倒锥度选取过大，则会增加拉坯阻力，容易产生横裂纹。

【练习 3-1】 某钢厂方坯连铸机，结晶器上口尺寸 230 mm×230 mm，下口断面为 229 mm×229 mm，结晶器长度为 0.9 m，求这个结晶器的倒锥度。

【练习 3-2】 某钢厂 200 mm 厚板坯连铸机，结晶器上口尺寸 206.75 mm×2010 mm，下口断面为 206.75 mm×1990 mm，结晶器长度为 900 mm，求这个结晶器的倒锥度。

注意：计算倒锥度务必要弄清楚单位，没有单位的数据是无效数据。

3.2.2.3　结晶器断面

结晶器断面是根据铸坯的公称断面尺寸来确定的。公称断面是指冷坯的实际断面尺寸。由于结晶器内的坯壳在冷却过程中会逐渐收缩，同时考虑矫直变形的影响，因此结晶器的断面尺寸应比铸坯的断面尺寸大 2%～3%。结晶器的断面形状应与铸坯的断面形状相一致，铸坯根据断面形状不同可采用正方坯、板坯、矩形坯、圆坯及异形坯结晶器。

3.2.2.4　结晶器冷却水缝总截面积

影响结晶器冷却强度的因素主要是结晶器内壁的导热性能、结晶器内冷却水的流速和流量。而冷却水的流速与流量与冷却水缝截面积有关，因此必须确定合理的冷却水缝截面积。

$$A = \frac{10000Q_{结}}{36v} \tag{3-6}$$

式中　A——结晶器冷却水缝总截面积，mm^2；

$Q_{结}$——结晶器冷却水流量，m^3/h；

v——冷却水缝内冷却水流速，m/s。

表 3-14 所列是某钢厂结晶器冷却水缝设计尺寸。

表 3-14　某钢厂结晶器冷却水缝设计尺寸

宽面水缝尺寸		6 mm(宽)×11 mm(深)×102 条	6 mm(宽)×15 mm(深)×36 条
窄面水缝尺寸	250 mm(厚)	6 mm(宽)×11 mm(深)×8 条	6 mm(宽)×15 mm(深)×4 条
	300 mm(厚)	6 mm(宽)×11 mm(深)×10 条	6 mm(宽)×15 mm(深)×8 条

结晶器的冷却水槽形式如图 3-18 所示。

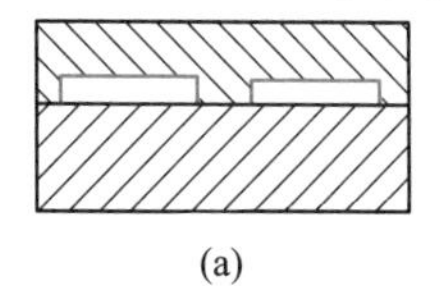
(a)

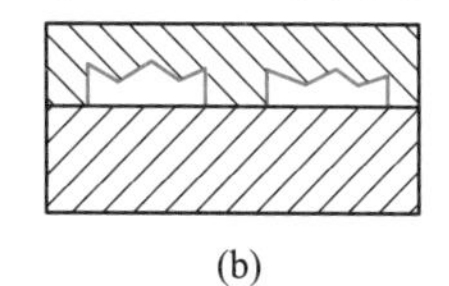
(b)

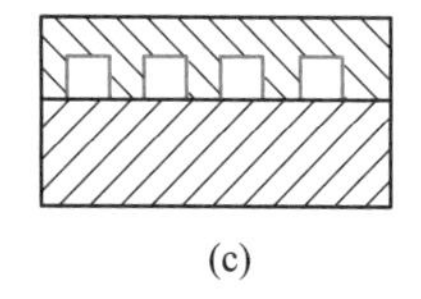
(c)

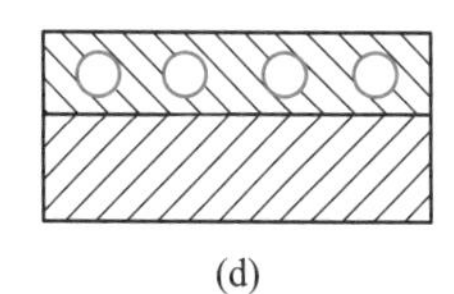
(d)

图 3-18　结晶器的冷却水槽形式

(a) 一字形；(b) 山字形；(c) 沟槽式；(d) 钻孔式

思考：连铸钢液通过结晶器冷却后，温度降低，热量减少，热量损失如何计算？有什么简便的计算办法吗？

3.2.2.5 结晶器材质

由于结晶器内壁直接与高温钢水接触，因此内壁材料应具有以下性能：导热性好，且具有足够的强度、耐磨性、塑性及可加工性。

结晶器内壁使用的材质主要有以下几种：

（1）铜。结晶器的内壁材料一般由紫铜、黄铜制作，这是因为它具有导热性好、易加工、价格便宜等优点，但耐磨性差，使用寿命较短。

（2）铜合金。结晶器的内壁采用铜合金材料，可以提高结晶器的强度、耐磨性、延长结晶器的使用寿命。

（3）铜板镀层。为了提高结晶器的使用寿命，减少结晶器内壁的磨损，防止铸坯产生星状裂纹，结晶器的工作面可采用镀铬或镀镍等电镀技术。镀层有单一镀层和复合镀层，单一镀层主要采用铬或镍，复合镀层采用镍-铁、镍-钴、镍-镍合金-铬三层镀层，复合镀层使用寿命比单一镀层高5~7倍。镀层厚度一般为0.3~2 mm。由于结晶器底部磨损比顶部磨损严重，因此结晶器上部镀层厚度一般比底部薄。例如，某钢厂结晶器宽边新铜板厚度45 mm，镀层厚度顶部（0.3±0.1）mm，底部（1.5±0.1）mm；窄边新铜板厚度45 mm，镀层厚度顶部（0.3±0.1）mm，底部（2±0.1）mm。

任务清单

子任务清单 1——结晶器锥度计算与设计

<table>
<tr><th>项目名称</th><th>任务清单内容</th></tr>
<tr><td>任务情景</td><td>
（1）首钢京唐钢轧作业部 1 号连铸机所使用的结晶器具体技术参数如下：宽度调整范围（冷坯尺寸）：1600~2400 mm；厚度范围（冷坯尺寸）：250~400 mm；可以生产板坯尺寸：250 mm、300 mm 和 400 mm；铜板材质：CrZrCu，表面镀层：Ni-Fe/Ni-Co；铜板长 800 mm、厚 40 mm（宽边和窄边）；报废厚度：25 mm。
（2）首钢京唐钢轧作业部 1 号连铸机结晶器宽度调整值的基本计算值见表 3-15。
表 3-15 首钢京唐钢轧作业部 1 号连铸机结晶器宽度调整值
<table>
<tr><th rowspan="2">冷坯宽度/mm</th><th rowspan="2">宽度收缩系数/mm</th><th rowspan="2">热坯结晶器底边宽度/mm</th><th colspan="2">每侧锥度</th><th rowspan="2">结晶器顶部宽度/mm</th></tr>
<tr><th>%</th><th>mm</th></tr>
<tr><td>1600</td><td>1.013</td><td>1620.8</td><td>0.9</td><td>7.29</td><td>1635.39</td></tr>
<tr><td>1700</td><td>1.013</td><td>1722.1</td><td>0.9</td><td>7.75</td><td>1737.60</td></tr>
<tr><td>1800</td><td>1.013</td><td>1823.4</td><td>0.9</td><td>8.21</td><td>1839.81</td></tr>
<tr><td>1900</td><td>1.013</td><td>1924.7</td><td>0.9</td><td>8.66</td><td>1942.02</td></tr>
<tr><td>2000</td><td>1.013</td><td>2026</td><td>0.9</td><td>9.12</td><td>2044.23</td></tr>
<tr><td>2100</td><td>1.013</td><td>2127.3</td><td>0.9</td><td>9.57</td><td>2146.45</td></tr>
<tr><td>2200</td><td>1.013</td><td>2228.6</td><td>0.9</td><td>10.03</td><td>2248.66</td></tr>
<tr><td>2300</td><td>1.013</td><td>2329.9</td><td>0.9</td><td>10.48</td><td>2350.87</td></tr>
<tr><td>2400</td><td>1.013</td><td>2431.2</td><td>0.9</td><td>10.94</td><td>2453.08</td></tr>
</table>
</td></tr>
<tr><td>任务目标</td><td>能正确计算结晶器锥度，能设计合理的结晶器尺寸。</td></tr>
<tr><td>任务要求</td><td>对于新结晶器，锥度一般为 0.9%，但是在实际生产过程中，随着结晶器的长期使用，结晶器铜板磨损较多，因此结晶器锥度值增加到 1.2%对磨损进行补偿。如果你是连铸工艺技术人员，请你结合任务情景，重新设计首钢京唐 1 号连铸机结晶器宽度调整参数表。</td></tr>
</table>

项目名称	任务清单内容
任务思考	（1）什么是结晶器锥度？ （2）结晶器锥度如何计算？
任务实施	（1）分宽度尺寸分别核算结晶器锥度，并进行尺寸设计。 （2）设计制作首钢京唐1号连铸机结晶器宽度调整参数表。
任务总结	通过完成上述任务，你学到了哪些知识，掌握了哪些技能？

项目名称	任务清单内容
实施人员	
任务点评	

注：此任务单中的锥度单位和知识准备中的单位不一致。

子任务清单 2——结晶器冷却水流量设计与计算

<table>
<tr><th>项目名称</th><th>任务清单内容</th></tr>
<tr><td>任务情景</td><td>（1）首钢京唐钢轧作业部 1 号连铸机所使用的结晶器铜板冷却水水缝设计如下。
1）宽面水缝尺寸。
① 6 mm(宽)×11 mm(深)×102 条。
② 6 mm(宽)×15 mm(深)×36 条。
2）窄面水缝尺寸。
① 250 mm：6 mm(宽)×11 mm(深)×8 条；6 mm(宽)×15 mm(深)×4 条。
② 300 mm：6 mm(宽)×11 mm(深)×10 条；6 mm(宽)×15 mm(深)×8 条。
③ 400 mm：6 mm(宽)×11 mm(深)×12 条；6 mm(宽)×15 mm(深)×8 条。
（2）结晶器冷却水见表 3-16。

表 3-16　结晶器冷却水
<table><tr><td>厚度/mm</td><td>250</td><td>300</td><td>400</td></tr><tr><td>单侧窄面/L · min⁻¹</td><td>500</td><td>500</td><td>750</td></tr><tr><td>单侧宽面/L · min⁻¹</td><td>4000</td><td>4000</td><td>4100</td></tr></table></td></tr>
</table>

项目名称	任务清单内容
任务目标	能根据不同结晶器冷却水流量计算结晶器内水流速，并优化结晶器冷却工艺。
任务要求	如果你是连铸工艺技术人员，请你根据任务情景，分别计算两种不同深度水缝对应的结晶器内冷却水水流速度，并根据水流速度判断，结晶器窄面和宽面水流量设计是否合理。
任务思考	（1）如何计算结晶器水缝面积？ （2）如何计算结晶器水缝内水流速度？
任务实施	（1）计算浅水缝（深 11 mm）结晶器铜板水流速度。 （2）计算深水缝（深 15 mm）结晶器铜板水流速度。

项目名称	任务清单内容
任务总结	通过完成上述任务，你学到了哪些知识，掌握了哪些技能?
实施人员	
任务点评	

做中学，学中做

结晶器使用基准。

结晶器在使用之前，一定要对如下事项进行确认。

（1）在引锭杆插入结晶器之前，结晶器的整个调宽范围都要经过测试，确保结晶器在整个调宽过程中不会出现卡阻。

（2）铜板的上部中间边缘一定要做上标记，用于检查浇注宽度。

（3）通过特殊样板检查结晶器的足辊必须比结晶器底部铜板高大约 0.5 mm。

（4）在开浇之前，一定要检测结晶器铜板是否有机械损坏，从结晶器铜板的上沿向下 250 mm 以下（即结晶器液位区）没有损坏即可。在 250 mm 以下，轻微的损坏深度达到 2 mm 可以接收，但是必须沿着浇注的方向进行打磨。万一出现的比较大的损坏，不得进行浇注，因为这样容易导致出现粘连漏钢。

（5）宽面、窄面铜板允许的偏差为：在铜板中间沿着结晶器整个高度测量，偏差值不超过 0.5 mm。

（6）在铜板的边缘附近出现纵向裂痕，或裂纹直接出现在裂痕上（容易导致漏钢），尤其是在内弧面上。在宽边也可能出现纵向裂痕。允许的磨损的参考值为 3.0 mm，如图 3-19 所示。

（7）每次宽度调整后，都必须检查窄面铜板的锥度。窄面锥度是通过锥度测量仪在窄面板的中间进行测量的。每边锥度调整的偏差不允许超过±0.5 mm。

（8）宽面与窄面之间存留的钢和杂物必须通过清理板、喷淋水和压缩空气清理干净。缝隙必须通过耐火泥进行填充。每次将宽面打开，宽面与窄面之间的杂物必须清理干净。角缝值小于 0.3 mm。窄面-宽面缝隙公差如图 3-20 所示。

（9）每次开浇之前必须检查足辊喷嘴性能。堵塞的喷嘴头一定要拆下进行清洗；在结晶器上机之前一定要检测喷嘴功能；喷嘴必须正确地定位在辊的后部，要调整喷嘴与板坯的距离、喷嘴之间的角度；需要出具结晶器喷嘴检验报告。

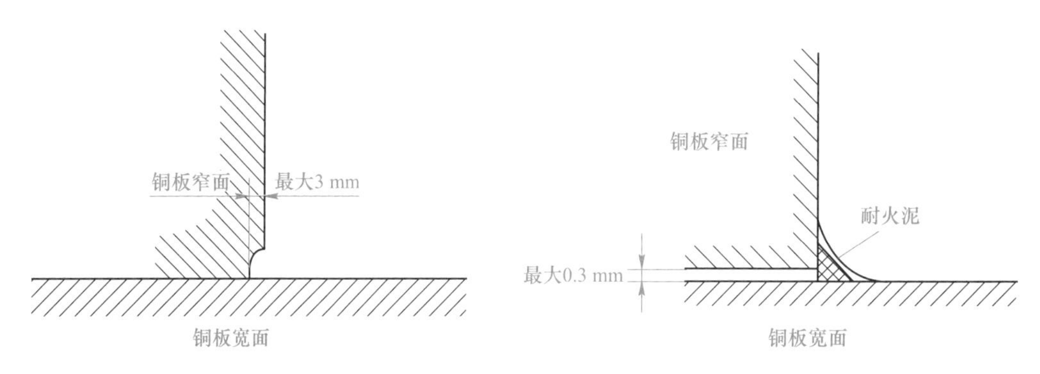

图 3-19 铜板边缘附近的磨损公差　　图 3-20 窄面-宽面缝隙公差

(10) 一定要确保宽面足辊和窄面足辊转动灵活，足辊上没有冷钢和积渣。足辊的磨损及足辊和底部铜板之间的接弧也要进行检查。图 3-21 是结晶器足辊实物图。

图 3-21 结晶器足辊实物图

(11) 铜板和背板之间连接必须紧固，水箱和背板及所有的法兰必须紧固，绝不允许水渗透到结晶器里，否则会导致生命危险。如若发现水渗透到结晶器内，必须立即更换结晶器。

(12) 结晶器盖板和铜板之间必须填满耐火材料。缝隙必须进行填补，保护调整机构免受污染及钢水溢流；结晶器专家系统的电缆也要用耐火材料做好防护。

(13) 浇注前需要检查的其他方面。确保宽面夹紧装置功能正常，所有的管路（润滑、液压、电气、压缩空气）连接紧固。

(14) 铜板必须干燥。

问题研讨

结晶器作为连铸机的心脏，使用到一定寿命后，需要对其进行维修，结晶器维修的标准是什么？维修后如何检验？

表 3-17 是国内某钢铁企业结晶器基本维修标准，表 3-18 为维修检验标准。

表 3-17　结晶器维修基准

测试范围	检查结果	纠正措施
铜板表面底部 1/3	刮痕深度小于 3 mm	沿浇注方向打磨
铜板表面底部 1/3	刮痕深度大于 3 mm	重新加工铜板
铜板表面 2/3	刮痕深度小于 0. 5 mm	打磨光滑
铜板平整度	大于 0. 5 mm	重新加工铜板
铜板窄面	边缘磨损	重新加工铜板
足辊	同心度大于 0. 2 mm	更换辊子
足辊	不动	更换辊子
滚针轴承	大于 0. 3 mm 间隙	更换轴承
结晶器框架	内腔及管道有污物	拆卸结晶器，清洁所有部件，尤其是支撑板的沟槽
冷却喷嘴	堵塞	拆卸并清洁喷嘴或更换喷嘴
二冷喷嘴	错误的或坏的喷嘴型号	更换喷嘴
宽度调整装置	调节装置移动困难	清洁并润滑支撑板间的导向，或拆卸宽度调整装置并检查液压缸
宽度调整装置	间隙超过 1 mm	检查间隙，并更换部件
结晶器一级冷却	漏水	密封泄漏点
过滤器	堵塞	清洁过滤器

表 3-18　结晶器维修检验标准

序号	内容	说明	标准值
A	结晶器底部宽度范围（新铜板）/mm	max	2540±5
		min	1530±5
B	锥度调整/mm	右	max 50
		左	max 50
C	浇注厚度，结晶器底部的开口度值/mm	底部	264. 5±0. 4
			315. 5±0. 4
			366. 5±0. 4
			417. 5±0. 4
D	浇注厚度，结晶器顶部的开口度值/mm	顶部	266. 5±0. 4
			317. 5±0. 4
			369. 5±0. 4
			420. 5±0. 4
E	宽面足辊与铜板对中（使用专用标尺测量）/mm		1+0. 2
E1	宽面足辊与铜板对中（使用直尺测量）/mm		0+0. 2
F	窄面足辊与铜板对中（使用专用标尺测量）/mm		1+0. 2

续表 3-18

序号	内 容	说 明	标 准 值
F1	窄面足辊至铜板对中（使用直标尺测量）/mm	辊子 1	0+0.2
F2		辊子 2	1.2+0.2
F3		辊子 3	2.1+0.2
F4		辊子 4	3.0+0.2
F5		辊子 5	3.9+0.2
G	调宽液压缸连杆的预紧力/bar①	顶部	18.5±1
H		底部	70.8±3
I	底部活动侧的固定螺栓力矩——支撑板/N·m		60±2
J1	扩开螺栓的紧固力矩——宽面铜板/N·m		80±5
J2	紧固螺栓的紧固力矩——窄面铜板/N·m		60±5
K	滑动板表面与窄面铜板侧面的距离（窄面铜板的 4 面）/mm		0.20/-0.1
L1	偏心螺栓与参考面“Z”的距离/mm	右侧	30.0~50.0
		左侧	30.0~50.0
L2	拧紧偏心螺栓的紧固力矩/N·m	右侧	400+20
		左侧	400+20
M	活动侧支撑板与底部固定螺栓的间隙/mm	右侧	0.2~0.4
		左侧	0.2~0.4
N	足辊区域的辊缝公差/mm		263.5+0.6/-0.1
			314.5+0.6/-0.1
			365.5+0.6/-0.1
			416.5+0.6/-0.1
O	窄面铜板和宽面铜板之间的直夹角/(°)		90±0.2
P	窄面铜板和宽面铜板之间的接触面/mm	max	0.3
Q	固定侧框架和活动侧框架的水平平行度/mm		0.3
R	结晶器支撑区域到水密封区域的垂直距离/mm		12±0.3
S	窄面调整装置的摆动间隙检查/mm	顶部	max 0.25
		底部	max 0.25
T	足辊的固定螺栓力矩/N·m		250±5
U	侧面足辊的力矩/N·m		650±5
V	结晶器的密封性检查		
	测试压力/bar		12
	保压时间/min		10
结晶器厚度	夹紧和打开装置的间隙/mm		
	250 mm	顶部	1.5±0.15
		底部	0.7±0.15
	300 mm	顶部	1.75±0.15
		底部	0.8±0.15
	400 mm	顶部	2.25±0.15
		底部	1.0±0.15

① 1 bar=0.1 MPa。

任务 3.3 结晶器振动设备认知

微课 结晶器的振动

知识准备

动画 结晶器振动脱模

3.3.1 结晶器振动的目的

结晶器振动装置用于支撑结晶器，并使其上下往复振动以防止坯壳因与结晶器黏结而拉裂，起到“脱模”作用。“脱模”工艺原理如图 3-22（a）所示，结晶器内初生坯壳的正常形成过程中，铸坯会连续不断地被拉出结晶器，同时结晶器内也会不断形成新的初生坯壳。实际生产过程中，由于各种原因，图 3-22（a）中 A 段坯壳与结晶器内壁黏结，在 A 段下方的 C 处坯壳如果比较薄，其抗拉强度小于 A 段坯壳与结晶器内壁的黏结力和摩擦力，则 C 处坯壳会在拉坯力的作用下被拉断。如果结晶器是固定不动的，A 段坯壳会继续黏结在结晶器内壁上，B 段坯壳会在拉坯力作用下以拉坯速度向下运行，A 段与 B 段坯壳中间会被新的未凝固的钢液填充从而形成新的坯壳，如图 3-22（b）所示，从而把 A、B 两段坯壳重新连接起来。如果新形成的坯壳连接强度足以克服 A 段的黏结力和摩擦力，则 A 段会被拉下，坯壳断裂处便可实现愈合，不影响后续拉坯。但是大多数情况下，新形成的坯壳厚度比 A、B 段坯壳厚度薄、强度弱，无法使拉断的 A、B 两段坯壳短时间内牢固连接起来，因此当 B 段坯壳运行至结晶器下口时，钢水会在静压力作用下冲破新形成的坯壳，从而造成漏钢事故，如图 3-22（c）所示。如果有了结晶器往复振动，即使 A 段坯壳与结晶器内壁发生黏结，结晶器向上振动，则黏结部分和结晶器一起上升，坯壳被拉裂，未凝固钢液会立即填充到坯壳拉裂处，形成新的凝固层；等结晶器向下振动且振动速度大于向下拉坯速度时，坯壳处于受压状态，拉裂处会被重新愈合，断裂的坯壳会被强制连接起来，强制消除黏结，起到强制“脱模”作用。

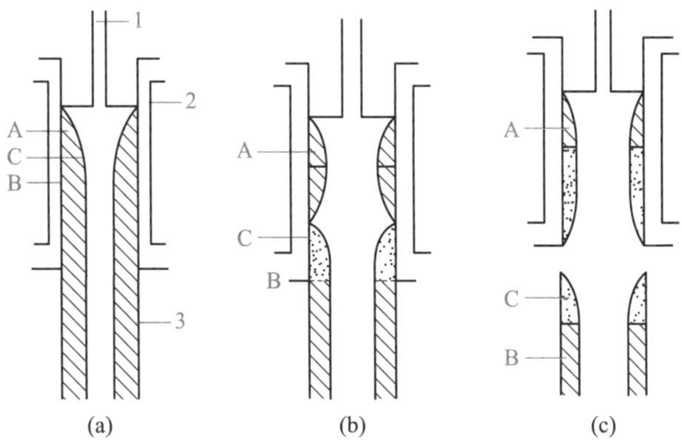

图 3-22 结晶器内坯壳拉断和黏结消除过程

（a）结晶器内坯壳正常形成过程；（b）黏结消除过程；（c）坯壳黏结拉断漏钢

1—钢水注流；2—结晶器；3—坯壳

理解：拉裂铸坯重新愈合的关键是结晶器向下振动速度大于拉坯速度，这就是“负滑脱”的概念。

3.3.2 结晶器的振动方式

根据结晶器振动的运动轨迹，振动方式可分为正弦振动和非正弦振动两大类。

3.3.2.1 正弦振动

正弦振动指的是结晶器上下运动的速度与时间的关系呈一条正弦曲线，如图3-23中曲线2所示。正弦振动的特点如下：

（1）结晶器上下振动的时间相等，上下振动的最大速度相等；

（2）铸坯与结晶器内壁之间始终存在相对运动；

（3）结晶器下降过程中，存在一小段时间的“负滑脱”，可以防止和消除坯壳与结晶器内壁间的黏结，并对拉裂的坯壳起到愈合作用；

（4）加速度按余弦规律变化，过渡比较平缓，冲击小。

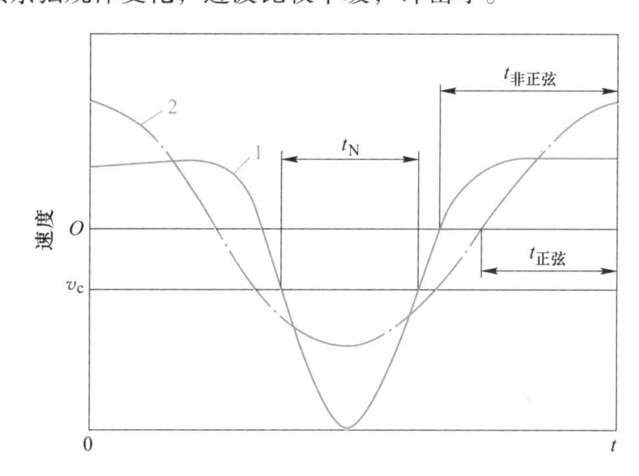

图3-23 正弦振动和非正弦振动速度-时间曲线

1—非正弦振动；2—正弦振动

3.3.2.2 非正弦振动

非正弦振动与正弦振动相对应，正弦振动方式下，结晶器向上运动时间和向下运动时间相等，而非正弦振动方式下，结晶器向上振动时间大于向下振动时间，目的是缩小铸坯与结晶器向上振动的相对速度，如图3-23中曲线1所示。非正弦振动具有以下特点：负滑脱时间短，正滑脱时间长，结晶器向上振动与铸坯间的相对运动速度减小。非正弦振动的效果包括：

（1）铸坯表面质量变化不大。理论和实践均表明，在一定范围内，结晶器振动的负滑脱时间越短，铸坯表面振痕就越浅。在相同拉速下，非正弦振动的负滑脱时间较正弦振动短，但负滑脱时间变化较小，因此铸坯表面质量没有大的变化。

（2）拉漏率降低。非正弦振动的正滑动时间较正弦有明显增加，可增大保护渣消耗改善结晶器润滑，有助于减少黏结漏钢与提高铸机拉速。采用非正弦振动，拉漏率有明显降低。

（3）设备运行平稳，故障率低。表明非正弦振动所产生的加速度没有引起过大的冲击力，缓冲弹簧刚度的设计适当。

思考：能否根据正弦振动和非正弦振动速度时间曲线，判断结晶器的位置？最高位、中间位、最低位分别在什么时刻？

注意：速度-时间曲线的纵坐标是速度，不是结晶器的位置。

3.3.3 结晶器的振动参数

结晶器振动装置的主要参数包括振幅、频率、负滑动时间和负滑动率。

3.3.3.1　振幅与频率

结晶器振动装置的振幅和频率是互相关联的，一般频率越高，振幅越小。如频率高，结晶器与坯壳之间的相对滑移量大，这样有利于强制脱模，防止黏结和提高铸坯表面质量。如振幅小，结晶器内钢液面波动小，这样容易控制浇注技术，使铸坯表面较光滑。板坯连铸生产中，结晶器振动的频率为 49～90 次/min，有时可达 400 次/min，振幅为 3.5～5.7 mm。小方坯连铸生产中，频率为 75～240 次 min，振幅为 3 mm。

3.3.3.2　负滑动时间与负滑动率

结晶器振动装置的负滑动是指结晶器下降振动速度大于拉坯速度时，铸坯做与拉坯方向相反的运动。如图 3-24 所示，t_m 为负滑动时间。负滑动时间对铸坯质量有重要的影响，负滑动时间越长，对脱模越有利，但振痕深度越深，裂纹增加。负滑动大小常用负滑动率 ε 表示：

$$\varepsilon = \frac{v_m - v_c}{v_c} \times 100\% \tag{3-7}$$

式中　v_m——结晶器向下振动最大速度，m/min；

v_c——拉坯速度，m/min。

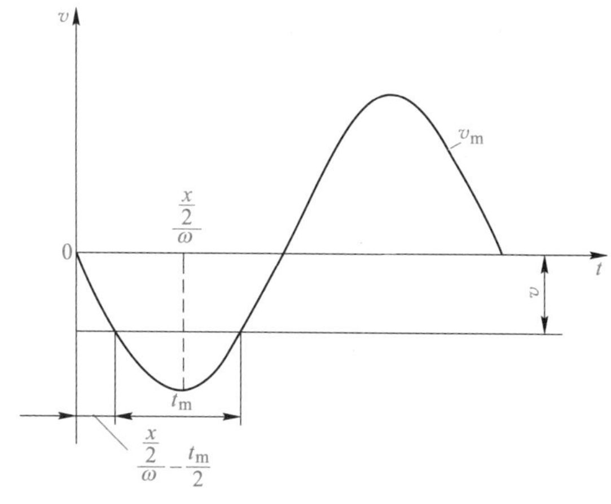

图 3-24　正弦振动速度-时间曲线

为了保证生产的可靠性，结晶器下降时必须有一段负滑动。从这一点出发，结晶器的振幅频率应当根据拉坯速度来选择。它们之间的关系可用式（3-8）表示。

$$f=\frac{1000v_{拉}(1+\varepsilon)}{2\pi S} \tag{3-8}$$

式中 f——结晶器的振动频率，次/min；

ε——负滑动率,%；

S——结晶器的振幅，mm；

$v_{拉}$——连铸机的拉坯速度，m/min。

3.3.4 振动状况检测

结晶器振动装置在线振动状况的检测方法有分币检测法、一碗水检测法及百分表检测法等。这些检测方法的主要特点是简单、方便、实用，并且适合于直结晶器垂直振动装置的振动状况检测。

3.3.4.1 分币检测法

分币检测法的操作方法是在无风状态下将2分或5分硬币垂直放置在结晶器振动装置上，或放在振动框架的4个角部位置，或放在结晶器内、外弧水平面的位置上。硬币放的位置表面应光滑、清洁无油污。如果分币能较长时间随振动装置一起振动而不移动或倒下，则认为该振动装置的振动状态良好，能满足振动精度要求。分币检测法能综合检测振动装置的前后、左右、垂直等方向的偏移、晃动、冲击、颤动现象。

3.3.4.2 一碗水检测法

一碗水检测法的操作方法是将一只装有大半碗水的平底碗放置在结晶器的内弧侧水箱或外弧侧水箱上，通过观察碗中液面的波动及波纹的变化情况，来判定结晶器振动装置振动状况的优劣水平。如果检测用水碗的液面是基本静止的，没有明显的前后、左右等方向晃动，则可认为该振动装置在振动时的偏移与晃动量是基本受控的；如果液面有明显的晃动，则说明该振动装置的振动状态是比较差的。如果液面在振动过程中基本保持平静，没有明显的波纹产生，则可认为该振动装置的振动状况是比较好的；如果液面有明显的向心波纹产生，则可认为该振动装置存在垂直方向上的冲击或颤动，其振动状况是较差的。一碗水检测法能综合检测振动装置的振动状况，观察简易直观，效果明显，检测用的平底碗应稳定地置放在振动装置上。

3.3.4.3 百分表检测法

百分表检测法的操作按其检测的内容可分为侧向偏移与晃动量的检测及垂直方向的振动状态检测等。

A 侧向偏移与晃动量的检测

侧向偏移与晃动量检测的操作方法是，首先将百分表的表座稳定吸附在振动装置吊板或浇注平台框架等固定物件上，然后将百分表安装在表座上，将其测头垂直贴靠在振动框架前后偏移测量点的加工平面上，或左右偏移测量点的加工平面上，并做好百分表零点位置的调整，接着启动振动装置并测量百分表指针的摆动数值。对于垂直振动的结晶器，振动装置的前后偏移量不大于±0.2 mm，左右偏移量为不大于±0.15 mm。如果经百分表的检测，振动框架的侧向偏移量在上述标准范围内，则可认为该振动装置的振动侧向偏移状况是比较好的，能够满足连铸浇注的振动精度要求，否则可认为该振动装置的振动侧向偏移状况是比较差的。

B　垂直方向的振动状态检测

垂直方向振动状态检测的操作方法是，首先将百分表的表座稳定吸附在振动装置吊板或浇注平台框架等固定物件上，然后将百分表安装在表座上，将其测头垂直贴靠在振动框架四个角部位置振幅、波形测量点加工平面上，并做好百分表零点位置的调整，接着启动振动装置并测量百分表指针的摆动变化数值。如果百分表指针的摆动变化随着振动框架的振动起伏而连续、有节律地进行，则认为这一测量点的垂直振动状态是比较好的；如果百分表指针的摆动变化出现不连续、没有节律的状态，则说明这一测量点的垂直振动状态是比较差的。百分表检测法能精确检测振动装置的侧向偏移与晃动量以及垂直方向振动状况。

任务清单

项目名称	任务清单内容
任务情景	（1）首钢京唐钢轧作业部 1 号连铸机采用的结晶器液压振动装置技术参数如下：振动行程，0~12 mm（±6 mm）；振动频率设计范围，最小 0 次/min，最大 400 次/min；振动曲线，正弦波和非正弦波。 （2）2023 年 5 月 6 日，首钢京唐钢轧作业部 1 号连铸机生产 Q235B，结晶器振幅 5 mm，振动频率 120 次/min，振动曲线为正弦振动。按照此振动参数生产的连铸坯发现振痕比较深，振痕间距较大。
任务目标	能绘制结晶器振动振幅-时间曲线、速度-时间曲线，标注负滑脱时间。
任务要求	如果你是连铸工艺技术人员，请你根据任务情景，分别绘制结晶器振动振幅-时间曲线和速度-时间曲线，计算结晶器上振最大速度和下振最大速度，根据表面质量调整优化振动参数。
任务思考	（1）绘图横坐标为振动周期，如何计算振频？ （2）振幅-时间曲线、速度-时间曲线的区别和联系是什么？ （3）如何减小振痕深度和间距？

项目名称	任务清单内容
任务实施	（1）绘制振幅-时间曲线示意图。 （2）绘制速度-时间曲线示意图，标注负滑脱时间、结晶器关键位置点。 （3）计算结晶器上振最大速度和下振最大速度。
任务总结	通过完成上述任务，你学到了哪些知识，掌握了哪些技能？
实施人员	
任务点评	

做中学，学中做

归纳总结正弦振动和非正弦振动的特点，并填写下表。

项　目	特　　点
正弦振动	
非正弦振动	

问题研讨

如何进行结晶器振动参数的选择？

正弦振动时，波形偏斜率 $\alpha=0$。如果振频 f 增加，振痕深度和振痕间距均减小，故铸坯表面振痕浅而密集，同时，结晶器向上振动的最大速度 v'_m 增加，结晶器摩擦阻力增加，坯壳黏结率增大。如果振频 f 减小，振痕深度和振痕间距均增加，故铸坯表面振痕比较深，同时 v'_m 降低，坯壳黏结率下降。因此，正弦振动通过振频控制振痕深度与坯壳黏结是相互矛盾的，振动参数选择受到限制，难以适应高速连铸。

非正弦振动由于增加了波形偏斜率，因此参数的选择自由度更大。

(1) 振幅 A、振频 f、拉速 v_c 固定不变情况下，增加波形偏斜率 α，负滑脱时间减少，振痕深度减小；正滑脱时间增加，保护渣消耗增加；振痕间距保持不变；向上振动最大速度减小，结晶器摩擦阻力减小，黏结概率降低。这样不仅可以有效控制振痕深度，而且可以起到降低黏结概率的效果。因此，在这种选择方式下，波形偏斜率 α 越大，结晶器振动工艺效果越好。但是 α 增加，会导致结晶器向下振动最大加速度提高，振动装置受到冲击力增加，稳定性受到影响。

(2) 在振幅 A、拉速 v_c 不变情况下，增加波形偏斜率 α，同时降低振频 f，保持 $\frac{f}{1-\alpha}$ 为常数不变，即保持结晶器下振速度曲线不变，仅仅改变结晶器上振速度曲线。此时，负滑脱时间不变，振痕深度不变；振痕间距增加；正滑脱时间增加，保护渣消耗量增加，结晶器摩擦阻力减小；向上振动最大速度下降，坯壳黏结率下降。这种方式避免了结晶器振动最大加速度增加的问题。

任务 3.4　连铸机铸坯导向、拉矫、二次冷却设备认知

知识准备

微课　拉矫装置

铸坯从结晶器下口拉出时，表面仅凝结成一层 10～15 mm 的坯壳，内部仍为液态钢水。为了顺利拉出铸坯，加快钢液凝固，并将弧形铸坯矫直，需设置铸坯的导向、冷却及拉矫设备。设置它的主要作用是：对带有液芯的初凝铸坯直接喷水、冷却，促使其快速凝固；给铸坯和引锭杆以必需的支撑引导，防止铸坯产生变形、引锭杆跑偏；将弧形铸坯矫直，并在开浇前把引锭杆送入结晶器下口。从结晶器下口到矫直辊这段距离称为二次冷却区。

微课　铸坯导向、二次冷却装置

小方坯连铸机由于铸坯断面小，冷却快，在钢水静压力作用下不易产生鼓肚变形，而且铸坯在完全凝固状态下矫直，因此二冷支导及拉矫设备的结构都比较简单。大方坯和板坯连铸机铸坯断面尺寸大，在钢水静压力作用下，初凝坯壳容易产生鼓肚变形，采用多点液芯拉矫和压缩浇注，都要求铸坯导向设备上设置密排夹辊，结构较为复杂

3.4.1　小方坯连铸机铸坯导向与拉矫设备

3.4.1.1　小方坯铸坯导向设备

图 3-25 所示是德马克小方坯连铸机的铸坯导向设备，它只设少量夹辊和导向辊，原因是小方坯在浇注过程不易产生鼓肚。它的夹辊支架用三段无缝钢管制作，Ⅰ段和Ⅰ段用螺栓连成一体，由上部和中部两点吊挂，下部承托在基础上。Ⅱ段的两端都支撑在基础上。导向设备上共有 4 对夹辊、5 对侧导辊、12 个导板和 14 个喷水环，都安装在无缝钢管支架上，管内通水冷却，防止受热变形。

导向夹辊用铸铁制作，下导辊的上表面与铸坯的下表面留有一定的间隙。夹辊仅在铸坯发生较大变形时起作用。夹辊的辊缝可用垫片调节，以适应不同厚度的铸坯。12 块导向板与铸坯下表面的间隙为 5 mm。

图 3-25 的右上方还表示了供水总管、喷水环管及导向设备支架的安装位置。在喷水环管上有 4 个喷嘴，分别向铸坯四周喷水。供水总管与导向支架间用可调支架连接，当变更铸坯断面时，可调节环管的高度，使 4 个喷嘴到铸坯表面的距离相等。

3.4.1.2　小方坯拉坯矫直设备

小方坯连铸机是在铸坯完全凝固后进行拉矫，且拉坯阻力小，常采用 4～5 辊拉矫机进行拉矫。

图 3-26 所示是德马克公司设计的小方坯五辊拉矫机。它由结构相同的两组二辊钳式机架和一个下辊及底座组成，前后两对为拉辊，中间为矫直辊。第一对拉辊布置在弧线的切点上，其余 3 个辊子布置在水平线上，3 个下辊为从动辊，上辊为主动辊。

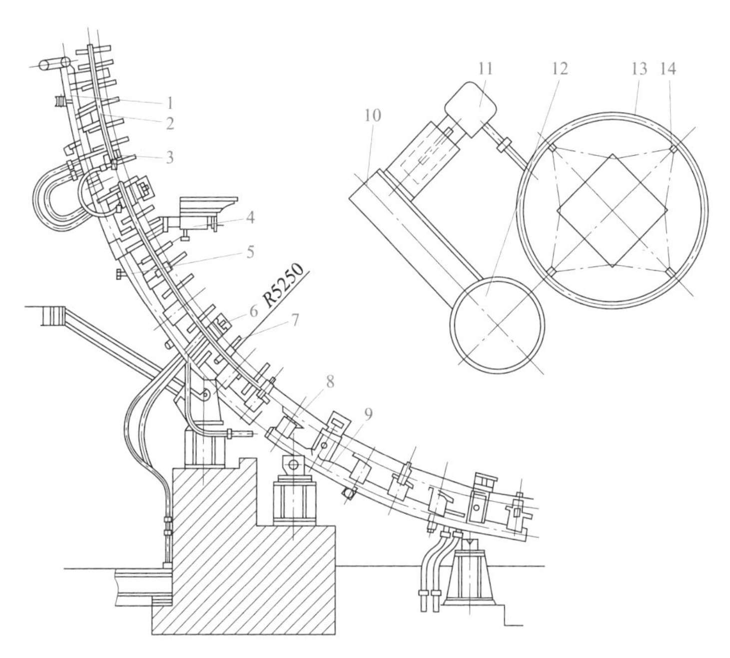

图 3-25 铸坯导向设备和喷水设备

1—Ⅰa 段；2—供水管；3—侧导辊；4—吊挂；5—Ⅰ段；6—夹辊；7—喷水环管；8—导板；9—Ⅱ段；10—总管支架；11—供水总管；12—导向支架；13—环管；14—喷嘴

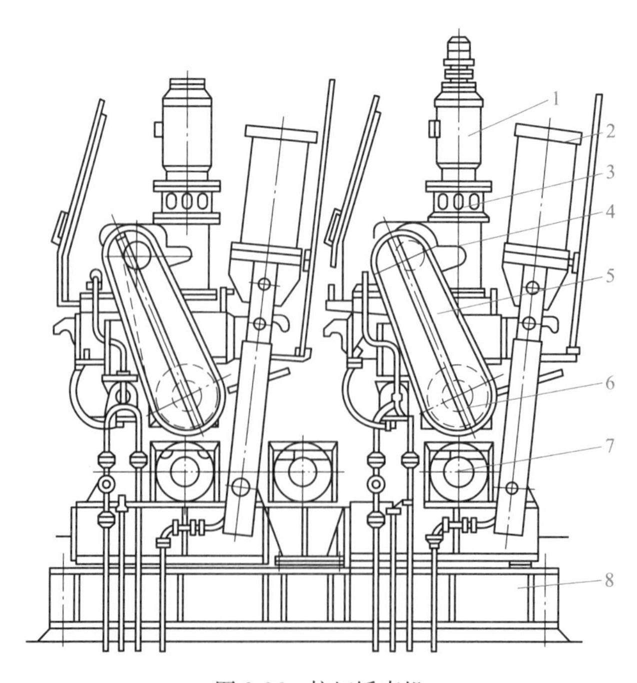

图 3-26 拉坯矫直机

1—立式直流电动机；2—压下气缸；3—制动器；4—齿轮箱；5—传动链；6—上辊；7—下辊；8—底座

图 3-27 所示是结构更为简单的罗可普小方坯连铸机。它的特点是采用了刚性引锭杆，在二冷区的上段不设支承导向设备，在二冷区的下段也只有简单的导板，从而为铸坯的均匀冷却及处理漏钢事故创造了条件，减少了铸机的维修工作量，有利于铸坯质量的提高。其拉矫机仅有 3 个辊子，一对拉辊布置在弧线的切点处，另一个上矫直辊在驱动设备的传动下完成压下矫直任务。

(a)

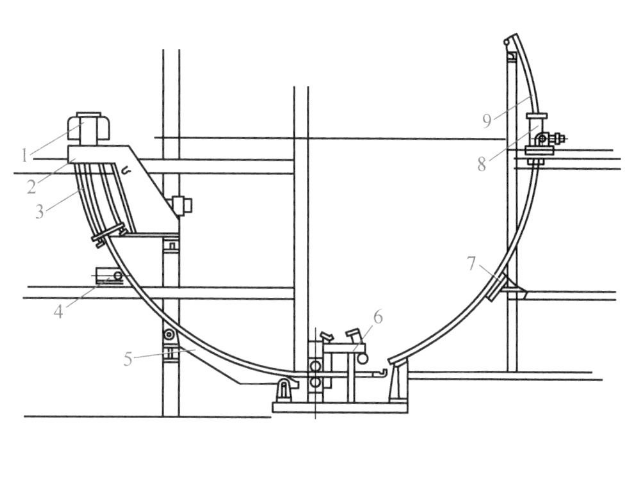

(b)

图 3-27　罗可普弧形小方坯连铸机

（a）实物图；（b）示意图

1—结晶器；2—振动设备；3—二冷喷水设备；4—导向辊；5—导向设备；6—拉矫机；7—引锭杆托架；8—引锭杆悬挂设备；9—刚性引锭杆

3.4.2　大方坯连铸机铸坯导向与拉矫设备

3.4.2.1　大方坯铸坯导向设备

大方坯连铸机二次冷却各区段应有良好的调整性能，以便浇铸不同规格的铸坯。同时对弧要简便准确，便于快速更换。在结晶器以下 1.5~2 m 的二次冷却区内，需设置四面装有夹辊的导向设备，防止铸坯的鼓肚变形。

图 3-28 为二冷支导设备第一段结构图。沿铸坯上下水平布置若干对夹辊 1 给铸坯以支承和导向，若干对侧导辊 2 可防止铸坯偏移。夹辊箱体 4 通过滑块 5 支撑在导轨 6 上，可从侧面整体拉出快速更换。

3.4.2.2　大方坯拉坯矫直设备

大方坯在二冷区内的运行阻力大于小方坯，其拉矫设备应有较大拉力。在铸坯带液芯拉矫时，辊子的压力不能太大，应采用较多的拉矫辊。

图 3-29 所示是康卡斯特公司设计的七辊拉矫机，用于多流大方坯弧形连铸机上。其左边第一对拉辊布置在弧线区内，第二对拉辊布置在弧线的切点上，右边的 3 个辊子布置

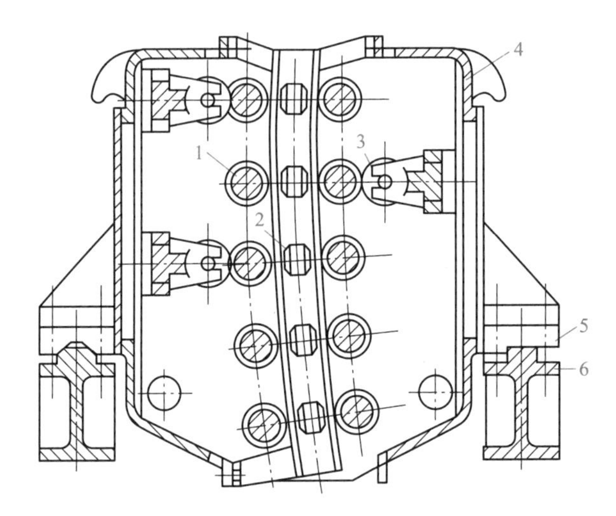

图 3-28 二冷支导设备第一段结构图

1—夹辊；2—侧导辊；3—支撑辊；4—箱体；5—滑块；6—导轨

在直线段上。为了减小流间距离，拉矫机的驱动设备放置在拉矫机的顶上，上辊驱动，上辊采用液压压下。

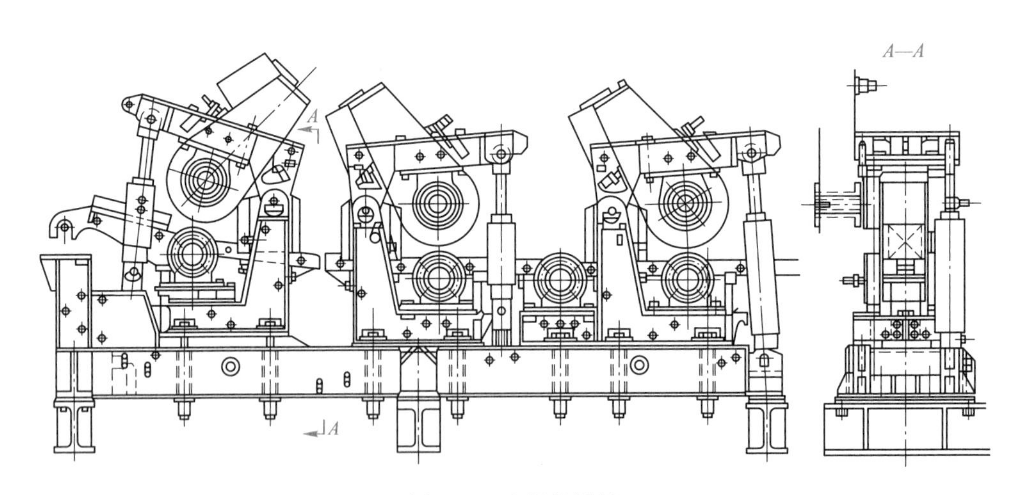

图 3-29 七辊拉矫机

3.4.3 板坯连铸机铸坯导向与拉矫设备

板坯的宽度和断面尺寸较大，极易产生鼓肚变形，因此在铸坯的导向和拉矫设备上全部安装了密排的夹辊和拉辊。

板坯连铸机的导向设备，一般分为两个部分。第一部分位于结晶器以下，二次冷却区的最上端，称为第一段二冷夹辊（扇形段 0）。因为刚出结晶器的坯壳较薄，容易受钢水的静压力作用而变形，所以它的四边都需加以扶持。在第一段之后，坯壳渐厚，窄面可以不装夹辊，一般都是把导向设备的第二部分做成 4～10 个夹辊的若干扇形段。近年来，某些板坯连铸机上没有专门的拉矫机，而是将拉辊分布在各个扇形段之中，矫直区内的扇形段采用多点矫直和压缩浇铸技术。

3.4.3.1　第一段导向夹辊

动画　组装扇形段

某厂超低头板坯连铸机扇形 0 段是铸坯导向的第一段，对铸坯起导向支撑作用。在此段对铸坯强制冷却，使刚从结晶器出来的初生坯壳得以快速增厚，防止铸坯在钢水静压力作用下鼓肚变形。扇形 0 段安装在快速更换台内，其对弧可事先在对弧台上进行，以利快速更换离线检修，缩短在线维修时间。

扇形 0 段由外弧、内弧、左侧、右侧 4 个框架和辊子装配支撑设备及气水雾化冷却系统等部分组成，如图 3-30 所示。

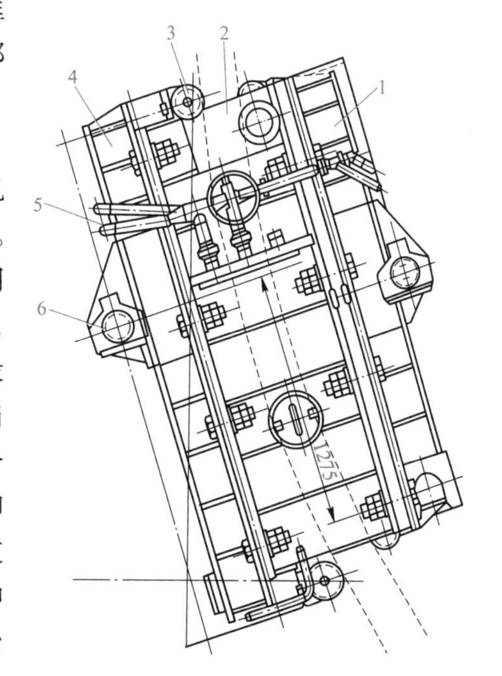

图 3-30　扇形 0 段（mm）
1—内弧框架；2—左右侧框架；
3—辊子装配；4—外弧框架；
5—气-水雾化冷却系统；6—支撑设备

3.4.3.2　扇形段

板坯连铸机的扇形段为六组统一结构组合机架，如图 3-31 所示。机架多为整体且可以互换。扇形段 1～6 包括铸坯导向段和拉矫机，其作用是引导铸坯从扇形 0 段拉出并进一步加以冷却，将弧形铸坯矫直拉出。每段有 6 对辊子，1～3 段为自由辊，4～6 段每段都有 1 对传动辊。每个扇形段都是以 4 个板楔销钉锚固，分别安装在 3 个弧形基础底座上，这种板楔连接安装可靠，拆卸方便。前底座支撑在两个支座上，下部为固定支座，上部为浮动支座，以适应由热应力引起的伸长。扇形段 1、2、4 和 6 分别支撑在快速更换台下面的第一、二、三支座上；而扇形段 3 和 5 是跨在相邻的两支座上，这样可以减少因支座沉降量的不同而造成连铸机基准弧的误差。

扇形段主要由以下几部分组成：夹辊及其轴承座、上下框架、辊缝调节装置、夹辊的压下装置、冷却水配管、给油脂配管等。

扇形段设有动力装置，称为拉矫机，用于拉坯和矫直，如图 3-32 所示。拉矫机一般采用直流电动机，通过星型齿轮减速箱带动。扇形段辊缝调节装置一般采用液压机构，如图 3-33 所示。扇形段进口、出口的左右两侧分别安装位置传感器，用于扇形段辊缝的控制。

扇形段的辊缝及结晶器扇形 0 段扇形段之间的对弧精度必须严格控制，这是保障良好连铸坯内外部质量的关键控制点，某钢厂板坯连铸机的辊缝控制标准及对弧精度要求见表 3-19 和表 3-20。

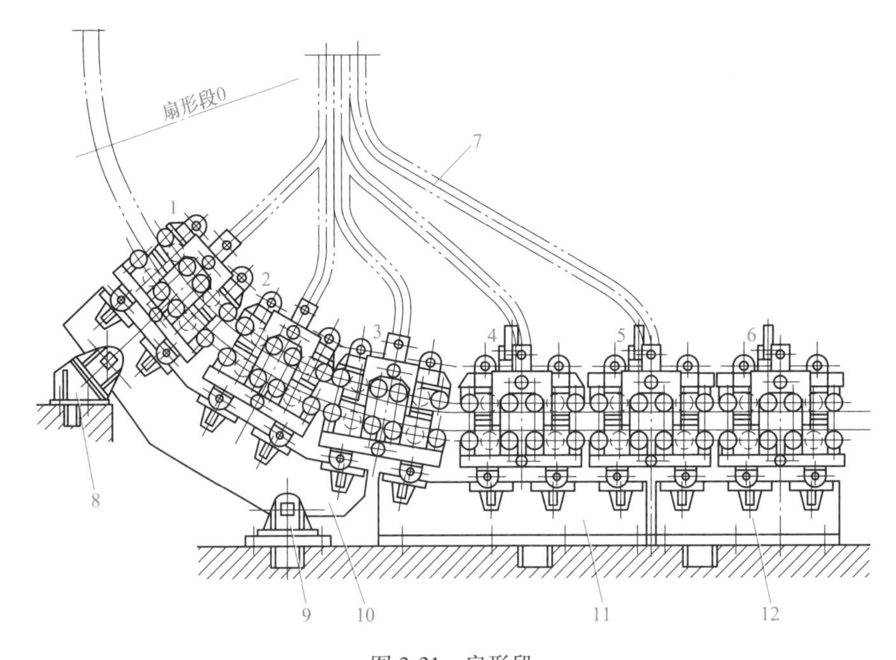

图 3-31 扇形段

1~6—扇形段；7—更换导轨；8—浮动支座；9—固定支座；10~12—底座

图 3-32 拉矫机

图 3-33 扇形段液压机构

表 3-19 扇形段辊缝控制标准

辊缝允许误差		辊缝允许误差	
垂直段		弯曲段、扇形段、矫直段、水平段（自动辊缝调节）	
新段、备件	±0.3 mm	新段、备件	±0.3 mm
使用寿命内的扇形段	±0.5 mm	使用寿命内的扇形段	±0.5 mm

表 3-20 扇形段对弧控制标准

项目	结晶器—垂直段	垂直段—弯曲段	弯曲段—扇形段—矫直段—水平段
允许误差	±0.3 mm	±0.3 mm	±0.5 mm

注意：在下列情况下，必须使用辊缝仪进行辊缝和基弧的检测，一种情况是每次检修前后；另一种情况是铸坯存在内部质量问题时。在实际生产过程中，一般钢厂都要求每个浇次取铸坯进行内部质量检验，用来分析判断连铸机设备运行精度。

思考：连铸机拉坯矫直的方式有哪些？

3.4.4 二冷区冷却设备

铸坯二次冷却好坏直接影响铸坯表面和内部质量，尤其是对裂纹敏感的钢种对铸坯的喷水冷却要求更高。总的来说，铸坯二次冷却有以下技术要求：

（1）能把冷却水雾化得很细而又有较高的喷射速度，使喷射到铸坯表面的冷却水易于蒸发散热；

（2）喷到铸坯上的射流覆盖面积要大而均匀；

（3）在铸坯表面未被蒸发的冷却水聚集得要少，停留的时间要短。

3.4.4.1 喷嘴类型

冷却设备的主要组成部分是喷嘴。常用喷嘴的类型有压力喷嘴和气-水雾化喷嘴。

压力喷嘴的原理是依靠水的压力，通过喷嘴将冷却水雾化，并均匀地喷射到铸坯表面，使其凝固。压力喷嘴结构较简单、雾化程度良好、耗铜量少；但雾化喷射面积较小，分布不均，冷却水消耗较大，喷嘴口易被杂质堵塞。

如图 3-34 所示，常用的压力喷嘴形式有实心或空心圆锥喷嘴及广角扁平喷嘴，冷却水直接喷射到铸坯表面。这种方式使得未蒸发的冷却水容易聚集在夹辊与铸坯形成的楔形沟内，并沿坯角流下，造成铸坯表面积水，使得被积水覆盖的面积得不到很好冷却，温度有较大回升。

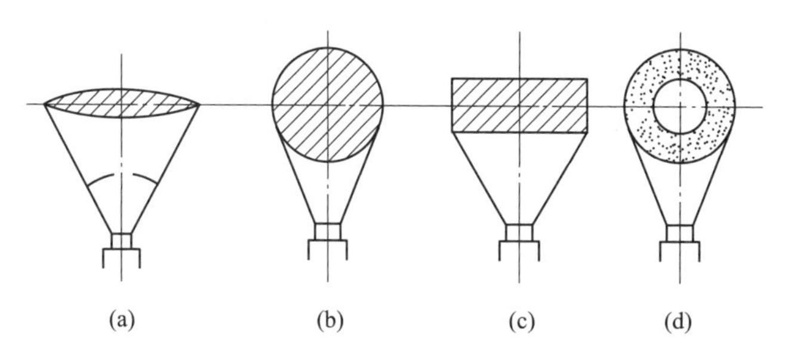

图 3-34 压力喷嘴喷雾形状

（a）扁平；（b）圆锥（实心）；（c）矩形；（d）圆锥（空心）

气-水雾化喷嘴是用高压空气和水从不同的方向进入喷嘴内或在喷嘴外汇合，利用高压空气的能量将水雾化成极细小的水滴。这是一种高效冷却喷嘴，有单孔型和双孔型两种，如图 3-35 所示。气-水雾化喷嘴雾化水滴的直径小于 50 μm，在喷淋铸坯时有 20%~30%的水分蒸发，因而冷却效率高，冷却均匀，铸坯表面温度回升较小，为 50~80 ℃/m，因此对铸坯质量很有好处，同时还可节约冷却水近 50%，但该喷嘴结构比较复杂。气-水雾化喷嘴由于冷却效率高，喷嘴的数量可以减少，因而近些年来在板坯、大方坯连铸机上得到应用。

3.4.4.2 喷嘴的布置

二冷区的铸坯坯壳厚度随时间的平方根而增加，而冷却强度则随坯壳厚度的增加而降低。当拉坯速度一定时，各冷却段的给水量应与各段与钢液面的平均距离成反比，也就是离结晶器液面越远，给水量就越少。生产中应根据机型、浇注断面、钢种、拉速等因素加以调整给水量。

喷嘴的布置应以铸坯受到均匀冷却为原则，喷嘴的数量沿铸坯长度方向由多到少。喷嘴的选用按机型不同布置如下：

（1）方坯连铸机普遍采用压力喷嘴。其足辊部位多采用扁平喷嘴；喷淋段采用实心圆锥形喷嘴；二冷区后段可用空心圆锥喷嘴。其喷嘴布置如图 3-36 所示。

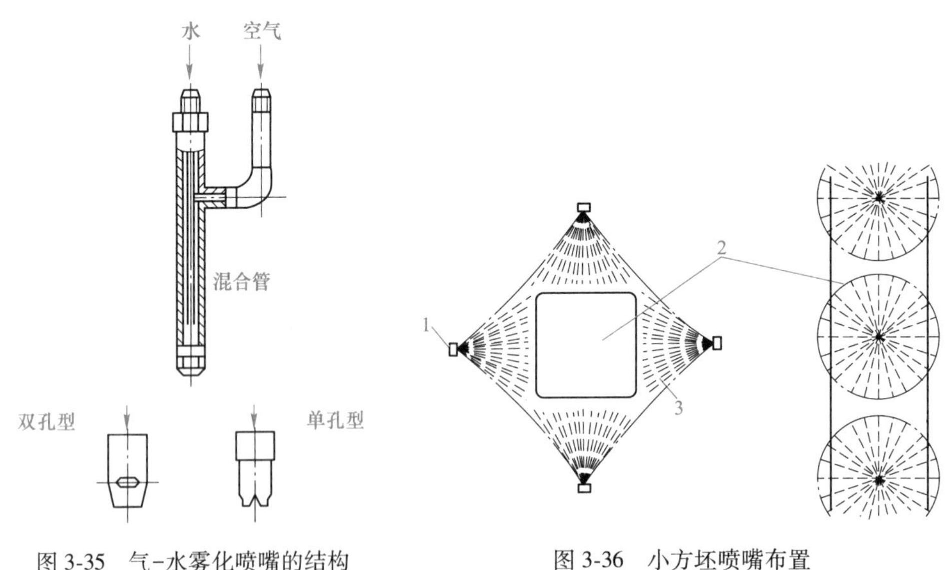

图 3-35 气-水雾化喷嘴的结构

图 3-36 小方坯喷嘴布置

1—喷嘴；2—方坯；3—充满圆锥的喷雾形式

（2）大方坯连铸机可用单孔气-水雾化喷嘴冷却，但必须用多喷嘴喷淋。

（3）大板坯连铸机多采用双孔气-水雾化喷嘴，单喷嘴布置如图 3-37 所示。多喷嘴布置如图 3-38 所示。

对于某些裂纹敏感的合金钢或者热送铸坯，还可采用干式冷却，即二冷区不喷水，仅靠支撑辊及空气冷却铸坯。夹辊采用小辊径密排列以防铸坯鼓肚变。

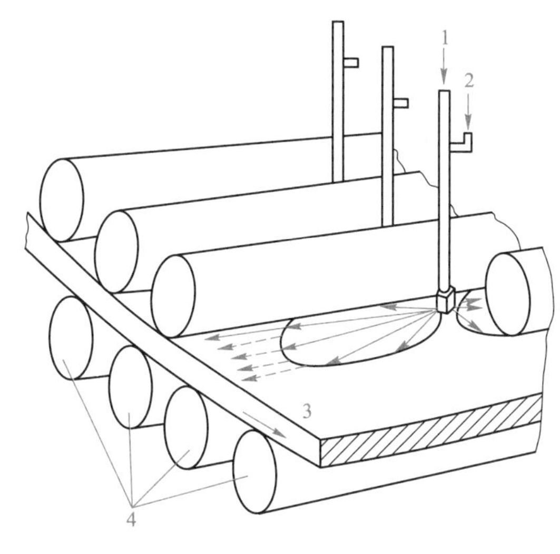

图 3-37　双孔气-水雾化喷嘴单喷嘴布置

1—水；2—空气；3—板坯；4—夹辊

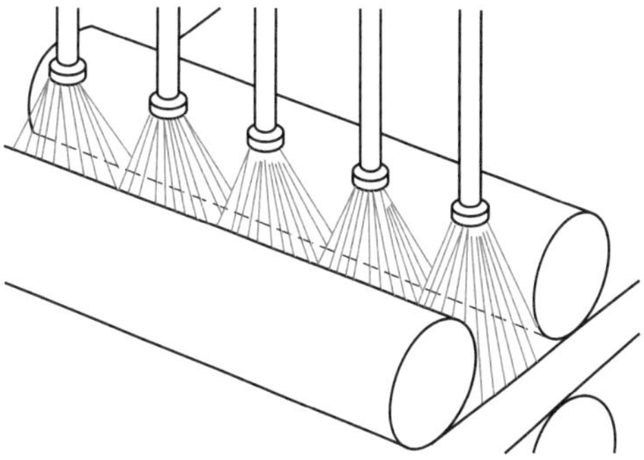

图 3-38　板坯连铸机压力多喷嘴布置

3.4.4.3　二次冷却总水量及各段分配

二次冷却的总水量：

$$Q = KG \tag{3-9}$$

式中　Q——二冷区水量，m^3/h；

K——二冷区冷却强度，m^3/t；

G——连铸机理论小时产量，t/h。

二次冷却区的冷却强度一般用比水量来表示。比水量的定义是：所消耗的冷却水量与通过二冷区的铸坯质量的比值，单位为 kg(水)/kg(钢)或 L(水)/kg(钢)。比水量与铸机类型、断面尺寸、钢种等因素有关。比水量参数选择比较复杂，考虑因素较多。

二冷各段水量分配主要是根据钢种、铸坯断面、钢的高温力学性能等并通过实践确定的。分配的原则是既要使铸坯较快地冷却凝固，又要防止急冷时坯壳产生过大的热应力。

实际生产中对二冷区水量的分配主要采用分段按比例递减的方法，如图 3-39 所示。把二冷区分成若干段，各段有自己的给水系统，可分别控制给水量，按照水量由上至下递减的原则进行控制。铸坯液芯在二冷区内的凝固速度与时间的平方根成反比。因而冷却水量也大致按铸坯通过二冷各段时间平方根的倒数比例递减。当拉速一定时，时间与拉出铸坯长度成正比。

因此，二冷区各段冷却水量的分配，可参照式（3-10）~式（3-12）计算。

$$Q_1 : Q_2 : \cdots : Q_i : \cdots : Q_n = \frac{1}{\sqrt{l_1}} : \frac{1}{\sqrt{l_2}} : \cdots : \frac{1}{\sqrt{l_i}} : \cdots : \frac{1}{\sqrt{l_n}} \tag{3-10}$$

$$Q_1 + Q_2 + \cdots + Q_i + \cdots + Q_n = Q \tag{3-11}$$

联立求解式（3-10）和式（3-11），可求得任意一段冷却水量 Q_i。

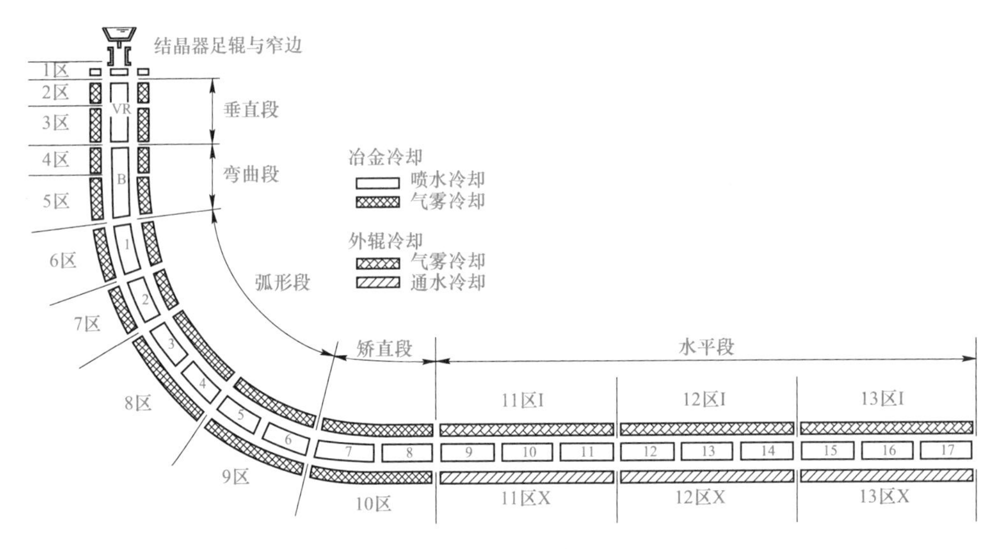

图 3-39 二冷区水量分配示意图

$$Q_i = Q \frac{\frac{1}{\sqrt{l_i}}}{\frac{1}{\sqrt{l_1}} + \frac{1}{\sqrt{l_2}} + \cdots + \frac{1}{\sqrt{l_i}} + \cdots + \frac{1}{\sqrt{l_n}}} \tag{3-12}$$

式中 Q_1，Q_2，…，Q_i，…，Q_n——各段冷却水量，t/h；

l_1，l_2，…，l_i，…，l_n——各段中点至结晶器下口的距离，m。

按照上述原则计算出的二冷各段冷却水比例，如图 3-40 所示。这种方案的优点是冷却水的利用率高、操作方便，并能有效控制铸坯表面温度的回升，防止铸坯鼓肚和内部裂纹。

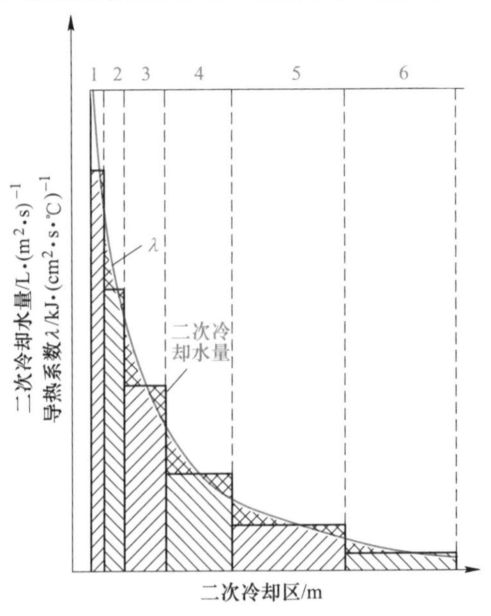

图 3-40 拉速、断面与二次冷却水量关系

弧形铸机内外弧的冷却条件有很大区别。当刚出结晶器时，由于冷却段接近于垂直布置，因此内外弧冷却水量分配应该相同。随着远离结晶器，对于内弧来说，那部分没有汽化的水会往下流继续起冷却作用，而外弧的喷淋水没有汽化部分则因重力作用而即刻离开铸坯。随着铸坯趋于水平，二者差别越来越大。为此内外弧的水量一般在 1.1～1.15 的比例变化。

比水量是以铸机通过铸坯质量来考虑的：拉速越快，单位时间通过铸坯质量越多，单位时间供水量也应越大；反之，水量则减小。

（1）起步拉坯，拉速为起步拉速，速度较低，二冷供水量小。

（2）正常拉坯，拉速为工作拉速，二冷供水量较大。

（3）最高拉坯，拉速为最高拉速，二冷供水量最大。

（4）尾坯封顶，拉速减慢直至停止拉坯，二冷供水量相应减小。

断面与冷却水量的关系如下：

（1）方坯断面较小，其二冷水量也小，随断面增大其供水量逐渐增大；

（2）板坯断面较大，其二冷水量也大，随断面增大其供水量逐渐增大。

任务清单

项目名称	任务清单内容
任务情景	国内某钢铁企业5号连铸机为板坯连铸机，可以生产300 mm、250 mm厚度的两种规格宽厚板连铸坯。结晶器出口厚度分别为318.5 mm和268 mm，连铸机设有扇形0段和扇形1段~18段。根据生产经验，连铸机出口扇形段辊缝值为301 mm和251 mm时，生产的连铸坯厚度可以满足300 mm和250 mm的要求。
任务目标	能根据钢液凝固收缩规律设计连铸机辊缝。
任务要求	如果你是连铸工艺技术人员，请你根据任务情景，分别设计300 mm和250 mm两种厚度规格的连铸机辊缝，用列表形式表示。
任务思考	（1）连铸机辊缝设置为什么要逐渐收缩？ （2）从结晶器出口到连铸机出口共收缩多少？ （3）收缩值如何在整个连铸机扇形段中进行分配？

项目名称	任务清单内容
任务实施	（1）设计 300 mm 厚连铸机每个扇形段的进口和出口辊缝值。 （2）设计 250 mm 厚连铸机每个扇形段进口和出口辊缝值。 （3）扇形段内部每对辊子辊缝值如何设置？
任务总结	通过完成上述任务，你学到了哪些知识，掌握了哪些技能？
实施人员	
任务点评	

做中学，学中做

总结归纳矫直方式和特点，并填写下表。

项　目	特　　点
单点矫直	
多点矫直	
连续矫直	
渐进矫直	
压缩浇注	

问题研讨

连铸机圆弧半径 R 是指连铸坯外弧曲率半径，单位为 m。它是确定连铸机总高度的重要参数，也是标志所能浇注连铸坯厚度范围的参数。国内某钢铁企业连铸机生产铸坯厚度 300 mm 和 250 mm，生产钢种所允许的表面伸长率不能超过 1.2%，如何设计连铸机圆弧半径？

任务 3.5　中间包浇注准备

知识准备

3.5.1　中间包浇注原材辅料、生产器具准备

准备相应钢种的开浇渣、保护渣及覆盖剂等辅助材料。

准备浇注所需工具，如烧氧管、挑渣杆、挡钢板、推渣铲等。

连铸机结晶水、二冷水、设备冷却水均配有相应的事故水水箱，浇注前要对事故水水位进行检查确认，水位不得低于工艺设定值。

视频　装塞棒

3.5.2　中间包准备及中间包车的检查确认

采用塞棒式控流方式时，要求机械操作灵活，塞棒尺寸符合要求，装配塞棒时要与水口位置配合好，棒头顶点应偏向开闭器方向，留有 2~3 mm 的啃头。安装完毕要试开闭几次，检查开闭器是否灵活，开启量是否在规定范围内。采用滑板控制注流时，要求控制系统灵活，开启时上下滑板流钢眼同心，关闭时下滑板能封住上滑板流钢眼。

检查中间包烘烤情况是否能满足浇钢需要，包括检查是否充分预热和干燥，是否四壁渗孔有水渗出，或者是否在中间包上方存在过多的蒸汽。

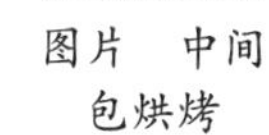

图片　中间包烘烤

检查确认中间包小车升降、横移是否正常，小车轨道上是否有障碍物。

中间包使用基准如下：

（1）中间包修砌完毕后超过 7 天不得使用。

（2）中间包内洁净无杂物。

（3）中间包水口与快速更换浸入式水口对中偏差不大于 2 mm。

（4）烘烤结束后中间包内温度不低于 1000 ℃。

（5）无大面积脱落（大于 200 mm×200 mm），中间包工作层无明显的裂纹。

（6）中间包烘烤，开浇前 2~3 h，一般需要先小火烘烤 30 min，然后再大火烘烤 90 min 以上。水口塞棒快速烘烤至 1000 ℃以上，中间包烘烤余热可以用于烘烤浸入式水口。

视频　结束烘烤移动中间包

3.5.3　结晶器的检查确认

在使用结晶器之前，一定要对如下事项进行确认：

（1）在引锭杆插入结晶器之前，测试结晶器的整个调宽范围，确保无卡阻。

（2）用弧度板、直板检查结晶器与二冷段的对中，结晶器的足辊必须比结晶器底部铜板高大约 0.5 mm。

（3）铜板的上沿至 250 mm 内无损坏，在 250 mm 以下，满足生产要求的最大损坏深度为 2 mm，但是必须沿着拉坯方向进行均匀修磨。

(4) 宽面、窄面铜板允许的偏差如下，在铜板中间测量，沿着整个高度偏差不超过0.5 mm。

(5) 铜板边缘附近的磨损小于30 mm。

(6) 每次宽度调整后，窄面锥度调整的偏差不允许超过±0.5 mm。

(7) 窄面宽面缝隙小于0.3 mm。

(8) 检查足辊喷嘴，堵塞的喷嘴头一定要拆下进行清洗。

(9) 宽面足辊和窄面足辊转动灵活，确保足辊上没有冷钢和积渣。

(10) 结晶器不渗水，若有水渗透到结晶器内，结晶器必须立即更换。

(11) 盖板和铜板之间的密封良好。

(12) 确保宽面夹紧装置功能正常。

(13) 铜板必须干燥。

(14) 检查确认结晶器冷却水流量、压力以及进水温度符合工艺要求。

(15) 结晶器振动不应有抖动或者卡住现象，振动频率和振幅符合工艺要求。

3.5.4 结晶器尺寸、锥度调整

视频 结晶器调宽

根据工艺技术规程选择合适的结晶器或者对结晶器宽度尺寸与锥度进行调整。

如果结晶器的锥度状态设置不正确或锥度状态锁定不住，则会直接影响铸坯边角部区域的坯形、铸坯质量、连浇炉数。因此，必须定期对结晶器的锥度实施测量、调整和锁定操作。结晶器锥度仪的种类和形式较多，但一般常用的是手提数字显示电子锥度仪。

结晶器锥度仪的使用，通常应遵循以下操作步骤及注意事项：

(1) 检查、调整锥度仪的横搁杆长度，确保能将锥度仪搁置在结晶器的上口处。

(2) 将锥度仪杆身放入结晶器内，并通过其横搁杆使锥度仪搁置在结晶器的上口处。

(3) 使锥度仪垂直面的3个支点与结晶器内铜板相接触，且保持一个支点稳定、牢固、轻柔的压力接触。

(4) 调整锥度仪表头的水平状态，使水平气泡位于中心部位。

(5) 按下锥度仪的电源开关使锥度仪显示锥度数值，一般锥度仪显示的数值在初始的几秒内会不断变换，然后稳定在一个数值上。

(6) 锥度仪显示锥度数值约10 min后会自动关闭电源。如果锥度测量尚未完成，可再次按下开关电钮，继续进行锥度测量。

(7) 如果锥度仪的电池能量已基本消耗，其表头显示器上会出现报警信号，此时应立即更换新的电池。

(8) 锥度仪是一种精密的检测仪器，在使用过程中应当小心轻放，避免磕碰、摔打，不用时应当妥善存放，切不能将其放置在高温、潮湿的环境中。

(9) 每隔半年时间，锥度仪应进行一次测量精度的校验与标定测。

3.5.5 穿引锭与密封

引锭杆是结晶器的“活底”，开浇前用它堵住结晶器下口，浇注开始后，结晶器内的钢

液与引锭杆头凝结在一起，通过拉矫机的牵引，铸坯随引锭杆连续地从结晶器下口拉出，直到铸坯通过拉矫机，与引锭杆脱钩为止，引锭装置完成任务，铸机进入正常拉坯状态。引锭杆运送至存放处，留待下次浇注时使用。板坯引锭杆及其存放装置如图3-41所示。

图3-41 板坯引锭杆及其存放装置

3.5.5.1 引锭杆的结构

引锭杆由引锭头和引锭杆本体两部分构成。引锭头从结构类型上可以分为燕尾槽式和钩头式两种。引锭头尺寸要与结晶器断面尺寸相互配合，结晶器断面尺寸要小于结晶器下口尺寸，避免穿引锭过程中对结晶器内壁造成划伤。一般情况下，引锭头厚度比结晶器下口厚度尺寸小10 mm左右，浇注不同厚度的连铸坯，需要提前更换配套厚度的引锭头；引锭头的宽度一般比结晶器下口宽度小15~20 mm，浇注不同宽度的连铸坯时，不需要更换引锭头，可以通过在引锭头的两侧以增减垫片的方式调整引锭头的宽度。

引锭杆从结构上分为刚性和挠性两种。挠性引锭杆一般制成链式结构，链式引锭杆又有短节距和长节距之分。

长节距链式引锭杆由若干节弧形链板铰接而成，引锭头和弧形链板的外径与连铸机的曲率半径相同，每一节长度800~1200 mm。短节距链式引锭杆的节距比较小，约200 mm，节距短，加工方便，使用不变形，适用多辊拉矫机，如图3-42所示。

图3-42 方坯引锭杆及其存放装置

刚性引锭杆（见图 3-43）实际上是一根带钩头的实心弧形钢棒，适用于小方坯连铸机。

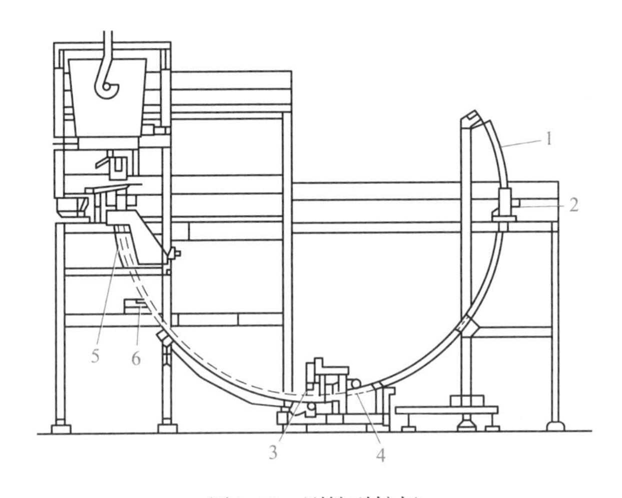

图 3-43 刚性引锭杆

1—引锭杆；2—驱动装置；3—拉辊；4—矫直辊；5—二冷区；6—托坯辊

视频 下装引锭

3.5.5.2 引锭杆的装入

引锭杆的装入方式有两种，即上装引锭方式和下装引锭方式。

上装引锭杆是引锭杆从结晶器上口装入。引锭装置包括引锭杆、引锭杆车、引锭杆提升和卷扬、引锭杆防落装置、引锭杆导向装置和脱引锭杆装置等，如图 3-44 所示。当上一个浇次的尾坯离开结晶器一定距离后，就可以从结晶器上口送入引锭杆。此方式下，装

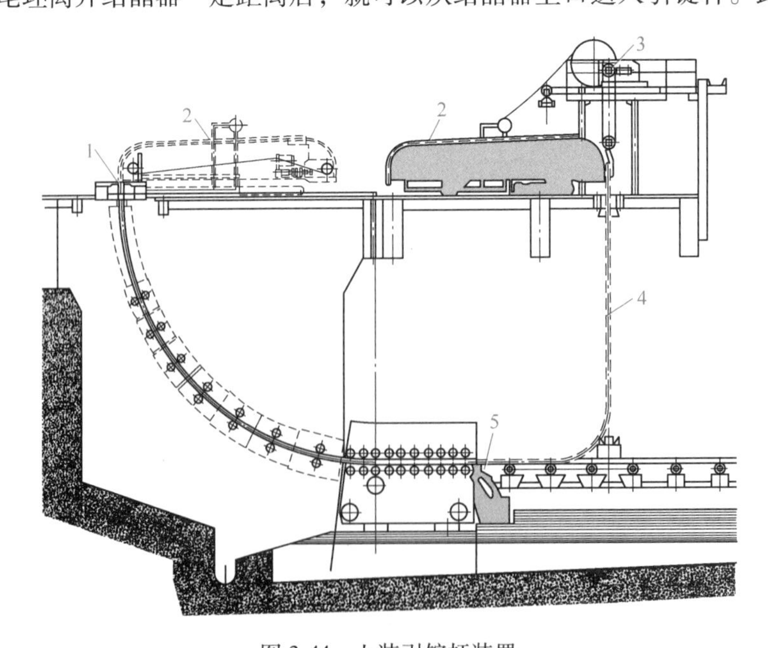

图 3-44 上装引锭杆装置

1—引锭杆穿入结晶器；2—引锭杆；3—卷扬；4—引锭杆提升；5—脱引锭

引锭杆与拉尾坯可以同时进行，大大缩短了生产准备时间，提高了连铸机作业率，同时上装引锭杆送入时不易跑偏。

下装引锭杆是从结晶器下口装入引锭杆，通过拉坯辊反向运转输送引锭杆。此方式设备简单，但浇钢前的准备时间较长。

3.5.5.3　引锭头的准备

引锭头的宽度和厚度取决于生产的需要，根据生产的需要在引锭头准备区域（引锭杆车上），将引锭头安装到引锭杆链上；引锭杆必须安装合适的引锭头和调整垫片；引锭头必须清洁和干燥；引锭杆必须活动自如；在插入结晶器之前，引锭杆必须对中；引锭杆的连接处必须无污染，并且润滑良好确保接头处运动灵活；引锭杆的磨损不能太大。

3.5.5.4　堵引锭头操作

视频　堵引锭

当确认一切正常后，按要求将引锭头送入结晶器，引锭头一般距离结晶器顶面500 mm。堵引锭头时要注意：确保引锭头干燥、干净，否则可以用压缩空气吹扫；引锭头与结晶器四壁的缝隙内用石棉绳或纸绳填满、填实、填平；在引锭头的四周及沟槽内添加洁净的废钢屑、冷却方钢或者冷却弹簧，以使引锭头处的钢液能够充分冷却，避免拉漏，如图 3-45 所示。

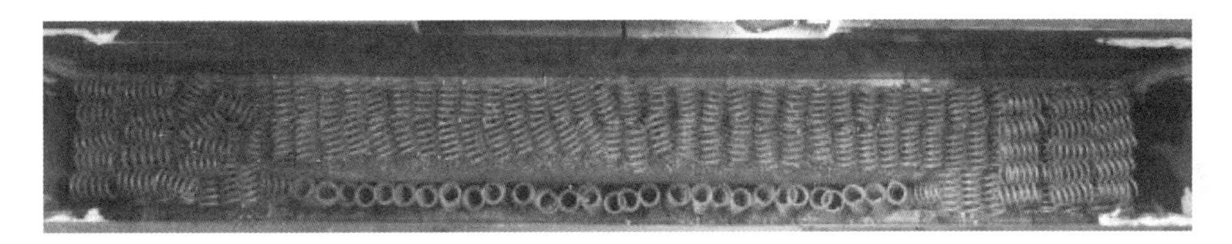

图 3-45　封堵引锭实物图

思考：为什么浇注之前要先穿入引锭？引锭头起什么作用？

任务清单

项目名称	任务清单内容
任务情景	（1）国内某钢铁企业计划采用300 mm厚连铸机生产10炉低碳合金钢，连铸坯公称宽度为2000 mm，根据公司工艺操作标准规定，结晶器下口尺寸为1985 mm。 （2）连铸工在开始浇注前做了以下准备工作：钢包回转台进行了检查确认；中间包完成烘烤，具备使用条件，中间包车进行了检查确认；结晶器进行了检查确认，符合使用标准；二冷喷嘴系统进行了检查确认，满足生产要求；切割装置完备，具备切割条件。
任务目标	能够完成浇注前的各项准备工作。
任务要求	如果你是连铸机机长，根据任务情景，要想完成10炉低碳合金钢的浇注，还需要做什么准备工作？
任务思考	（1）结晶器是个无底的空壳子，如何实现钢液的连续浇注？ （2）引锭头尺寸是否要和结晶器下口尺寸匹配？如何选择引锭头尺寸？ （3）引锭穿入结晶器后，是否还需要密封操作？

项目名称	任务清单内容
任务实施	（1）根据结晶器下口尺寸，选择合适的引锭头尺寸。 （2）引锭穿入操作。 （3）封堵引锭头操作。
任务总结	通过完成上述任务，你学到了哪些知识，掌握了哪些技能？
实施人员	
任务点评	

做中学，学中做

归纳总结连铸开浇前准备工作的内容和标准，并填写下表。

开浇准备工作	内容和标准
钢包准备及钢包回转台检查确认	
中间包准备及中间包车检查确认	
结晶器检查确认	
二冷区检查确认	
切割装置检查确认	
穿引锭、堵引锭操作	
辅助材料及辅助工具准备	
事故水的检查确认	

问题研讨

连铸机运行模式有哪些？不同操作模式之间转换逻辑是什么？

连铸机主要包括检修模式、上引锭模式、点动模式、浇注准备模式、浇注模式、尾坯模式、辊缝测量模式。

（1）检修模式。满足故障处理及设备检修期间对各单位设备进行手动操作的要求。此模式下可进行上引锭之前的各项准备工作。

（2）上引锭模式。满足上引锭时各相关设备的连锁控制要求。进入这种模式意味着上引锭的各项准备条件一切就绪。

（3）点动模式。满足引锭杆以及辊缝测量仪的相关定位要求。

（4）浇注准备模式。满足铸机在上引锭结束，等待浇注时各相关设备的控制要求。这是一种把引锭杆固定在结晶器内，等待浇注的模式。此模式下进行浇注之前的各项准备工作已经完成。

（5）浇注模式。满足铸机在开始浇注和浇注期间对各项相关设备的控制及操作要求。这种模式下，被封锁的设备释放，当中间包开浇后，只要按下“启动”按钮，就可使浇注按程序进行。

（6）尾坯模式。满足铸机在钢水浇注结束，拉送尾坯时对各相关设备的控制及操作要求。

（7）辊缝测量模式。满足铸机进行辊缝测量时对各相关设备的控制及操作要求。此模式用于对连铸机的辊列进行辊缝测量，当该模式下的插引锭工作完成后，在拉引锭的过程中进行辊缝测量操作。

只有所有单独模式的必要前提条件满足时，才能进行模式选择。在一级 HMI 上和铸流操作台 OS1 上选择操作模式。除尾坯模式外，选择一种操作模式，先前的操作模式将自动退出。一旦选择了无效的操作模式，当前的操作模式仍然有效；选择一种操作模式不能引起任何驱动动作。

在适当的前提条件屏幕上可以通过按压 HMI 上的“强制”按钮选择前提条件。如果操作员实施了强制模式，必须特别注意避免对该设备的损害。一旦成功选择所需要的操作模式，所存在的强制将被自动解除。

各操作模式执行前要求各设备所处状态不同，即前提条件不同。为了避免因失误导致事故，在控制上要求模式的选择应按规定的顺序进行操作，如图 3-46 所示。图 3-47 为操作模式转换图。

从某个模式到某个模式 从某个模式转化成某个模式	检修模式	辊缝测量模式	引锭杆插入模式	引锭杆点动模式	浇注准备模式	浇注模式	尾坯模式
检修模式		OK	OK		OK		
辊缝测量模式	OK		OK	OK			
引锭杆插入模式	OK			OK			
引锭杆点动模式	OK	OK			OK		
准备浇注模式	OK					OK	
浇注模式	OK				OK		OK
尾坯模式	OK		OK				

图 3-46　选择模式顺序示意图

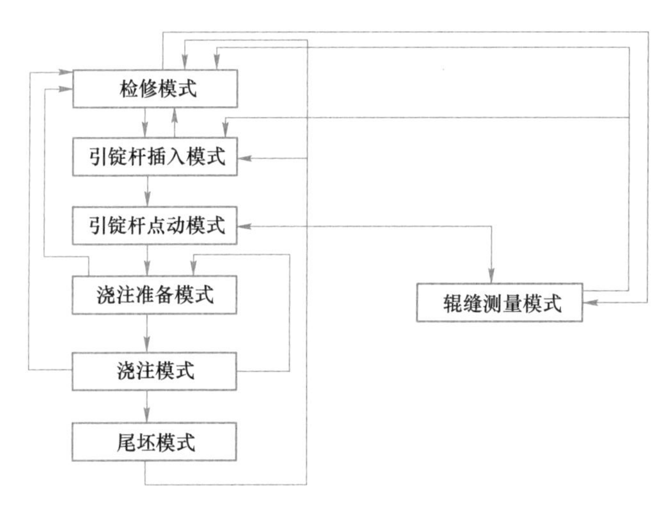

图 3-47　操作模式转换图

任务 3.6　完成一炉钢浇注

知识准备

视频　中间包开浇

3.6.1　中间包浇注

3.6.1.1　中间包浇注操作步骤

（1）在钢包到达转台时，选择“浇注模式”；浇注所需物品（推渣扒、捞渣勺、保护渣等）放在结晶器边，挡钢板放置在结晶器内。

（2）当注入中间包内的钢液达到大约 1/2 高度时（如果钢液温度低于正常范围，可以提前开浇），开启塞棒，钢液流入结晶器。此时要特别注意控制钢流不能太大、太猛，否则容易冲走引锭杆填充材料，或者飞溅导致挂钢。

（3）试棒或试滑。在钢液未没过浸入式水口侧孔时，快速关开塞棒或者滑板 1~2 次确保塞棒或滑板开关正常。

（4）当钢液没过浸入式水口侧孔后，向结晶器内推入保护渣，并撤掉挡钢板。

（5）适当增加钢流大小，根据不同的断面，确保合适的出苗时间。所谓出苗时间是指从中间包开浇到连铸机拉矫机启动的时间间隔。断面不同，出苗时间不同，断面越大出苗时间越长，例如某钢厂 250 mm 厚板坯连铸机出苗时间大约 60 s，300 mm 厚板坯连铸机出苗时间大约 90 s。

（6）达到出苗时间后，钢液面应该距离铜板顶部约 100 mm，在主操作台上按压“开始”按钮，连铸开始。

（7）确认结晶器振动、蒸汽排放、二冷水调节阀、驱动辊转换、长度测量系统、脱引锭系统、同步跟踪、事故水功能连锁启动。

（8）开浇初期，结晶器内处于非稳态状态，非常容易产生黏结，故此时需要操作工用“试黏棒”频繁试探坯壳是否出现黏结。一旦试探出坯壳黏结，必须停机，停机 10 s 后，重新启车，同时对坯壳是否脱开进行检查确认。如果未脱开，再次停机，30 s 后，再进行拉矫。

3.6.1.2　连铸机启动

一般起步拉速 0.2~0.4 m/min，在快加速 2.5 m/min^2 下达到起步拉速，并在起步拉速下保持至少 30 s。30 s 内结晶器内状况良好，无黏结迹象，再缓慢增加拉速，1 min 后达到正常拉速的 50%，4 min 后达到正常拉速 90%，然后再根据中间包内状况设定工作拉速。需要注意的是，在提高拉速的时间段内，操作工务必强化对结晶器内状况的监控，不断地试探坯壳是否黏结，一旦出现黏结，本着“宁停勿漏”原则，必须停机，停机 10 s 后，重新启车。同时，对坯壳是否脱开进行检查确认。如果未脱开，再次停机，30 s 后再进行拉矫。在结晶器液面平稳，液位达到设定值、拉速达到设定值后正常浇注。

3.6.1.3 正常浇注

视频 中间包排渣

正常浇注操作步骤和注意事项如下：

（1）中间包开浇后观察中间包塞棒开度是否正常。

（2）铸机启车后，定期观察结晶器振动频率、电流是否正常，结晶器水流量、温差是否正常，机械闭路水压力、流量是否正常，二冷水流量、压力是否与设定值相符。

视频 中间包加稻壳

（3）检查是否在开始浇注的时候，由于钢水的喷溅在结晶器铜板与盖板之间（边缘区域）形成了钢壳，如果存在钢壳，必须使用撬杠等移除。

（4）通过挑渣杆感觉结晶器液面是否存在覆盖物。一旦存在覆盖物或者结块，必须使用杆或者钳进行清除。

图片 中间包取样

（5）检查结晶器液面是否有粘连发生，一旦发生这种情形，必须停机，停机 10 s 后，重新启车。同时，对坯壳是否脱开进行检查确认。如果未脱开，再次停机，30 s 后再进行拉矫。

（6）对出坯辊道上的铸坯进行肉眼检查，主要关注纵裂、角裂、横裂、深振痕（深振痕可能引起裂纹敏感钢种的横裂）。

图片 中间包测温

（7）定期检查中间包及结晶器内渣的硬度，如果结晶器内渣硬度过大，需要进行除渣操作并更换新的保护渣。一旦中间包内覆盖渣结壳严重，必须从覆盖区域去除结壳。

（8）尽量保持结晶器液面稳定。

（9）定期测量中间包温度。

（10）在关闭钢包滑动水口后，通过观察中间包液面（重量）或者通过向中间包液面内插入钢杆对中间包液面进行检查。

（11）检查结晶器内是否有渣条，若存在渣条需通过挑渣杆移除。

（12）定期检查中间包内渣层厚度，一般情况下，渣层超过 100 mm 后，需要进行排渣操作。

视频 大包浇注结束更换钢包

3.6.1.4 更换钢包

更换钢包步骤如下：

（1）借助钢包下渣检测装置或根据钢包内剩余钢水重量结合操作人员的经验判断是否关闭滑动水口，防止下渣。

（2）临近钢包浇注末期，开大滑板开度，提高中间包液面高度，储存足够量的钢液，这对小容量中间包尤为重要，防止钢包更换时，中间包液面过低导致出现漩涡而产生结晶器下渣。

视频 连铸工艺技术操作规程

（3）卸下长水口，清理长水口碗口部位残留冷钢等杂物，下一包钢液到位后，按照程序装好长水口，并保持良好的密封性。

（4）将钢包下降一定高度打开滑板开浇。需要注意的是，开浇前长水口不要浸入到中间包钢液面下，防止钢包内引流砂冲入钢液内部，待钢液流出后，再下降钢包，将长水口浸入中间包钢液内。

3.6.1.5 浇注结束

视频 尾坯封顶

浇注结束后操作为：

（1）钢包停浇。借助钢包下渣检测装置或根据钢包内剩余钢水重量结合操作人员的经验判断是否关闭滑动水口，关闭滑动水口后，移出长水口。将钢包提升到最高位置，旋转到装载位置。

（2）中间包停浇。

1）当中间包内钢液重量剩余40%~50%时，拉速缓慢降低。随着中间包重量的减少，必须通过插入杆对中间包内的钢液面及渣面进行测量，避免中间包渣进入结晶器。

2）在浇注完成前的2~3 min，停止添加保护渣。关闭结晶器液面控制，继续手动浇注。

3）当中间包液面达到最小液面时，关闭塞棒，并停止拉矫。

（3）捞渣和封顶。

1）在关闭中间包塞棒后，去除结晶器液面处的残留渣。

2）捞净结晶器内保护渣后，用钢棒或氧气管轻轻地均匀搅动钢液面，然后用水喷淋铸坯尾部，加速凝固封顶。

3）确认铸坯尾部封顶完好后，启动拉矫，并缓慢提高拉速至正常拉速。在铸坯尾部离开结晶器前，检查铸坯尾部是否完成封顶，如果没有，拉速必须相应降低，同时进行再次封顶。如果铸坯尾部已经裂开，在拉坯结束后必须进行检查，残余钢壳必须进行清除。

3.6.2 结晶器保护渣

微课 保护渣功能、结构和配置

3.6.2.1 保护渣的功能

（1）绝热保温。保护渣覆盖在结晶器钢液面上，可减少钢液热损失，散热量要比裸漏状态小90%左右，从而避免钢液面的冷凝结壳。

（2）隔绝空气，防止钢液的二次氧化。保护渣加入结晶器能够阻止空气与钢液直接接触。保护渣中碳粉的氧化产物和碳酸盐受热分解逸出气体，可驱赶弯月面处的空气，有效地避免钢液的二次氧化。

（3）吸收非金属夹杂物，净化钢液。保护渣熔化后形成的液渣层具有吸附和溶解从钢液中上浮夹杂物的功能。

（4）形成润滑渣膜。结晶器液面上形成的液态保护渣，在结晶器振动作用下，会进入结晶器壁面和初生坯壳之间的气隙中，形成渣膜。在正常情况下，与坯壳接触的一侧由于温度高，渣膜仍保持足够的流动性，可以起到良好的润滑作用，防止铸坯与结晶器的黏结，减小拉坯阻力。

（5）改善结晶器与坯壳之间的传热。保护渣的液渣均匀地充满气隙，减小了气隙的热阻。据实测，气隙中充满空气时的导热系数仅为0.09 W/(m·K)，而充满渣膜时的导热系数为1.2 W/(m·K)。由此可见，渣膜的导热系数是充满空气时的13倍，明显地改善了结晶器的传热，坯壳得以均匀生长。

保护渣实物照片如图 3-48 所示。

图 3-48 保护渣实物照片

3.6.2.2 保护渣结构

图 3-49 所示为保护渣熔化过程的结构示意图，可以看出，保护渣由 4 层结构组成，即液渣层、半熔融层、烧结层和原渣层（也称粉法层）。有的也将半熔融层和烧结层归为一层，称为烧结层，即通常所说的保护渣三层结构，包括液渣层、烧结层和原渣层。保护渣全部渣层厚度为 30~50 mm，薄板坯浇注时的全部渣层厚度可达 100~150 mm。

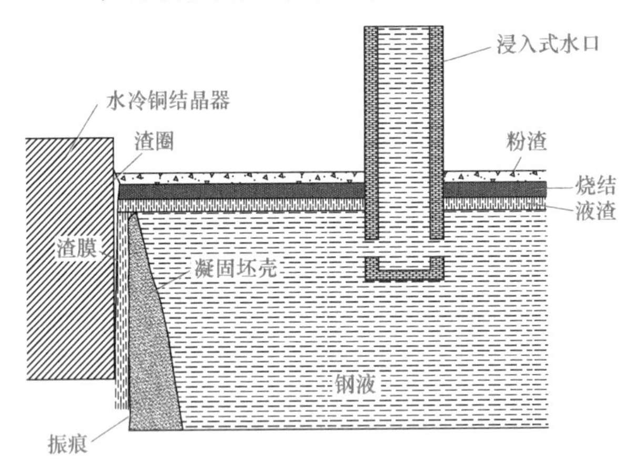

图 3-49 保护渣熔化过程结构示意图

由于保护渣的熔点只有 1050~1150 ℃，低于结晶器内钢液的温度，因此保护渣加入结晶器后依靠钢液提供的热量部分熔化形成液渣覆盖层，厚度 8~15 mm，减缓了钢水继续向保护渣厚度方向的传热。液渣层上面的保护渣温度可达 800~1000 ℃，在此温度范围内，保护渣虽不能完全熔化，但可以软化黏结在一起形成烧结层。倘若液渣层厚度低于一定数值，烧结层又过分发达，则沿结晶器内壁周边就会形成渣圈，弯月面液渣下流的通道被堵塞，液渣难以进入器壁与坯壳间的气隙中，影响铸坯的润滑和传热，因此必须及时挑出渣圈，保持保护渣流入通道畅通，确保铸坯的正常润滑和传热。

烧结层上面是固态粉状或粒状的原渣层，温度为 400~500 ℃。该层保护渣的粒度细小，粉状保护渣的粒度小于 0. 147 mm，粒状保护渣的粒度一般为 0. 5~1 mm。这些保护渣细小松散，与烧结层共同起到隔热保温作用。

随着液渣层不断被消耗，烧结层下降并受热熔化形成新的液渣，与烧结层相邻的原渣又形成新的烧结层。因此，生产中要连续、均匀地补充新的保护渣，维持液渣层的正常厚度。在保护渣总厚度不变的情况下，各层厚度处于动平衡状态，达到生产上要求的层状结构。

结晶器铜壁与凝固坯壳之间的渣膜也有三层结构：结晶器铜壁侧为玻璃态或极细晶粒的固体层，某些情况下为极薄的结晶层；中间为液体晶体共存层；凝固坯壳侧为液态层，冷凝时呈玻璃态。可以说，渣膜的结构与厚度直接关系到结晶器与凝固坯壳间的润滑状态及传热。渣膜厚度与保护渣自身的性质、拉速、结晶器的振动参数有关，而且在结晶器上下不同部位渣膜厚度分布也不相同。渣膜总厚度一般为 1～3 mm，其中液相厚度为 0.1～0.2 mm。

生产中需要定期测定液渣层的厚度，以便控制保护渣处于正常层状结构。其方法是：将镍铜电偶丝插入结晶器钢液面以下约 2 s，取出后量出两电偶丝长度之差即为液渣层厚度；也可用钢铜铝电偶丝插入，测出电偶丝长度差，铝丝和铜丝之间长度差为烧结层厚度，铜丝和钢丝之间长度差为液渣层厚度，如图 3-50 所示。

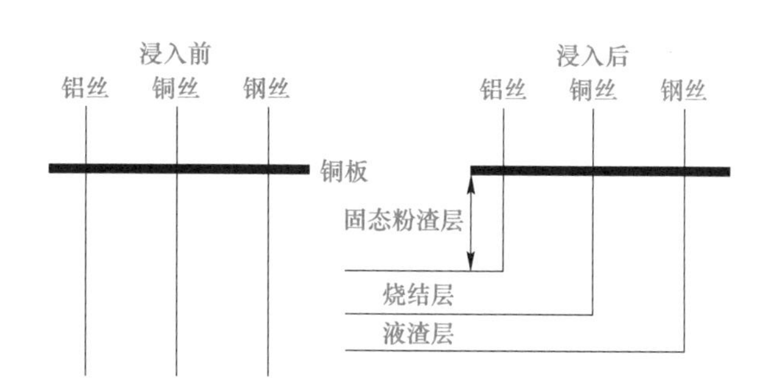

图 3-50　测定液渣层厚度示意图

微课　结晶器保护渣的理化性能

3.6.2.3　保护渣的理化性能

A　熔化特性

保护渣的熔化特性包括熔化温度、熔化速度和熔化的均匀性等。

a　熔化温度

保护渣是多组元的混合物，熔点不是一个固定的点而是一个温度区间。因此，通常将熔渣具有一定流动性时的温度称为熔化温度。保护渣的熔化温度应低于坯壳温度，而结晶器下口铸坯温度一般为 1250 ℃左右，因此保护渣的熔化温度应低于 1200 ℃，一般为 1050～1150 ℃。熔化温度的测定方法有热分析法、淬火法、差热分析法、半球点法和三角锥法等。

保护渣的熔化温度与保护渣基料的组成和化学成分、配加助熔剂的种类和成分以及渣料的粒度等有关。表 3-21 所示为保护渣成分在一定条件下对熔化温度的影响。

表 3-21 保护渣成分在一定条件下对熔化温度的影响

成分	CaO	SiO_2	Al_2O_3	MgO	Na_2O+K_2O	CaF_2	MnO	B_2O_3	ZrO_2	Li_2O	Ti_2O	BaO
熔化温度	↑	↓	↑	↓	↓	↓	↓	↓	↑	↓	↑	↓

b 熔化速度

保护渣的熔化速度关系到液渣层的厚度及保护渣的消耗量。熔化速度过快或过慢都会导致液渣层的厚薄不均匀，影响铸坯坯壳生长的均匀性，因而保护渣要具有合适的熔化速度。熔化速度的测定方法有渣柱法、塞格锥法、熔化率法和熔滴法。

熔化速度主要与保护渣中配加的碳有关，配入的碳质材料有炭黑和石墨。

(1) 保护渣中配加炭黑。炭黑燃烧性能好，渣面活跃，改善保护渣的铺展性；炭黑为无定型结构，碳含量高，颗粒细，分散度大，吸附力强，但是氧化温度低，氧化速度快，因此低温区域能有效控制熔化速度，高温区域对熔化速度控制效率低。炭黑的配加量一般小于 1.5%。

(2) 保护渣中配加石墨。石墨为晶体结构，呈片状，颗粒比较粗大。石墨的熔点高，氧化速度慢，有明显的骨架作用，在高温区控制保护渣熔化速度的能力较强。保护渣中配入 2%~5%的石墨就可以使保护渣形成三层结构。

(3) 保护渣中复合配碳。当配加 2%~5%的石墨和 0.5%~1.0%的炭黑时，保护渣将形成粉渣层、烧结层、半熔融层和液渣层的多层结构。

c 熔化的均匀性

保护渣加入后能够铺展到整个结晶器液面上，形成的液渣沿四周均匀地流入结晶器与坯壳之间。由于保护渣是机械混合物，因此各组元的熔化速度有差异。为此，对保护渣基料的化学成分要选择得当，最好选用接近液渣矿相共晶线的成分；渣料的粒度要细；应充分搅拌或有足够的研磨时间，达到混合均匀。预熔型保护渣的成渣均匀性优于机械混合物。

B 黏度

黏度是反映保护渣形成液渣后流动性好坏的重要参数，单位是 Pa·s。液渣黏度过大或过小都会造成坯壳表面渣膜的厚薄不均匀，致使润滑和传热不良。为此，保护渣应保持合适的黏度值，依据浇注的钢种、断面、拉速、注温而定。目前国内所用保护渣的黏度在 1300 ℃时一般都小于 1 Pa·s，大多在 0.1~0.5 Pa·s 范围内。测定保护渣黏度常采用圆柱体旋转法。

保护渣的黏度取决于保护渣的化学成分及液渣的温度，一般通过改变碱度[$w(CaO)/w(SiO_2)$]来调节黏度。连铸用保护渣的碱度通常为 0.85~1.40。

保护渣中适当地增加 CaF_2 或 Na_2O+K_2O 的含量，可以在不改变碱度的情况下改善保护渣的流动性。需要特别关注的是保护渣中 Al_2O_3 的含量，不能过高。一方面，当 $w(Al_2O_3)>20\%$时会析出高熔点化合物，导致不均匀相的出现，影响保护渣的流动性；另一方面，液渣还要吸收从钢液中上浮的 Al_2O_3 夹杂物，所以保护渣中原始 Al_2O_3 也不能过高。

表 3-22 所示为保护渣成分对黏度的影响。

表 3-22 保护渣成分对黏度的影响

成分	CaO	SiO_2	Al_2O_3	MgO	Na_2O+K_2O	CaF_2	MnO	B_2O_3	ZrO_2	Li_2O	Ti_2O	BaO
黏度	↓	↑	↑	↓	↓	↓	↓	↓	—	↓	—	↓

C 结晶特性

结晶特性代表液态保护渣在冷凝过程中析出晶体的能力，通常用结晶温度和结晶率表示。结晶温度是指液态保护渣冷却过程中开始析出晶体的温度。结晶率是指液渣冷却过程析出晶体所占的比例。目前，析晶温度的测试及评价方法主要有差热法（DTA）、示差扫描热量法（DSC）、热丝法、黏度-温度曲线法、X 衍射法等，析晶率的测试及评价方法主要有观察法、X 衍射法、热分析法、热膨胀系数法等。

D 界面特性

钢液与液渣存在着界面张力差别，其对结晶器弯月面曲率半径的大小、钢渣的分离、夹杂物的吸收、渣膜的厚薄都有不同程度的影响。熔渣的表面张力和钢渣的界面张力是研究钢渣界面现象和界面反应的重要参数。一般要求保护渣的表面张力不大于 0.35 N/m。

保护渣中 CaF_2、SiO_2、Na_2O、K_2O、FeO 等组元为表面活性物质，可降低熔渣的表面张力；而 CaO、Al_2O_3、MgO 含量的增加，会使熔渣的表面张力增大。降低熔渣表面张力可以增大钢渣界面张力，既有利于钢渣的分离，也有利于夹杂物从钢液中上浮排除。结晶器内钢液由于表面张力的作用形成弯月面，有保护渣覆盖时弯月面的曲率半径比敞开浇注时要大，曲率半径大有利于坯壳向结晶器壁铺展变形，不易产生裂纹。

E 吸收溶解夹杂物的能力

保护渣应具有良好的吸收夹杂物的能力，特别是在浇注铝镇静钢种时，其溶解吸收 Al_2O_3 的能力更为重要。保护渣一般为酸性渣系或偏中性渣系，这种渣系在钢渣界面处有吸收 Al_2O_3、MnO、FeO 等夹杂物的能力。生产试验表明，当保护渣 Al_2O_3 的原始含量大于 10%时，渣液吸收溶解 Al_2O_3 的能力迅速下降。为此，Al_2O_3 的原始含量要尽量低。

F 保护渣的水分

保护渣的水分包括吸附水和结晶水两种。保护渣的基料中有吸附水能力极强的苏打、固体水玻璃等。吸附水分的保护渣很容易结团，影响使用，因此，要求保护渣的水分含量要小于 0.5%。配制好的保护渣要及时封装以备使用，在存储过程中也要进行干燥。

3.6.2.4 保护渣的配置

保护渣的基本成分是由 $CaO-SiO_2-Al_2O_3$ 系组成的。由图 3-51 可知，以硅灰石（$CaO-SiO_2$）形态存在的低熔点区组成范围较宽，大致是 $w(CaO)=30\%\sim50\%$、$w(SiO_2)=40\%\sim65\%$、$w(Al_2O_3)\leqslant 20\%$，熔点为 1300～1500 ℃。此区域较为合适的组成为 $w(CaO)/w(SiO_2)=0.85\sim1.40$、$w(Al_2O_3)<10\%$，熔化温度为 1000 ℃左右。

保护渣的基本化学成分确定之后就是选择配置的原材料，包括以下三部分。

（1）基础渣料。基础渣料一般采用人工合成的方法配制。基础渣料选择的原则是：原料的化学成分尽量稳定并接近保护渣的成分；材料的种类不宜过多，便于调整渣的性能；原料来源广泛、价格便宜。常用的原料有天然矿物、工业原料和工业废料。工业原料有硅灰石、珍珠岩、石灰石、石英石等。工业废料包括玻璃、烟道灰、高炉渣、电炉白渣、石墨尾矿等。

（2）助熔剂。为促进保护渣熔化，根据渣的熔点应加入不超过10%的助熔物料，有Na_2O、CaF_2、K_2O、BaO、NaF、B_2O_3等成分的物料。常用的助熔剂有苏打、萤石、冰晶石、硼砂、固体水玻璃等。

（3）熔速调节剂。熔速调节剂主要是石墨和炭黑，也有用焦炭和木炭的。其作用是调节保护渣的熔化速度，改善保护渣的隔热保温作用及其铺展性。熔速调节剂加入的数量为3%~7%。

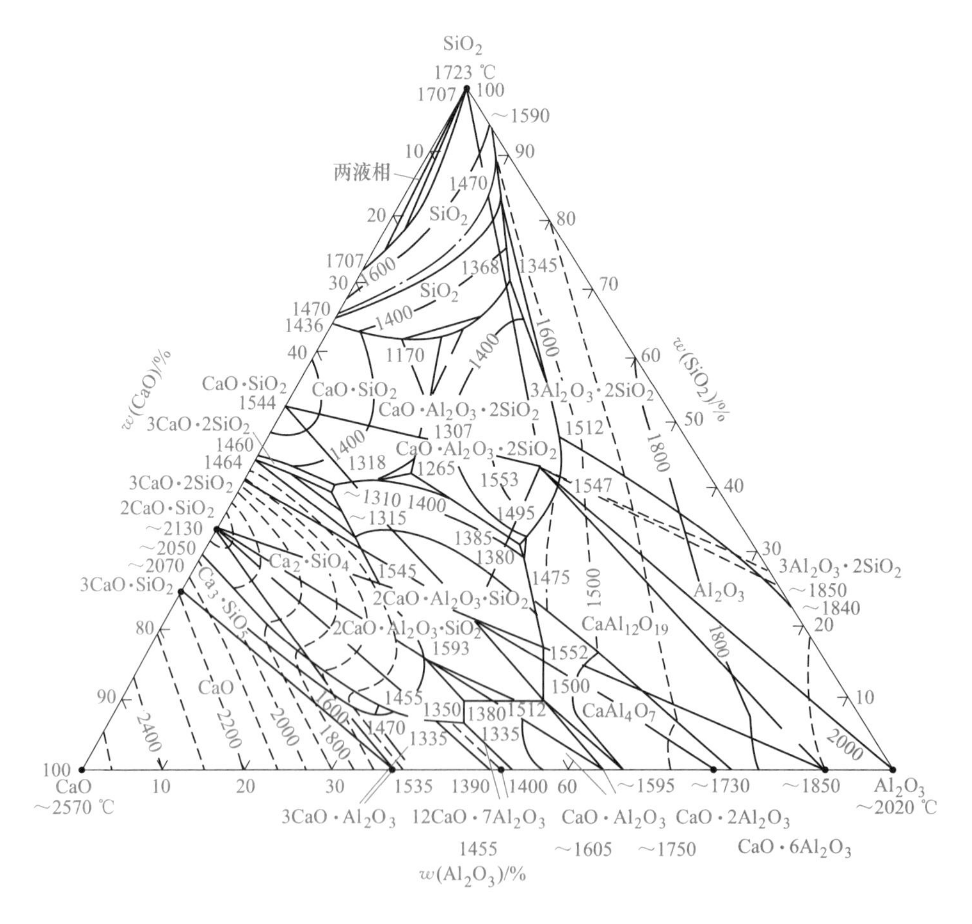

图 3-51 $CaO-SiO_2-Al_2O_3$ 系状态图

（~表示“约”）

表 3-23 所列为典型的连铸保护渣化学成分范围。

表 3-23　典型的连铸保护渣化学成分范围

化学成分	w/%	化学成分	w/%	化学成分	w/%
CaO	20~45	SiO_2	20~50	Al_2O_3	0~13
Na_2O	0~20	MgO	0~10	Li_2O	0~5
MnO	0~10	K_2O	0~5	Fe_2O_3	0~6
B_2O_3	0~10	BaO	0~10	TiO_2	0~5
F^-	2~15	C	0~25	SrO	0~5

3.6.3 结晶器的传热与凝固

微课　结晶器的传热与凝固

3.6.3.1　结晶器内坯壳的形成

结晶器的作用，一方面在尽可能高的拉速下，保证铸坯出结晶器时形成足够厚度的坯壳，使连铸过程安全进行；另一方面，结晶器内的钢水将热量平稳均匀地传导给铜板，使四周坯壳能均匀地生长，保证铸坯表面质量。

微课　影响结晶传热的主要因素

钢液在结晶器内的凝固传热可分为拉坯方向的传热和垂直于拉坯方向的传热两部分。拉坯方向的传热包括结晶器内弯月面上钢液表面的辐射传热和铸坯本身沿拉坯方向的传热，相对而言这部分热量是很小的，仅占总传热量的3%~6%。在结晶器内，钢液和坯壳的绝大部分热量是通过垂直于拉坯方向传递的，此传递过程由三部分构成，即：铸坯液芯与坯壳间的传热，坯壳与结晶器壁间的传热，结晶器壁与冷却水之间的传热。

结晶器内坯壳生长的行为特征如下：

（1）钢水进入结晶器，在钢水表面张力作用下，钢水与铜板接触形成一个较小半径的弯月面，如图 3-52 所示。弯月面半径 r 可以表示为：

$$r = 0.543\sqrt{\frac{\delta_m}{\rho_m}} \qquad (3\text{-}13)$$

式中　δ_m——钢水表面张力，N/m^2；

ρ_m——钢水密度，kg/m^3。

弯月面半径 r 的大小表示弯月面弹性薄膜的变形能力，r 值越大，弯月面凝固坯壳受钢水静压力作用而贴上结晶器内壁越容易，坯壳越不容易产生裂纹。

图 3-52　弯月面形成及结晶器内坯壳生长过程

在弯月面的根部由于冷却速度很快（可达 100 ℃/s），初生坯壳迅速形成，而随着钢水不断流入结晶器且坯壳不断向下运动，新的初生坯壳连续不断地生成，已生成的坯壳则不断增加厚度。

（2）初生坯壳因凝固收缩而脱离结晶器，在坯壳与结晶器之间产生气隙。

（3）坯壳与结晶器之间的气隙阻碍了坯壳的传热，坯壳因得不到足够的冷却而开始回热，强度降低，在钢水静压力作用下又贴向铜板。

（4）上述过程反复进行，直至坯壳出结晶器。坯壳的不均匀性总是存在的，大部分表面缺陷就是起源于这个过程之中。

（5）角部的传热为二维传热，坯壳凝固最快，最早收缩，最早形成气隙，之后传热减慢，凝固也减慢。随着坯壳下移，气隙从角部扩展到中部。由于钢水静压力作用，结晶器中间部位的气隙比角部小，因此角部坯壳最薄，是产生裂纹和拉漏的敏感部位，如图3-53所示。

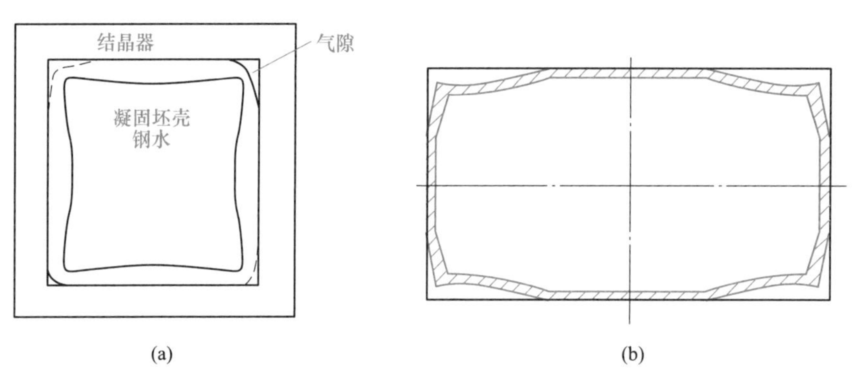

图3-53 方坯和板坯横向气隙的形成

（a）方坯；（b）板坯

3.6.3.2 结晶器坯壳生长及计算

钢水在结晶器内凝固过程中的热量放出可分为三个阶段：一是过热度；二是凝固潜热；三是初生坯壳降温。这三个阶段的放热量均通过结晶器冷却水带走。

坯壳厚度的生长服从均方根定律：

$$e_m = K\sqrt{t} - c \tag{3-14}$$

式中 e_m——凝固坯壳厚度，mm；

K——凝固系数，$mm/min^{1/2}$，代表了结晶器的冷却能力，受各种因素的影响，在一定范围内变化，K值一般取：板坯17~22 $mm/min^{1/2}$、大方坯24~26 $mm/min^{1/2}$、小方坯18~20 $mm/min^{1/2}$、圆坯20~25 $mm/min^{1/2}$，应根据现场实际测定结果求得合适的K值；

t——凝固时间，min，$t=H/v_c$（H为结晶器有效高度，v_c为拉速）；

c——受钢水过热度影响的坯壳生长的初始阻碍，mm，钢水过热度在20~30 ℃时，c值可以忽略。

坯壳在结晶器内生长还受到过热度、钢流的冲刷、坯壳表面形状等的影响。

3.6.3.3 结晶器的传热计算

结晶器内的传热需要经过5个过程，即钢水对初生坯壳的传热、凝固坯壳内的传热、凝固坯壳向结晶器铜板传热、结晶器铜板内部传热、结晶器铜板对冷却水的传热。

A 钢水对初生坯壳的传热

这是强制对流传热过程。在浇注过程中，通过浸入式水口侧孔出来的钢水对初生的凝固壳形成强制对流运动，钢水的热量就传给了坯壳。热流密度可以表示为：

$$q_1 = h_1(T_c - T_l) \tag{3-15}$$

式中 q_1——热流密度，W/m^2；

h_1——对流传热系数，$W/(m^2 \cdot K)$；

T_c——浇注温度，K；

T_l——液相线温度，K。

因为是强制对流运动，所以液态钢对固态钢的对流传热系数可借鉴垂直于平板的对流传热关系式计算：

$$h_1 = \frac{2}{3}\rho cv Pr^{-\frac{2}{3}} Re^{-\frac{1}{2}} \tag{3-16}$$

式中 ρ——钢液密度，kg/m^3；

v——钢液凝固前沿运动速度，m/s；

c——钢的比热，$J/(kg \cdot K)$；

Pr——钢液普朗特数；

Re——钢液流动的雷诺数。

有试验表明，在连铸结晶器内估计 v=0.3 m/s，计算可得对流传热系数 h_1=10 $kW/(m^2 \cdot K)$。在过热度 $T_c - T_l$=30 K 时，热流密度 q_1=250 kW/m^2，与结晶器传走的热流密度（大约 2000 kW/m^2）相比很小，说明过热的消失很快，因此在一定限度内可以忽略钢水过热度对结晶器传热的影响。

生产实践表明，不同过热度，结晶器热流密度差别不大，出结晶器的坯壳厚度基本相同，但是过高温度的注流容易冲击初生坯壳，增加拉漏风险，因此实际生产过程中要把钢水过热度控制在一个合适范围内，一般在 15~30 ℃。

B 凝固坯壳内的传热

忽略拉坯方向传热的情况下，可以认为在凝固坯壳内的传热是单方向的传导传热。坯壳靠近钢水一侧温度很高，靠近铜板一侧温度较低，形成的温度梯度可高达 550 ℃/cm。

这一传热过程中的热阻取决于坯壳的厚度和钢的导热系数。热阻可以表示为：

$$r = \frac{e_m}{\lambda_m} \tag{3-17}$$

式中 r——坯壳内导热热阻，$m^2 \cdot K/W$；

e_m——凝固坯壳厚度，m；

λ_m——钢的导热系数，$W/(m \cdot K)$。

若坯壳厚度为 1 cm，可以构成大约 3.3 $cm^2 \cdot ℃/W$ 的热阻。

C 凝固坯壳向结晶器铜板传热

这一传热过程比较复杂，它取决于坯壳与铜板的接触状态。在气隙形成之前，这一传热过程主要以传导方式为主，热阻还取决于保护渣的导热系数，而在有气隙的界面时，则以辐射和对流方式为主，这时的热阻是整个结晶器传热过程中最大的。

热阻决定于结晶器铜板的表面状态、润滑剂的性质、坯壳与铜板间的气隙大小。

弯月面区，钢液与铜壁直接接触时，热流密度相当大，高达150~200 W/cm^2，可使钢液迅速凝固成坯壳，冷却速度达100 ℃/s。紧密接触后，在钢水静压力作用下，坯壳与铜壁紧密接触，二者以无界面热阻的方式进行导热热交换。在这个区域里导热效果比较好，凝固坯壳传递给铜壁的热流密度可以按式（3-18）计算。

$$q_m = -\lambda_m \left(\frac{\partial T}{\partial x}\right)_m = \frac{\lambda_{Cu}(T_b - T_w)}{e_{Cu}} = q_e \tag{3-18}$$

式中 q_m——凝固坯壳传递给铜壁的热流，W/m^2；

q_e——铜壁传递给冷却水的热流，W/m^2；

λ_m——钢的导热系数，W/(m·K)；

λ_{Cu}——铜壁的导热系数，W/(m·K)；

e_{Cu}——铜壁的厚度，m；

T_b——铜壁内表面温度，K；

T_w——冷却水温度，K。

气隙区，凝固坯壳与铜壁之间的热交换是依靠辐射和对流方式进行的，其热流密度可以参考式（3-19）计算。

$$q_m = \varepsilon\sigma_0(T_b^4 - T_0^4) + h_0(T_b - T_0) \tag{3-19}$$

式中 ε——凝固坯壳的黑度；

σ_0——玻耳兹曼常数，5.67×10^{-8} W/(m^2·K^4)；

h_0——气隙区对流传热系数，W/(m^2·K)；

T_0——环境温度，K；

T_b——凝固坯壳表面温度，K。

D 结晶器铜板内部传热

这个过程也是传导传热过程，其热阻取决于铜的导热系数和铜板厚度，由于铜板具有良好的导热性，因此这一过程的热阻很小，传热系数大约为2 W/(cm^2·℃)。影响铜壁散热大小的主要因素是铜壁两侧的温度分布。图3-54给出了沿结晶器长度方向上，铜壁两侧温度分布情况，其中热面是指铜壁面向坯壳的一面，冷面是指面向冷却水的一面。

E 结晶器铜板对冷却水的传热

在结晶器水缝中，强制流动的冷却水迅速将结晶器铜壁散发出的热量带走，保证铜壁处于再结晶温度之下，不发生晶粒粗化和永久变形。传热系数主要取决于冷却水的速度，有研究指出：当水流速度达到6 m/s时，其传热系数可达到4 W/(cm^2·℃)，这时传热效率最高。

铜壁和冷却水之间传热有三种不同的情况，如图3-55所示。

（1）第一区（见图3-55左半部），即强制对流传热区，热流密度与结晶器壁温差呈线性关系，冷却水与壁面进行强制对流换热。两者间的传热系数受水缝的几何形状和水的流速影响，可以由式（3-20）进行计算。

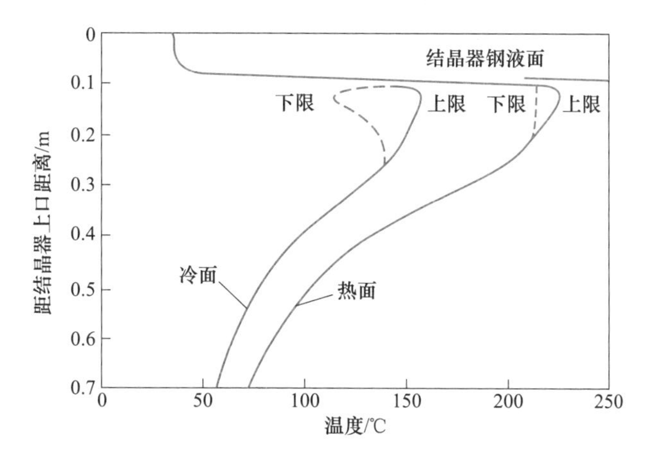

图 3-54 结晶器壁面温度分布

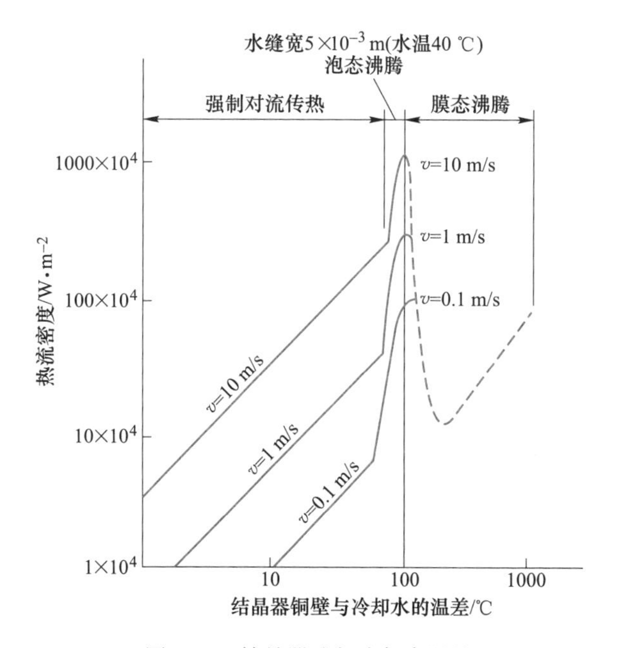

图 3-55 结晶器壁与冷却水温差

$$h = 0.023 \frac{\lambda}{d} \left(\frac{dv}{\nu}\right)^{0.8} \left(\frac{\nu}{a}\right)^{0.4} \tag{3-20}$$

式中 h——传热系数，$W/(cm^2 \cdot K)$；

λ——水的导热系数，$W/(cm \cdot K)$；

d——冷却水缝当量直径，cm；

v——冷却水流速，cm/s；

ν——水的黏度，cm^2/s；

a——水的导温系数，cm^2/s。

（2）第二区（见图 3-55 中部），即泡态沸腾区，当结晶器壁与冷却水水温差稍有增加，热流密度就会急剧增加，这是由于冷却水被汽化生成许多气泡造成水流的强烈扰动而形成泡态沸腾传热之故。

（3）第三区（见图3-55右半部），即膜态沸腾区，当热流密度由增加转为下降，而结晶器壁温度升高很快，此时会使结晶器产生永久变形，甚至烧坏结晶器，这是由于结晶器与冷却水温差进一步加大时，冷却水汽化过于强烈，气泡富集成一层气膜，将冷却水与结晶器壁隔开，形成很大的热阻，传热学称之为膜态沸腾。

对于结晶器来说，应力求避免在泡态沸腾区和膜态沸腾区内工作，尽量保持在强制对流传热区，这对于延长结晶器的使用寿命相当重要，为此应做到以下两点：

（1）水缝中的水流速应大于8 m/s，以避免水的沸腾，保证良好的传热。但流速再增加时，对传热影响不大。

（2）进出口水温差控制在5~8 ℃，一般不能超过10 ℃。

3.6.3.4 结晶器的散热量计算

由于铸坯和铜壁之间的传热情况比较复杂，很难从理论上做出准确的计算和预测，因此一般采用热平衡方法来研究结晶器的传热速率，即结晶器导出的热量等于冷却水带走的热量，得：

$$\bar{q} = Q_w C_w \Delta T_w / F \tag{3-21}$$

式中 $\bar{q}$——结晶器平均热流密度，W/m^2；

Q_w——结晶器冷却水流量，g/s；

C_w——水的比热，J/(g·K)；

ΔT_w——结晶器冷却水进出水温度差，K；

F——结晶器内与钢水接触的有效面积，m^2。

连铸传热计算过程中，由于结晶器的设计参数及结构不同，一般采用式（3-22）计算平均热流密度。

$$\bar{q} = 268 - \beta\sqrt{t_m} \tag{3-22}$$

式中 β——常数，由实际测定的结晶器热平衡计算确定；

t_m——钢水通过结晶器的时间，s。

Savage 和 Pritchard 给出了静止水冷铜结晶器的热流密度与钢水在结晶器中停留时间的关系式：

$$\bar{q} = 268 - 33.5\sqrt{t_m} \tag{3-23}$$

式中 $\bar{q}$——静止水冷铜结晶器的热流密度，W/cm^2；

t_m——钢水通过结晶器的时间，s。

Lait 等人调查了不同浇注条件下（如不同的结晶器形状、润滑方式、浇注速度、铸坯尺寸等）实际测量得到的平均热流密度，为：

$$\bar{q} = 268 - 22.19\sqrt{t_m} \tag{3-24}$$

实际工程中研究结晶器高度方向热流密度的变化，对于分析结晶器局部散热状况和坯壳生长的均匀性非常重要。图 3-56 所示为使用同一保护渣在不同拉速条件下，结晶器高度方向上热流密度的变化情况。由图可知：提高拉速，热流密度增加；在钢水弯月面下 30~50 mm 处（钢水停留时间约 25 s，坯壳厚度约 35 mm）热流密度最大，随着结晶器高度的增加，热流密度逐渐减小，说明此处形成的坯壳厚度达到抵抗钢水静压力的临界值，而后坯壳开始收缩并与铜板发生脱离，产生气隙，热阻增加，导致热流密度减小。由图 3-56 还可以看出，在弯月面处，热流密度也比较小。这是因为钢水的表面张力作用使其与铜板形成弯月面，钢水离开铜板，热量向钢水面上部铜板传递，减小了弯月面热流密度。

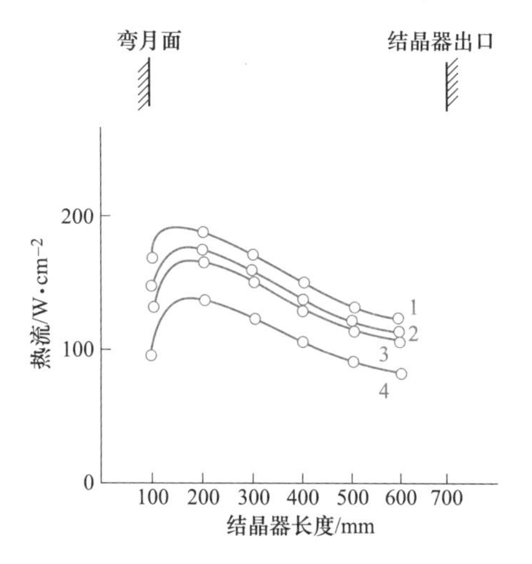

图 3-56 结晶器高度方向上热流密度的变化

1—1. 3 m/min；2—1. 1 m/min；3—1 m/min；4—0. 5 m/min

任务清单

项目名称	任务清单内容
任务情景	（1）国内某钢铁企业计划采用300 mm厚连铸机生产10炉低碳合金钢，连铸坯公称宽度为2000 mm，根据公司工艺操作标准规定，结晶器下口尺寸为1985 mm。 （2）目前所有中间包浇注的准备工作都已完成，而且第一炉钢水已经通过钢包浇注至中间包内，钢水成分合格，中间包内钢水测温显示过热度为28 ℃，中间包内钢水重量显示已经超过20 t，现在需要进行中间包开浇操作，从而完成钢水的连续浇注。目标拉速控制在1.0 m/min。
任务目标	能够制定中间包开浇的操作规程和关键控制点，完成一炉钢的开浇操作。
任务要求	如果你是连铸工艺技术人员，根据任务情景，如何制定中间包开浇的操作规程和关键控制点，方便中间包工进行开浇操作？
任务思考	（1）如何将中间包内钢液浇注到结晶器内？操作过程应该注意什么关键控制点？浇注速度怎么控制，以什么为标准？ （2）钢水进入结晶器后，启动拉矫机，如何控制开机阶段的拉速？是否可以设计一个启车阶段拉速控制曲线图？ （3）拉速提高至目标拉速1.0 m/min后，进入正常浇注阶段，需要关注哪些关键控制点从而确保浇注的顺利进行？

项目名称	任务清单内容
任务实施	（1）中间包开浇操作关键步骤和关键控制点。 （2）设计连铸机启车阶段拉速变化曲线图，指导中间包工提速。 （3）制定正常浇注阶段，中间包工应该关注的关键控制点。
任务总结	通过完成上述任务，你学到了哪些知识，掌握了哪些技能？
实施人员	
任务点评	

做中学，学中做

归纳总结连铸浇注过程中容易出现的异常，并制定相应的措施，填入表中。

浇注过程中出现异常现象	采取措施
中间包钢水温度过高，过热度 35 ℃	
中间包钢水温度过低，过热度低于 10 ℃	
塞棒开度不断增加	
结晶器冷却水进出口温差持续减小	
试探坯壳发现黏结	
保护渣消耗异常	
结晶器水压异常降低	

问题研讨

（1）如果中间包使用寿命到了，如何在线快速更换中间包？

中间包快换操作过程各个岗位根据相应岗位操作规程要求进行，总体操作步骤包括：

1）在中间包快换之前，新的中间包包括 SEN（浸入式水口）已经提前预热，所有条件准备好，所有功能检查完毕。

2）提前设置拉速，当中间包内钢液容量到达 20~25 t 时，拉速缓慢降到 0.8 m/min。

3）随着中间包重量的减少，必须通过插入杆对中间包内的钢液面及渣面进行测量，避免中间包渣进入结晶器。

4）当中间包液面达到最小液面 150 mm 时，关闭塞棒。

5）在 OS1（操作盘）上按压“CREEP”按钮，以蠕动速度 0.1 m/min 进行拉坯。

6）将中间包提升到需要高度，检查结晶器液面渣的情况，尽可能多地移除结晶器内的残渣，同时用挑渣杆挑动结晶器液面，避免结壳发生。

7）提升预热位中间包的预热装置。

8）在 OS1 上按压“T/D exchange”更换中间包，此时中间包完全提升，同时一个中间包移到预热位置，另一个中间包同步移动到浇注位置。

9）新中间包到浇注位后，需在结晶器上面进行调整对中，同时安装钢包长水口、氩气管，打开钢包滑动水口。

10）检查结晶器液面，用挑渣杆挑动结晶器液面，避免结壳。

11）将铸流停止在距结晶器铜板上沿向下 500 mm 位置，用预先准备好的挑渣杆测量距离，或在 OS1 操作面板的结晶器宽度调整处检查大致距离，这个距离约是 0.4 m，这是因为结晶器液面到铜板上沿距离约为 100 mm。

12）在 OS1 上按压“Stop”结晶器停止振动。

13）插入窄面结晶器铜板挡渣板。

14）按压结晶器液面“AUTOSET”按钮。

15）在打开塞棒、手动填充结晶器后（40~60 s），按照正常开浇程序开始进行拉坯浇注，中间包快换拉速变化如图 3-57 所示。

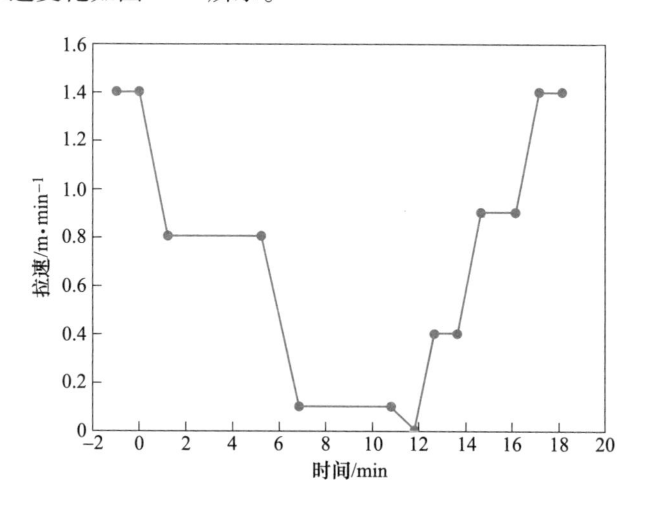

图 3-57 中间包快换拉速变化图

①在快加速 2.5 m/min^2 下达到 0.4 m/min(0.16 min)。

②保持 0.4 m/min 30 s。

③用慢加速 0.5 m/min^2 达到 0.9 m/min（60 s）。

④保持 0.9 m/min90 s。

⑤继续用慢加速度 0.5 m/min^2 达到设定的浇注速度。

16）在操作过程中，拉速减到 0.4 m/min 或者/和铸流处于停止状态，喷在铸流上的水量为最小水量。

17）在中间包更换过程中，铸流停止时间应该为 3~4 min。如果停止时间超过 7 min，中间包更换程序失败，铸流必须拉出。

18）中间包更换处的铸流长度必须由切割设备进行切割，长度应该为 0.8~1.0 m。如果长度更长，将不能被放入废坯槽中。

19）如果在中间包更换过程中，更换浇注钢种，应该采取从低到高的规则。

20）出于质量的考虑，有必要对于钢种更换部分的钢坯进行分割。

（2）浸入式水口也是有使用寿命的，如果使用过程中渣线侵蚀严重，需要更换，如何操作?

微课 浸入式水口更换

SEN 更换过程中，各个岗位根据相应岗位操作规程要求进行，为了更换 SEN，必须进行下面的操作。

1）将拉速降低到 0.3~0.5 m/min。浸入式水口更换拉速变化如图 3-58 所示。

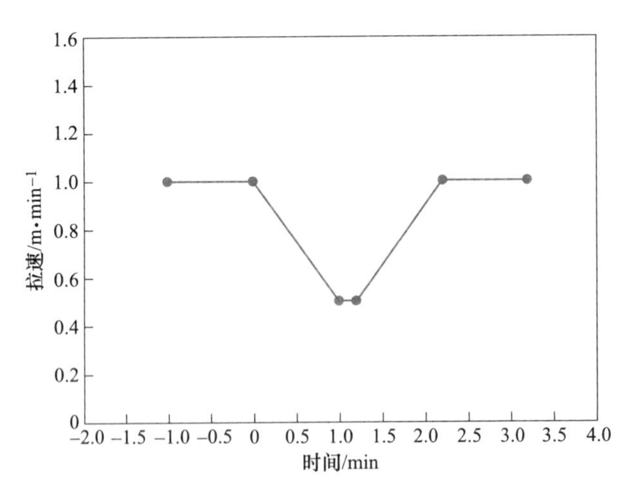

图 3-58 浸入式水口更换拉速变化图

2）使用 SEN 夹钳将新的 SEN 夹住，将 SEN 放入待装滑道。

3）将更换液压缸推回返回位置。

4）移除盲板。

5）使用 SEN 夹钳插入预热 SEN。

6）将更换液压缸移到工作位置。

7）关闭塞棒，将新 SEN 通过更换液压缸推至工作位置。

8）使用 SEN 夹钳移除已经使用的 SEN。

9）将更换液压缸推至返回位置。

10）插入盲板。

11）将更换液压缸移入工作位置。

12）提升拉速。

任务3.7 钢液凝固

知识准备

微课 钢液结晶过程

3.7.1 钢液的结晶过程

钢液浇注过程实际上是完成钢从液态转变为固态的过程，这一过程称为钢的凝固，由于凝固后的金属通常是晶体，因此这一转变过程又称为结晶。

钢液的结晶需要满足两个条件，一是热力学条件：需要一定的过冷度；二是动力学条件：晶核形成和长大。

3.7.1.1 结晶热力学条件

为什么液态金属在理论结晶温度下不能结晶，而必须在一定的过冷条件下才能进行？这是由热力学条件决定的。热力学第二定律指出：在等温等压条件下，物质系统总是自发地从自由能较高的状态向自由能较低的状态转变。那么对于结晶过程而言，结晶能否发生，取决于固相的自由能是否低于液相自由能。如果液相的自由能高于固相的自由能，那么液相将自发地转变为固相，即金属发生结晶，从而使系统的自由能降低，处于更为稳定的状态。液相金属和固相金属的自由能之差，就是促使这种转变的原始驱动力。

由热力学得知，系统的吉布斯自由能 G 可以表示为：

$$G = H - ST = U + PV - ST \tag{3-25}$$

式中 H——系统的焓；

S——系统的熵；

T——热力学温度；

U——系统的内能；

P——系统的压力；

V——系统的体积。

G 的全微分为：

$$\mathrm{d}G = \mathrm{d}U + P\mathrm{d}V + V\mathrm{d}P - S\mathrm{d}T - T\mathrm{d}S \tag{3-26}$$

根据热力学第一定律：

$$\mathrm{d}U = T\mathrm{d}S - P\mathrm{d}V \tag{3-27}$$

将式（3-27）代入式（3-26），有：

$$\mathrm{d}G = V\mathrm{d}P - S\mathrm{d}T \tag{3-28}$$

由于结晶一般是在等压条件下进行的，$\mathrm{d}P = 0$，因此：

$$G = - S\mathrm{d}T \quad 或 \quad \frac{\mathrm{d}G}{\mathrm{d}T} = - S \tag{3-29}$$

熵的物理意义在于它是表征系统中原子排列混乱程度的参数。温度升高，原子的活动能力提高，因而原子的排列混乱程度增加，即熵值增加，系统的自由能也就随着温度的升高而降低。图 3-59 所示为液-固相自由能随温度的变化。由图可知，液相和固相的自由能随着温度升高都降低。由于液态金属原子排列的混乱程度比固相的大，因此，液相自由能降低得更快一些。换句话说，两条曲线的斜率不同，液相斜率更大，同时两条曲线也必然在某一温度相交，此时的液、固相自由能相等，$G_L = G_S$，它表示两相可以同时存在，具有同样稳定性，既不熔化也不结晶，处于热力学平衡状态，这一温度就是理论结晶温度 T_m。

从图 3-59 可以看出，只有当温度低于 T_m 的某一温度 T_n 时，固态金属的自由能才低于液态金属的自由能，液态金属才会自发地转变为固态金属。由此可知，液态金属要结晶，其实际结晶温度 T_n 一定要低于理论结晶温度 T_m，此时固态金属的自由能小于液态金属的自由能，两者自由能之差构成了金属结晶的驱动力。

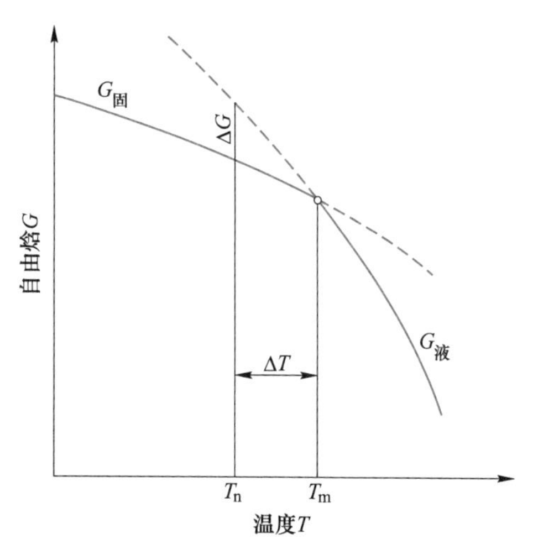

图 3-59 液-固相自由能随温度的变化

金属的理论结晶温度与实际结晶温度之差称为过冷度，以 ΔT 表示，$\Delta T = T_m - T_n$。过冷度越大，则实际结晶温度越低。对于某一固定的金属，过冷度的大小主要取决于冷却速度，冷却速度越大，过冷度越大，即实际结晶温度越低。反之，冷却速度越慢，则过冷度越小，实际结晶温度越接近理论结晶温度，但是不论冷却速度多么缓慢，也不可能在理论结晶温度进行结晶。

现在分析当液相向固相转变时，单位体积自由能变化 ΔG_V 与过冷度 ΔT 的关系。

在一定温度下，单位体积自由能变化为：

$$\Delta G_V = G_S - G_L$$

由式（3-25）可知：

$$\Delta G_V = H_S - TS_S - (H_L - TS_L) = H_S - H_L - T(S_S - S_L) = -(H_L - H_S) - T\Delta S \quad (3\text{-}30)$$

式中，$H_L - H_S = \Delta H_f$ 为熔化潜热，且 $\Delta H_f > 0$。因此：

$$\Delta G_V = -\Delta H_f - T\Delta S \quad (3\text{-}31)$$

当结晶温度 $T = T_m$ 时，$\Delta G_V = 0$，此时：

$$\Delta S = -\frac{\Delta H_f}{T_m} \quad (3\text{-}32)$$

当结晶温度 $T < T_m$ 时，ΔS 由于变化小，可以视为常数。将式（3-32）代入式（3-31）得到：

$$\Delta G_V = -\Delta H_f + T\frac{\Delta H_f}{T_m} = -\Delta H_f\frac{T_m - T}{T_m} = -\Delta H_f\frac{\Delta T}{T_m} \quad (3\text{-}33)$$

对于给定的金属，ΔH_f 与 T_m 均为定值，故 ΔG_V 仅仅与 ΔT 有关。ΔT 越大，结晶驱动力

ΔG_V 越大，液相结晶的趋势越大。为得到结晶所必需的过冷度，必须使液态金属的温度降低，将结晶潜热释放出去，其结晶过程是一个放热过程。

3.7.1.2 结晶动力学条件

结晶过程分为形核和晶核长大两部分。

A 形核过程

在过冷液体中形成固态晶核时，有两种形核方式：一种是均质形核，又称自发形核；另一种是非均质形核，又称异质形核或非自发形核。若液相中各个区域出现新相晶核的概率都是相同的，这种形核方式即为均质形核；反之，新相优先出现于液相中的某些区域，则称为非均质形核。前者是液态金属绝对纯净，无任何杂质，也不和器壁接触，只是依靠液态金属的能量变化，由晶胚直接生核的过程。显然这是一种理想状况，在实际金属结晶过程中，总是存在某些杂质，晶胚常常依附于这些固态杂质质点（包括型壁）上形成晶核，因此实际金属的结晶主要按非均质形核方式进行。

a 均质形核

在过冷的金属液体中，并不是所有的晶胚都可以转变为晶核，只有那些等于或者大于某一临界尺寸的晶胚才能稳定存在，并自发地长大。为什么过冷金属液体形核要求晶核具有一定的临界尺寸？这需要从形核时的能量变化进行分析。

在一定过冷度条件下，过冷金属液体中出现晶胚时，一方面，原子从液态转变为固态，系统自由能降低，这是结晶驱动力；另一方面，由于晶胚构成新的表面，形成表面能，系统自由能增加，这是结晶的阻力。晶胚能否转变为晶核实质上要看驱动力和阻力的综合作用。如果驱动力大于阻力，那么晶胚可以转变为晶核，否则无法转变为晶核。

假设晶胚的体积 V，表面积 S，固液两相单位体积自由能差为 ΔG_V，单位面积表面能 σ，则系统自由能的总变化为：

$$\Delta G = V\Delta G_V + S\sigma \tag{3-34}$$

为了方便计算，假设过冷金属液中出现的晶胚是半径为 r 的球状晶胚，它所引起的自由能变化为：

$$\Delta G = \frac{4}{3}\pi r^3 \Delta G_V + 4\pi r^2 \sigma \tag{3-35}$$

由式（3-35）可以得到晶粒半径与系统总自由能变化的关系，如图3-60所示。由图可知，系统自由能随着半径的变化先增加后减小，当半径为 r_K 时，系统自由能达到最大值。当 $r < r_K$ 时，随着晶胚尺寸的增加，系统自由能增加，因此这个过程并不能自发进行，这种晶胚自然不能成为稳定的晶核，而是瞬时形成瞬时消失；当 $r > r_K$ 时，随着晶胚尺寸的增加，系统自由能降低，这一过程可以自发进行，晶胚可以自发地长大成为稳定的晶核；当 $r = r_K$ 时，这种晶胚既可能消失也可能长大成稳定的晶核，因此把半径为 r_K 的晶胚称为临界晶核，r_K 称为临界晶核半径。

对式（3-35）进行微分并令其等于0，就可以求出临界晶核半径 r_K。

$$r_K = -\frac{2\sigma}{\Delta G_V} \tag{3-36}$$

将式（3-33）代入式（3-36），可以得到：

$$r_K = \frac{2\sigma T_m}{\Delta H_f \Delta T} \tag{3-37}$$

这表明临界半径与过冷度 ΔT 成反比，过冷度越大，则临界晶核半径越小，如图 3-61 所示。

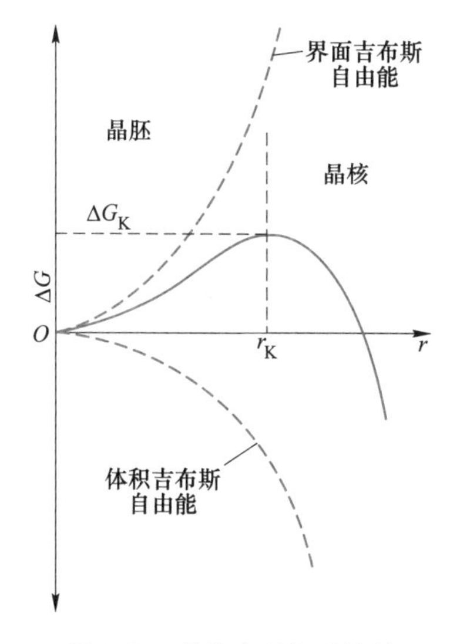

图 3-60　晶粒半径与系统总自由能变化的关系

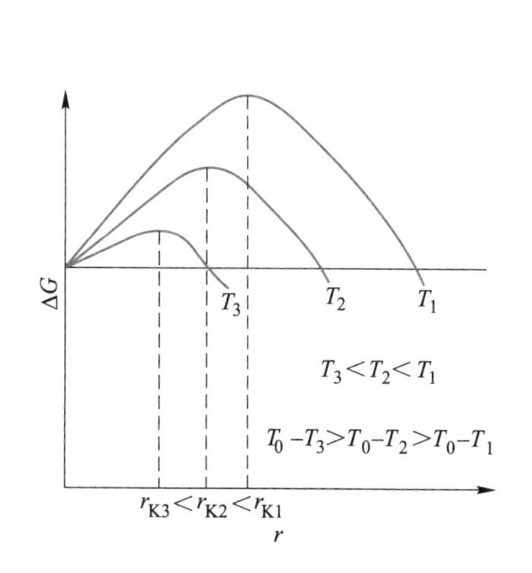

图 3-61　临界晶核半径与过冷度的关系

b　非均质形核

非均质形核的规律与均质形核规律一样，也需要过冷，在一定过冷度下也有一定的临界晶核尺寸。过冷度越大，晶核的临界半径越小，形核率也越高。不同的是非均质形核是依附于杂质的表面，而且与均质形核相比所需要的表面能较小。在实际生产条件下，钢液内部悬浮着许多高熔点固态质点，可以称为非均质形核的核心。非均质形核不需要太大过冷度，只要过冷度达到 20 ℃左右就能形成稳定的晶核。

B　晶核长大

钢液中率先形成晶核后开始迅速长大。长大方式有定向生长和等轴生长两种。钢液注入结晶器时，与器壁接触的过冷液体中产生大量结晶核心，开始它们可以自由生长，但垂直于器壁方向散热最快，因此垂直于器壁方向生长的晶体优先向铸坯中心长大，从而形成了垂直于器壁的单方向生长的柱状晶（树枝晶），树枝晶的形成过程如图 3-62 所示。在柱状晶长到一定长度后，沿器壁的定向散热减慢，温度梯度逐渐减小，柱状晶停止发展，处于铸坯中心的液体温度下降且无明显的温度梯度，此时进行的是等轴生长，形成等轴晶。

钢的结晶速度以及由此形成的晶粒度取决于形核数量和晶核长大速度。设形核数量为 N，晶核长大速度为 V，N 和 V 与过冷度 ΔT 的关系如图 3-63 所示。由图可知，当 ΔT 增大时，形核数量增加的速度比晶核长大速度要大。因此，当 ΔT 越大，形成晶粒组织越细；反之，形成晶粒组织越粗。

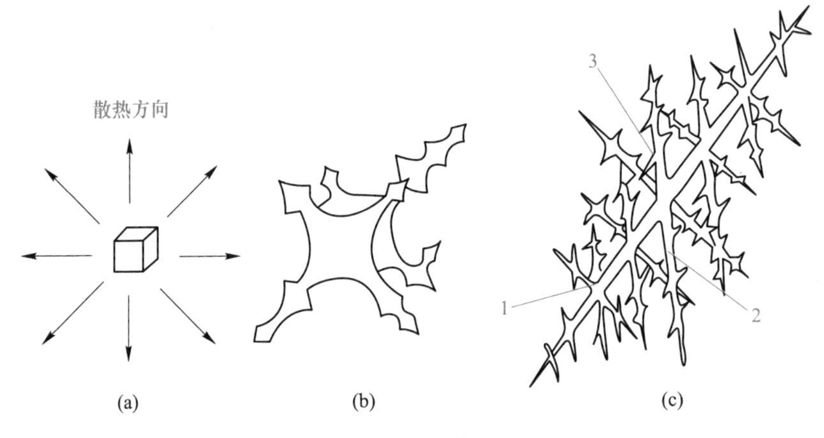

图 3-62 树枝状晶体形成过程

（a）晶核初期；（b）晶核棱角优先增长；（c）树枝晶形成

1——一次晶轴；2—二次晶轴；3—三次晶轴

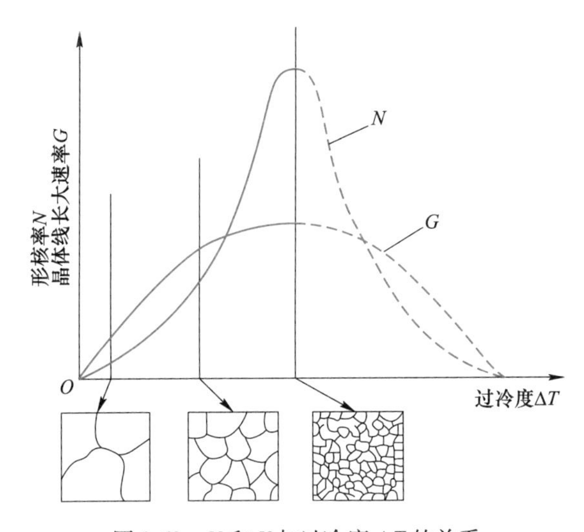

图 3-63 N 和 V 与过冷度 ΔT 的关系

除了过冷度是影响晶粒度大小的因素外，通过人为加入异质晶核的办法来增加晶核数量也可以得到细晶粒组织。

微课 钢液结晶特点

3.7.2 钢液的结晶特点

钢不是一种纯金属，而是一种含有多种元素的合金，因此，它的凝固属于非平衡结晶，具有不同于纯金属结晶的特点。

3.7.2.1 结晶温度范围

钢液的结晶温度不是一个“点”，而是一个温度区间，如图 3-64 所示。钢液在 T_l 开始结晶，到达 T_s 结晶完毕。两者之间的差值为结晶温度范围，用 ΔT_c 表示。

$$\Delta T_c = T_l - T_s \tag{3-38}$$

在其他元素含量较少时，结晶温度范围可以直接查铁-碳相图，查出液相线温度 T_l 和

固相线温度 T_s，然后计算出结晶温度区间 ΔT_c。

由于钢液结晶是在一个温度区间完成的，因此在这个温度区间内，固相与液相共存。图 3-65 是钢液结晶时两相区状态图，钢液在 S 线左侧完全凝固，在 L 线右侧全部呈液相，在 S 线与 L 线之间固、液相并存，称为两相区，S 线与 L 线之间的距离称为两相区宽度 Δx。

两相区宽度与结晶温度范围和温度梯度有关，即：

$$\Delta x = \frac{1}{\frac{\mathrm{d}T}{\mathrm{d}x}}\Delta T_c \tag{3-39}$$

式中　$\frac{\mathrm{d}T}{\mathrm{d}x}$——温度梯度。

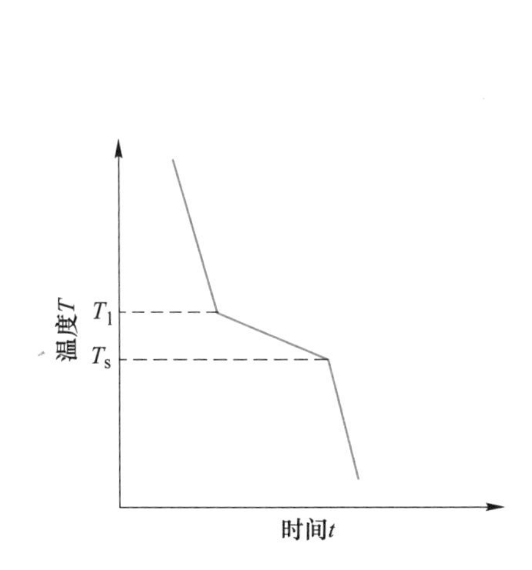

图 3-64　钢水结晶温度变化曲线

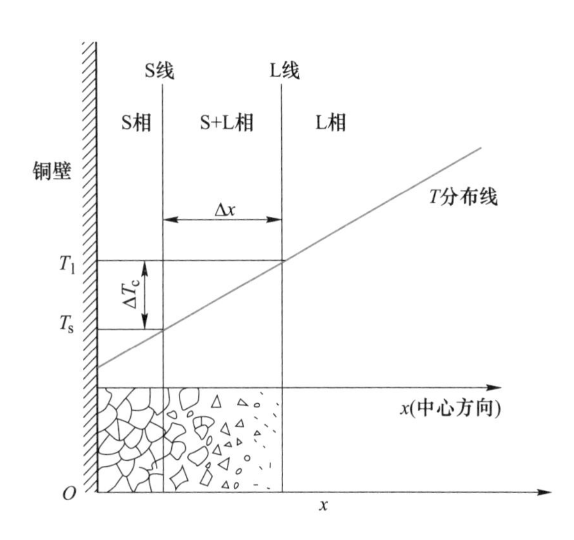

图 3-65　钢水结晶时两相区状态图

由此可见，当冷却强度较大时，温度在 x 方向变化大，温度梯度大，Δx 较小，反之较大。当 ΔT_c 较大时，Δx 较大，反之较小。两相区宽度 Δx 越大，晶粒度越大，树枝晶越发达，凝固组织致密性越差，容易形成气孔，偏析也比较严重，对铸坯质量不利，因此在工艺控制过程中要适当减小两相区宽度，可以从加强冷却强度角度进行控制。

3.7.2.2　*成分过冷*

由于溶质元素在固相和液相中的溶解度不同，一般情况下，溶质元素在固相中溶解度小于在液相中溶解度，所以在结晶过程中，先凝固的固相中溶质元素的含量会低于原始浓度，即在结晶前沿会不断有溶质元素析出并积聚，液相中溶质元素浓度越来越高，因此后凝固部分的溶质浓度高于先凝固部分的溶质浓度，这种现象称为选分结晶。

纯金属凝固时的过冷度仅仅取决于冷却条件，只是由热量传输过程所决定的过冷，称为温度过冷或热过冷，它是金属结晶的必要条件之一。

与纯金属不同，因为钢液在凝固过程中存在选分结晶现象，所以钢液在结晶过程中还伴随着成分的不断变化，从而引起未凝固钢液的液相线温度不断变化，即未凝固钢液的开始结晶温度会随着结晶的进行而不断变化。因此，对于钢液而言，它的凝固过程不仅取决于液相的冷却条件，而且还与液相的成分分布相关。

为了讨论问题的方便，设含有 C_0 合金成分的钢液在凝固过程中，液相中只有扩散没有对流或者搅拌，分配系数 $k_0 < 1$，液相线和固相线都是直线，如图 3-66（a）所示。如图 3-66（b）所示，钢液的结晶方向与散热方向相反，液相的热量通过已凝固钢液散出，可以得到如图 3-66（c）所示的温度分布图，它只受散热条件的影响，与液相中的溶质分布情况无关。由图 3-66（a）可知，当温度降低至 t_L 时，从液相中开始结晶出固相，成分为 k_0C_0。由于液相中只有扩散而无对流或者搅拌，因此随着温度的降低，在晶体成长的同时，不断排出的溶质便在固液界面处堆积，形成具有一定浓度梯度的浓度边界层，界面处的液相成分和固相成分分别沿着液相线和固相线变化。当温度继续冷却降低至 t_s 时，固相成分为 C_0，液相成分为 $C_L = \dfrac{C_0}{k_0}$，界面处浓度达到稳定状态，而远离界面的液相成分仍然为 C_0，溶质浓度分布情况如图 3-66（d）所示。

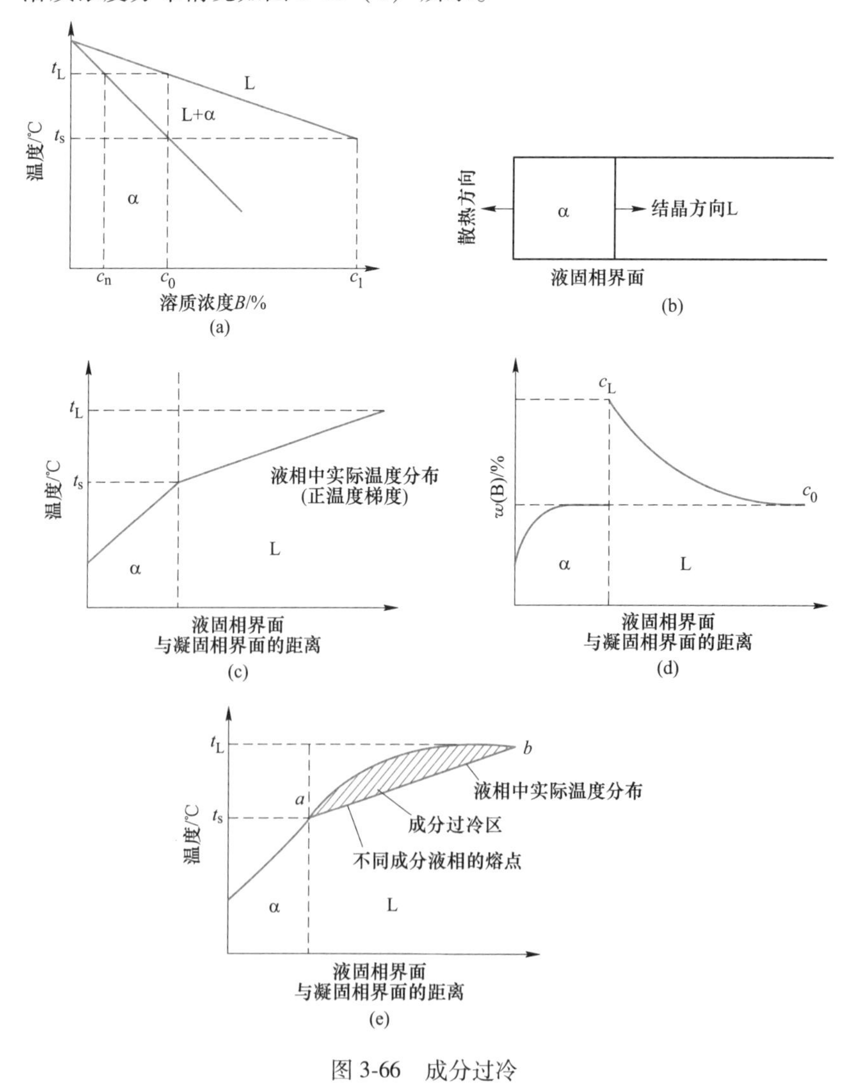

图 3-66 成分过冷

钢液的平衡结晶温度随着合金成分浓度的增加而降低，这一变化规律由其液相线表示。由于液相边界层中合金浓度随着与固-液相界面距离的增加而减小，因此液相边界层中的平衡结晶温度将随着与固液相界面距离的增加而上升，如图3-66（e）所示。在固液相界面处，合金浓度最高，相应的平衡结晶温度最低，此后随着合金浓度的不断降低，平衡结晶温度不断增加，至达到原合金成分 C_0 时，平衡结晶温度增加至 t_L。

由图3-66（e）可知，在固液界面前方一定范围内的液相中，其实际温度低于平衡结晶温度，在界面前方出现了一个过冷区。平衡结晶温度与实际结晶温度之差称为过冷度。因为这个过冷度是由于液相中成分变化而引起的，所以称为成分过冷。

出现成分过冷的临界条件是钢液的实际温度梯度与界面处的平衡结晶曲线恰好相切。如果实际温度梯度进一步增大，就不会出现成分过冷；而实际温度梯度减小，则成分冷却区增大。临界条件可以用数学表达式（3-40）表示：

$$\frac{G}{R} = \frac{mC_0}{D}\frac{1 - k_0}{k_0} \tag{3-40}$$

式中 G——固液界面前沿液相中实际温度梯度；

R——结晶速度；

m——液相线斜率；

D——液相中溶质的扩散系数；

k_0——分配系数。

成分过冷的产生以及成分过冷值与成分过冷区宽度，既取决于凝固过程中的工艺条件 G 和 R，也和钢液中合金本身的性质，如 C_0、k_0、D、m 等大小有关。R、m、C_0 越大，G、D、k_0 越小，则成分过冷度越大，成分过冷区越宽；反之亦然。

3.7.2.3 化学成分偏析

钢液结晶时，由于选分结晶的原因，最先凝固的部分溶质浓度较低。随着凝固的不断进行，液相中溶质浓度逐渐增加，最后凝固的部分溶质浓度很高。这种成分分布不均匀的现象称为偏析。偏析分为宏观偏析和显微偏析。

A 宏观偏析

钢液在凝固过程中由于选分结晶，树枝晶枝间的液体富集了溶质元素，再加上凝固过程钢液的流动将富集了溶质元素的液体带到未凝固区域，因此铸坯断面上最终凝固部分的溶质浓度高于原始浓度，最终导致整体铸坯内部溶质元素分布的不均匀，这称为宏观偏析，也称为低倍偏析。

宏观偏析的大小可以用宏观偏析指数表示。

$$B = \frac{C - C_0}{C_0} \times 100\% \tag{3-41}$$

式中 B——宏观偏析指数；

C——铸坯断面某点的溶质浓度；

C_0——钢液原始溶质浓度。

宏观偏析有正偏析和负偏析之分。当 $B>0$ 时，为正偏析；当 $B<0$ 时，为负偏析。

B 显微偏析

钢液的结晶过程与液相和固相内的原子扩散过程密切相关，只有在极缓慢的冷却条件下，即在平衡结晶条件下，才能使每个温度下的扩散过程进行完全，使液相和固相的整体处处均匀一致。但是在实际生产过程中，钢液是在强制冷却条件下进行浇注的，冷却速度较大，在一定温度下扩散过程尚未进行完全时温度就继续下降，属于非平衡结晶。

图 3-67 表示了钢液凝固的非平衡结晶过程。成分为 C_0 的合金过冷至 t_1，结晶出固相晶粒，成分为 α_1。当温度继续下降至 t_2 时，析出的固相成分为 α_2，它是依附在 α_1 晶体上生长的。如果是平衡结晶的话，通过扩散，晶体内部由 α_1 可以变化至 α_2，但是由于冷却速度快，固相内来不及进行扩散，结果使晶体内外的成分很不均匀。此时，整个已经结晶的固相成分为 α_1 和 α_2 的平均值 α_2'。同样，当温度降低至 t_3 时，结晶出的固相成分为 α_3，整个固相平均成分是 α_3'。此时如果是平衡结晶的话，t_3 温度已相当于结晶完毕的固相线温度，全部液体应当在此温度下结晶完毕，已结晶的固相成分应为 C_0。但是由于是不平衡结晶，已结晶的固相平均成分不是 α_3 而是 α_3'，与合金成分 C_0 不同，仍有一部分液体尚未结晶，一直到 t_4 时才能结晶完毕，此时的固相平均成分才与原始成分 C_0 相同。

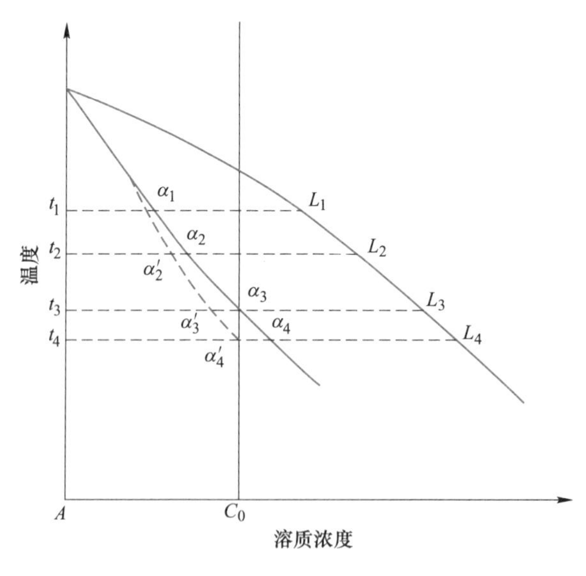

图 3-67 非平衡结晶成分变化

非平衡结晶时，固相的成分线偏离了平衡时的固相线，得到固体的各部分具有不同的溶质浓度。结晶刚开始形成的树枝晶较纯，随着冷却的进行，外层陆续形成溶质浓度为 α_2'、α_3' 的树枝晶，这就形成了晶粒内部溶质浓度不均匀性，中心晶轴处浓度低，边缘晶界面处浓度高。这种呈树枝状分布的偏析称为显微偏析或树枝偏析。

3.7.2.4 气体和夹杂物

A 凝固夹杂物

凝固过程中会形成一些夹杂物，称为凝固夹杂物。具体形成过程可以分成以下几个阶段：

（1）钢液凝固过程中存在选分结晶现象，溶质在凝固前沿不断聚集，聚集的元素包括金属元素和非金属元素。

（2）在凝固前沿，聚集的浓度很高的金属元素和非金属元素发生反应，生成化合物，以 Me 代表金属元素，以 X 代表非金属元素，可表示为：

$$[\mathrm{Me}] + [\mathrm{X}] == (\mathrm{MeX}) \tag{3-42}$$

（3）凝固前沿生成的化合物增多并聚集，形成夹杂物：

$$n(\mathrm{MeX}) == (\mathrm{MeX})_n \tag{3-43}$$

（4）形成的夹杂物部分可以上浮至结晶器液面，部分来不及上浮则残留在钢中形成凝固夹杂物。

凝固夹杂物会破坏钢基体的连续性。控制夹杂物，一是要尽量使夹杂物上浮，二是控制夹杂物的形态。一般认为，当夹杂物颗粒很小，呈球状，且分布均匀时，其危害较小。

B 凝固气泡

凝固过程产生的气体主要是 CO、H_2 和 N_2。随着钢液温度不断降低，气体溶解度不断降低，溶解在高温钢液中的气体在钢液凝固过程中会析出。析出的气泡来不及上浮则残留在钢中形成凝固气泡。若凝固气泡距离铸坯表面很近，则称为皮下气泡。皮下气泡在轧制时会形成爪裂。

3.7.2.5 凝固收缩

高温钢液，冷却凝固成固态连铸坯，并冷却至常温状态，体积收缩大约 12%。其收缩可以分为以下三个阶段：

（1）液态收缩。钢液由浇注温度降低至液相线温度过程中产生的收缩称为液态收缩，即过热度消失的体积收缩，收缩量为 1%。

（2）凝固收缩。钢液在结晶温度范围形成固相并伴有温降，这两个因素均会对收缩有影响。结晶温度范围越宽，则收缩量越大，凝固收缩大约 4%。

（3）固态收缩。钢由固相温度降低至室温的过程中一直处于固态，此过程的收缩称为固态收缩。固态收缩量最大，为 7%~8%，在温降过程中产生热应力，在相变过程中产生组织应力，应力的产生是铸坯裂纹的根源。

3.7.3 连铸凝固传热特点

连铸机内，液态钢水转变为固态的连铸坯时放出的热量包括钢水过热、凝固潜热和物理显热。

（1）钢水过热。钢水过热指钢水由进入结晶器时的温度冷却到钢的液相线温度所释放出的热量。

（2）凝固潜热。凝固潜热指钢水由液相线温度冷却到固相线温度，即完成从液相到固相转变的凝固过程中放出的热量。

（3）物理显热。物理显热指凝固成型的高温铸坯从固相线温度冷却至送出连铸机时所释放的热量。

连铸坯中心热量向外传输一般认为包含三种传热机制：

微课 连铸坯凝固结构的控制

（1）对流传热。钢水由中间包注入结晶器内，在液相穴内引起强制对流运动而传递热量。

（2）传导传热。凝固前沿温度高于凝固坯壳外表面温度，形成温度梯度，通过热传导方式把热量传递到凝坯壳外表面。

（3）铸坯表面的对流传热与辐射传热。高温连铸坯不断通过辐射的形式与周围进行传热，同时喷射到铸坯表面的水雾与铸坯表面以对流方式进行对流换热。

3.7.4 连铸坯的凝固结构及其控制

3.7.4.1 连铸坯的凝固结构

铸坯的凝固过程分为三个阶段。第一阶段：进入结晶器的钢液在结晶器内凝固，形成坯壳，出结晶器下口的坯壳厚度应足以承受钢液静压力的作用；第二阶段：带液芯的铸坯进入二次冷却区继续冷却、坯壳均匀稳定生长；第三阶段：凝固末期，坯壳加速生长。根据凝固条件计算三个阶段的凝固系数（$mm/min^{1/2}$）分别为20、25、27~30。

一般情况下，连铸坯从边缘到中心是由细小等轴晶带、柱状晶带和中心等轴晶带组成，如图3-68所示。

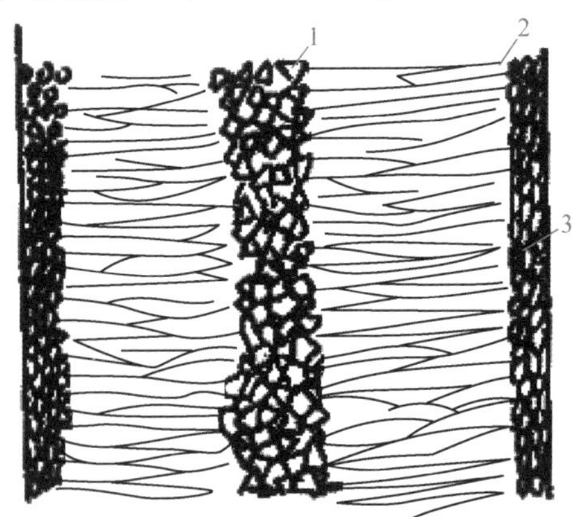

图3-68 铸坯结构示意图

1—中心等轴晶；2—柱状晶带；3—细小等轴晶带

出结晶器的铸坯，其液相穴很长。进入二次冷却区后，由于冷却得不均匀，因此在传热快的局部区域柱状晶优先发展，当两边的柱状晶相连时，或由于等轴晶下落被柱状晶捕捉，就会出现“搭桥”现象。这时液相穴的钢水被“凝固桥”隔开，桥下残余钢液因凝固产生的收缩，得不到桥上钢液的补充，形成疏松和缩孔，并伴随有严重的偏析。

从铸坯纵断面中心来看，这种“搭桥”是有规律的，每隔5~10 cm就会出现一个“凝固桥”及伴随的疏松和缩孔。此凝固结构很像小钢锭，因此得名“小钢锭”结构。

从钢的性能角度看，希望得到等轴晶的凝固结构。等轴晶组织致密，强度、塑性、韧性较高，加工性能良好，成分、结构均匀，无明显的方向异性。而柱状晶的过分发达会影响加工性能和力学性能。柱状晶有如下特点：

（1）柱状晶的主干较纯，而枝间偏析严重；

（2）杂质（S、P 夹杂物）的沉积，在柱状晶交界面构成了薄弱面，是裂纹易扩展的部位，加工时易开裂；

（3）柱状晶过分发达时形成穿晶结构，出现中心疏松，降低了钢的致密度。

因此，除了某些特殊用途的钢如电工钢、汽轮机叶片等为改善导磁性、耐磨耐蚀性能而要求柱状晶结构外，绝大多数钢种都应尽量控制柱状晶的发展，扩大等轴晶宽度。

3.7.4.2 连铸坯凝固结构的控制

扩大等轴晶区可以采取的工艺技术措施主要包括：

（1）电磁搅拌技术。电磁搅拌技术是减少连铸坯柱状晶、扩大等轴晶的有效措施。电磁搅拌技术通过电磁作用驱动未凝固钢液做旋转运动，对凝固界面进行冲刷，加速钢液中过热热量的耗散，降低未凝固钢液过热度，从而降低凝固前沿的温度梯度，增加凝固前沿的成分过冷，促进等轴晶的生长，抑制柱状晶发展。另外，旋转运动钢液冲刷凝固前沿，容易使凝固前沿的树枝晶熔断，形成游离的晶核，增加形核率，提高等轴晶率。

（2）控制二冷区冷却水量。减少二冷区冷却水量，降低连铸坯横断面的温度梯度，有利于控制柱状晶的生长，促进等轴晶的形成。

（3）低温浇注技术。控制柱状晶和等轴晶比例的关键是控制钢液的过热度。过热度越大，柱状晶越发达；过热度越低，等轴晶比例越大。实际生产过程中，在保证连铸生产稳定顺行的前提下，尽量降低钢液浇注的浇注温度，可以有效提高等轴晶比例。

（4）加入形核剂。结晶器内加入形核剂，可以增加结晶器晶核核心数量，扩大等轴晶区。常用的形核剂有 Al_2O_3、ZrO_2、TiO_2、V_2O_5、AlN、ZrN 等。

某钢厂 40Gr 钢等轴晶发达的低倍照片如图 3-69 所示。某钢厂柱状晶发达的低碳钢低倍照片如图 3-70 所示。

图 3-69 某钢厂 40Gr 低倍照片（等轴晶发达）

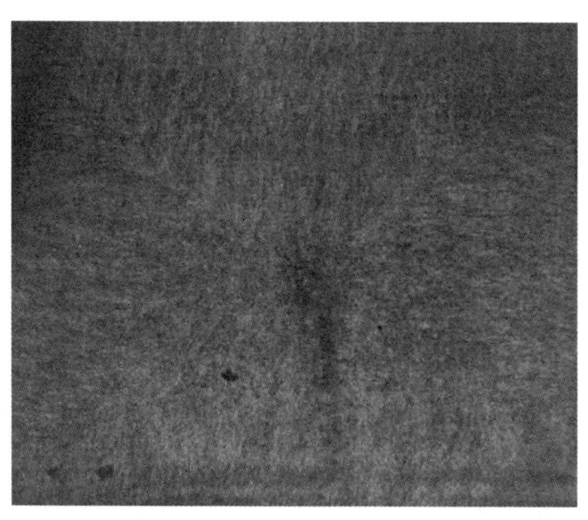

图 3-70 某钢厂低碳钢低倍照片（柱状晶发达）

任务清单

项目名称	任务清单内容
任务情景	（1）国内某钢铁企业宽厚板连铸机结晶器冷却水供水参数见表3-24、表3-25，结晶器冷却水流量见表3-26。二冷供水要求见表3-27、表3-28，二冷水配水见表3-29。

表3-24 结晶器冷却水供水参数

供水压力/MPa	水流量/$m^3 \cdot h^{-1}$	入口温度/℃	温升/℃	要求水质	报警压力/MPa
0.8	610	30~40	8~10	除盐水	0.6

表3-25 结晶器事故水供水系统要求

流量/$m^3 \cdot h^{-1}$	压力/MPa	持续时间/min
153	0.3	30

表3-26 结晶器冷水水量表

厚度/mm	250	300	400
单侧窄面/$L \cdot min^{-1}$	500	500	750
单侧宽面/$L \cdot min^{-1}$	4000	4000	4100

表3-27 二次冷却供水要求

供水压力/MPa	水流量/$m^3 \cdot h^{-1}$	入口温度/℃	温升/℃	水质	空气流量（标态）/$m^3 \cdot h^{-1}$	空气压力/MPa
1.0	870	max 40	20	过滤水	8500	0.3~0.35

表3-28 事故水供水要求

流量/$m^3 \cdot h^{-1}$	压力/MPa	持续时间/min
261	0.3	30

表3-29 二冷水配水表

钢 种 组	一级配水方式	二级配水方式	代 表 钢 种
低碳合金钢	Medium	SQS-ALowC	X70、X80等管线钢系列
包晶钢	Soft	SQS-Peri	A、B、10号、15号
包晶合金钢	Soft	SQS-APeri	Q345E、Q390B\C\D\E、Q460D\E
中碳钢	Medium	SQS-MedC	Q235A\B\C\D、20号
中碳合金钢	Medium	SQS-AMedC	Q345A\B\C\D、Q390A、20g、16MnR
高碳钢	Hard	SQS-High	30号、35号、45号、50号

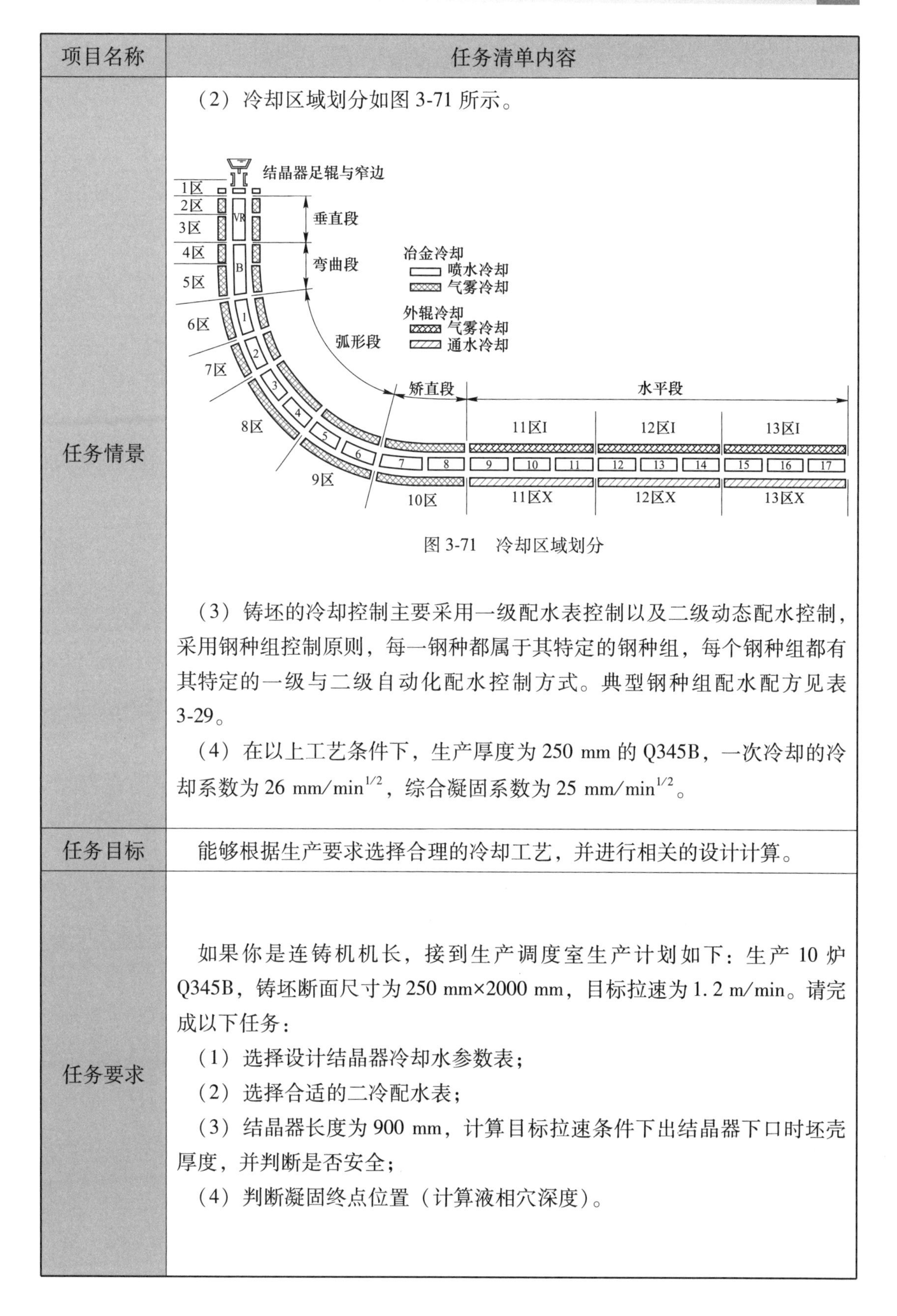

项目名称	任务清单内容
任务情景	（2）冷却区域划分如图 3-71 所示。 图 3-71　冷却区域划分 （3）铸坯的冷却控制主要采用一级配水表控制以及二级动态配水控制，采用钢种组控制原则，每一钢种都属于其特定的钢种组，每个钢种组都有其特定的一级与二级自动化配水控制方式。典型钢种组配水配方见表 3-29。 （4）在以上工艺条件下，生产厚度为 250 mm 的 Q345B，一次冷却的冷却系数为 26 $mm/min^{1/2}$，综合凝固系数为 25 $mm/min^{1/2}$。
任务目标	能够根据生产要求选择合理的冷却工艺，并进行相关的设计计算。
任务要求	如果你是连铸机机长，接到生产调度室生产计划如下：生产 10 炉 Q345B，铸坯断面尺寸为 250 mm×2000 mm，目标拉速为 1.2 m/min。请完成以下任务： （1）选择设计结晶器冷却水参数表； （2）选择合适的二冷配水表； （3）结晶器长度为 900 mm，计算目标拉速条件下出结晶器下口时坯壳厚度，并判断是否安全； （4）判断凝固终点位置（计算液相穴深度）。

项目名称	任务清单内容
任务思考	（1）结晶器冷却水工艺参数设计时需要考虑哪些因素？ （2）二冷水表根据什么选择？ （3）坯壳的厚度计算方法是什么？ （4）判断凝固终点位置是否可以转化成坯壳完全凝固？即凝固坯壳厚度是 250 mm 还是 125 mm？

项目名称	任务清单内容
任务实施	（1）请设计结晶器冷却水工艺参数表（不仅仅包含水流量）。 （2）请列表表示目标拉速下不同冷却区的二冷水流量控制。 （3）计算目标拉速条件下，出结晶器下口时坯壳厚度。 （4）计算目标拉速条件下，坯壳凝固终点的位置。
任务总结	通过完成上述任务，你学到了哪些知识，掌握了哪些技能？
实施人员	
任务点评	

做中学，学中做

连铸机拉速不同，连铸坯凝固终点位置不同，请计算并填写下表，然后绘出凝固终点位置随拉速变化示意图。

拉速/m·min^{-1}	凝固终点位置
0.6	
0.7	
0.8	
0.9	
1.0	
1.1	
1.2	

问题研讨

如何判断凝固终点位置计算得对不对?

射钉法具有测量准确、成本低廉和可普及性强等特点。用射钉法测定铸坯凝固坯壳的厚度就是将作为示踪材料的钢钉击打入铸坯，然后在铸坯相应的位置取样进行分析，由于击入铸坯的射钉在铸坯固相区和液相区内的形貌不同，因此通过金相分析、硫印分析等手段就可以比较直观准确地测量出铸坯的凝固层厚度。坯壳厚度可以用来计算铸坯在各种生产条件下的综合凝固系数及凝固终点。射钉法被广泛应用于铸坯凝固坯壳厚度的检测工作中，并得到国内外学者的一致认可。

某钢厂连铸机应用射钉试验，测定拉速为 1.05 m/min 时，凝固终点距离结晶器液面 30.5 m，请根据计算预测不同拉速下凝固终点位置。

知识拓展

拓展 3-1 板坯连铸区域所用主要耐火材料的指标要求

中间包用耐火材料详见与供货厂家签订的技术协议，基本的指标参数见表 3-30~表 3-38，钢包长水口、塞棒、浸入式水口的指标参数见表 3-39~表 3-41。

表 3-30 中间包永久层浇注料

项　　目	单位	指标
$w(Al_2O_3)$	%	≥80
$w(CaO)$	%	≤2.5
体积密度	g/cm^3	≥2.7
常温耐压强度	MPa	≥40

表 3-31 中间包干式料

项　　目	单位	指标
$w(MgO)$	%	≥81
$w(SiO_2)$	%	≤8
低温抗折强度（220 ℃×3 h）	MPa	≥5
高温抗折强度（1500 ℃×4 h）	MPa	≥6
低温体积密度（220 ℃×3 h）	g/cm^3	≥2
高温体积密度（1500 ℃×4 h）	g/cm^3	≥2.1

表 3-32 冲击板

项目	$w(MgO)$	$w(Al_2O_3)$	$w(C)$	$w(SiO_2)$	显气孔率	体积密度	常温耐压强度	高温抗折强度
单位	%	%	%	%	%	g/cm^3	MPa	MPa
指标	≥80	≥4.5	≥6	≤1.5	≤5	≥2.85	≥25.5	≥6

表 3-33 过滤挡墙（坝）

项　　目	单位	指标
$w(Al_2O_3)$	%	72~97
$w(SiO_2)$	%	≤10
$w(Fe_2O_3)$	%	≤5
体积密度	g/cm^3	≥2.6
显气孔率	%	≤17
常温耐压强度	MPa	≥25

表 3-34 高效隔热板

项　　目	单位	指标
$w(Al_2O_3)$	%	≥45
$w(Al_2O_3+SiO_2)$	%	≥96
$w(Fe_2O_3)$	%	≤1.5
体积密度	kg/m^3	≤800
线变化率（1150 ℃×6 h）	%	≤4
导热系数（热面 800 ℃）	W/(m·K)	≤0.11

表 3-35 稳流器

项 目		单位	指标
$w(Al_2O_3+MgO)$		%	≥80
体积密度		g/cm³	≥2.8
耐压强度	110 ℃×24 h	MPa	≥30
	1500 ℃×3 h		≥30

表 3-36 中间包座砖

项 目	单位	指标
$w(Al_2O_3)$	%	≥80
$w(C)$	%	≥2
体积密度	g/cm³	≥2.9
显气孔率	%	≤15
常温耐压强度	MPa	≥50

表 3-37 中间包上水口

项 目	单位	本体	碗部	渣线
$w(Al_2O_3)$	%	≥50	≥70	—
$w(C)$	%	≥20	≥13	≥12
$w(ZrO_2)$	%	—	-	≥75
体积密度	g/cm³	≥2.3	≥2.6	≥3.5
显气孔率	%	≤18	≤17	≤16
常温耐压强度	MPa	≥23	≥23	≥23
常温抗折强度	MPa	≥10	≥10	—

表 3-38 中间包滑板

项 目	单位	指标
$w(Al_2O_3)$	%	≥70
$w(C)$	%	≥10
$w(ZrO_2)$	%	≥6
体积密度	g/cm³	≥2.9
显气孔率	%	≤5
常温耐压强度	MPa	≥50

表 3-39 钢包长水口

项目	单位	指标
$w(Al_2O_3)$	%	≥50
$w(C)$	%	≥28
$w(ZrO_2)$	%	≥4.5
体积密度	g/cm^3	≥2.3
显气孔率	%	≤17
常温耐压强度	MPa	≥25
热震稳定性	次	≥10

表 3-40 塞棒

项目	单位	棒头	本体
$w(Al_2O_3)$	%	≥70	≥50
$w(C+SiC)$	%	≥13	≥25
体积密度	g/cm^3	≥2.60	≥2.3
显气孔率	%	≤17	≤18
常温耐压强度	MPa	≥26	≥25
常温抗折强度	MPa	≥8	≥7
热震稳定性	次	≥8	≥5

表 3-41 浸入式水口

项目	单位	指标	
		本体	渣线
$w(Al_2O_3)$	%	≥50	—
$w(C)$	%	≥25	≥12
$w(ZrO_2)$	%	—	≥75
体积密度	g/cm^3	≥2.3	≥3.5
显气孔率	%	≤18	≤16
常温耐压强度	MPa	≥23	≥23
常温抗折强度	MPa	≥6	≥6
热震稳定性	次	≥10	—

注：制品的尺寸允许偏差及外观应符合国家标准的规定；制品的流钢通道表面不准有附着物；整体塞棒内螺纹牙顶缺损长度不得大于直径的 1/3，只允许一处。

中间包结构如图 3-72 所示。中间包液面上方需添加覆盖剂，如图 3-73 所示。覆盖剂具体性能指标以技术协议为准。中间包覆盖剂参考碳含量 15%~18%，熔点 1300 ℃，结晶器用保护渣根据碳含量选用，保护渣水含量不能超过 0.5%，开浇渣不能超过 1.0%，优先考虑低 F 保护渣。

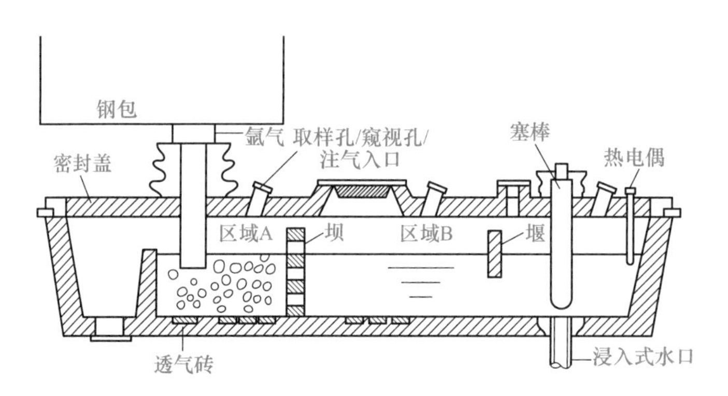

图 3-72 中间包结构

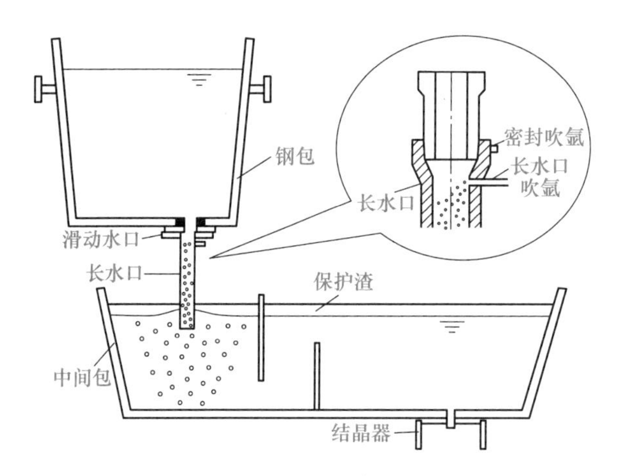

图 3-73 中间包保护渣

钢铁材料

独门绝技“手撕钢”稳固产业链

钢铁可以坚如磐石，但有时候也可以薄如蝉翼，手一撕即开，被形象称为“手撕钢”。“手撕钢”虽然只有普通A4纸厚度的1/4，价格却堪比黄金，更补上了下游产业链的短板，是航空航天、医疗器械、精密仪器、新能源和5G通信等高精尖领域不可或缺的关键材料。

目前，能生产这种钢的国家，全世界不超过3个，而批量生产的只有中国，中国还能挑战0.015 mm厚度“手撕钢”极限。

从十几年前不能自主生产、依赖高价进口，到如今全球领先、成为高端制造业的“宠儿”，百炼钢如何化成“绕指柔”？

这个“手撕钢”很容易用手来撕开，为什么钢板要做到这么薄呢？钢铁不应该是越硬越好吗？这张薄如蝉翼的不锈钢钢板，能发挥多大的作用？

别看“手撕钢”外表像锡箔纸一样，厚度只有0.02 mm，相当于头发丝的1/6，但是它坚韧而柔软。折叠屏手机要做到弯折20万次不断裂，就需要“手撕钢”的加持。电动车的电池要想安全、长寿，也需要“手撕钢”来保护，这是因为它具有强大的耐腐蚀、抗氧化功能。

手撕钢制造难度巨大，其中，最大的难度在于它的工艺，就像“擀面条”一样，需要0.1 mm、0.1 mm地往下“擀”。

想要从现有的0.5 mm的钢板擀到0.02 mm，对钢铁的生产工艺控制要求非常高，一旦出现问题，钢板很容易断裂或者是粉碎。特别是用来“擀面条”的20根轧辊，它们有成千上万种排列组合，材料每“擀”薄一次，需要从2万多种可能性中找到一种最正确的组合，相当于只有两万分之一的成功率。

如今，太钢已经能够自主生产世界上最宽、最薄的“手撕钢”，厚度从0.02 mm突破到了0.015 mm。我国在“手撕钢”领域不再依赖任何国家的供应商，产业链的安全性大大提升。

“手撕钢”的推广应用，将会快速推动高新科技、信息、能源等领域的技术变革和绿色发展。

能量加油站

党的二十大报告原文学习：加快实施创新驱动发展战略。坚持面向世界科技前沿、面向经济主战场、面向国家重大需求、面向人民生命健康，加快实现高水平科技自立自强。以国家战略需求为导向，集聚力量进行原创性引领性科技攻关，坚决打赢关键核心技术攻坚战。加快实施一批具有战略性全局性前瞻性的国家重大科技项目，增强自主创新能力。

具有世界影响力的国之重器与超级工程：国之重器和超级工程中都离不开钢铁工业的支撑。“天宫”空间实验室标志着我国迈向空间新时代：“蛟龙”号载人潜水器完成在世界最深处下潜；“天眼”是世界上最大的单口径球面射电望远镜；“悟空”是目前世界上观测能段范围最宽、能量分辨率最优的暗物质粒子探测卫星；“墨子”是我国完全自主研制的世界上第一颗空间量子科学实验卫星；“大飞机C919”标志着我国成为世界上少数几个拥有研发制造大型客机能力的国家之一，打破了少数制造商对民航客机市场的长期垄断局面；“中国高铁”是具有完全自主知识产权、达到世界先进水平的动车组列车，营运里程已达2.2万公里，总里程超过第2至第10位国家的总和，其中近六成都是这五年建成的，位居世界第一；“中国桥梁”震惊世界，我国公路桥梁总数近80万座，铁路桥梁总数已超过20万座，几乎每年都在刷新着世界桥梁建设的纪录；港珠澳大桥是我国境内一座连接香港、珠海和澳门的桥隧工程，2018年开通运营其因超大的建筑规模、空前的施工难度和顶尖的建造技术而闻名世界；“国产航母”正式下水，标志着我国自主设计建造航空母舰取得重大阶段性成果。

模块 4 铸坯切割

学习目标

知识目标：

（1）了解切割设备的结构与运行原理；

（2）了解火焰切割、机械切割的不同；

（3）掌握一次切割、二次切割工艺方法。

技能目标：

（1）能够根据切割设备条件和铸坯尺寸要求制定合理的切割工艺；

（2）能通过虚拟仿真软件完成连铸坯的切割、运输。

素质目标：

（1）培养学生节能环保意识；

（2）培养学生精益求精的工匠精神；

（3）培养学生严谨的工作作风。

任务 4.1 切割设备认知

知识准备

4.1.1 火焰切割机

微课 铸坯切割装置

火焰切割机是用氧气和各种燃气的燃烧火焰来切割铸坯。火焰切割的主要特点是：投资少，切割设备的外形尺寸较小，切缝比较平整，并且不受铸坯温度和断面大小的限制，特别是对于大断面的铸坯其优越性明显，适合多流连铸机；但其切割时间长、切缝宽、切口处的金属损耗严重，为铸坯重的1%~1.5%，污染严重，切割时产生的烟雾和熔渣等污染环境，需必要的运渣设备和除尘设施；当切割短定尺时需要增加二次切割；消耗的氧和燃气量大。

火焰切割原则上可以用于切割各种断面和温度的铸坯，但是就经济性而言，铸坯越厚，相应成本费用越低。因此，目前火焰切割广泛用于切割大断面铸坯。通常坯厚在200 mm 以上的铸坯，几乎都采用火焰切割法切割。

火焰切割机由切割机构、同步机构、返回机构、定尺机构、端面检测器、供电和供乙炔的管道系统等部分组成。火焰切割设备一般做成小车形式，故也称为切割小车。切割时，同步机构夹住铸坯，铸坯带动切割小车同步运行并进行切割。切割完毕，夹持器松开，返回机构使小车快速返回。切割速度随铸坯温度及厚度而调整。

4.1.1.1　切割机构

切割机构是火焰切割设备的关键部分。它主要由切割枪和传动机构两部分组成。切割枪能沿整个铸坯宽度方向和垂直方向移动。

切割枪切割时先把铸坯预热到熔点，再用高速氧气流把熔化的金属吹去，形成切缝。切割枪是火焰切割设备的主体部件。它直接影响切缝质量、切割速度和操作的稳定性与可靠性。切割枪由枪体和切割嘴两部分组成。

切割嘴依预热氧及预热燃气混合位置的不同可以分为如图 4-1 所示的三种形式。

（1）枪内混合式：预热氧气和燃气在切割枪内混合，喷出后燃烧。

（2）嘴内混合式：预热氧气和燃气在喷嘴内混合，喷出后燃烧。

（3）嘴外混合式：预热氧气和燃气在喷嘴外混合燃烧。

前两种切割枪的火焰内有短的白色焰心，只有充分接近铸坯时才能切割。外混式切割枪火焰的焰心为白色长线状，一般切割嘴距铸坯 50 mm 左右便可切割。这种切割枪切缝小而且切缝表面平整，金属损耗少；因预热氧和燃气喷出后在空气中混合燃烧，不会产生回火、灭火，工作安全可靠，并且长时间使用切割嘴也不会产生过热；常用于切割 100～1200 mm 厚的铸坯。

根据铸坯宽度的大小，切割方式有单枪切割或双枪切割两种。铸坯宽度小于 600 mm 时可用单枪切割；大于 600 mm 的板坯需用并排的两个切割枪，以缩短切割时间。两个切割枪向内切割，当相距 200 mm 时，其中一个切割枪停止切割，把切割火焰变成引火火焰或熄灭，而后迅速提升并返回原位，另一个割枪把余下的 200 mm 切完后亦返回原始工作位置。

切割过程中，两根切割枪的运动轨迹要严格保持在一直线上，否则切缝不齐。

切割时，切割枪应做与铸坯运动方向垂直的横向运动。为了实现这种横移运动，可采用齿条传动、螺旋传动、链传动或液压传动等。当切割方坯时，可用图 4-2 所示的摆动切割枪，从角部开始切割，使角部先得到预热，易于切入铸坯。

4.1.1.2　同步机构

同步机构是指使切割小车与连铸坯同步运行的机构。切割小车是在与铸坯无相对运动的条件下切断铸坯。机械夹坯同步机构是一种简单可靠的同步机构，应用广泛。

A　夹钳式同步机构

图 4-3 所示为一种可调的夹钳同步机构，它适用于板坯连铸机上。当运行的连铸坯碰到自动定尺设备后，行程开关发出信号，电磁阀控制气缸 2 动作，推动夹头 3，夹住铸坯 4，使小车与铸坯同步运行，同时开始切割。铸坯切断后，夹头松开，小车返回原位。夹头上镶有耐热铸铁块，磨损后可予更换。夹头 3 的两钳距离，可用螺旋传动 1 来调节，以适应宽度不同的板坯。

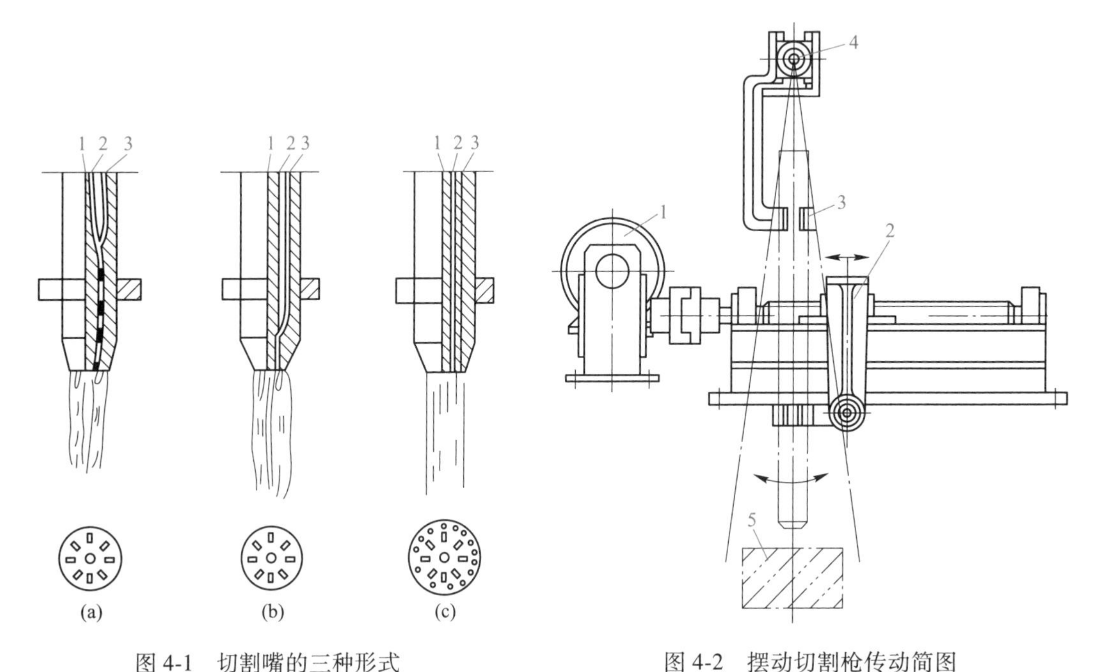

图 4-1 切割嘴的三种形式

（a）枪内混合式；（b）嘴内混合式；（c）嘴外混合式

1—切割枪；2—预热氧；3—丙烷

图 4-2 摆动切割枪传动简图

1—电动机及蜗轮蜗杆减速器；2—切割枪下支架与螺旋传动；

3—切割枪及枪夹；4—切割枪上支点；5—铸坯

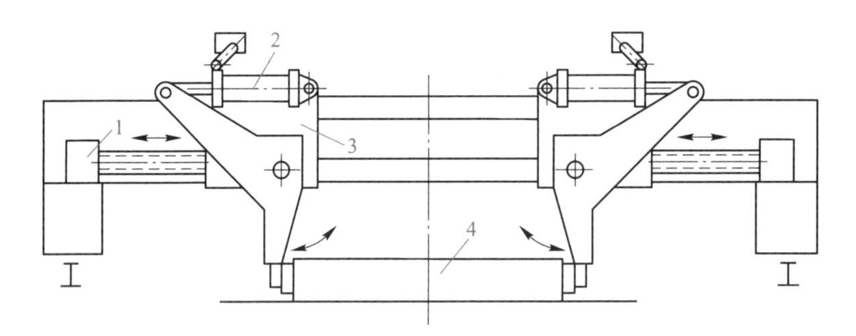

图 4-3 可调夹头式同步机构

1—螺旋传动；2—气缸；3—夹头；4—铸坯

B 钩式同步机构

在一机多流或铸坯断面变化较频繁的连铸机中，如铸坯的定尺长度不太大时，可采用钩式同步机构。如图 4-4 所示，在切割小车上有一个用电磁铁 2 控制的钩式挡板 1，需要切坯时放下挡板，连铸坯 5 的端部顶着挡板并带动切割小车同步运行进行切坯。铸坯切断后，挡板抬起，小车快速返回原始位置。钩杆的长度是可调的，以适应不同定尺长度的需要。这种机构简单轻便，不占用流间面积，对铸坯断面的改变和流数变化适应性强，所切定尺长度也比较准确；但当铸坯的断面不太平整时，工作可靠性差，若铸坯未被切断，则将无法继续进行切割操作。

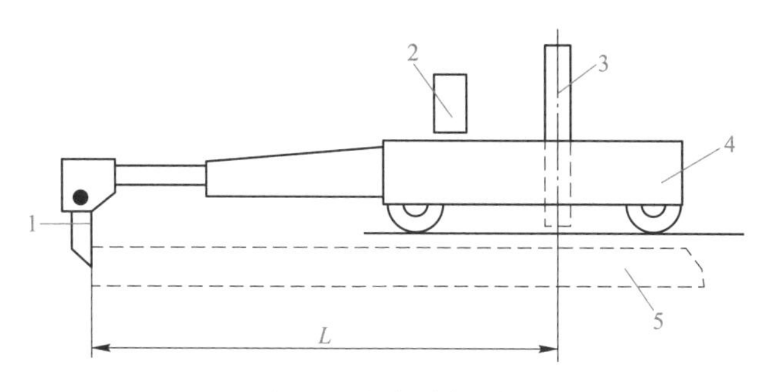

图 4-4 钩式同步机构

1—钩式挡板；2—电磁铁；3—切割枪；4—切割小车；5—连铸坯

C 坐骑式同步机构

图 4-5 所示为大角度切割机坐骑式同步机构。该同步机构的特点是在切坯时使切割小车直接骑坐在连铸坯上，实现两者的同步。火焰切割机坐骑式同步机构实物如图 4-6 所示。

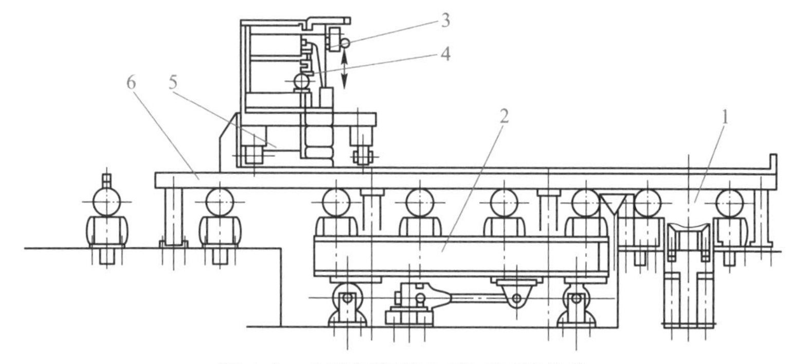

图 4-5 火焰切割机坐骑式同步机构

1—切头输出设备；2—窜动辊道；3—切割嘴小车；4—切割嘴小车升降机构；5—切割车；6—切割机座

图 4-6 火焰切割机坐骑式同步机构实物图

切割车上装有车位信号发生器，发出脉冲表示切割车所处位置，还装有切割枪小车横梁引导设备和横梁升降设备。交流电动机通过传动轴同时传动两套蜗杆、丝杆提升设备，使切割小车横梁升降。横梁上装有两台切割枪小车、切割枪高度测量设备及同步压杆。当达到规定的切割长度时，车位信号发生器发出脉冲信号，横梁下降，同步压杆压在铸坯上，同时切割车驱动轮抬起，此时切割车与铸坯同步运行。高度测量设备发出切割枪下降到位信号，两切割枪小车开始快速相向移动。板坯侧面检测器在测出边缘位置后，发出信号开启预热燃气，进而开启切割氧气进行切割，这时切割枪小车也从快速转为切割速度。

铸坯切断后，横梁回升，切割枪升起，同步压杆离开铸坯，切割车驱动轮仍落到轨道上，这时可开动驱动设备快速返回原位，准备下一次切割。切割区的窜动辊道可避免切割火焰切坏辊道，当切割枪接近辊道时，辊道可以快速避开。

4.1.1.3 返回机构

切割小车的返回机构一般采用普通小车运行机构，配备自动变速设备，以便在接近原位时自动减速。小车到达终点位置由缓冲气缸缓冲停车，再由气缸把小车推到原始位置进行定位。某些小型连铸机常用重锤式返回机构，靠重锤的重量经钢绳滑轮组把小车拉回到原始位置。

4.1.2 自动定尺设备

为把铸坯切割成规定的定尺长度，切割小车中装有自动定尺设备。定尺机构由过程控制计算机进行控制。图4-7所示是用于板坯连铸机的定尺机构。气缸推动测量辊，使之顶在铸坯下面，测量辊靠摩擦力转动。脉冲发生器发出脉冲信号，换算出铸坯长度，达到规定长度时，计数器发出脉冲信号，开始切割铸坯。

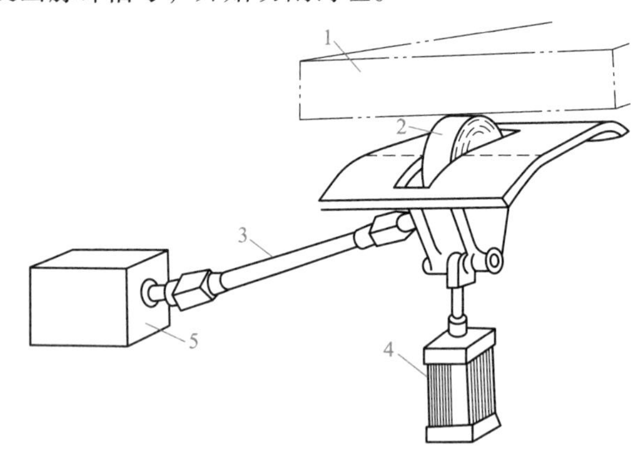

图4-7 自动定尺设备简图

1—铸坯；2—测量辊；3—万向联轴器；4—气缸；5—脉冲发生器

另外，为了防止在切割铸坯时把下面的输送辊道烧坏，必须采用能升降或移动的辊道，以避开割枪。铸坯切口下面的粘渣及毛刺要用一组高速旋转的尖角锤头打掉，如图4-8所示，避免轧制时损坏轧辊和影响钢材质量。

4.1.3 机械剪切机

机械剪切的主要特点是：设备较大，但剪切速度快，剪切时间只需2~4 s，定尺精度高，特别是生产定尺较短的铸坯时，因其无金属损耗且操作方便，在小方坯连铸机上应用较为广泛。

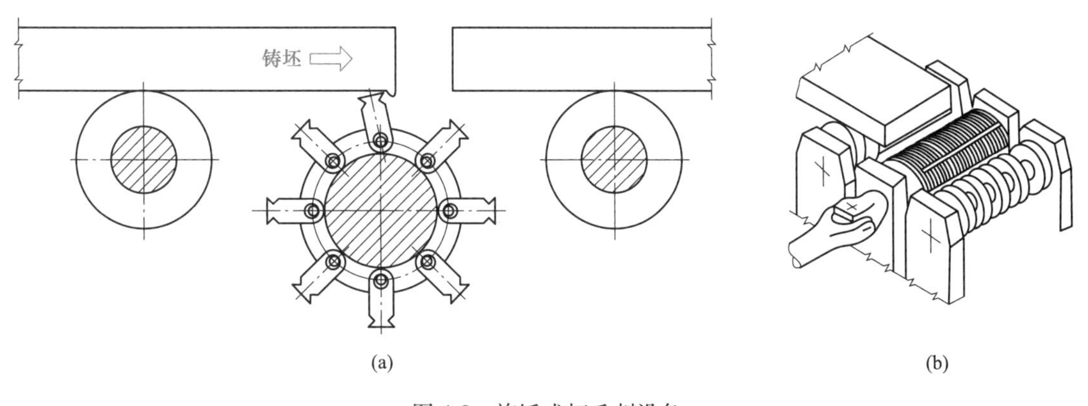

图 4-8 旋锤式打毛刺设备

（a）工作状况；（b）组装图

4.1.3.1 电动摆动式剪切机

在弧形连铸机上使用的电动摆动式剪切机如图 4-9 所示。它是下切式剪切机，下部剪刃能绕主轴中心线做回转摆动。

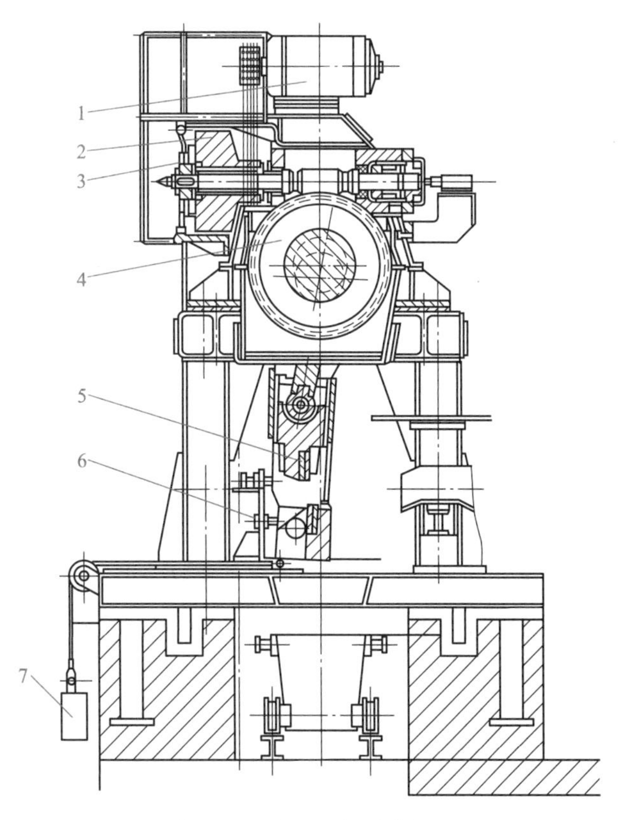

图 4-9 立式电动摆动剪切机

1—交流电动机；2—飞轮；3—气动制动离合器；4—蜗轮；5—剪刃；6—水平运动机构；7—平衡锤

A 传动机构

电动摆动式剪切机的主传动机构是蜗轮副，电机装在蜗轮减速机上面，可使铸机流间距减小到900 mm，适于多流小方坯连铸机。剪切机的双偏心轮使剪切机产生剪切运动。蜗轮装在偏心轴上，在蜗轮两侧各有两个对称的偏心轴销，其中一对连接下刀台两边连杆，偏心距为85 mm，另一对连接上刀台两边连杆，偏心距为25 mm，使得下剪刃行程为90 mm，上剪刃行程为50 mm。上剪刃的刀台是在下刀台连杆的导槽中滑动。剪切机采用槽形剪刃，可减少铸坯切口的变形。

采用蜗轮副传动虽然结构紧凑，但其材质及加工精度要求较高。蜗轮及盘式离合器易磨损。剪切机通过气动制动离合器来控制剪切动作。

B 剪切机构

图4-10所示为机械飞剪工作原理。剪切机构是由曲柄连杆机构组成，下刀台通过连杆与偏心轴连接，上、下刀台均由偏心轴带动，在导槽内沿垂直方向运动。当偏心轴处于0°时，剪刀张开；当其转动180°，剪刀进行剪切；当偏心轴继续转动时，上、下刀台分离，直到转动360°时，上、下刀台回到原位，完成一次剪切。

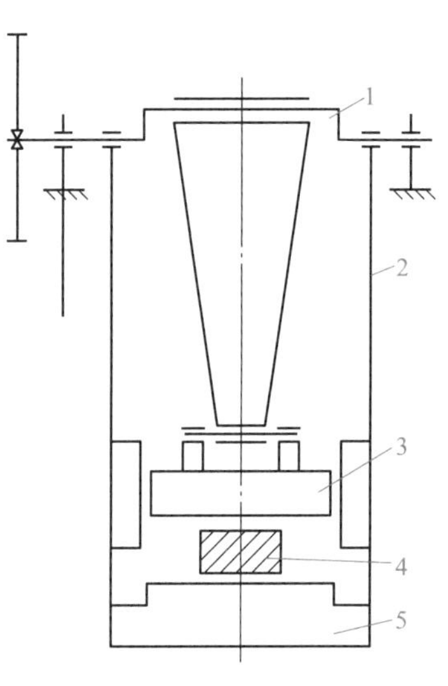

图4-10 机械飞剪原理
1—偏心轴；2—拉杆；3—上刀台；4—铸坯；5—下刀台

在剪切过程中拉杆需要摆动一个角度才能与铸坯同步，因而拉杆长度应从摆动角度需要来考虑，但不宜过大。在剪切铸坯时，剪切机构要被铸坯推动一段距离，从而摆动一定角度，同时剪切机构把铸坯抬离轨道，使铸坯产生上弯。铸坯推动剪切机构在水平方向摆动距离相同的情况下，连杆越短，剪切机构摆动的角度就越大，铸坯的弯曲也越大。另外，剪切机构摆动角度的大小与拉速和剪切速度有关。拉速越快，剪切速度越慢，剪切机构摆动角度越大。连杆长度的确定，要综合考虑各种因素。这种剪切机称为摆动式剪切机；剪切可以上切，也可以下切。上切式剪切，剪切机的下刀台固定不动，由上刀台下降完成剪切，因此剪切时对辊道产生很大压力，需要在剪切段安装一段能上下升降的辊道。

C 同步摆动及复位机构

机械剪的同步摆动是通过上下刀台咬住铸坯后，由铸坯带动实现的。复位是靠刀台和拉杆自重，以及一端用销钉固定在剪切机上，另一端与小轴的两端相连的两根连杆，使小轴通过滑块与弹簧的压紧或放松。当剪切机构咬住铸坯时，剪切机构发生摆动，摆动角度越大，弹簧压得越紧。铸坯切断后，剪切机构在自重作用下回摆，弹簧加快复位。

4.1.3.2 液压剪切机

图4-11所示为剪切小方坯用的下切式平行移动液压剪切机。剪切机装在可移动的小车3上，剪切时用移动液压缸6推动，随坯移动，移动最大距离为15 m。所切铸坯的定尺长度用光电管控制，可在1.5~3 m范围内调节。在剪切机小车后面有一段用来承托和输送

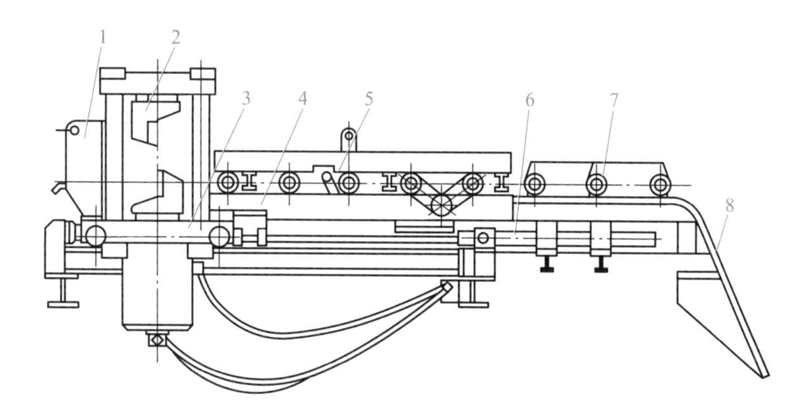

图 4-11 平行移动液压剪切机

1—铸坯进口导板；2—剪切机；3—小车；4—移动辊道；5—气动缓冲器；
6—移动液压缸；7—下降辊道；8—倾斜轨道

剪断铸坯的移动辊道 4，和小车 3 连在一起。辊道上有 8 个辊子，其最后 3 个辊子用链条连接，后退时可沿倾斜轨道 8 下降，以免与后面的固定出坯辊道相碰。为了防止剪断后的铸坯冲击辊道，在第二与第三辊子间安装了一个气动缓冲器 5。

图 4-12 所示为液压摆动式剪切机。剪切机主体吊挂在横跨出坯辊道上方的横梁上，在剪切铸坯时剪切机在铸坯推力作用下可绕悬挂点自由摆动。其主液压缸 5 及回程液压缸的高压水管通过剪切机悬挂枢轴中心，因此不影响剪切机的摆动。在主液压缸柱塞和上刀

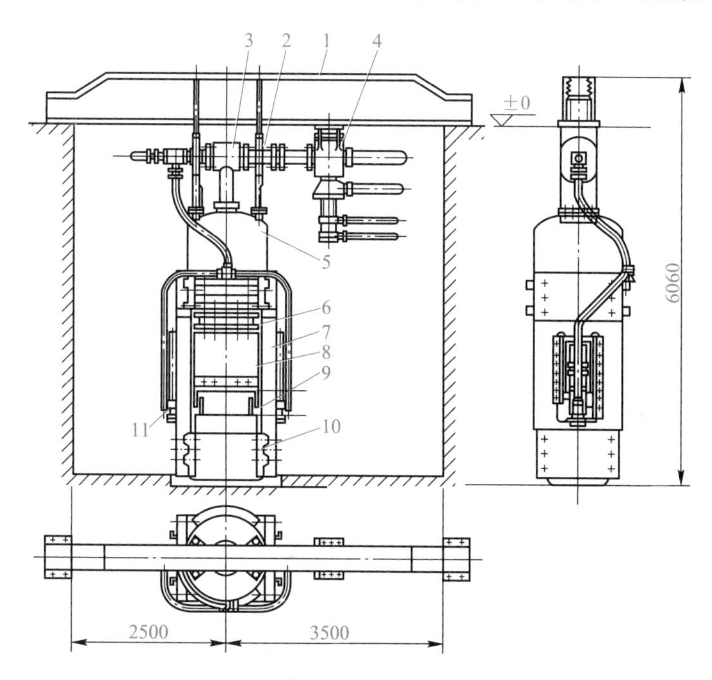

图 4-12 液压摆动式剪切机（mm）

1—横梁；2—销轴；3—活动接头；4—充液阀；5—液压缸；6—柱塞；7—机架；8—上刀台；
9—护板；10—下刀座；11—回升液压缸

台 8 之间装有球面垫，在下刀台上装有可调宽导板，用以防止剪切机产生明显的偏心负荷。

液压剪是上切式，上刀台回升液压缸装在立柱窗口内。为了减小剪切机宽度，采用了特殊结构的机架。用主液压缸 5 作为机架的上横梁，用下刀台作为机架的立柱，立柱的上下两端用键或螺栓与上下横梁相连接。为了降温，机架立柱和上下刀台都淋水冷却。

任务清单

项目名称	任务清单内容
任务情景	（1）国内某钢铁企业宽厚板连铸机配备有一次火焰切割车 1 台，二次火焰切割车 2 台。 （2）一次火焰切割车的切割范围：宽度 1600～2400 mm；厚度 250～400 mm；取样长度 80～150 mm；板坯长度最大 9500 mm，最小 6300 mm。 （3）二次火焰切割车的切割范围：宽度 1600～2400 mm；厚度 250～400 mm；板坯长度最大 4100 mm，最小 2500 mm。 （4）一次切割辊间距 1800 mm；二次切割辊间距为 1100 mm。
任务目标	能够根据切割设备条件制定合理的切割工艺。
任务要求	如果你是连铸工艺技术员，请你根据任务情景中切割设备条件，对不同铸坯长度要求设置合理的切割工艺。
任务思考	（1）如果切割长度为 6300～9500 mm，如何切割？切割一次还是二次？ （2）如果切割长度为 2500～4100 mm，如何切割？切割一次还是二次？ （3）如果切割长度为 4100～6300 mm，如何切割？切割一次还是二次？ （4）如果切割长度小于 2500 mm，如何切割？

项目名称	任务清单内容
任务实施	设置不同目标长度的铸坯切割工艺参数表。
任务总结	通过完成上述任务，你学到了哪些知识，掌握了哪些技能？
实施人员	
任务点评	

做中学，学中做

总结归纳火焰切割和机械切割的优缺点。

切割方式	优点	缺点
火焰切割		
机械切割		

问题研讨

切割割缝有多宽？切割掉的氧化铁渣皮如何处理？

任务 4.2 铸坯定尺切割

知识准备

视频 铸坯切割

目前连铸机所用切割装置有火焰切割和机械剪切两种类型。

4.2.1 火焰切割装置

火焰切割是用氧气和燃气产生的火焰来切割铸坯。图 4-13 所示为现场一火焰切割装置实物照片。燃气有乙炔、丙炔、天然气和焦炉煤气等，生产中多用煤气。切割不锈钢或某些高合金铸坯时，还需向火焰中喷入铁粉、铝粉或镁粉等材料，使之氧化形成高温，以利于切割。有些钢厂，比如河南济源钢铁公司采用连铸坯氢氧切割技术，其燃气采用的是水电解氢氧气。

图 4-13 火焰切割装置

火焰切割装置包括切割小车、切割定尺系统、切割专用辊道等。

不同的钢厂对铸坯定尺要求不同，当需要切割短定尺时，需要增加二次切割装置。一次切割时，将铸坯切割成 3 倍尺或 2 倍尺寸，然后经过二次切割，将倍尺坯切割成目标尺寸的单倍尺铸坯。

火焰切割小车由切割枪、同步机构、返回机构以及电、水、燃气、氧气等介质管线组成。

4.2.1.1 切割枪

切割枪又称为割炬，一般由枪体和切割嘴组成。切割嘴是切割枪的核心部件。切割枪又分为外混式和内混式，如图 4-14 所示。

一般一台切割车两侧各有一支切割枪，实际生产过程中可以根据切割辊道长度、切割速度和拉坯速度进行测算是使用单枪切割还是使用双枪切割。如果经过测算，可以使用单枪切割，则优先使用单枪切割，这一方面可以节约燃气消耗、降低成本，另一方面切割缝比较整齐，不会存在因双枪对不齐切割导致的切割豁口。双枪切割时，务必要保证两支切割枪在同一条直线上运行。

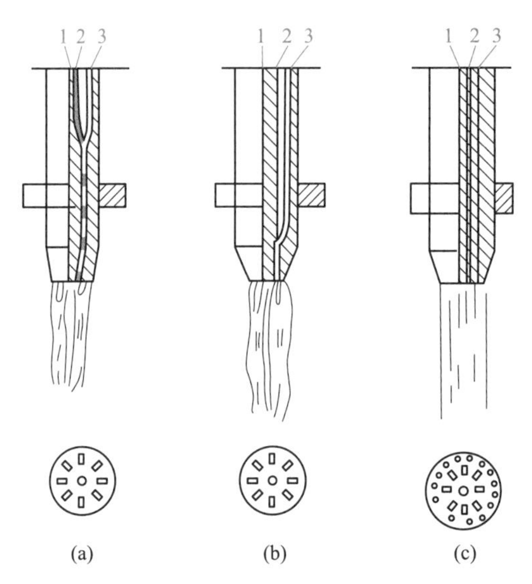

图 4-14 切割嘴的三种形式

（a）枪内混合式；（b）嘴内混式；（c）嘴外混式

1—切割枪；2—预热氧；3—丙烷

4.2.1.2 同步机构

在连续生产过程中，被切割铸坯是以拉坯速度不断向前运行的，如果切割车与铸坯不能保证同步运行，那么切割后的铸坯形状就不是规则的长方体，切割线是倾斜的。因此，切割车在切割时必须与连铸坯同步运行，以保证铸坯切缝整齐。同步机构有夹钳式、压紧式、坐骑式和背负式四种。目前，越来越多的切割车采用压紧式同步机构。

4.2.2 机械切割装置

机械剪切设备又称为机械剪或剪切机，其由于是在运动过程中完成铸坯剪切的，因而也称为飞剪。机械剪切设备较大，但是建设速度快，剪切时间短，定尺精度高，在小方坯上经常使用。目前，薄板坯连铸连轧生产线上也使用机械剪切设备。

机械剪切按照驱动方式不同，又分为机械飞剪和液压飞剪。通过电机系统驱动的是机械飞剪，通过液压系统驱动的是液压飞剪。两者虽然驱动方式不同，但是都是通过上下平行的刀片做相对运动来完成对运行中铸坯的剪切。

任务清单

项目名称	任务清单内容
任务情景	（1）国内某钢铁企业宽厚板连铸机配备有一次火焰切割车 1 台，二次火焰切割车 2 台，采用介质为氧气+天然气；切割设备条件同任务 4.1 下“任务清单”中的条件。 （2）2023 年 11 月 18 日，连铸切割班班长接到本班生产任务为 10 炉 Q345B，铸坯尺寸要求为：8000 mm 铸坯共计 5 块；4000 mm 铸坯共计 23 块；3000 mm 铸坯共计 10 块；2000 mm 铸坯共计 4 块；其余均为 9500 mm 铸坯。
任务目标	能够根据生产任务，设置合理的切割操作方法。
任务要求	如果你是连铸切割班班长，接到生产任务后，如何进行切割操作？
任务思考	（1）对于 8000 mm 铸坯如何切割？ （2）对于 4000 mm 铸坯如何切割？ （3）对于 10 块 3000 mm 铸坯如何切割？ （4）对于 4 块 2000 mm 铸坯如何切割？

项目名称	任务清单内容
任务实施	制定本班切割操作规则。
任务总结	通过完成上述任务，你学到了哪些知识，掌握了哪些技能?
实施人员	
任务点评	

做中学，学中做

归纳总结铸坯热切后主要的设备及其功能。

序号	切割后主要设备名称	功能
1		
2		
3		
4		
5		
6		
7		
8		
9		
10		

问题研讨

连铸机生产的连铸坯重量如何测量或者计算？

知识拓展

拓展 4-1 薄板坯连铸连轧技术

（1）薄板坯连铸连轧的发展历程。

早期国际薄板坯连铸连轧技术开发的目标是为小型钢厂（mini-mill）生产板带材开发出一条经济、实用的紧凑式生产流程。从 1989 年美国纽柯公司的世界第一条薄板坯连铸连轧产线投产至今，已有 30 多年时间。从薄板坯生产线建设的时间阶段和特点来看，薄板坯连铸连轧技术大体可分为 3 个阶段。第一代薄板坯连铸连轧技术以美国 Nucor Crawfordsville 工厂、Nucor Hickman 工厂的生产线为代表，其主要生产装备特点是：采用电炉+LF 炉炼钢，连铸坯厚度为 50 mm，铸机通钢量为 2.5～3.0 t/min，生产线产能双流通常约为 1.6×10^{6} t/a，品种以中低档产品为主。第二代薄板坯连铸连轧技术以 1999 年德国蒂森-克虏伯的 CSP 产线为代表，注重高附加值产品，包括低合金高强度钢、深冲用钢以及硅钢等的开发，结晶器最大厚度达到 90 mm，冶金长度相应增加，同时采用了漏钢预报、电磁制动、液芯压下等新技术，铸机通钢量最大达到 3.7 t/min。第三代薄板坯技术以 2009 年意大利 Arvedi 公司 ESP 技术为代表，其以超高速连铸、无头轧制为特征，将薄板坯技术推上了一个新的高峰。浦项公司的 CEM 技术、达涅利的 DUE 技术也相继得到工业化应用，并迅速在我国推广。日照钢铁相继引进了 5 条 ESP 产线，另外，首钢京唐 MCCR、河北东华全丰 S-ESP、福建鼎盛 ESP 等产线也都陆续建设投产。我国已成为全球拥有薄板坯连铸连轧生产线最多、产能最大的国家。

根据我国薄板坯连铸连轧技术发展不同时期的技术和产业特征，我国薄板坯连铸连轧技术的发展可划分为以下 4 个阶段：1984—1999 年为探索引入期，1999—2002 年为消化吸收期，2002—2008 年为推广应用期，2008 年至今为稳定发展期。

1）探索引入期（1984—1999 年）。我国“七五”重点攻关研究课题“薄板坯连铸技术研究”与国家“八五”重点科技攻关项目“中宽带薄板坯连铸连轧成套技术研究”，由原冶金部钢铁研究总院牵头，兰州钢厂和原冶金部自动化院等单位参加。1990 年，国内第一台薄板坯连铸坯试验机在兰州钢厂建成，同年 10 月拉出我国第一块 50 mm×900 mm 铸坯。项目成功研发出薄板坯连铸保护渣、浸入式水口和椭圆双曲面内腔的变截面结晶器三大关键技术。1992 年 9 月，国家计委批准珠钢建设年产 80 万吨的薄板坯连铸连轧产线；1994 年，原冶金部提出计划珠钢、邯钢和包钢以项目捆绑的方式一次购买 3 条薄板坯连铸连轧产线。采用第一代 CSP 技术，主要技术特征是：采用单坯轧制技术，精轧机组采用 6 个机架，恒速轧制，产品最薄厚度为 1.2 mm，均热炉长度约为 200 m，最高轧制速度为 12.6 m/s，轧机主电机容量为（4.0～5.5）$\times10^{4}$ kW。这一时期标志性的事件是 1999 年 8

月 26 日珠钢电炉—薄板坯连铸连轧产线成功热试，顺利生产出我国第一个采用薄板坯连铸连轧技术生产的热轧板卷。

2）消化吸收期（1999—2002 年）。珠钢、邯钢和包钢 3 条 CSP 产线的相继建成投产拉开了我国对薄板坯连铸连轧技术和装备消化、吸收、再创新的序幕。国内相关院校、设备制造企业、关键材料供应商等围绕薄板坯连铸连轧技术的基础理论、工艺技术、重大装备和关键材料等展开了系统的研究工作，先期投产的 3 条薄板坯连铸连轧产线 3 年的生产实践表明，我国不仅能够驾驭薄板坯连铸连轧产线，而且主要关键工艺技术指标和达产速度均达到或超过国际先进水平。

3）推广应用期（2002—2008 年）。我国逐步认识到薄板坯连铸连轧技术所特有的优势，对薄板坯连铸连轧技术的要求不仅是生产中低档次产品，而是从品种、质量和产量等方面提出更高的要求。在此期间，我国共建设了 9 条 20 流具有第二代薄板坯连铸连轧技术特征的产线，其主要技术特征是采用半无头轧制技术，精轧机组采用 7 个机架，升速轧制，产品最薄厚度为 0.8 mm，均热炉长度为 250~315 m，最高轧制速度为 22.0 m/s，轧机主电机容量为（6.7~7.0）$\times 10^4$ kW。

4）稳定发展期（2008 年至今）。经过 30 多年的发展、完善，薄板坯连铸连轧技术已步入稳定发展期，工艺技术、设备配置的基本框架已经形成。各企业不再追求产能扩大，而是转向以成本、质量和品种优化为目标，珠钢、涟钢、唐钢以及武钢先后开发并批量生产中高碳复杂成分钢系列产品，武钢和马钢开始大批量生产无取向电工钢，涟钢采用半无头轧制技术生产的超薄规格的比例在不断扩大。日照钢铁相继引进 5 条 ESP 产线，主要技术特征是采用无头轧制技术，3+5 个机架，恒速轧制，产品最薄厚度为 0.8 mm，在线感应均热技术（整条生产线更加紧凑高效，全长仅 125 m），80 mm 铸坯最高拉速为 6.0 m/min，单流年产量 200 万吨。

把轧制工艺的连续性作为划分薄板坯连铸连轧技术先进性的标志，第一代是采用单坯轧制技术，第二代是采用半无头轧制技术，第三代是采用无头轧制技术，技术特征见表 4-1，工艺布置如图 4-15 所示。

表 4-1 薄板坯连铸连轧技术特征

技术特征	第一代	第二代	第三代
标志性特征	单坯轧制	半无头轧制	无头轧制
铸坯厚度（未考虑 conroll、QSP 及 ASP)/mm	45~65	55~80	80~120
1300 mm 钢通量/$t \cdot min^{-1}$	3~3.5	3.5~4.5	5.0~6.5
铸坯软压下方式	液芯压下	液芯压下/凝固末端动态软压下	液芯压下+凝固末端动态软压下
加热模式	200 m 辊底炉	200~315 m 辊底炉	10 m 电磁感应加热；80 m 辊底炉+10 m 电磁感应加热
轧机架数	6	7	8

续表 4-1

技术特征	第一代	第二代	第三代
轧制速度制度	恒速轧制	变速轧制	恒流量轧制
最小厚度规格/mm	1.2	0.8	0.8
生产线长度/m	170~360	390~480	170~290

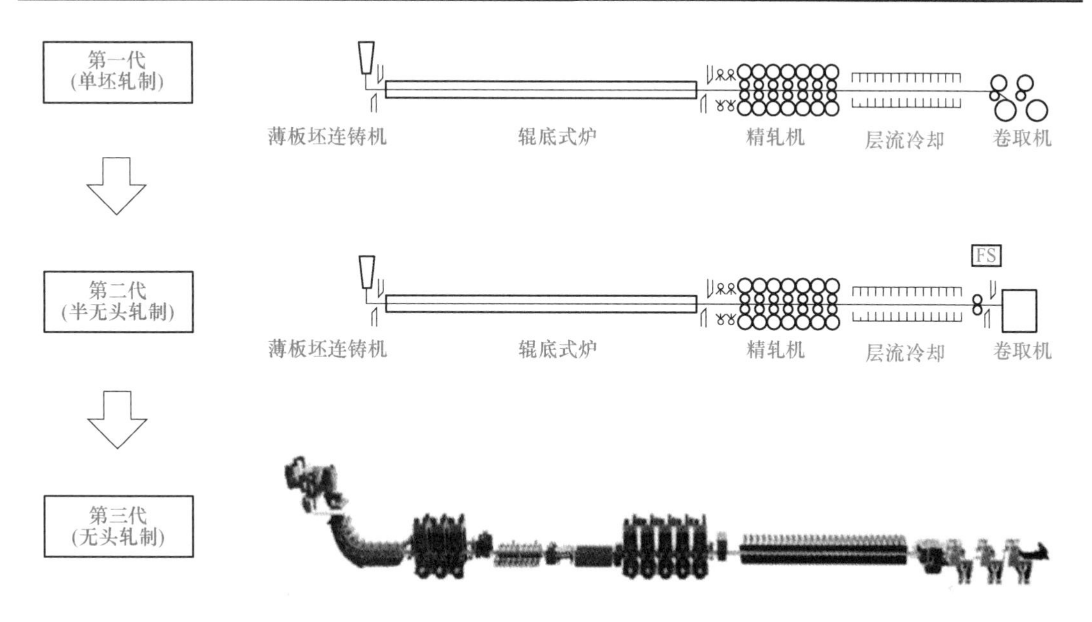

图 4-15 薄板坯连铸连轧工艺布置

首钢 MCCR(Multi-mode Continuous Casting & Rolling plant) 多模式连铸连轧产线包括无头轧制模式、半无头轧制模式以及单坯轧制模式。

1) 无头轧制：轧机与连铸形成连铸连轧，摆剪不进行剪切，轧速与拉速匹配；带卷的切分是通过卷取前高速飞剪来实现；适用于薄规格批量生产；辊期的长度主要取决于工作辊的磨损情况。

2) 半无头轧制：由摆剪将板坯剪切定尺长坯，每块板坯轧制、卷取成 2~4 个钢卷；开始板坯头部入炉，与连铸拉速匹配；摆剪剪切后，提速与后续板坯拉开间距，板坯出炉同步于轧机速度；用于调试无头、轧制 2~4.0 mm 规格，有节能优势。

3) 单坯轧制：连铸的摆剪将板坯剪切成长坯定尺，拉开 1 m 间距，暂存于加热炉中，轧机在轧制时不与连铸构成直接连铸连轧，没有秒流量的匹配关系，带卷的切分通过卷取前高速飞剪实现；适宜较厚规格，换辊期间，快节奏生产创造缓冲时间。

MCCR 生产线主要设备包括一台单流高速薄板坯流铸机、一台摆剪、一座辊底式隧道均热炉、一架立辊轧机、一台高压水粗除鳞机、三机架粗轧机组、一台转鼓剪、九组感应加热装置、一台集成强冷的精轧高压水除鳞装置、五机架精轧机组、输出辊道及带钢层流冷却装置（预留快冷）、高速飞剪、两台地下卷取机以及国内配套的托盘运输系统、钢卷库、平整分卷机组等。主要设备布置如图 4-16 所示。

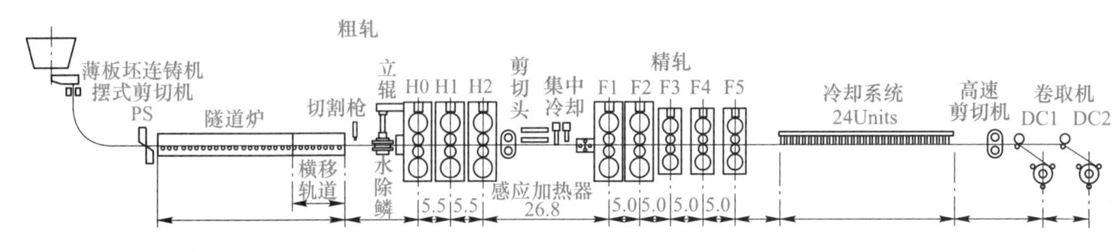

图 4-16 MCCR 工艺布置图

铸机生产工艺流程如图 4-17 所示，轧区生产工艺流程如图 4-18 所示。

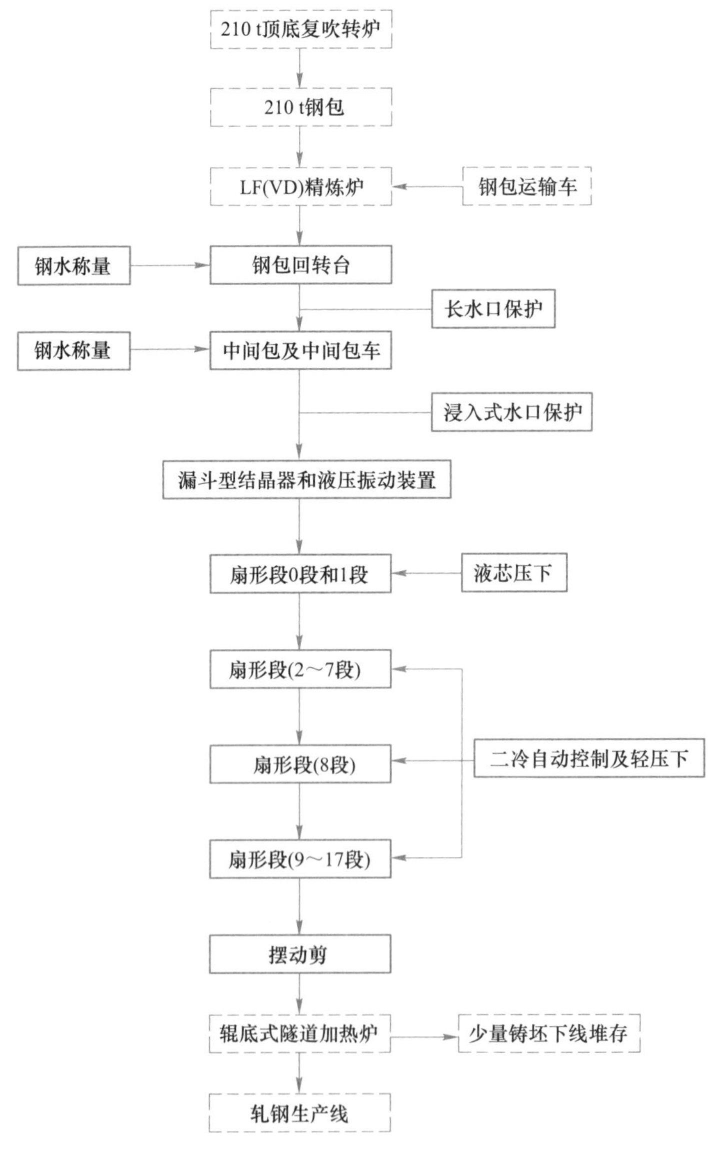

图 4-17 铸机生产工艺流程

图 4-18　轧区生产工艺流程

（2）薄板坯连铸连轧的关键技术。

1）结晶器及其相关装置技术。

①薄板坯连铸结晶器。传统板坯连铸采用平行板结晶器，然而薄板坯结晶器厚度小，为便于放置 SEN，以及确保弯月面区域有足够的空间熔化保护渣，薄板坯结晶器设计须满足如下要求：结晶器流动稳定，无卷渣；结晶器有足够的钢容量，钢水温度分布均匀，有利于化渣；结晶器内初生坯壳在拉坯变形过程中承受的应力应变最小；SEN 与铜板壁有足够的距离，不至于结冷钢。典型的薄板坯结晶器类型有德马克公司 ISP 工艺立弯式结晶器［见图 4-19（a）］、西马克 CSP 所采用的漏斗形结晶器［见图 4-19（b）］、达涅利 FTSC 所采用的双高结晶器［见图 4-19（c）］、奥钢联 CONROLL 工艺平板型结晶器［见

图 4-19（d）]。目前，漏斗形结晶器技术主要有两个发展方向：首先是以提高产品质量为目的，对漏斗形曲面及背面冷却水槽形式优化；其次是以增加铜板通钢量（使用寿命）为目标的表面镀层和铜板材质的开发。从薄板坯引进国内至今，随着铜板制造工艺的不断完善，国产结晶器铜板的质量也逐步提高，目前已经可以替代进口，部分指标甚至超过进口。

②大通量浸入式水口。薄板坯要求高拉速为 6~7 m/min，通钢量可达到 3~4 t/min。为使铸机产量能与轧机相匹配，无头轧制条件下通钢量更要求达到 5~7 t/min。因此，浸入式水口设计要满足以下几个条件：一是水口直径要有足够的流通量；二是浸入式水口与铜板之间要有一定间隙而不结冷钢；三是水口壁要有足够的厚度，能够耐受 14 h 以上钢水和熔渣侵蚀而不发生穿孔。为延长水口的使用寿命，研究人员开发了薄壁扁平状的大通量浸入式水口，其水口上部为圆柱形，下部逐渐过渡为扁平状，主体材质为铝碳质，采用等静压成型，渣线处为碳化锆质。最为典型的两种浸入式水口为 CSP 工艺所采用的“牛鼻子”形浸入式水口和 ESP 工艺所采用的“鸭嘴”形浸入式水口，如图 4-20 所示。浸入式水口寿命可达到 700 min 以上，可连浇 15 炉以上。唐钢与相关高校合作，开发新型四孔浸入式水口。使用新型浸入式水口的结晶器内流场更加合理，液面波动大幅减小，裂纹发生率和漏钢率显著降低，有力促进了薄板坯连铸高效化生产技术的进步。

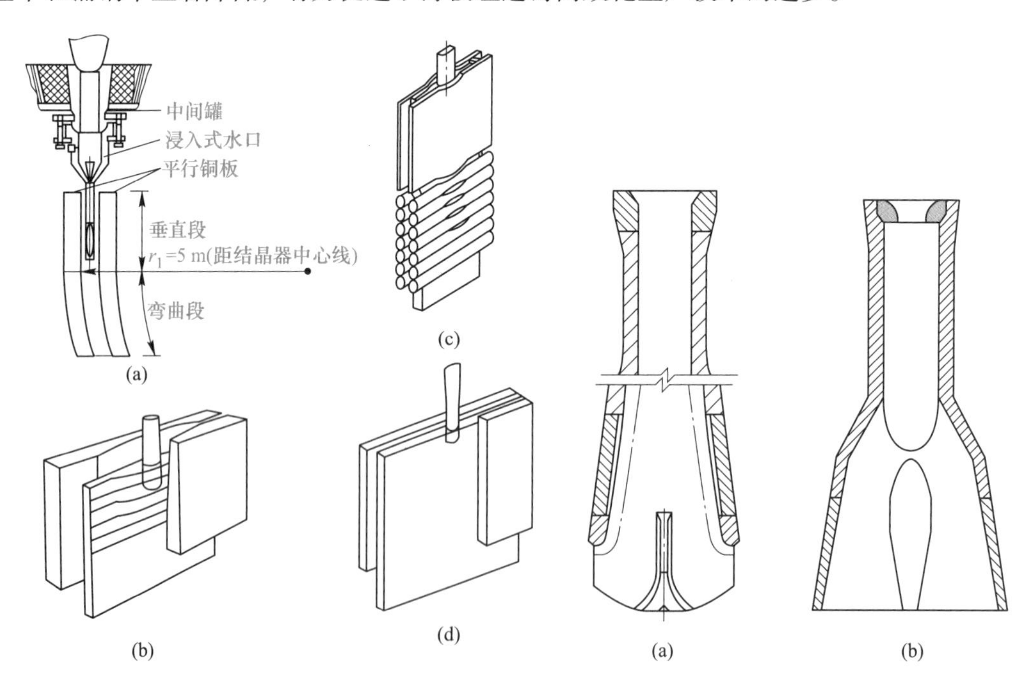

图 4-19 典型的薄板坯连铸结晶器

（a）德马克公司 ISP 工艺立弯式结晶器；

（b）西马克 CSP 所采用的漏斗形结晶器；

（c）达涅利 FTSC 所采用的双高结晶器；

（d）奥钢联 CONROLL 工艺平板型结晶器

图 4-20 典型的薄板坯浸入式水口

（a）“牛鼻子”形；（b）“鸭嘴”形

③结晶器温度分布可视化与漏钢预报系统技术。结晶器温度场可视化系统是通过多个预埋在结晶器铜板背面的热电偶来检测结晶器内温度，并拟合成热像图，实现温度场的可视化。通过检测各点温度的变化，分析各点的温度梯度，可以预报该点是否有漏钢风险，同时联动漏钢紧急降速程序，避免漏钢发生。温度场可视化技术有效地弥补了漏钢预报系统单纯数据判断的不足，使操作人员可根据热像图的变化提前做出相应的补救措施，降低了漏钢率。

④薄板坯专用保护渣技术。液渣层在结晶器钢液面上需保持足够的厚度，才能连续渗漏到坯壳与铜板之间，起到良好的润滑作用，从而防止黏结漏钢和表面纵裂纹。薄板坯拉速高，结晶器内空间有限，因此很难获得恒定的液渣层，渣耗量比传统板坯明显减少。为解决这一问题，通常薄板坯保护渣采用低熔点、低黏度控制策略，相同品种钢薄板坯连铸连轧与常规板坯的保护渣成分也有明显区别。表 4-2 为低碳钢结晶器保护渣成分及理化性能指标。

表 4-2 低碳钢结晶器保护渣成分及理化性能指标

理化指标	$w(CaO)/\%$	$w(SiO_2)/\%$	$w(Al_2O_3)/\%$	碱度	熔点/℃	1300 ℃黏度 /Pa · s
常规板坯	36	32	5	0.89	105～1100	0.2
薄板坯	32	30	4.3	0.96	1030	0.12

2）液芯压下技术。

德马克公司首先将液芯压下技术应用于 ISP 工艺，现在已为多种薄板坯连铸工艺采用。该技术对薄板坯连铸连轧的意义在于，提供灵活的铸坯厚度，以满足后工序轧钢的工艺要求。液芯压下可以起到降低成分偏析、减轻中心疏松、细化凝固组织等提高铸坯内部质量的效果。对于热轧薄材的生产，液芯压下可减薄铸坯，降低轧制负荷，提高生产的灵活性，增加连轧钢之间的柔性化。现用的液芯压下技术，通常在出结晶器的第一段完成，最新一代的液芯压下技术，液芯压下拓展到 2 段或下面多段一起匹配进行机械开口度调整，其优点是单段液芯压下量小，不易产生压下裂纹，而总的压下量大，最大压下量可达 30 mm 以上。单段液芯压下与多段液芯压下如图 4-21 所示。

3）电磁制动技术（EMBr）。

电磁制动对高拉速时的结晶器流场有显著影响，对比有无电磁制动条件下的结晶器流场可知，采用电磁制动情况下：（1）降低冲击深度，有利于夹杂上浮；（2）降低流动能，防止造成坯壳冲刷，有利于坯壳均匀生成，避免纵裂纹；（3）减轻结晶器液面波动，防止卷渣。有研究表明，拉速为 5 m/min 时，采用电磁制动与不采用电磁制动技术相比，卷渣缺陷发生率降低了 90%，纵裂纹减少了 80%。

薄板坯连铸拉速不断提高，目前，全无头产线的铸机最大拉速已达到 7.0 m/min，为提升薄板坯连铸连轧产线的经济效益提供了重要支撑。随着薄板坯连铸连轧技术对产能需求的提高，尤其是无头轧制技术的出现，对铸机效率提升的需求更为迫切，极大地促进了

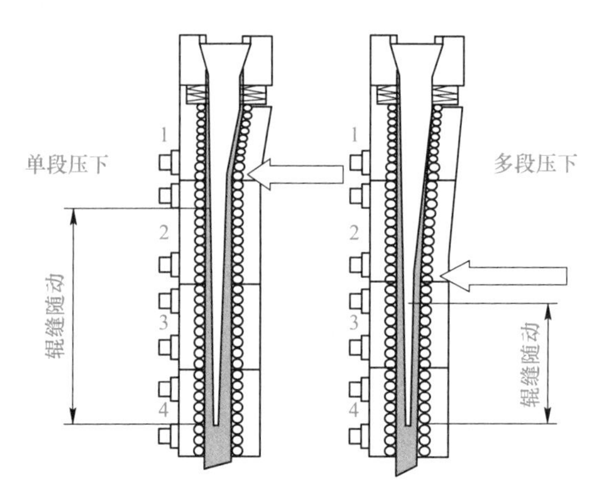

图 4-21 薄板坯液芯压下

以提高薄板坯连铸机拉速为目标系统技术的开发。然而，单台铸机的通钢量还远远满足不了热连轧机组的产能需求。为了实现薄板坯连铸连轧的高效化，将有更多先进的技术投入应用，推动铸机拉速向着更高的方向发展。

拓展 4-2 带钢铸轧技术

2019 年 3 月 31 日，沙钢集团正式宣布由其引进的纽柯 CASTRIP 双辊薄带铸轧技术成功实现工业化生产，这是国内首条、世界第三条工业化的超薄带生产线。薄带铸轧技术是钢铁近终形加工技术中最典型的高效、节能、环保短流程技术，是 21 世纪冶金及材料研究领域的前沿技术，其生产流程将连续铸造、轧制甚至热处理等整合为一体，省去了加热和热轧工序。目前研究最多的是双辊式薄带连铸技术。

（1）双辊薄带铸轧工艺及其特点。

双辊薄带铸轧是将液态钢水直接铸造成薄带材的技术，它将液态钢水直接浇铸成厚度在 5 mm 以下的薄带坯，经过在线一机架或两机架热轧机轧制成薄钢带，冷却后卷曲成带卷。轧制过程中，将钢液均匀注入两个铜制、水冷反向旋转的轧辊中间，钢水接触轧辊后开始凝固，并随轧辊的转动向下运动，逐渐形成一个连续的片材，此钢带在通过夹送辊和热轧机架的过程中厚度尺寸不断减小，最终达到设计尺寸，再经过水喷雾冷却降低至卷取温度。薄带铸轧工艺大幅度缩短热轧带钢的生产流程，是目前流程最短的热轧带钢生产技术。典型生产线由钢水包、中间包、等径铸辊、夹送辊、在线轧机、层流冷却装置、分段飞剪、卷取机等主要设备组成。

1）双辊薄带铸轧技术原理。

两支轴线相互平行、方向旋转相反的结晶辊与置于结晶辊两端的陶瓷侧封板构成熔池，形成一个移动式的结晶器，结晶辊通冷却水进行冷却。图 4-22 为双辊薄带轧制结晶器熔池部分。钢水浇注到熔池中，由液面开始钢水逐渐在结晶辊的表面结晶，随着结晶辊的转动，结晶层逐渐增厚。在临近结晶辊出口之上的某个位置，两辊表面的结晶层相遇，相遇点称为 Kiss 点。在 Kiss 点与结晶辊出口之间，结晶层经历一个极短暂的固相轧制过程。双辊薄带轧制过程如图 4-23 所示。这一过程由于是连续铸造与轧制的结合，因此称为薄带铸轧。

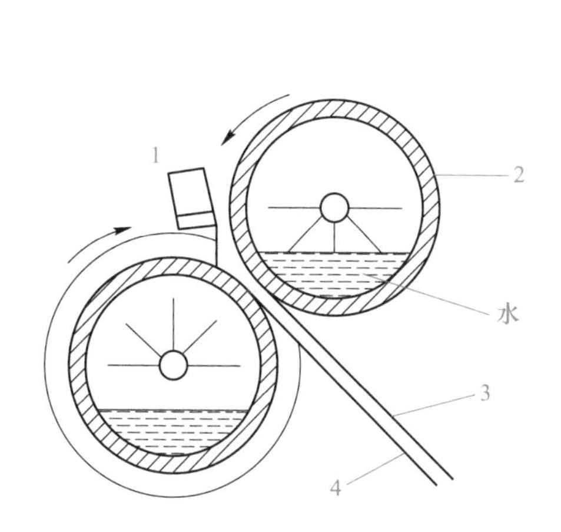

图 4-22　双辊薄带轧制结晶器熔池部分

1—钢包；2—水冷钢辊；3—薄带坯；4—支撑板

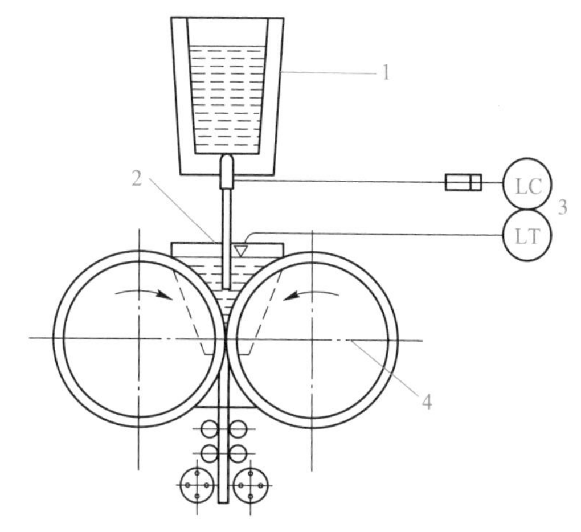

图 4-23　双辊薄带轧制过程

1—中间包；2—水口；3—液位自动控制；4—辊式结晶器中心线

2）双辊薄带铸轧技术特征。

①铸轧一体化大大简化了热轧带钢的生产工序，是目前流程最短的热轧带钢生产技术。整条轧线长度为 50 m 左右，符合绿色经济发展方向，可以大幅度减少资源和能源消耗，减少排放，环境友好。

②近终形制造带钢厚度薄，拉速高，从钢水到成品生产时间短，不需要中间过渡厚度规格，产品厚度规格按照设计要求一次实现。

③亚快速凝固效应薄带铸轧的冷却速率为 102 ~ 104 K/s，属于亚快速凝固，细化组织，扩大固溶度，可获得普通凝固无法得到的细晶组织、特殊织构与过饱和固溶体。

（2）薄带铸轧技术发展现状。

直接把钢水浇铸成钢带的设想是由英国著名冶金专家 HenryBessmer 于 1857 年首次提出的。此后，美国人 Norton 以及 Hazelett 对此设想进行了实践，但是并未成功。此设想一度被搁浅，直到 20 世纪 70 年代的能源危机，薄带连铸技术由于属于节能型生产技术，才再次被人们所重视。美国 Nucor、澳大利亚 BHP 和日本 IHI、德国 KTN、意大利 ILVA 集团和 CSM、英国 Davy、日本新日铁和三菱重工、韩国浦项和 RIST 开始研究开发薄带铸轧工艺技术，我国的宝钢及东北大学 RAL 实验室等也先后进入该领域进行研究应用。近几年双辊式薄带铸轧技术得到快速发展，目前发展比较成熟的技术包括纽柯的 Castrip、浦项的 Postrip 和欧洲 Eurostrip，国内的宝钢 Baostrip、东北大学自主研发的 E2Strip 薄带连铸技术也已进入工业化实施阶段。

1）美国纽柯钢铁公司 Castrip 生产线。2000 年，美国的纽柯钢铁公司与澳大利亚必和必拓（BHP）、日本石川岛播磨重机（IHI）合作成立 Castrip 公司，共同开发薄带铸轧工艺，并将该生产线命名为 Castrip 薄带铸轧生产线。2002 年 5 月，改造后的 Castrip 生产线热试车（铸机宽度 1345 mm），该产线主要生产低碳钢，年设计产能为 50 万吨。Castrip 生产线主要技术参数配置见表 4-3。2009 年，阿肯色州也建成了一条 Castrip 生产线（铸机宽度 1680 mm），主要生产低碳钢。Castrip 是目前唯一实现商业化生产的双辊薄带铸轧生产线。以第二条 Castrip 生产线为例，其工艺流程为：电炉+VTD+LF—钢包—中间包—缓冲装置—铸辊—单机架四辊轧机—层流冷却段—高速飞剪—两台地下卷取机，如图 4-24 所示。该轧线占地面积 150 m×200 m，由回转台至卷曲机长度仅 49 m，布置紧凑。

表 4-3 Castrip 生产线主要技术参数配置

项　目	首条 Castrip 生产线	第二条 Castrip 生产线
铸轧线长度/m	58.68	49.0
钢水运转	钢包运转	钢包运转
钢包容量/t	110	110
中间包容量/t	18	18
铸机类型	500 mm 双辊	500 mm 双辊
铸机宽度/mm	1345（max）	1680（max）
钢种	低碳钢	低碳钢
产品厚度范围/mm	0.76~1.8	0.7~2.0
产品宽度/mm	1345(max)	1680(max)
浇注速度/$m \cdot min^{-1}$	80（典型），120（最大）	80（典型），120（最大）
卷重/t	25(max)	25(max)
在线轧机	单机架四辊带液压弯辊和自动平直度控制	单机架四辊带液压弯辊和自动平直度控制，工作辊窜辊控制和冷却控制
工作辊直径×辊长/mm×mm	ϕ475×2050	ϕ560×2100
支承辊直径×辊长/mm×mm	ϕ1550×2050	ϕ1350×1900
轧制力/MN	30(max)	27.5(max)
主传动电机功率/kW	3500	—
冷床	上/下 10 组	上/下 10 组（气雾喷嘴）
卷取机	2×40 t 带打捆机	2×32 t 带打捆机
卷筒外径/mm	ϕ762	ϕ762
设计年产量/万吨	54.0	67.4

2）沙钢工业化超薄带生产线。沙钢的超薄带工艺是引进美国纽柯公司所属的 Castrip LLC 公司的 Castrip 生产线。该生产线是 Castrip 在我国建的第一条超薄带生产线。沙钢集团超薄带生产线规划设计总长度为 50 m，能够生产热轧带厚度为 0.7~1.90 mm、最大产品宽度为 1590 mm 的品种规格产品，年产量 50 万~60 万吨。相对于传统的生产线，整条超薄带生产线的设备布局紧凑，投资成本大大降低。

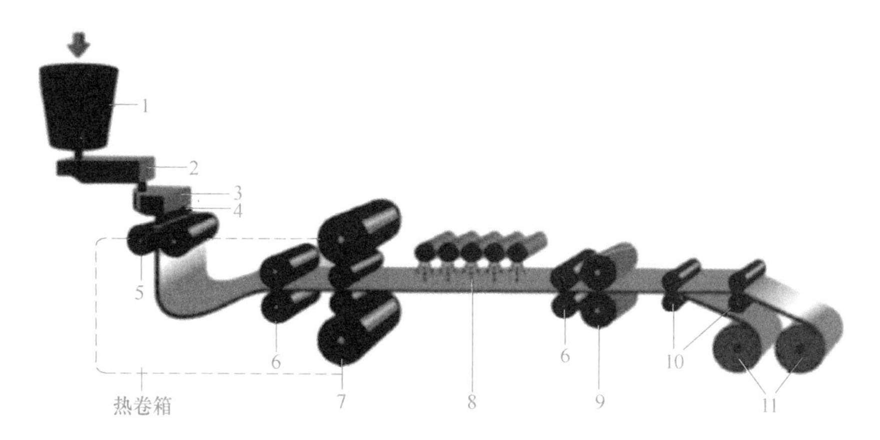

图 4-24 Castrip 生产线工艺流程

1—钢包；2—中间包；3—缓冲装置；4—水口；5—铸辊；6—夹送辊；
7—热轧机；8—水冷装置；9—剪切机；10—导向辊；11—卷取机

3）宝钢 Baostrip 工业化生产线。宝钢薄带铸轧技术历经 15 年的持续研发，经历了从实验室机理研究阶段、核心技术突破，到小批量应用验证的中试阶段，以及工业示范线三个完整的研发阶段，在 2011 年自主集成建设了国内第一条薄带连铸连轧示范线，简称 NBS 项目，并于 2014 年 4 月成功进行热负荷试车，形成了整套具有自主知识产权的生产与工艺装备技术。Baostrip 生产线主要参数见表 4-4。

表 4-4 Baostrip 生产线主要参数

项 目	参 数	项 目	参 数
铸轧线长度/m	45~50	在线轧机	单机架四辊 PC 热轧机，带液压弯辊，压下率达 40%
钢包容量/t	180	飞剪型式	连杆式
中间包容量/t	27	飞剪最大剪切厚度/mm	5
铸机类型	800 mm 双辊	冷却方式	层流冷却
铸机宽度/mm	1200~1430	卷重/t	28（最大），卡罗赛尔卷取机
钢种	低碳钢及低碳微合金钢	单位宽度卷重/$kg \cdot mm^{-1}$	17.7
产品厚度/mm	0.8~3.6	钢卷内径/mm	762
产品宽度/mm	1430（最大）	钢卷外径/mm	2000（最大）
浇注速度/$m \cdot min^{-1}$	80（典型），135（最大）	设计年产量/万吨	50

Baostrip 工艺流程为：电炉+VOD+LF—钢包—中间包—铸辊—单机架四辊轧机—层流冷却段—高速飞剪卡罗赛尔卷取机。Baostrip 生产线工艺流程如图 4-25 所示。

4）东北大学 E2Strip 薄带连铸。在实验室条件下，东北大学轧制技术及连轧自动化国家重点实验室（RAL）彻底改变了传统硅钢的生产工艺和成分设计，利用薄带连铸试验设备开发出不同硅含量性能优异的无取向硅钢、取向硅钢和高硅钢，为以更低的成本和更高的质量生产硅钢的产业化开辟了一条新路。这一系列创新技术被命名为 E2Strip（ECO—

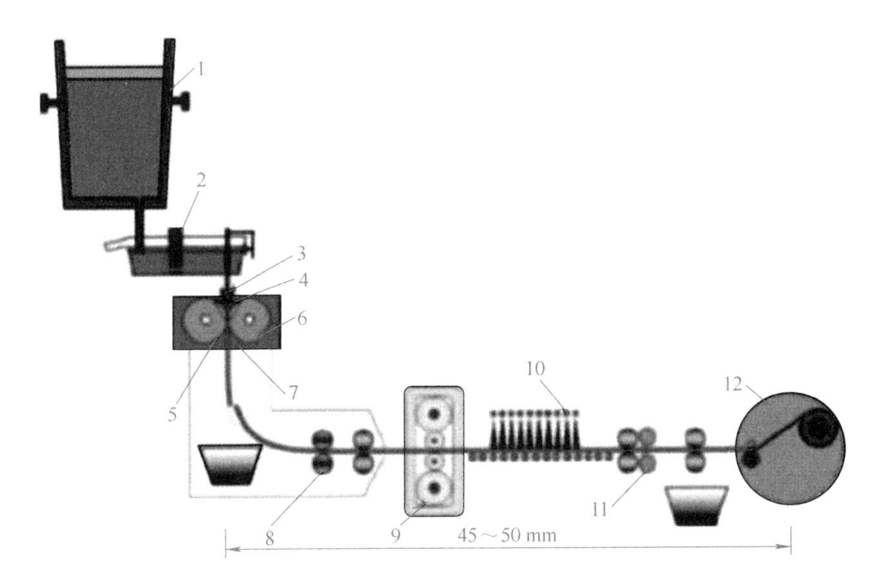

图 4-25 Baostrip 生产线工艺流程

1—纳米材料保温钢包 180 t；2—感应加热中间包 27 t；3—布流器系统；4—侧封系统；
5—氮气保护气氛；6—高强高导热铜合金结晶器；7—液位、带钢、铸轧力、速度控制技术，
最大浇注 130 m/min；8—带钢张力控制；9—单机架超薄规格轧制技术；10—带钢雾化冷却技术；
11—带头剪切跟踪技术；12—热轧卡鲁塞尔卷取，最大卷重 28 t

Electric Steel Strip Casting)，即绿色化薄带连铸电工钢技术。2016 年 5 月 26 日，东北大学与河北敬业集团正式签订技术转让合同，这也标志着东北大学具有我国完全自主知识产权的 E2Strip 薄带连铸技术正式步入工业化实施阶段。E2Strip 产品定位为以硅钢为代表的特殊钢，可全面满足高磁感无取向硅钢、高牌号无取向硅钢、普通取向硅钢及高磁感取向硅钢的生产，产品宽度可达 1050~1250 mm，设计产能 40 万吨/年。

连铸大事件

中国连铸发展中的一些标志性大事件

(1) 1956 年，重工业部钢铁综合试验研究所从苏联新图拉引进一台半连续试验机，曾做过试浇工字型坯并轧成轻轨做铺轨运行等试验研究工作。这套设备后转给首钢，后者曾做过浇铸中空圆坯的试验。

(2) 1957 年，上海钢铁公司（简称上钢）中心试验室（上海钢铁研究所前身）在吴大珂主持下设计并建成一台立式工业试验性铸机，浇铸 75 mm×180 mm 小方坯。

(3) 1958 年，徐宝升在重庆钢铁三厂主持建成一台双流立式生产性铸机，浇铸 175 mm×250 mm 矩形坯。

(4) 1960 年，徐宝升在北京钢院试验厂建一台弧形试验性铸机，浇铸 200 mm×200 mm 方坯。

(5) 1964 年 6 月 24 日，重庆钢铁三厂投产一台弧形方板坯兼用机，浇铸

180 mm×(1200~1500) mm 板坯或 3 流 180 mm×250 mm 大方坯。

(6) 1965 年，吴大珂主持设计在上钢三厂建成一台双流矩形坯弧形连铸机，浇铸断面为 145 mm×270 mm。

(7) 1967 年，重庆钢铁公司又投产一台半径 10 m 的大型方板坯兼用机，浇铸断面（250~300）mm×(1500~2100) mm 板坯或 3 流 300 mm×300 mm 大方坯或 4 流250 mm×250 mm 大方坯。

(8) 20 世纪 70 年代初，冶金工业部和机械工业部联合组织技术攻关，在上钢一厂应用浸入水口保护渣技术解决板坯纵裂获突破性进展。

(9) 1978—1979 年，武钢引进 3 台单流板坯铸机，1985 年实现全连铸。该厂总结实际生产经验提出的“以连铸为中心、炼钢为基础、设备为保证”的生产组织方针，曾对推动国内连铸生产发展起到积极的指导作用。

(10) 20 世纪 80 年代，国内掀起一波连铸装备和技术引进大潮，包括德马克 R5. 25 m 小方坯机、康卡斯特 8 流小方坯铸机、奥钢联不锈钢板坯机、克虏伯特钢方坯铸机和日本大型板坯机等。

(11) 1993 年，冶金工业部提出，到 20 世纪末，中国连铸比达到 70%~80%的目标（1992 年连铸比为 32%）。

(12) 20 世纪 90 年代，我国立足国内的设计、制造和引进并举，在连铸引进方面重点转向近终形连铸，如 CSP、FTSC 生产线和 H 型坯连铸机等。

(13) 2000 年，我国钢产量约 1. 12 亿吨，连铸比 87. 3%，超出冶金部 1993 年提出的连铸比达到 70%~80%的目标。

(14) 进入 21 世纪以来，铸机以国产化为主，引进技术瞄准规格大型化（大圆坯、特厚特宽板坯）。产量增长的同时，质量品种规格进一步发展，国产相关技术配套和科技开发实力增强，涌现出一批很有生机的股份制和民营科技企业。对外市场开发活跃，中钢公司和中国重型机械研究院（简称重机院）、镭目公司等单位合作承包土耳其 TOSYALI 的板坯连铸机项目，展现了中国连铸装备技术水平。

(15) 2022 年，我国钢产量更高达 10. 13 亿吨，连铸比接近 99%。

能量加油站

在助力打造奥运精品工程的进程中，首钢技术研究院、首钢京唐等诸多单位携手开展工作。他们共同进行论证后，确定在大跳台裁判塔开展耐火耐候钢示范应用。

在 80 mm 厚规格 Q345GJDZ25 的生产环节，技术研究院研发团队秉持着知难而进、迎难而上的态度。历经多次论证与现场试验，他们积极采取合金烘烤、钢坯保温、高温轧制大压下和成品缓冷堆冷等一系列措施，使得钢板的探伤合格率得以提高；通过精准降低精轧过程变形温度实现位错强化，有力保证了钢板的强度；在生产过程中细致精确地调整各项温度参数，优化合金成分体系设计，合理调整钢板入水温度与终冷温度，确保了钢板兼具良好的强度和平整度。

钢结构结合部的耐火性能与耐腐蚀性能对整体结构安全起着决定性作用。就耐火性能而言，钢板需在600 ℃的高温下连续灼烧3 h，且相关指标仍要达到室温下钢板性能的2/3以上。而大跳台裁判室SQ345FRW耐火耐候钢板的配套1000 MPa级耐火耐候螺栓钢开发工作，在国内外均无成功经验可资借鉴。面对此种情形，研发团队自主设计成分体系，成功解决了与配套板材耐火性能匹配、耐候性能及自腐蚀匹配以及苛刻的抗延迟断裂性能（持续100 h不发生断裂）等诸多难题，进而实现了螺栓产品的工程化应用。

对于配套焊材成分的开发与设计，技术研究院焊接团队精心开展工作，通过对24种成分的设计及试验，成功开发出各项性能均能满足要求的配套焊材。

最终，经中国建筑科学研究院、清华大学、北京科技大学等权威机构组成的联合专家组严谨论证检验，SQ345FRW耐火耐候钢、配套螺栓、焊材及防护涂装措施，完全符合滑雪大跳台裁判塔项目的安全质量要求。

模块 5　连铸坯质量控制

学习目标

知识目标：

（1）掌握连铸坯表面质量缺陷的类型、形成原因及控制措施；

（2）掌握连铸坯内部质量缺陷的类型、形成原因及控制措施；

（3）掌握连铸坯表面质量检验标准；

（4）掌握连铸坯低倍检验判定方法；

（5）掌握夹杂物检测与表征方法。

技能目标：

（1）能够判断连铸坯表面质量缺陷类型、分析原因、制定控制措施；

（2）能够判定连铸坯内部质量缺陷类型、分析原因、制定控制措施；

（3）能够利用连铸坯表面质量检验标准判定连铸坯表面质量；

（4）能够利用连铸坯低倍检验标准判定连铸坯内部质量缺陷级别；

（5）能够判定钢中非金属夹杂物的类型、级别。

素质目标：

（1）培养学生质量意识；

（2）培养学生精益求精的工匠精神；

（3）培养学生严谨的工作作风。

微课　连铸坯表面质量控制

任务 5.1　连铸坯表面质量控制

知识准备

微课　连铸坯表面质量缺陷的检查与清理

连铸坯表面缺陷形成原因比较复杂，但主要受结晶器内钢液凝固所控制，从根本上讲，控制连铸坯表面质量就是控制结晶器中坯壳的形成问题。连铸坯表面存在轻微质量缺陷的，可以通过表面精整处理后轧制；存在严重表面质量缺陷、无法通过精整处理合格的，判定为废品，降低金属收得率。

连铸坯常见的表面缺陷如图 5-1 所示。

5.1.1　表面裂纹

连铸坯的表面缺陷主要是表面裂纹。表面裂纹根据其出现的方向和部位分为表面纵向

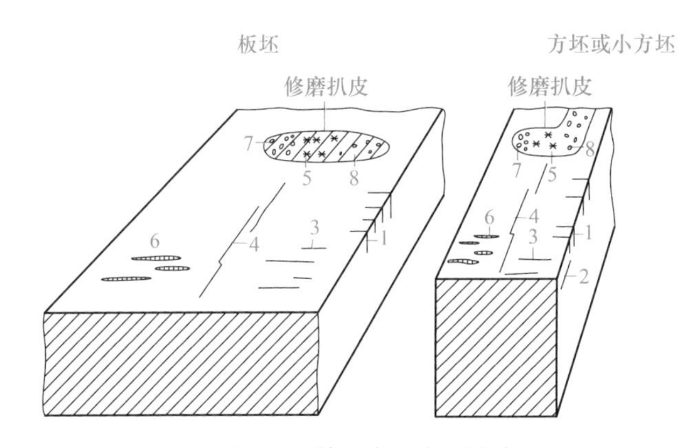

图 5-1 连铸坯常见表面缺陷

1—角横裂纹；2—角纵裂纹；3—表面横裂纹；4—表面纵裂纹（宽面）；5—星状裂纹；6—深振痕；7—皮下气泡；8—皮下夹杂物

裂纹与表面横向裂纹、表面星状裂纹、角部裂纹等。

5.1.1.1 表面纵向裂纹

典型的纵向裂纹几乎都发生在铸机的内弧侧，可能部分交错。它们常常伴有轻微的表面凹陷。裂纹可能长几厘米到几十厘米，深 2~20 mm。深纵裂纹在热铸坯表面表现为黑条带，但在铸坯冷却下来以前无法准确判断。

表面纵向裂纹在后续轧制过程中都会遗传至钢板表面，造成钢板表面裂纹缺陷，如图 5-2 所示。

图 5-2 钢板表面纵向裂纹

A 评价指标

纵向裂纹按照裂纹长度可以分成不同的裂纹级别，见表 5-1。评价铸坯裂纹程度的指标主要是板宽方向裂纹的数量和等级。

表 5-1 纵向裂纹评价指标

级　　别	裂纹长度/mm
1=弱	<200
2=中等	200~1000
3=强	>1000

B 产生原因

结晶器弯月面区初生坯壳厚度不均匀，其承受的应力超过了坯壳高温强度，在薄弱处产生应力集中致使产生纵向微裂纹。结晶器内坯壳承受的应力包括：坯壳内外、上下存在温度差产生的热应力；钢水静压力阻碍坯壳凝固收缩产生的应力；坯壳与结晶器壁不均匀接触而产生的摩擦力等。当这些应力的总和超过了钢的高温强度，坯壳的薄弱处就会产生微裂纹。连铸坯进入二冷区，微小裂纹继续扩展形成明显裂纹。

C 控制措施

（1）控制合理钢水成分。

1）钢水成分中对表面纵向裂纹影响最大的是 C 元素含量。图 5-3 所示是碳含量对钢凝固收缩和坯壳均匀性的影响。可以明显看出，当含碳量（质量分数）在 0.09%~0.17% 亚包晶钢范围内时，由于凝固过程中发生包晶转变，γ 奥氏体的密度大于 δ 铁素体，所以凝固过程会产生 0.38%的收缩，坯壳体积收缩很大。如果结晶器冷却不均匀或者说传热不均匀，会发生同一高度初生坯壳进入包晶转变的时间不一致，冷却较弱处还没进入包晶转变，而冷却较强处已经进入包晶转变，发生较大的凝固体积收缩，坯壳脱离结晶器壁，产生了较大气隙，传热减慢，坯壳变得较薄；而未发生包晶转变处坯壳生长较快，最终导致初生坯壳厚度不均匀，在坯壳较为薄弱处出现应力集中，从而产生裂纹。板坯大量生产实践也表明，碳含量在 0.10%~0.14%范围钢种，板坯的表面纵裂发生率高于其他碳含量钢种。

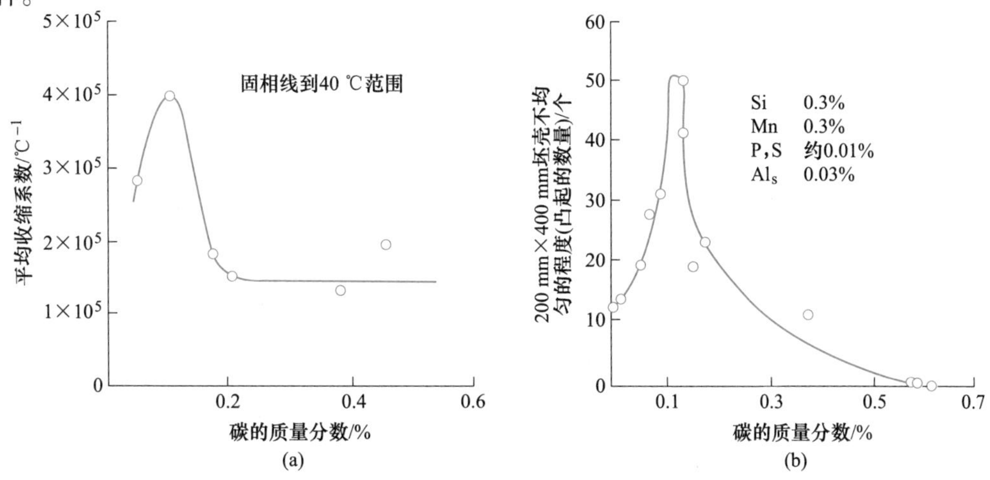

图 5-3 碳含量对钢凝固收缩和坯壳均匀性的影响

（a）钢凝固收缩；（b）坯壳均匀性

因此，在钢种成分设计时，在保证钢的力学性能前提下，尽量将钢种碳含量控制在0.1%以下或者0.15%以上。

2）控制钢种 $w[S]<0.015\%$，$w[Mn]/w[S]>25$，提高钢的强度与塑性。

（2）促进结晶器内初生坯壳均匀生长。

1）采用结晶器弱冷。热顶结晶器弯月面处热流可以减小50%~60%；将结晶器冷却分区单独控制，减小弯月面处冷却强度，降低弯月面处热流密度。

2）采用与钢种匹配的合理的结晶器锥度，保证坯壳和结晶器良好接触，传热冷却均匀。

3）控制结晶器窄边和宽边热流比值0.8~0.9，不可差别过大。

（3）结晶器内钢水流动的合理性。

1）控制结晶器液面波动小于±5 mm。

2）浸入式水口确保对中，防止偏流。

3）选择合理的浸入式水口设计（出口大小、倾角）。

4）控制合理的浸入式水口插入深度。

5）根据拉速和钢种选择合适的结晶器保护渣，生产实践中可以通过对比试验，确定不同钢种、拉速下的保护渣型号，并严格执行。在浇注钢种确定、连铸工艺参数稳定情况下，大多数连铸坯表面纵裂的产生与结晶器保护渣有关。

6）出结晶器后表面裂纹的控制。连铸坯的表面裂纹产生于结晶器，扩展于二冷区，为了减少二冷区表面裂纹的扩展，需要重点关注结晶器垂直段、扇形段的对弧精度达到工艺要求，一般要求在0.5 mm以下，同时确保开口度精度也要达到±0.5 mm以下；定期检查喷嘴喷射效果，确保二冷区冷却均匀。

5.1.1.2 表面横向裂纹

大多数情况下横向裂纹产生在振痕处，经常表现为裂纹簇，在铸坯的内侧多于外侧。裂纹可能长10~100 mm，深0.5~4 mm。没有专用设备时很难在红热的铸坯表面发现横向裂纹。铸坯冷却后，在铸坯表面因为有氧化铁皮，也很难用肉眼直接发现，需要进行表面扒皮后检查。横向裂纹一般在轧制过程中也无法焊合，遗传至钢材表面形成山峰状裂纹，如图5-4所示。

A 评价指标

对铸坯表面清理，通过裂纹发生位置、数量以及等级进行评估。横向裂纹评价指标见表5-2。

表5-2 横向裂纹评价指标

级　别	裂纹宽度/mm
1=弱	<0.2
2=中等	0.2~2.0
3=强	>2.0

B 产生原因

大多数情况下横裂是因过大的摩擦阻力而形成于结晶器的下部，可能在其后的铸坯导辊处因过高的机械和热应力而加剧。

C 控制措施

（1）选择合适的保护渣，避免因保护渣不当而导致过高的摩擦阻力。

（2）优化二冷喷嘴布置，提前检查喷嘴喷射效果，避免因二冷喷嘴布置不当或堵塞而造成的不当冷却。

（3）定期检查辊道状况，避免辊道状况不好而导致的高度铸坯摩擦（支撑辊偏移、磨损严重、辊上黏附有异物）。

（4）控制驱动辊压力在合理范围内。

（5）选择科学合理的二冷喷雾强度，避免过强的喷雾冷却。

（6）选择合适的振动工艺，避免不当的振频和振幅。

（7）选择与钢种相匹配的结晶器锥度，避免结晶器锥度过大。

（8）控制结晶器液面波动在合理范围内。

（9）严格控制硫含量过高。

5.1.1.3 表面星状裂纹

表面星状裂纹一般是发生在晶间的细小裂纹，呈星状或网状，遗传至钢板表面形成裂纹形状像鸡爪，又称为爪裂，如图 5-5 所示。星状裂纹可能无规律地分布或集中在某处。裂纹可能长 5~20 mm，深 0.5~5.0 mm。在红热的铸坯表面很难发现星裂，在冷却后的铸坯也仅仅刚刚能看到。检查星状裂纹时，在铸坯宽面能看到轻微的斜向裂纹线。

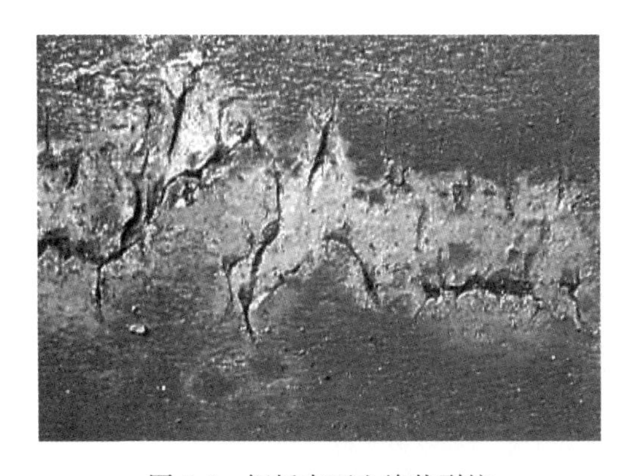

图 5-4 钢板表面山峰状裂纹

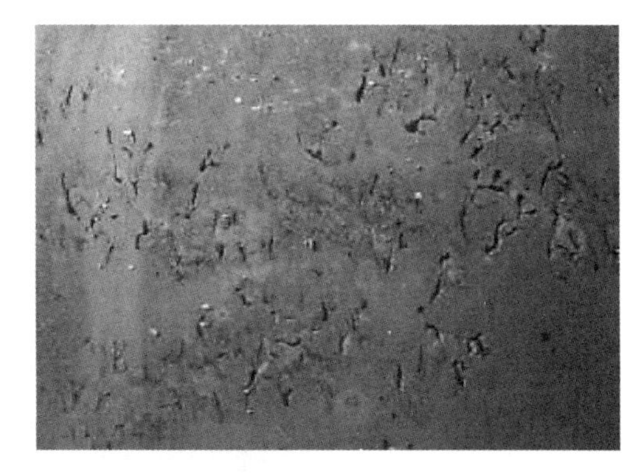

图 5-5 钢板表面星状裂纹

A 评价指标

通常，通过火焰清理后对铸坯上缺陷评估的主要指标为铸坯宽面裂纹的数量和等级。星裂评价指标见表 5-3。

表 5-3 星裂评价指标

级 别	裂纹宽度/mm
1=弱	<0.5
2=强	>0.5

B 产生原因

星裂发生于结晶器的下部或仅发生在其下游。铜向铸坯表面层晶界的渗透，或者有AlN、BN或硫化物在晶界沉淀，都会降低晶界的强度，引起晶界的脆化，从而导致裂纹的形成。

C 控制措施

（1）结晶器铜板表面应镀铬或镀镍。

（2）精选原料，降低Cu等微量元素的原始含量。

（3）控制钢中Al、N的含量。

（4）选择合适的二次冷却制度。

5.1.1.4 角部裂纹

角部裂纹包括角部横裂纹和角部纵裂纹，其中角部横裂纹发生原因复杂，实际生产过程中发生率较高。下面重点讨论角部横裂纹。

发生在连铸坯角部的横裂纹称为角部横裂纹，它是连铸坯常见的一种表面缺陷。一般分布在从表皮往里20 mm左右的范围内，垂直于拉坯方向，裂纹长度通常为5~30 mm，宽度1~2 mm，深度2~5 mm。角部横裂纹缺陷在后续钢板轧制过程中无法焊合，会遗传至钢板表面，造成钢板边部裂纹缺陷，方向不规则，一般与钢板边部有一定夹角，如图5-6所示。

图 5-6 钢板角部裂纹缺陷

A 评价指标

角部裂纹通过铸坯边部裂纹的数量和等级进行评估，见表5-4。

表 5-4 角部裂纹评价指标

级 别	裂纹宽度/mm
1=弱	<0.5
2=中等	0.5~2.0
3=强	2~4
4=边部破裂	>4

B 产生原因

连铸坯角部横裂纹一般产生于结晶器。连铸坯的角部在结晶器内凝固过程中属于二维传热，凝固速度快，初生坯壳收缩量大，铸坯角部坯壳和结晶器壁容易产生气隙。角部有了气隙后，传热冷却受阻，相应区域凝固壳较薄，初生坯壳所能承受的极限应力降低。当坯壳受到的外力超过所能承受的极限应力时，凝固壳较薄弱部位产生微细横裂纹。连铸坯进入二冷区后，受到机械应力、热应力的影响会进一步扩展成严重的角部横裂纹。

C 控制措施

(1) 优化结晶器冷却工艺。

1) 传统的控制方法：结晶器弱冷；优化结晶器宽面和窄面水流量；控制结晶器进水温度等。

2) 倒角结晶器技术：近年来为了控制角部横裂纹，发展了一种倒角结晶器技术。如图 5-7 所示，倒角结晶器在窄边铜板两侧各增加一个钝角倒角，使原边部直角位置的二维冷却变为一个冷却面，降低铸坯角部冷却强度，使连铸坯在结晶器内冷却更均匀，从而避免铸坯产生裂纹。

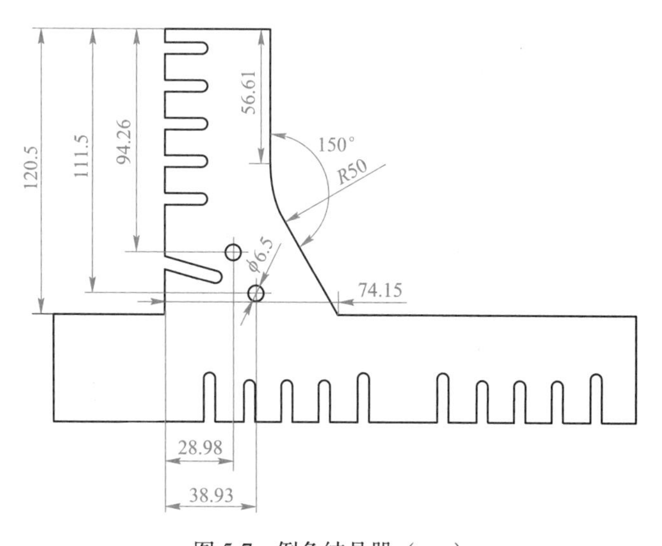

图 5-7 倒角结晶器 (mm)

图 5-8 所示是直角结晶器和倒角结晶器传热模拟计算结果。可以发现，倒角结晶器角部与宽面的最大温差减少了 55 ℃；同时，铜板角部区域温度分布更加均匀。

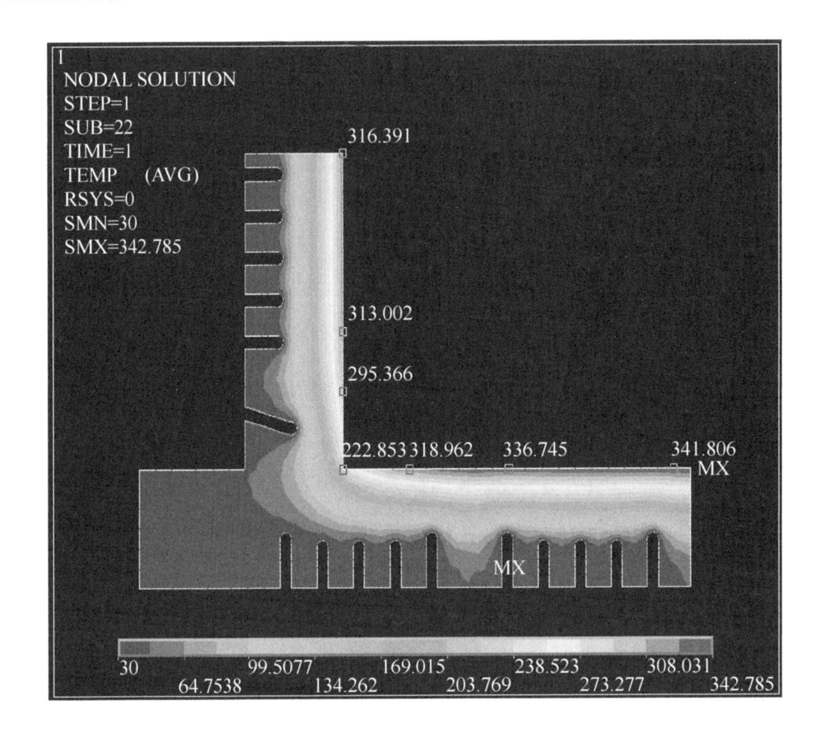

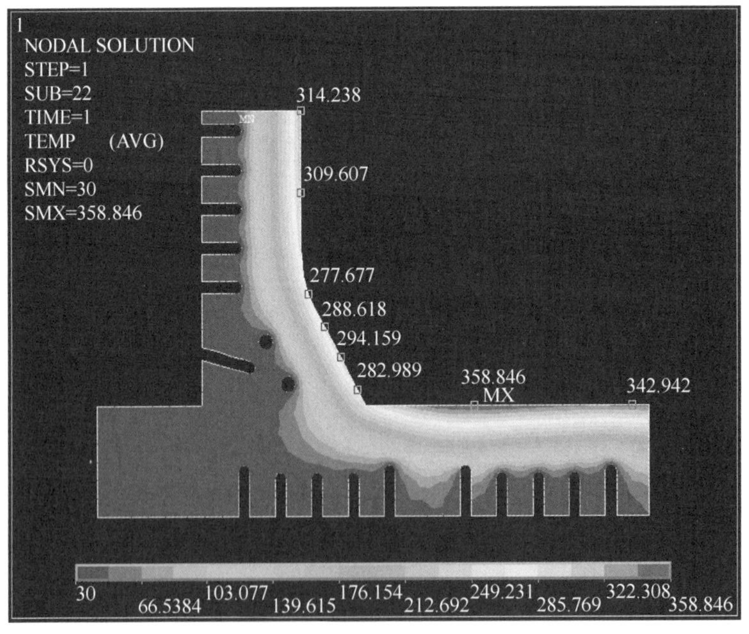

图 5-8 直角结晶器和倒角结晶器传热模拟计算结果（℃）

（2）控制结晶器弯曲段扇形段对弧精度。保证结晶器、弯曲段、扇形段的对弧精度控制在 ±0. 3 mm 以内；离线设备整备时严格控制对弧精度；上线后需要对对弧精度进行检验；每半月需要对设备对弧状况进行测量调整。

（3）优化连铸坯角部二次冷却工艺。

1）二冷幅切技术。如图 5-9 所示，中心二冷喷嘴与边部喷嘴可以分开单独控制，用于控制连铸坯角部的冷却控制；但是边部喷嘴只能开或者关，不能上下调节喷嘴的高度。

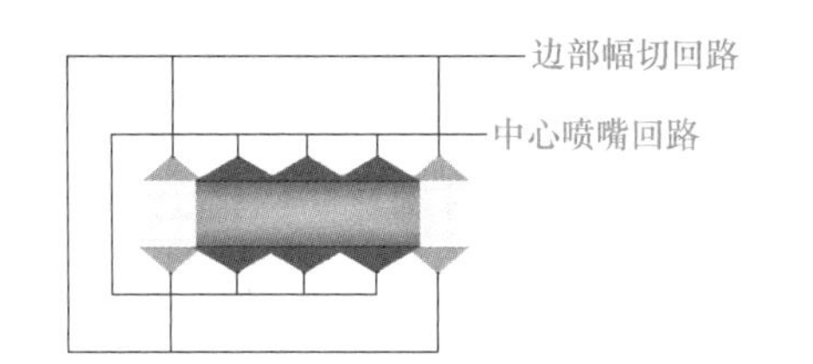

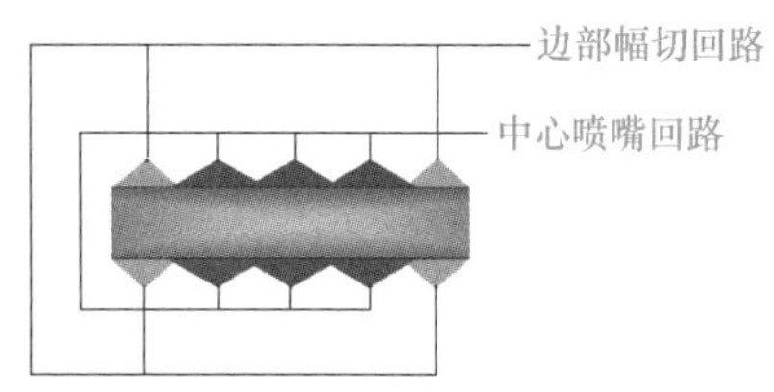

图 5-9　二冷幅切技术

2）3D 喷淋技术。所谓 3D 喷淋技术，是指二冷区边部喷嘴不仅可以单独控制冷却水流量，而且可以通过小的液压缸驱动边部喷嘴的上下移动来实现边部喷嘴冷却宽度的变化，最终达到控制连铸坯角部冷却强度的目的。

角部纵向裂纹，简称角部纵裂，该缺陷通常沿浇注方向无规律地分布在板坯宽表面上，距角部一般不超过 25 mm，裂纹部位常伴有轻微凹陷。角部纵裂主要由于窄面锥度不合理导致，国内某钢厂曾因锥度仪出现故障导致实际结晶器锥度小于工艺设定值，致使连铸坯出现严重角部纵裂而发生漏钢事故。连铸坯角部纵裂轧制后会遗传至钢板表面，产生钢板的边部纵裂裂纹缺陷，如图 5-10 所示。

图 5-10　钢板边部纵裂

5.1.2　表面夹渣

表面夹渣指在铸坯表皮下 2～10 mm 镶嵌有大块的渣子，因而也称为皮下夹渣。就其夹渣的组成来看，锰硅盐系夹杂物的颗粒大而位置浅；Al_2O_3 系夹杂物颗粒细小而位置深。表面夹渣若不清除，会造成钢材表面缺陷，轻微的可以通过修磨处理合格，严重的会造成废品。夹渣的导热性低于钢，致使夹渣处坯壳生长缓慢，凝固壳薄弱，往往是拉漏的起因。

5.1.2.1　评价指标

研磨后，对铸坯上缺陷进行评估，主要指标为铸坯每边缺陷的数量和等级。夹渣的评价指标见表 5-5。

表 5-5　夹渣的评价指标

级　别	深度/mm
1＝弱	<3
2＝强	>3

5.1.2.2 产生原因

（1）一般高熔点的浮渣容易形成表面夹渣。浮渣的熔点与浮渣的组成有密切关系，对于硅铝镇静钢，浮渣熔点与钢液中 $w[Mn]/w[Si]$ 有关。$w[Mn]/w[Si]$ 低时，形成的浮渣熔点高，容易在结晶器弯月面处冷凝结壳，形成夹渣概率增加，为保持流动性良好的浮渣，控制钢中 $w[Mn]/w[Si] \geqslant 30$ 为宜。

（2）敞开浇注，由于二次氧化，结晶器表面有浮渣，结晶器液面的波动使浮渣可能卷入初生坯壳表面而残留下来形成夹渣。

（3）保护浇注时，夹渣的根本原因是结晶器液面不稳定所致。夹渣的组成有未熔的粉状保护渣，也有上浮未来得及被液渣吸收的 Al_2O_3 夹杂物等。

皮下夹渣深度小于2 mm，铸坯在加热过程中可以消除；皮下夹杂深度在2~5 mm，热加工前铸坯必须进行表面精整。

5.1.2.3 控制措施

（1）减小结晶器液面波动，保持液面稳定，小于±5 mm。

（2）水口插入深度应控制在最佳位置。

（3）水口出孔的倾角选择得当，向上倾角不能过大，以出口流股不搅动结晶器弯月面渣层为原则。

（4）中间包塞棒的吹氩气量控制合适，防止氩气流量过大，上浮过程中搅动钢渣界面。

（5）选用性能良好的保护渣，液渣层的厚度控制在合理范围内。

5.1.3 皮下气泡与气孔

在铸坯表皮以下，沿柱状晶生长方向分布直径约1 mm、长度在10 mm左右的气泡，这些气泡若裸露于铸坯表面称为表面气泡；小而密集的小孔称为皮下气孔，也称为皮下针孔。在加热炉内铸坯皮下气泡表面氧化，轧制过程不能焊合，产品形成裂纹；气泡即使埋藏较深，也会使轧后产品形成细小裂纹。

5.1.3.1 评价指标

通常，研磨后对铸坯上缺陷进行评估，主要评价指标为铸坯每边缺陷的数量和等级。针孔和气孔评价指标见表5-6。

表5-6 针孔和气孔评价指标

级　别	深度/mm
1=弱	<3
2=强	>3

5.1.3.2 产生原因

如果钢液脱氧不良或者钢液H含量较高，在钢液凝固过程中，随着温度不断降低，钢液中O和H的溶解度会降低，碳氧反应生成的CO和 H_2 溢出，当溢出的气体不能及时排出到钢液外而残留在凝固坯壳中，便产生了气泡。塞棒、浸入式水口等部位吹入的氩气量如果过大，也有可能导致气泡的产生。

5.1.3.3 控制措施

（1）强化脱氧，钢中溶解 $w[\mathrm{Al}]>0.008\%$。

（2）干燥入炉材料，以及与钢液直接接触的材料，降低钢液中氢含量。

（3）采用全程保护浇注，避免浇注过程吸氧。

（4）选用合适的精炼方式降低钢中含气量，比如 RH、VD 真空处理。

（5）控制中间包塞棒的吹入 Ar 量。

5.1.4 表面凹坑与重皮

表面凹坑常出现在初生凝固坯壳收缩较大的钢种中。在结晶器内钢液开始凝固时，坯壳厚度的增长是不均匀的，一般坯壳与结晶器内壁之间是周期性接触和脱离。观察铸坯表面可以发现，其实际上是很粗糙的，轻者有皱纹，严重者出现山谷状的凹陷，这种凹陷也称为凹坑，如图 5-11 所示。在形成严重凹坑的部位，其冷却速度较低且凝固组织粗化，很容易造成显微偏析和裂纹。

图 5-11 连铸坯凹坑

凹坑有横向和纵向之分。在横向凹坑的情况下，由于沿拉坯方向的结晶器摩擦力的作用，坯壳很容易产生横裂纹。这时钢液可能渗漏出来，直到钢液重新在结晶器内壁上凝固为止，这就是所谓的重皮。若钢液渗漏出来又止不住，则将造成漏钢。因此，在有凹坑产生的情况下，长结晶器对弥合这种漏钢是有利的。从这个意义上来讲，振痕也可看作是具有潜伏裂纹和渗漏的一种横向小型凹坑。

沿纵向分布的凹坑，如带菱形变形的方坯靠近钝角附近的纵向凹沟以及板坯宽面两端的纵向凹坑，两者都是由于铸坯在结晶器内冷却不均匀而造成的。纵向凹坑往往导致裂纹及漏钢，在实际生产中不容忽视。

凹坑是由于不均匀冷却引起局部收缩而造成的，因此降低结晶器冷却强度即采用弱冷方式可滞缓坯壳的生长和收缩，从而抑制凹坑形成。

重皮是浇注易氧化钢时，由注温、注速偏低引起的。注温偏低时，钢液面上易形成半凝固状态的冷皮，随铸坯下降冷皮便留在铸坯表面而形成重皮。采用浸入式水口和保护渣浇注，可减少钢液的二次氧化，有助于消除重皮缺陷。

5.1.5 表面划伤

铸坯的划伤缺陷分为连续性划伤和规律性划伤。当扇形段辊子上粘有残钢、残渣、辊子表面堆焊层有脱落形成凹坑等原因时，连铸坯表面会被划伤。如果辊子能够正常周转，划痕一般是规律性周期出现；如果辊子不能转动，产生“死辊”，则会出现连续性划伤，如图 5-12 所示。

图 5-12 连铸坯表面划伤

为避免产生划伤，应定期检查辊列转动情况，发现问题及时处理，浇注前不允许有辊子不转动情况；浇注过程中，应随时观察连铸坯表面状态，一旦发现有划痕，立即检查辊列，发现辊子上残钢、残渣等异物，及时清理。

5.1.6 表面其他缺陷

除了以上表面常见质量缺陷外，在实际连铸生产过程中还会偶尔产生一些其他缺陷，比如毛刺、重接、异物压入、切割豁口等，如图 5-13 所示。对于较厚的连铸坯，其窄面还会因为鼓肚产生侧裂。

5.1.7 连铸坯表面质量缺陷的检查与清理

连铸生产过程中，虽然可以通过采取各种工艺技术措施不断提高连铸坯的表面质量，降低表面缺陷率，但是不可避免还是会出现表面质量缺陷，因此，连铸坯的表面质量检查与清理尤为重要。

对于肉眼可见的缺陷，比如表面大纵裂，在连铸坯出扇形段后便可通过目视检查，一旦发现问题，一方面要单独放置，另一方面要及时检查确认连铸工艺操作是否有异常，查

(a)　(b)　(c)　(d)　(e)

图 5-13　连铸坯其他表面缺陷

（a）毛刺；（b）重接；（c）切割豁口；（d）异物压入；（e）侧裂

找原因，采取措施。对于肉眼不可见的缺陷，比如横裂纹、皮下气泡等缺陷，需要连铸坯下线冷却并通过火焰清理后再进行肉眼检查，如图 5-14 所示。

对于存在表面纵向裂纹、横向裂纹、星状裂纹、侧面裂纹、皮下气泡、表面划伤、夹渣等缺陷的连铸坯，可以通过火焰清理或扒皮方式进行处理，如图 5-15 和图 5-16 所示。

有的对表面质量要求高的钢种，不论是否发现表面裂纹缺陷，都要进行工艺扒皮。目前越来越多的钢厂装配了扒皮机，用于连铸坯表面清理。

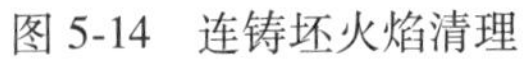

图 5-14 连铸坯火焰清理

图 5-15 连铸坯表面扒皮

对于角部裂纹，由于其靠近连铸坯的角部，可以通过切角方式去除，如图 5-17 所示。

图 5-16 表面扒皮后连铸坯

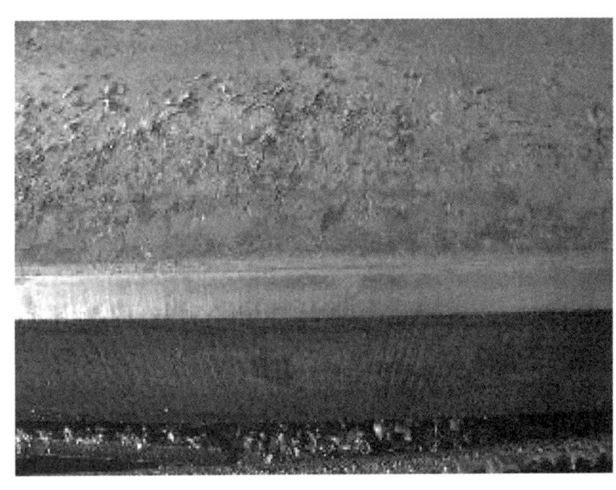

图 5-17 连铸坯切角

任务清单

项目名称	任务清单内容
任务情景	国内某钢铁企业炼钢厂对 2023 年宽厚板连铸机生产铸坯质量进行统计分析，发现铸坯表面产生的缺陷形貌主要如图 5-18～图 5-22 所示。现在需要进行铸坯表面质量分析。 图 5-18　某钢厂 Q550D 铸坯表面缺陷  图 5-19　某钢厂 Q345B 铸坯表面缺陷

项目名称	任务清单内容
任务情景	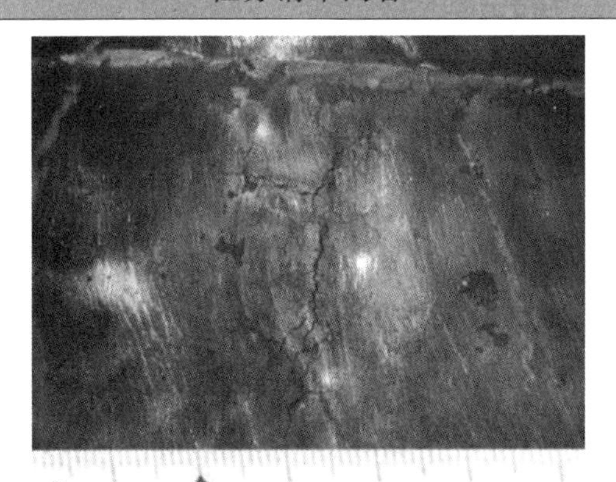 图 5-20 某钢厂微合金钢铸坯表面缺陷 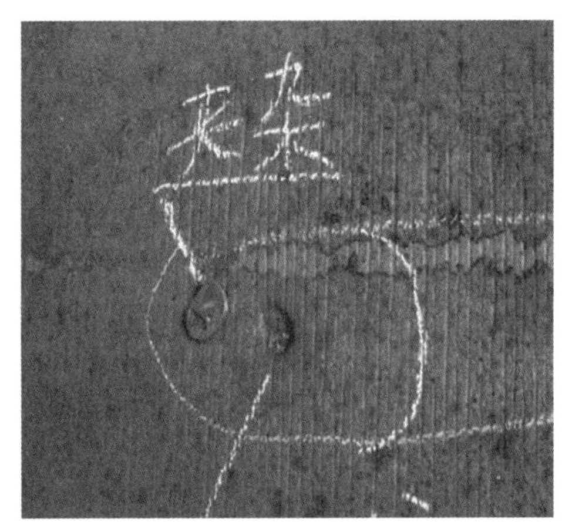 图 5-21 某钢厂 Q460C 铸坯表面缺陷 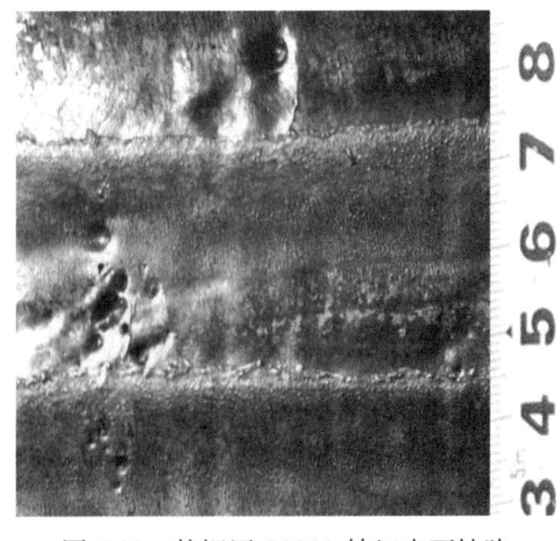 图 5-22 某钢厂 Q235A 铸坯表面缺陷

项目名称	任务清单内容
任务目标	能够根据铸坯缺陷实物照片进行缺陷类型判断、原因分析，并能够制定针对性控制措施。
任务要求	如果你是炼钢厂技术科工艺管理人员，请从缺陷类型判断、产生原因分析、控制措施制定等方面撰写质量分析报告。
任务思考	（1）图 5-18 所示缺陷类型是什么？其产生原因是什么？如何控制？ （2）图 5-19 所示缺陷类型是什么？其产生原因是什么？如何控制？ （3）图 5-20 所示缺陷类型是什么？其产生原因是什么？如何控制？ （4）图 5-21 所示缺陷类型是什么？其产生原因是什么？如何控制？ （5）图 5-22 所示缺陷类型是什么？其产生原因是什么？如何控制？ （6）图 5-23 所示缺陷类型是什么？其产生原因是什么？如何控制？

项目名称	任务清单内容
任务实施	撰写某钢厂 2023 年度连铸坯典型质量缺陷分析报告。
任务总结	通过完成上述任务，你学到了哪些知识，掌握了哪些技能？
实施人员	
任务点评	

做中学，学中做

请归纳总结连铸坯表面质量检验标准。

问题研讨

连铸坯裂纹的形成机理是什么？

连铸坯裂纹的形成是一个非常复杂的过程，是凝固过程中传热、传质以及应力相互作用的结果。高温带液芯连铸坯在连铸机内运行过程中是否产生裂纹主要取决于内因和外因。内因就是所浇注钢种的裂纹敏感性，或者是所浇注钢种所能承受的最大强度和应变；外因就是高温带液芯连铸坯在连铸机内运行过程中所受到的各种外力。当高温坯壳所受到的各种外力产生的变形超过了其所能承受的最大强度和应变，便会产生裂纹。

高温带液芯连铸坯在连铸机内运行过程中所受到的各种外力包括热应力、鼓肚应力、矫直力、摩擦力、因不满足设备精度产生的机械应力等。

任务 5.2 连铸坯内部质量控制

知识准备

微课 连铸坯内部质量控制

连铸坯内部质量主要取决于其中心致密度，而影响连铸坯中心致密度的缺陷是内部裂纹、中心偏析和疏松以及连铸坯内部宏观非金属夹杂物。连铸坯内部几种典型的缺陷类型如图 5-23 所示。连铸坯内部质量的好坏在一定程度上取决于连铸坯的二次冷却以及连铸机设备状态，即设备精度控制情况。

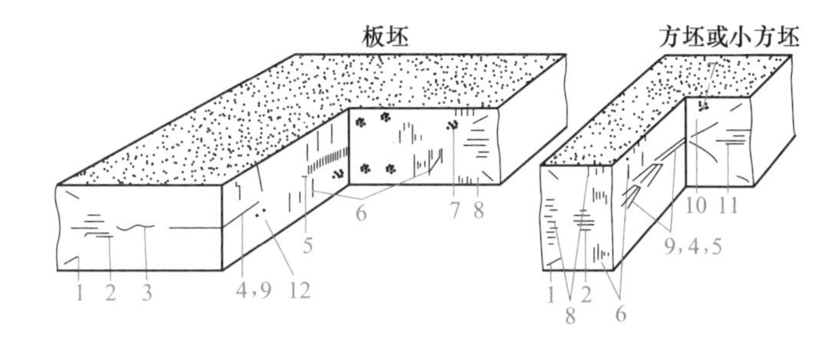

图 5-23 连铸坯内部缺陷

1—内部角裂纹；2—三角区裂纹；3—中心线裂纹；4—中心偏析；5—中心疏松；6—中间裂纹；7—非金属夹杂物；8—次表面重影线；9—缩孔；10—星形裂纹，对角线裂纹；11—针孔（气泡）；12—半宏观偏析

5.2.1 纵向放射状裂纹

内部表层纵向放射状裂纹只在连铸坯的接近表面边部区域发生，大多数情况下靠近边部。它们在表层下 10~40 mm 深处，充满残余熔体。在边部区域横向取样进行硫印分析可使这类缺陷可视。纵向放射状裂纹如图 5-24 所示。

这类缺陷可能在结晶器的下部区间已经产生，或在结晶器的下面到弯曲段结束的区间，因凝固坯壳承受过大的变形而产生。其产生原因如下：

（1）结晶器锥度过大；

（2）结晶器铜板过度磨损；

（3）侧边铸坯导辊不足；

（4）1~4 区二冷不当；

（5）铸机上部区域导辊不足；

（6）辊缝调整不当；

（7）硫含量过高。

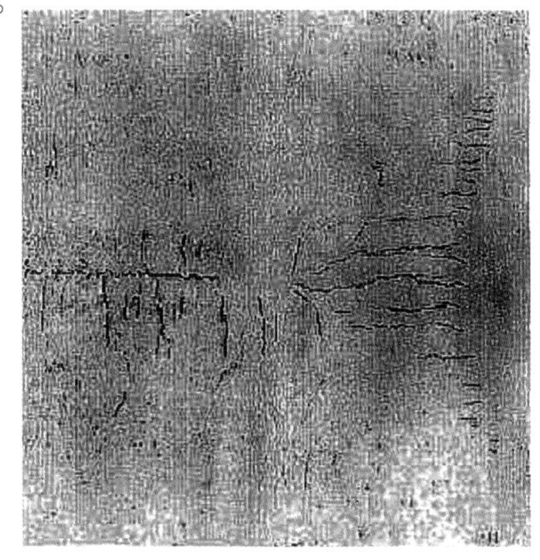

图 5-24 纵向放射状裂纹

5.2.2 铸坯内部纵向放射状裂纹

铸坯内部纵向放射状裂纹也只发生于连铸坯边部区域，常在铸坯表面下 40 mm 以上深处，可能到达铸坯的中心，通常充满残余熔体。这类缺陷可通过酸侵蚀而显现。这类缺陷产生于连铸弯曲区域和矫直区，由于坯壳变形而产生的。具体产生原因如下：

（1）弧形区域和矫直区的铸流导向不当；

（2）辊缝调整不当；

（3）二次冷却区域 5+6 段冷却不当；

（4）驱动辊调节压力过大；

（5）浇注温度过高；

（6）硫含量过高。

5.2.3 横向放射状裂纹

5.2.3.1 内部表层横向放射状裂纹

内部表层横向放射状裂纹距铸坯表面 10~40 mm。它们总是位于铸坯的中部，可从表面向内深及 100 mm 处，发生于内弧和外弧。大多数情况下裂纹内充满残余熔体，可在纵向试样上用硫印加以显现。此类缺陷形成于结晶器下方的底辊区域或弯曲区域，因凝固壳承受过大变形而产生。具体产生原因如下：

（1）铸坯导辊调节不良；

（2）结晶器-底辊和弯曲区对中不良；

（3）辊隙不良；

（4）二冷 2~4 段冷却不当；

（5）硫含量过高。

5.2.3.2 内部深层横向放射状裂纹

内部深层横向放射状裂纹距铸坯表面超过 40 mm 并可能深及铸坯中心。它们总是位于铸坯的中部，可从表面向内深及 150 mm 处，发生于内弧和外弧。大多数情况下裂纹内充满残余熔体，可通过对铸坯中心取纵向试样深度浸蚀加以显现。这类缺陷产生于弧形段和矫直区对铸坯壳施加的过大变形。

5.2.4 中心分层

大多数情况下，分层发生在铸坯中心的某一区域；有时也可能在宽度方向连续存在。中心分层如图 5-25 所示。它们经常在铸坯长度方向的大部分地区存在，但也可能只存在于火焰切割区。通常它们很细（开裂宽度约 0.1 mm）；但在严重的时候在红热铸坯和切割时也可能发现该缺陷。大的分层可能形成约 0.8 mm 的空隙。细分层只可能在检查铸坯横、纵截面或超声检查时发现。

分层是因已完全凝固的铸坯经受较大的机械和热应力而导致的，这发生在铸机的下部

图 5-25 中心分层

区间（铸流较低处）或铸机的下游区间。具体产生原因如下：

（1）铸机下部辊隙不当（弯曲段、矫直区、水平段）；

（2）因中心偏析元素（C、Mn、S、H）而导致的脆性；

（3）浇注温度过高；

（4）驱动辊压力过大；

（5）热应力过大，如对冷坯进行火焰切割时。

5.2.5 偏析与疏松

中心偏析是指钢液在凝固过程中，溶质元素在固液相中进行再分配时，表现为铸坯中元素分布不均匀，铸坯中心部位的碳、磷、硫、锰等元素含量明显高于其他部位。中心偏析往往与中心疏松相伴而生，对横向和纵向铸坯进行硫印检查可以显现中心偏析和疏松，如图 5-26 所示。在铸坯断面上分布的细微孔隙称为疏松。分布于整个断面的孔隙称为一

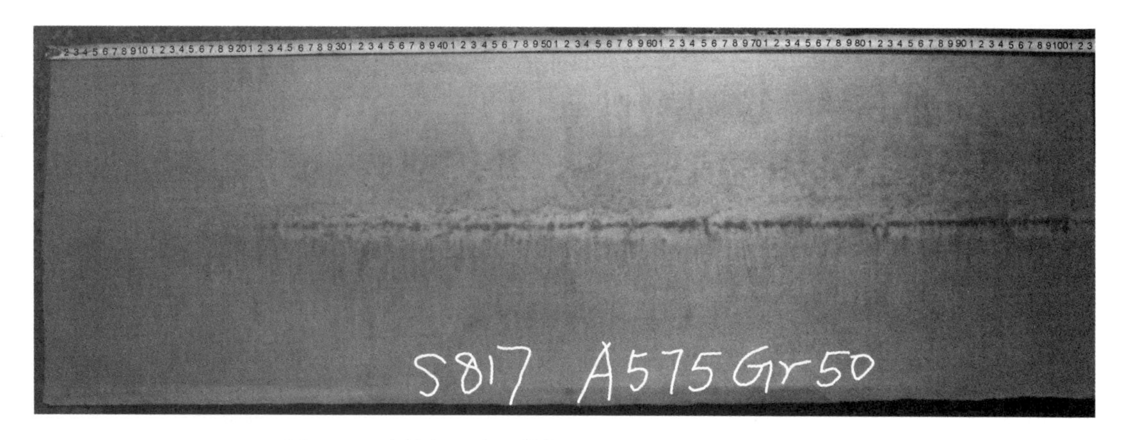

图 5-26 连铸板坯中心偏析（Q345D370 mm×2080 mm）

般疏松；在树枝晶间的小孔隙称为枝晶疏松；铸坯中心部位的疏松称为中心疏松；严重的中心疏松便称为中心缩孔，如图 5-27 所示。

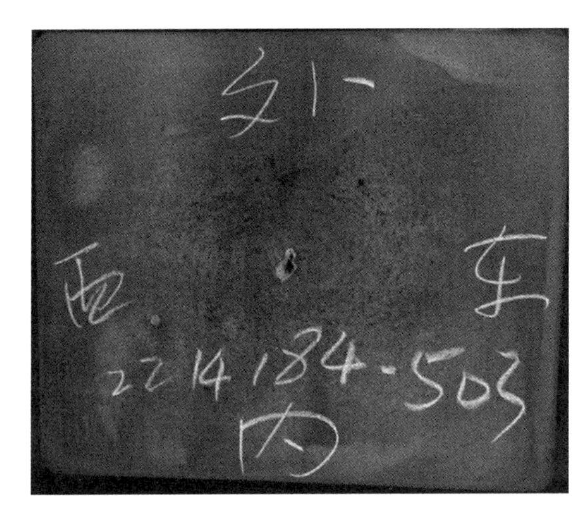

图 5-27 Q345D370 mm×2080 mm 连铸方坯中心缩孔（Gr15 轴承钢、330 mm×340 mm）

5.2.5.1 中心偏析和中心疏松产生原因

（1）钢液中溶质元素的富集。钢液在凝固过程中，由于选分结晶的原因，钢液中溶质元素在先凝固的坯壳中浓度较小，不断地富集到后凝固的钢液中，随着凝固的不断进行，最后凝固的钢液中富集了大量的溶质元素，尤其是易偏析元素。因此，最后凝固的中心区域的连铸坯中溶质元素的含量明显高于其他部位，从而产生中心偏析和疏松。

（2）凝固搭桥理论。连铸坯在凝固过程中，由于冷却得不均匀，铸坯在长度方向上柱状晶生长速度不一致，有的快，有的慢。生长较快的柱状晶会在铸坯中心处优先相遇，形成搭桥，如图 5-28 所示。那么液相穴内的钢液被凝固桥分割成上下两部分，下部分钢液在凝固收缩时得不到上部分钢液的有效补充，周期性间断地出现中心疏松或缩孔，伴有中心偏析。因此，凝固组织中柱状晶发达时，容易产生中心疏松和中心偏析。

（3）板坯出现鼓肚变形，也会引起富集溶质元素的钢液流动，从而形成中心偏析。

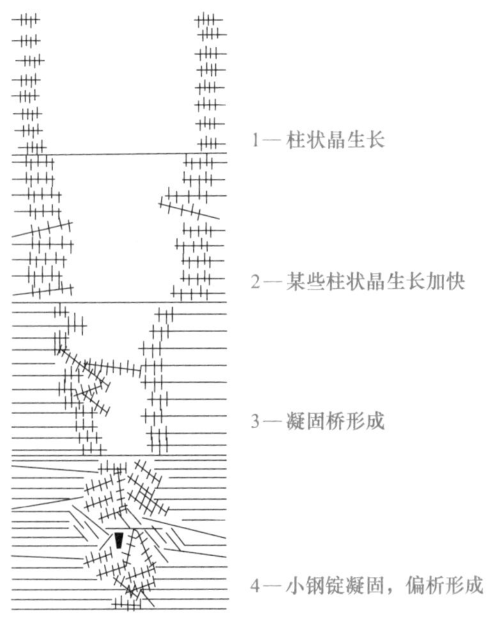

图 5-28 凝固搭桥示意图

5.2.5.2 控制措施

（1）降低钢中易偏析元素的含量，尤其是有害元素 S、P 元素的含量。

（2）为液相穴产生等轴晶创造条件。低过热度浇注可以减小柱状晶的比例，电磁搅拌技术可以消除柱状晶的搭桥，增大中心等轴晶的区宽度，从而达到减轻中心偏析的作用。

（3）通过补偿铸坯末端的凝固收缩，或防止铸坯鼓肚，抑制凝固末端吸收富集偏析溶质的钢液。小辊径分节辊，减轻铸坯鼓肚；凝固末端轻压下技术，补偿铸坯最后凝固的收缩，抑制富集溶质元素钢液的流动；凝固末端大压下技术，压下量 5~20 mm。

任务清单

项目名称	任务清单内容
任务情景	从2012年开始到2015年10月，国内某钢厂180 mm厚连铸坯陆续发生6次断坯事故，2次加热炉内断坯事故，部分事故照片如图5-29、图5-30所示，成为困扰工艺技术人员的一道技术难题。 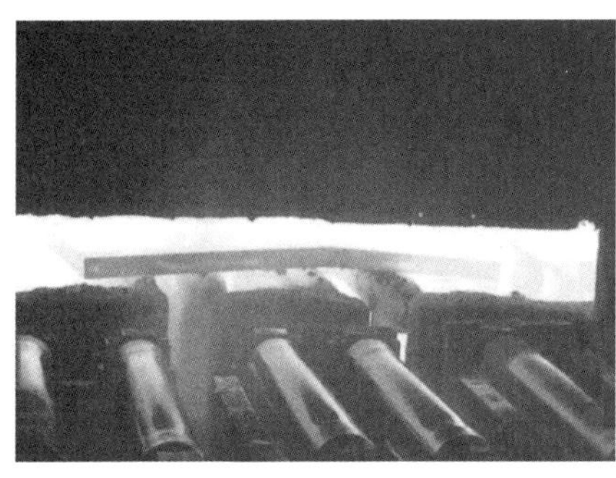 图5-29　加热炉内断坯事故照片  图5-30　铸坯断裂实物照片 该厂连铸技术人员为了调查事故产生的原因，开展了如下调研： （1）对事故铸坯取横断面低倍，并进行了热酸侵蚀，侵蚀后形貌如图5-31所示； 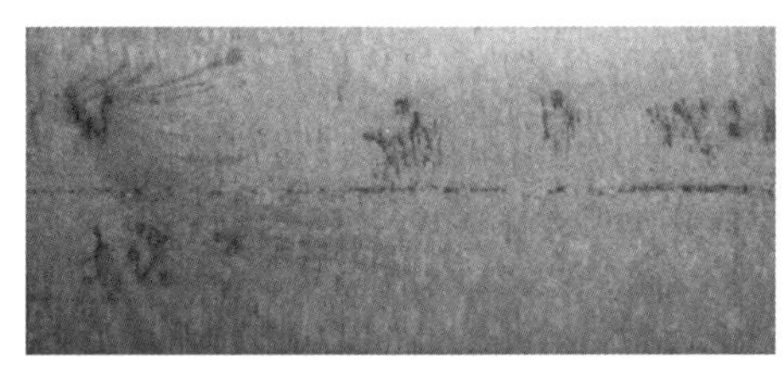 图5-31　横断面热酸侵蚀照片 （2）对事故铸坯取纵向低倍（在铸坯宽度中心、距离边部1/4和3/4位置），并进行低倍检验，结果如图5-32所示； 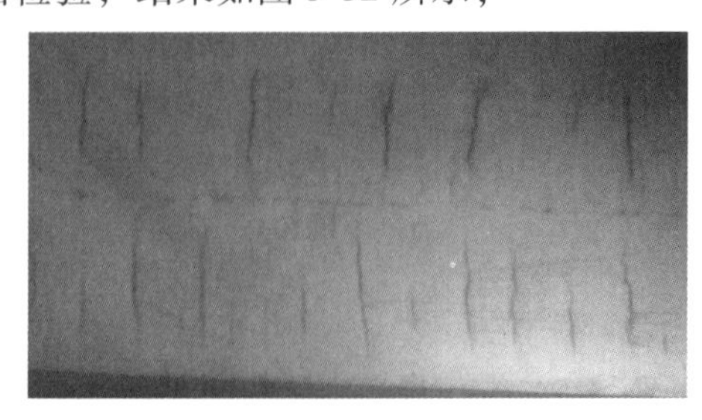 图5-32　纵断面低倍结果

项目名称	任务清单内容

任务情景

（3）板坯横截面低倍中间裂纹情况见表 5-7。

表 5-7 板坯横截面低倍中间裂纹情况

炉 号	钢 种	浇注速度 /m·min^{-1}	裂纹初始位置距表面距离 /mm	最大裂纹长度 /mm
6NX1	Q345B-1	1.2	20~25	47
6PX2	Q345B	1.15	25~28	40
6QX3	Q345B-S	1.1	26~30	35

（4）180 mm 厚度连铸机辊缝设置见表 5-8。

表 5-8 180 mm 厚度连铸机辊缝设置

扇形段	位置	辊缝/mm	扇形段	位置	辊缝/mm
0 段	进口	185	5 段	进口	184
	出口	185		出口	184
1 段	进口	184.9	6 段	进口	183.5
	出口	184.9		出口	183.5
2 段	进口	184.7	7 段	进口	183
	出口	184.7		出口	183
3 段	进口	184.5	8 段	进口	182.5
	出口	184.5		出口	182.5
4 段	进口	184.3	9 段	进口	182
	出口	184.3		出口	182

任务目标

能够根据质量事故特性和调研结果进行事故原因分析，并制定合理的控制措施。

任务要求

如果你是炼钢厂技术科工艺技术人员，请你结合任务情景，对连铸坯断坯事故进行原因分析，制定措施，并形成事故分析报告。

项目名称	任务清单内容
任务思考	（1）横断面取样分析裂纹形貌和纵向取样分析裂纹形貌有什么不同，为什么？ （2）连铸坯断坯的原因是什么？ （3）严重的中间裂纹开始产生的位置在什么地方？ （4）结合辊缝设置参数，分析中间裂纹产生的原因是什么？ （5）中间裂纹原因找到后，如何控制？

项目名称	任务清单内容
任务实施	撰写加热炉断坯事故分析报告。
任务总结	通过完成上述任务，你学到了哪些知识，掌握了哪些技能？
实施人员	
任务点评	

做中学，学中做

请根据连铸钢板坯低倍组织缺陷评级图对下列低倍组织缺陷进行评级。

低倍组织缺陷（见图 5-33~图 5-38）	评级
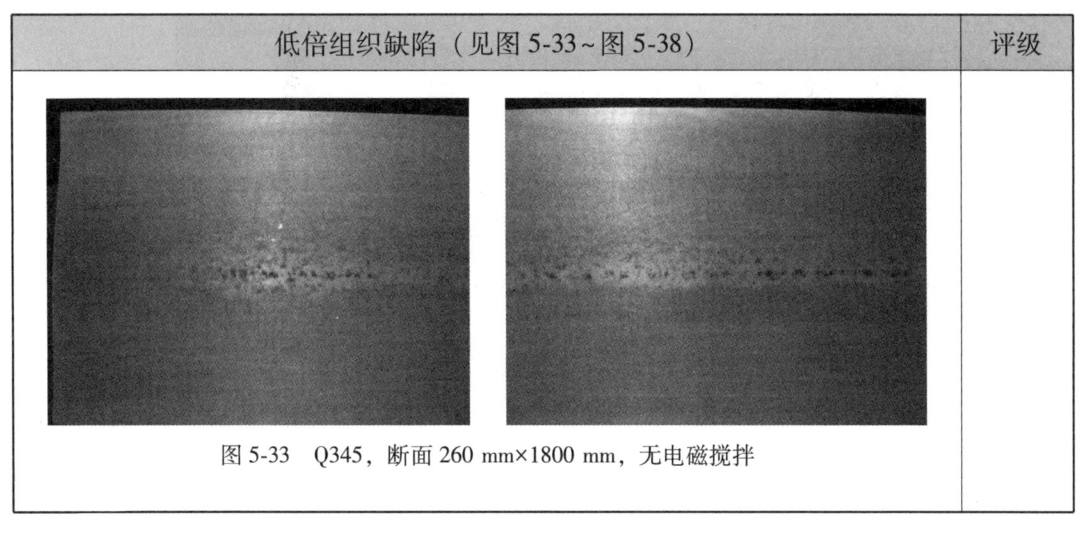 图 5-33　Q345，断面 260 mm×1800 mm，无电磁搅拌	

低倍组织缺陷（见图5-33~图5-38）	评级 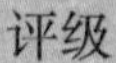
 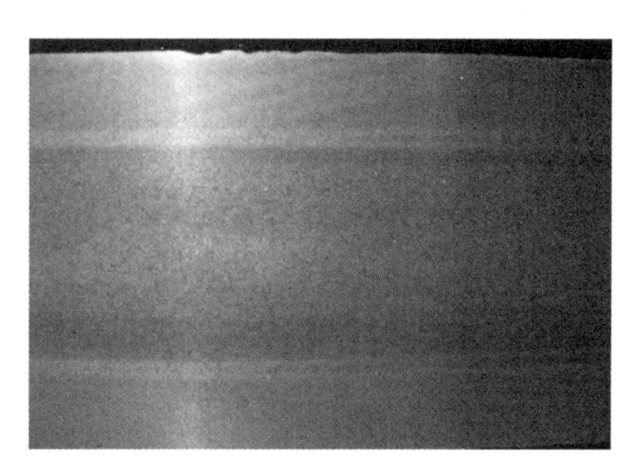 图5-34 Q345，断面260 mm×1800 mm，有电磁搅拌	
 图5-35 家电用钢JBDR，断面230 mm×1060 mm，无电磁搅拌	
 图5-36 家电用钢JBDR，断面230 mm×1060 mm，有电磁搅拌	

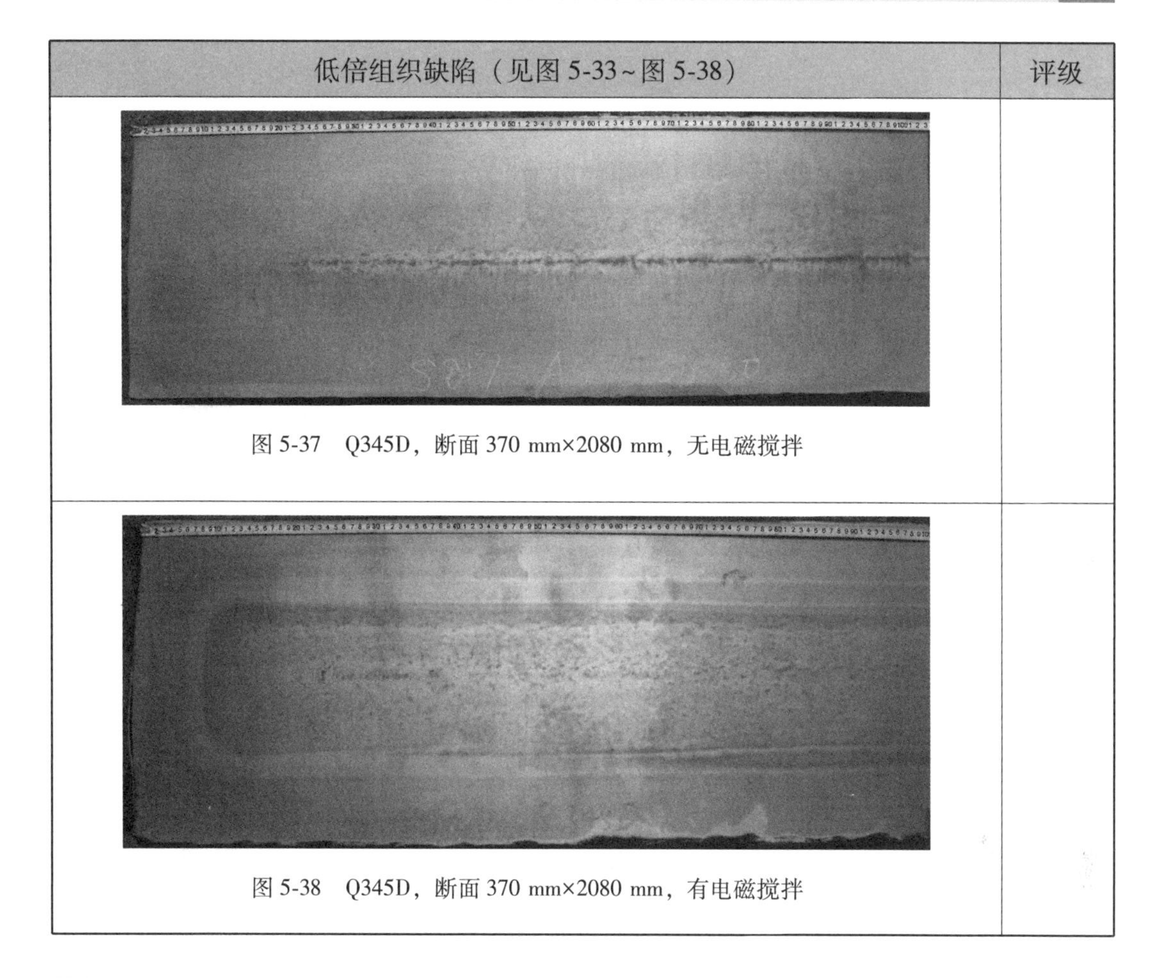

低倍组织缺陷（见图 5-33～图 5-38）	评级
图 5-37 Q345D，断面 370 mm×2080 mm，无电磁搅拌	
图 5-38 Q345D，断面 370 mm×2080 mm，有电磁搅拌	

问题研讨

连铸坯动态轻压下技术如图 5-39 所示。连铸坯动态轻压下工艺参数包括哪些，在哪里压，在凝固点之前还是之后，在点上压还是在区间上压，压多少？

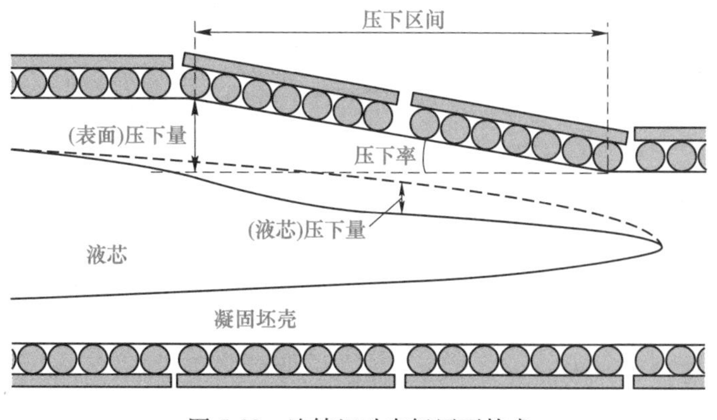

图 5-39 连铸坯动态轻压下技术

任务5.3 连铸坯洁净度控制

知识准备

钢中非金属夹杂物是生产高品质洁净钢的主要限制性条件，提高金属制品质量，就是要根据产品用途，把钢中夹杂物的危害降低到最低程度。可以说，降低钢中非金属夹杂物，生产高品质洁净钢，是提高产品质量的永恒主题。

随着分析技术的发展，人们对钢中夹杂物行为的研究也日益深化。为了提高产品质量和使用性能，不但要降低钢中夹杂物的数量，而且要控制好残留在钢中夹杂物的组成、形态、尺寸和分布。

5.3.1 钢中夹杂物概述

5.3.1.1 钢中夹杂物分类

微课 连铸坯洁净度

（1）按夹杂物来源分。

1）内生夹杂物：脱氧产物、凝固再生夹杂物。

2）外来夹杂物：二次氧化产物、夹渣、耐火材料的浸蚀物等。

（2）按夹杂物尺寸分。有不同的分法，一般分为显微夹杂、微观夹杂和大型夹杂。

1）显微夹杂：<1 μm，包括氮化物、氧化物及硫化物等。

2）微观夹杂：1~100 μm(1~50 μm)，主要是脱氧产物。

3）大型夹杂：>100 μm(或>50 μm)，主要是外来夹杂物。

（3）按夹杂物组成分。

1）简单金属氧化物：FeO、MnO、SiO_2、Al_2O_3等。

2）硅酸盐：FeO-MnO-SiO_2、$Al_2O_3 \cdot SiO_2$、$MnO \cdot SiO_2$、复杂硅酸盐（$FeO \cdot SiO_2 \cdot MnO \cdot Al_2O_3$）。

3）钙铝酸盐：$CaO \cdot Al_2O_3$、$12CaO \cdot 7Al_2O_3$、$6CaO \cdot Al_2O_3$、$CaO \cdot 2Al_2O_3$。

4）尖晶石夹杂物：$MnO \cdot Al_2O_3$、$Mg \cdot Al_2O_3$、$MgO \cdot Cr_2O_3$。

5.3.1.2 连铸坯夹杂物

连铸坯中夹杂物按来源可分为内生夹杂物和外来夹杂物。

（1）内生夹杂物。主要是脱氧产物，其特点是：

1）$[O]_{溶}$增加，脱氧产物增加；

2）夹杂物尺寸细小，小于20 μm；

3）在钢包精炼搅拌，大部分夹杂物上浮；

4）一般来说，对产品质量不构成大的危害；

5）钢成分和温度变化时有新的夹杂物沉淀（小于5 μm）。

在连铸坯中常见的内生夹杂如下。

1）铝镇静钢（Al-K）：Al_2O_3。

2）硅镇静钢（Si-K）：硅酸锰（$MnO \cdot SiO_2$）或 $MnO \cdot SiO_2 \cdot Al_2O_3$。

3）钙处理 Al-K 钢：铝酸钙。

4）钛处理 Al-K 钢：Al_2O_3、TiO_2、TiN。

5）镁处理 Al-K 钢：铝酸镁。

6）所有钢：MnS（凝固时形成，以氧化物夹杂形核）。

（2）外来夹杂。钢水与环境（空气、包衬、炉渣、水口等）二次氧化产物，下渣和卷渣形成夹渣。其特点是：

1）夹杂物粒径大，大于 50 μm，甚至几百微米；

2）组成复杂；

3）来源广泛；

4）偶然性分布；

5）对产品性能危害最大。

生产洁净钢，就是要减少钢中夹杂物，尤其是减少大颗粒夹杂。在连铸过程中夹杂来源如图 5-40 所示。

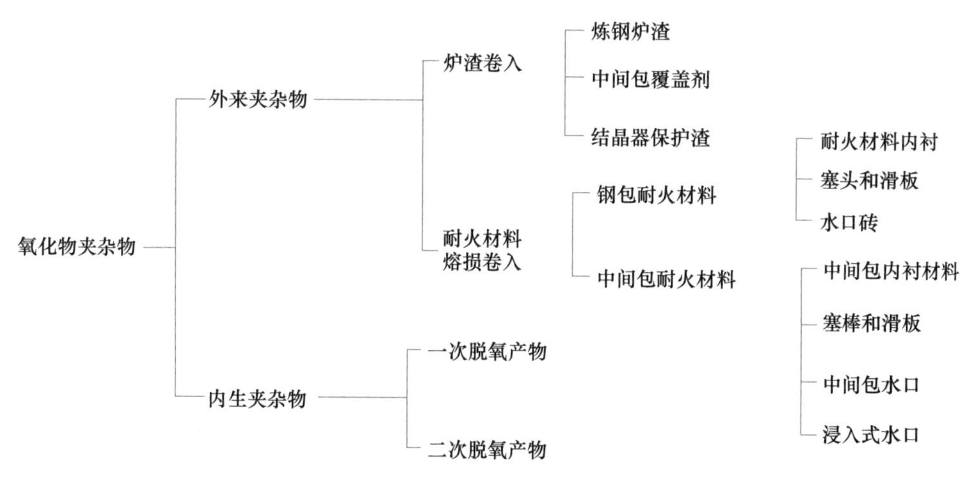

图 5-40　连铸过程中氧化物夹杂的来源

5.3.1.3　夹杂物对产品性能影响

钢中非金属夹杂物总量、形态和尺寸的要求取决于钢种和产品用途。不同用途的产品对钢中洁净度要求及夹杂物限制尺寸见表 5-9。

表 5-9　不同用途的产品对钢中洁净度要求

钢　种	有害元素含量上限	夹杂物尺寸上限/μm
汽车板和深冲板	$w[C] \leqslant 30\times10^{-6}$，$w[N] \leqslant 30\times10^{-6}$	100
DI 罐	$w[C] \leqslant 30\times10^{-6}$，$w[N] \leqslant 30\times10^{-6}$，T. O. $\leqslant 20\times10^{-6}$	20
管线	$w[S] \leqslant 30\times10^{-6}$，$w[N] \leqslant 35\times10^{-6}$，T. O. $\leqslant 30\times10^{-6}$	100

续表 5-9

钢　种	有害元素含量上限	夹杂物尺寸上限/μm
滚珠轴承	T. O. $\leqslant 10\times10^{-6}$	15
轮胎帘线	$w[H]\leqslant 2\times10^{-6}$，$w[N]\leqslant 40\times10^{-6}$，T. O. $\leqslant 15\times10^{-6}$	10 或 20
厚板	$w[H]\leqslant 2\times10^{-6}$，$w[N]=(30\sim40)\times10^{-6}$，T. O. $\leqslant 20\times10^{-6}$	单个夹杂 13，点簇状夹杂 200
线材	$w[N]\leqslant 60\times10^{-6}$，T. O. $\leqslant 30\times10^{-6}$	20

钢的清洁度与产品制造和使用过程中所出现的众多缺陷密切相关。一些厂家对某些高纯度钢种发生缺陷所做的调查见表 5-10，可以看出，钢中的夹杂物尤其是大颗粒夹杂物是引起产品缺陷的主要原因。

表 5-10　某些高纯度钢发生缺陷的原因调查

钢　种	产品缺陷	引起缺陷的夹杂物最小直径/μm	缺陷部位夹杂成分
DI 罐用镀锡板	凸缘裂纹	150、60	$CaO\text{-}Al_2O_3$
ERW 管材	UT 缺陷	150	$CaO\text{-}Al_2O_3$
	US 缺陷	220	群落状 Al_2O_3
镀锡板	炉渣分层	400、500	
深冲深拉用冷轧钢板	冲压缺陷夹杂	250、400	群落状 Al_2O_3、$CaO\text{-}Al_2O_3$、$CaO\text{-}SiO_2\text{-}Al_2O_3\text{-}Na_2O$
UO 管材	UT 缺陷	200	$CaO\text{-}Al_2O_3$、群落状 Al_2O_3、$MnO\text{-}SiO_2\text{-}Al_2O_3$
UOE 管（厚钢板）	US 缺陷	220	

注：表中夹杂物尺寸为板材加工后的夹杂尺寸，推算至铸坯中，为 50~60 μm。

5.3.2 钢中夹杂物检测技术

夹杂物的分析评价方法很多，有精确、昂贵的直接测定法，也有快速、廉价的间接测定法，但受夹杂物的分析评价速度、精度相互制约影响，可靠性只能作为相对的选择依据。如图 5-41 所示，夹杂物的检测与表征方法，大致可以分为直接法和间接法两类。

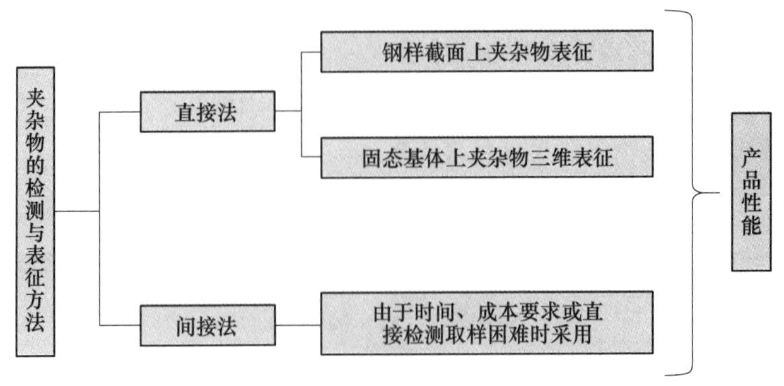

图 5-41　夹杂物检测与表征方法

5.3.2.1 直接法

直接法分为钢样截面上夹杂物检测与表征和固态基体上夹杂物三维表征方法。如图 5-42 所示，钢样截面上的夹杂物检测与表征方法包括金相显微镜观察（MMO）、图像分析（IA）、硫印分析、扫描电镜（SEM）分析、脉冲识别分析光发射光谱测定（OES-PDA）、激光微探针质量光谱分析法（LAMMS）、X 射线光电子分光法（XPS）、俄歇电子分光法（AES）、阴极电子激光发射显微镜（CLM）、原位分析法。其中，激光微探针质量光谱分析法、X 射线光电子分光法、俄歇电子分光法、阴极电子激光发射显微镜、原位分析法可以对夹杂物成分进行测定。

图 5-43 是扫描电镜得到的 MnS 夹杂二维形貌图，图 5-44 是扫描电镜 Al_2O_3 夹杂二维形貌图。

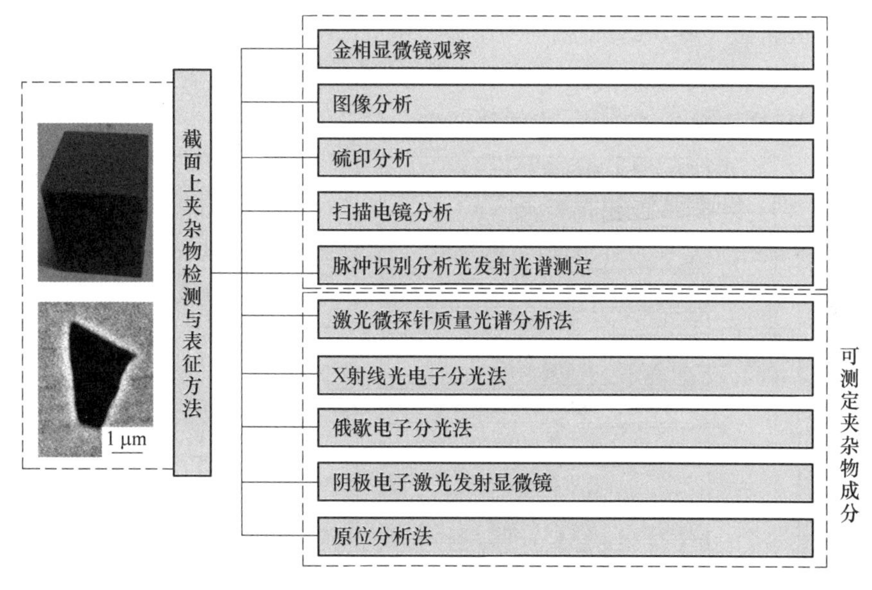

图 5-42　二维截面上夹杂物检测与表征方法

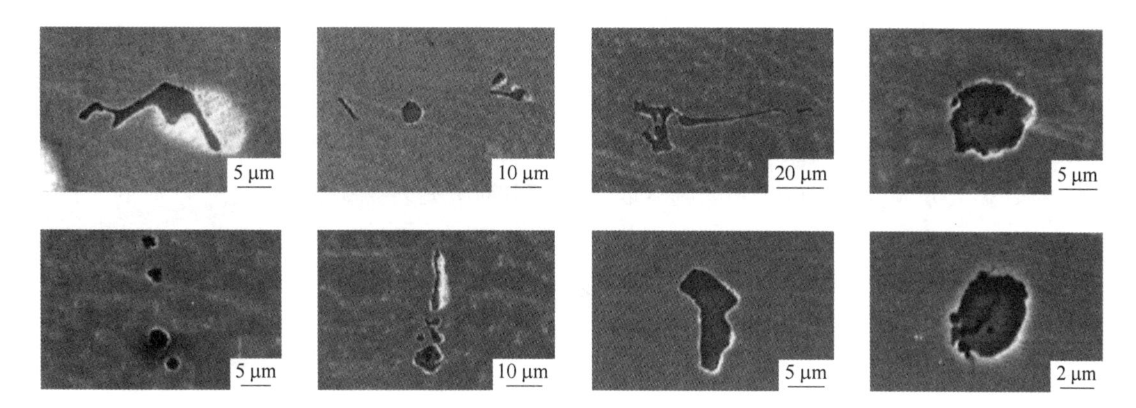

图 5-43　MnS 夹杂扫描电镜二维形貌

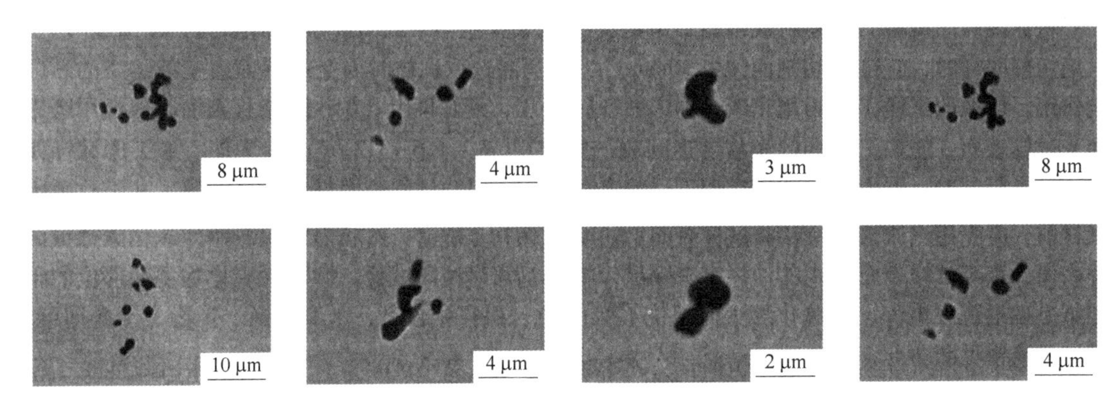

图 5-44 Al_2O_3 夹杂扫描电镜二维形貌

如图 5-45 所示，固态基体上的夹杂物三维表征方法包括传统的超声波扫描（CUS）、曼内斯夹杂物分析法（MIDAS）、扫描声学显微镜（SAM）、X 射线探测、酸蚀法、化学溶解法、电解萃取法、电子束熔化法（EB）、冷坩埚熔化法、分步热力分解（FTD）、磁性颗粒检测法（MPI）、Micro-CT 法、电敏感区法。

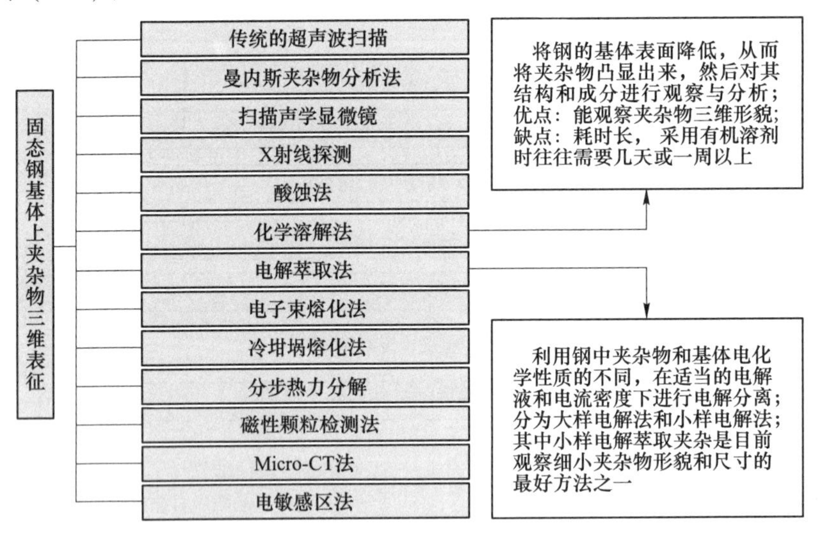

图 5-45 固态基体上夹杂物三维表征方法

其中，化学溶解法是将钢的基体表面降低，从而将夹杂物凸显出来，然后对其结构和成分进行观察与分析。此法的优点是能观察夹杂物三维形貌缺点，但耗时长，采用有机溶剂时往往需要几天或一周以上。电解萃取法是利用钢中夹杂物和基体电化学性质的不同，在适当的电解液和电流密度下进行电解分离。其又分为大样电解法和小样电解法，其中，小样电解萃取夹杂是目前观察细小夹杂物形貌和尺寸的最好方法之一。

图 5-46 是酸溶后夹杂物扫描电镜形貌。图 5-47 是大样电解萃取到的夹杂物形貌。

5.3.2.2 间接法

间接法的分类及相关描述见表 5-11。

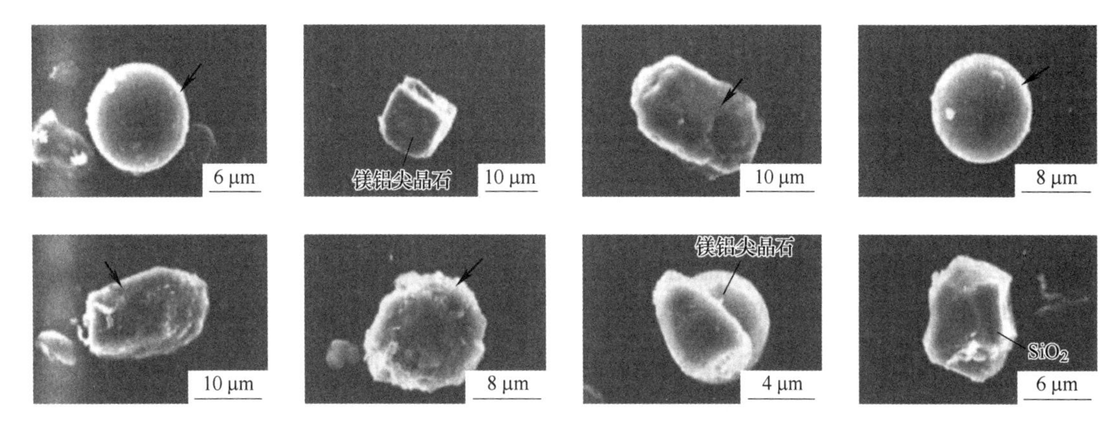

图 5-46 酸溶后夹杂物扫描电镜形貌

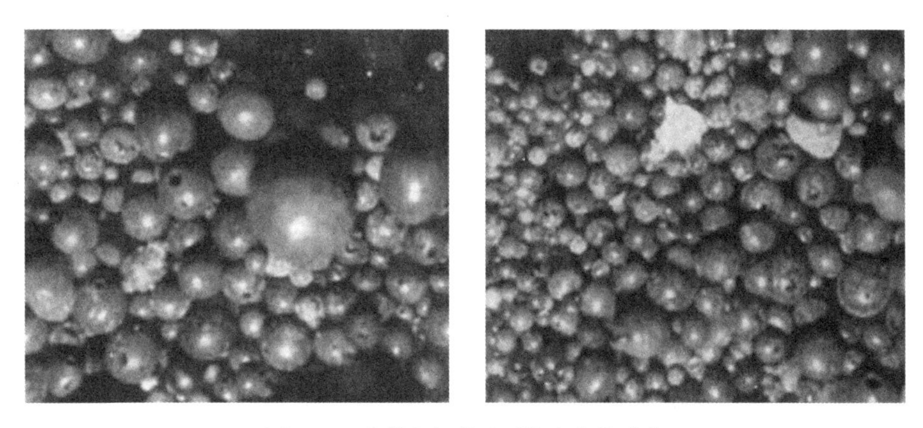

图 5-47 大样电解萃取到的夹杂物形貌

表 5-11 间接法的方法及相关描述

方 法	描 述
总氧测定	钢中总氧是自由氧（溶解氧）和非金属夹杂物的结合氧之和；总氧可以间接衡量氧化物夹杂数量
吸氮量衡量	钢水在各个炼钢容器中的氮含量的差异是钢水运输传递过程中吸入空气的一个指标；吸氮量是一个粗略的间接衡量方法
溶解铝等活泼元素成分的浓度变化	对于低碳铝镇静钢，溶解铝减少也可以说明存在二次氧化
耐火材料内衬观察	分析操作前后耐火材料内衬的成分变化，能够用来估计夹杂物吸附于内衬以及内衬侵蚀情况
渣成分测量	分析操作前后渣成分变化，估计渣吸附夹杂物的情况
判定外来夹杂物来自渣和内衬侵蚀的示踪剂研究	氧化物示踪剂可以添加到钢包、中间包、结晶器、模铸中注管、顶盖内衬和渣中；如果夹杂物中发现了这些氧化物示踪剂，就可以确定夹杂物来源
浸入式水口堵塞	堵塞造成的浸入式水口堵塞次数

5.3.3 夹杂物常用检测表征方法

5.3.3.1 钢中非金属夹杂物评级法

标准：GB/T 10561—2023。

方法：对比法和图像分析法。

对比法：将所观察到的视场与标准图谱进行对比，并分别对每类夹杂物进行评级。

图像分析法：各视场按照 GB/T 10561—2023 附录 D 给出的关系曲线评定。

要求：评级图片相当于100倍下纵向抛光平面上面积为0.50 mm^{2}正方形视场。通常需要至少检测 100 个视场。

表 5-12 为夹杂物的分类、形态与分布特征，主要用于夹杂物类别的判断，表 5-13 给出了每类夹杂物 0.5~5.0 级总长度（或数量或直径）的评级界限（最小值）。A 类、B 类、C 类、D 类夹杂物又根据其颗粒宽度的不同分成细系和粗系两个系列，具体宽度划分界限见表 5-14。

表 5-12 夹杂物的分类、形态与分布

A 类	硫化物类	具有高的延展性，有较宽范围形态比的单个灰色夹杂物，一般端部呈圆角
B 类	氧化铝类	大多数没有变形，带角的，形态比小（一般<3），黑色或带蓝色的颗粒，沿轧制方向排成一行，至少有 3 个颗粒
C 类	硅酸盐类	具有高的延展性，有较宽范围形态比（一般≥3）的单个黑色或深灰色夹杂物，一般端部呈锐角
D 类	球状氧化物类	不变形，带角或圆形的，形态比小（一般<3），黑色或带蓝色的，无规则分布的颗粒
DS 类	单颗粒球状类	圆形或近似圆形，直径 $d \geq 13\ \mu m$ 的单颗粒夹杂物

表 5-13 评级界限（最小值）

评级图级别 i	夹杂物类别				
	A	B	C	D	DS
	总长度/μm	总长度/μm	总长度/μm	数量/个	直径/μm
0.5	≥37	≥17	≥18	≥1	>13
1.0	≥127	≥77	≥76	≥4	≥19
1.5	≥261	≥184	≥176	≥9	≥27
2.0	≥436	≥343	≥320	≥16	≥38
2.5	≥649	≥555	≥510	≥25	≥53
3.0	≥898	≥822	≥746	≥36	≥76
3.5	≥1181	≥1147	≥1029	≥49	≥107
4.0	≥1498	≥1530	≥1359	≥64	≥151
4.5	≥1848	≥1973	≥1737	≥81	≥214
5.0	≥2230	≥2476	≥2163	≥100	≥303

注：以上 A 类、B 类和 C 类夹杂物的总长度是按 GB/T 10561—2023 附录 D 给出的公式计算的，并取最接近的整数。

表 5-14 夹杂物宽度

类别	细系		粗系	
	最小宽度/μm	最大宽度/μm	最小宽度/μm	最大宽度/μm
A	≥2	≤4	>4	≤12
B	≥2	≤9	>9	≤15
C	≥2	≤5	>5	≤12
D	≥2	≤8	>8	≤13

注：D 类夹杂物的最大尺寸定义为直径。

采用每个级别的权重因素，按夹杂物的数量计算出总的纯洁度级别，见表 5-15。

表 5-15 夹杂物总的纯洁度级别

夹杂物级别 i	总的纯洁度级别
0.5	0.05
1	0.1
1.5	0.2
2	0.5
2.5	1
3	2

纯洁度级别 C_i用式（5-1）计算。

$$C_i = \left(\sum_{i=0.5}^{3} f_i \times n_i\right) \frac{1000}{S} \tag{5-1}$$

式中 f_i ——权重因数；

n_i ——i 级别的视场数；

S ——试样的总检验面积，mm^2。

5.3.3.2 硫印法

在炼钢厂，每个浇次按规定在线切取铸坯横断面试样，按 GB 4236—2016 做硫印检验。根据硫印图所提供的信息，及时调整工艺参数和设备的点检。

用硫印法评定钢中宏观夹杂物的原理是：连铸坯存在 Al_2O_3、$MnO \cdot SiO_2$、$CaO \cdot Al_2O_3$ 以及复合氧化物夹杂物的位置表面都富集一层硫化物，用硫印法在相纸上可显示出黑色的不同形态和斑点，即可判定为宏观夹杂物。

5.3.3.3 X 射线透射法

X 射线透射法是利用射线通过金属时被不同程度地吸收从而在底片上感光不同来检查钢中夹杂物。采用 X 射线透射法可以大面积大批量检查，发现钢中大型夹杂物数量和夹杂物分布。但 X 射线透射法效果与 X 线硬度、透射时间、焦距、底片质量、试样厚度和加工质量等相关。其相对灵敏度可表示为：

相对灵敏度（%）= 可以发现最小缺陷尺寸/被检测物体厚度

假设 X 射线探测灵敏度为 2%，为了分出钢中 100 μm 夹杂物，试样厚度必须减至 5 mm。

某厂对 210 mm×1100 mm 板坯，沿板坯宽度边部、1/4 处、1/2 处分别从内弧向外弧取样，如图 5-48 所示，用线切割加工成 140 mm×75 mm×2 mm 尺寸的试片，用 X 射线透射法检查大型夹杂物。

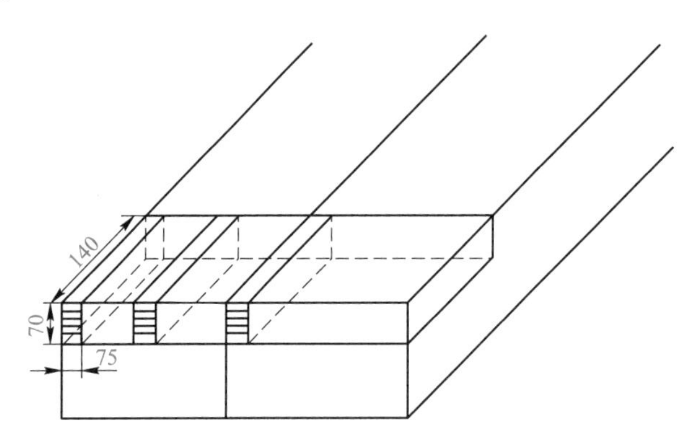

图 5-48 铸坯 X 射线透射分析切片图（mm）

X 射线透射试片后夹杂物在底片呈黑点，在照片上呈白点，在专用强光观片机上观察底片统计夹杂物数量，如图 5-49 所示。由图可知：

（1）在铸坯宽度方向的边部，钢中所含的大型非金属夹杂物较少；

（2）在铸坯宽度 1/4 处，钢中大型夹杂物显著增多；

（3）在铸坯中部，大型夹杂物增加。

从冷轧硅钢片表面的起皮缺陷调研发现，起皮大多发生在钢卷宽度的 1/4 或 3/4 处，其次是钢卷的中部，可见大型夹杂物在铸坯宽度方向的分布规律与硅钢片表面起皮缺陷的发生规律极为一致。

5.3.3.4 大样电解法

电解法是从钢中分离夹杂物的一个重要方法。过去常用在硫酸盐溶液中电解，得到夹杂物和阳极泥，用酸把碳化物溶解，然后用化学方法分析夹杂物成分 SiO_2、CaO、Al_2O_3、MnO、Fe_2O_3及 MgO 等。

大样电解法是德国人发明的，又称为 Slims 法，之后随着连铸的发展，对钢的洁净度要求越来越严，这一方法在世界各地（如日本）得到广泛应用。我国于 1981 年开始研制，1985 年通过冶金工业部鉴定，并在全国推广应用。

A 大样电解法特点

（1）试样大，电解时间长。为了捕捉更多的大型夹杂物，试样尺寸大（ϕ(50~60）mm×(120~150）mm)，样重 3~5 kg，电解时间 15~20 天。

（2）使用物理方法分离碳化物。用淘洗法把碳化物淘洗掉，而夹杂物和铁的氧化物保留下来，用还原磁选把夹杂物分离出来。

（3）可以进行夹杂粒径分级和组成分析。

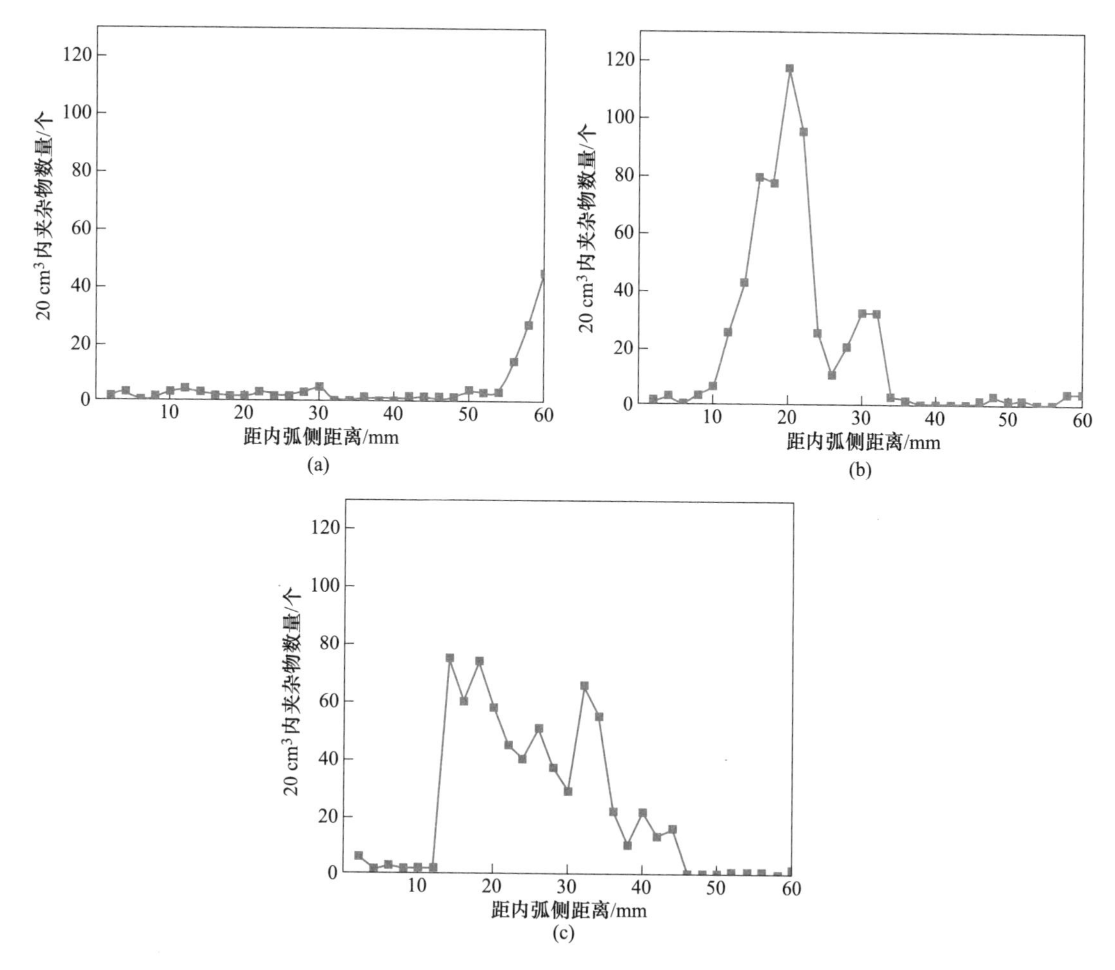

图 5-49 无取向硅钢铸坯中大型夹杂物沿铸坯厚度的分布

（a）铸坯宽度边部；（b）铸坯宽度 1/4 处；（c）铸坯宽度 1/2 处

（4）不足之处是不能完全保留云雾状的 Al_2O_3 夹杂。

B 分析流程

大样电解主要用于分析钢中尺寸大于 50 μm 的大型氧化物夹杂。其分析流程主要包括电解、淘洗、还原和分离。分离出夹杂物进行粒度分级、形貌照相和电子探针定量成分分析。大样电解分析流程如图 5-50 所示。

C 大样电解设备

电解设备包括整流器（25 V，20A）、电解槽体、淘洗槽、还原磁选装置、体视显微镜、分级筛、称重天平和相机等。

D 大型夹杂物实例

铸坯中大型夹杂物形貌如图 5-51 所示，大型夹杂物主要为粒径较大的黄色不规则颗粒状晶体夹杂物，以及黄色球状夹杂，还有部分黄黑色夹杂。经大型夹杂物形貌及能谱分析可知，铸坯中含有大量不规则颗粒状夹杂及球状夹杂，其主要类型为 SiO_2 夹杂、Al_2O_3-

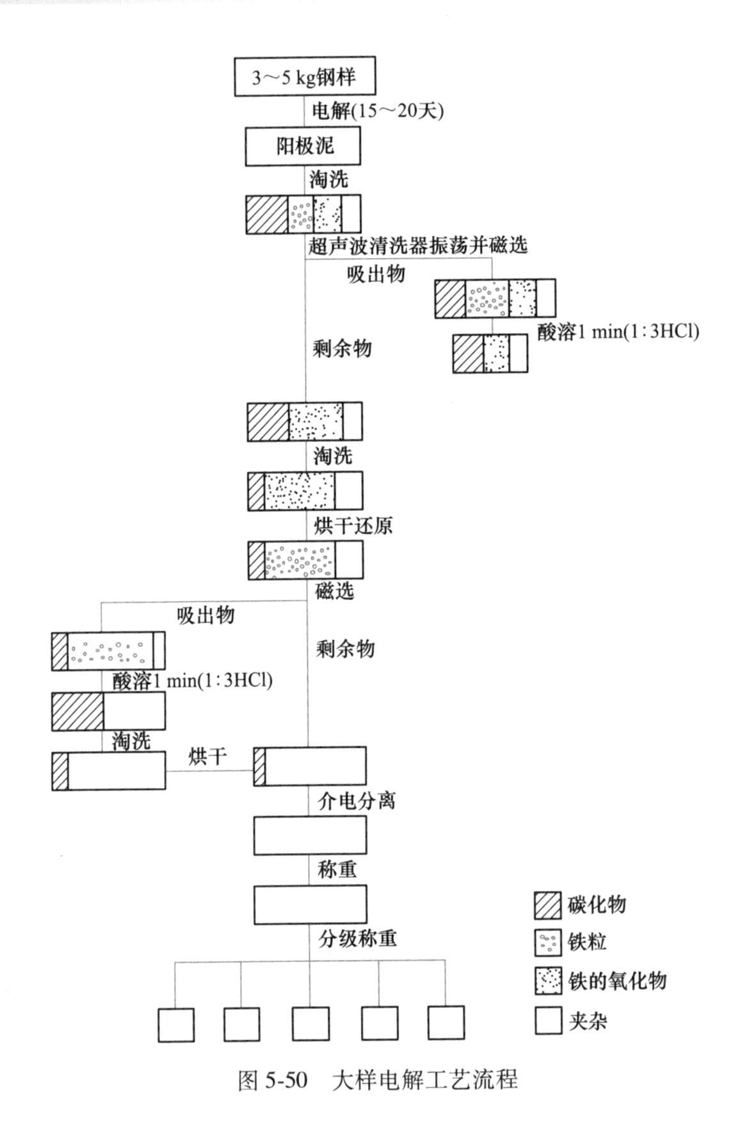

图 5-50 大样电解工艺流程

SiO_2-MnO 复合夹杂和 Al_2O_3-SiO_2-CaO 复合夹杂，主要是来自引流砂、脱氧产物碰撞形成的复合夹杂物，结晶器卷渣、少部分结晶器保护渣、中间包卷渣形成的夹杂物。

5.3.3.5 小样电解法

大样电解法在表征钢中的夹杂物方面逐渐成熟，然而其所需样品质量大，电解周期长，对于成本较高的高温合金钢不适用。因此，小样电解法开始被应用于成本较高且纯净度较高的高品质洁净钢中。

A 小样电解法特点

试样小，电解时间短。为了捕捉更多的大型夹杂物，试样尺寸小（样品为直径 15～20 mm、长度 120～150 mm 的圆柱），样重 1 kg 左右，电解时间为 8～10 h。

B 分析流程

小样电解主要用于分析钢中非金属氧化物夹杂。其分析流程主要包括电解、淘洗和分离。分离出夹杂物进行粒度分级、形貌照相和电子探针定量成分分析。小样电解分析流程

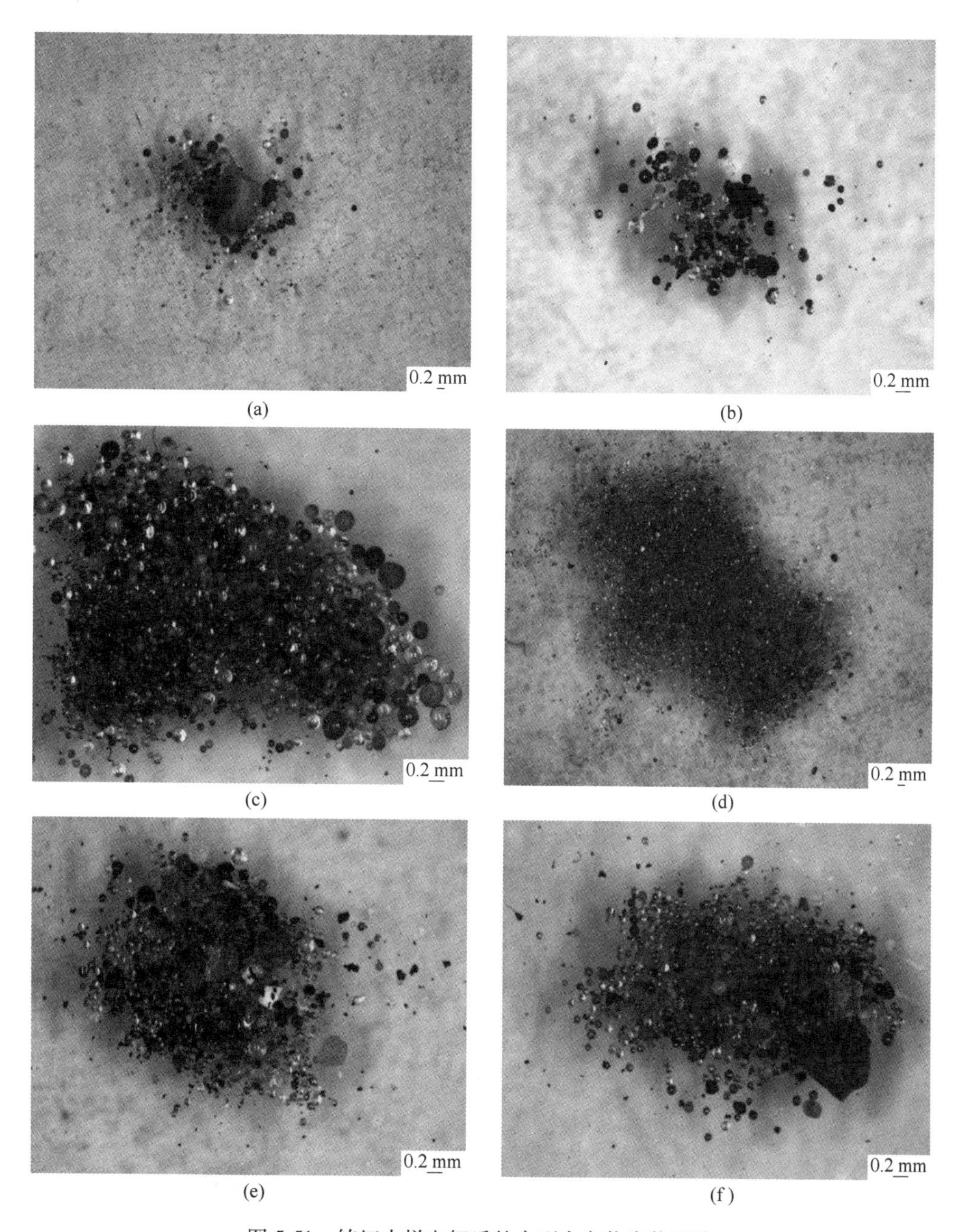

图 5-51　铸坯大样电解后的大型夹杂物实物照片

(a) 稳态 3 炉铸坯；(b) 稳态 4 炉铸坯；(c) 头坯；(d) 3、4 混浇坯；(e) 尾坯；(f) 4、5 混浇坯

如图 5-52 所示。

电解液配制：四甲基氯化铵 2 瓶，丙三醇 250 mL，三乙醇胺 250 mL，无水甲醇 4450 mL，四甲基氯化铵 25 g。

C　小样电解设备

小样电解设备主要包括低温控制箱、氮气瓶、直流电源、超声波清洗剂、电解槽。

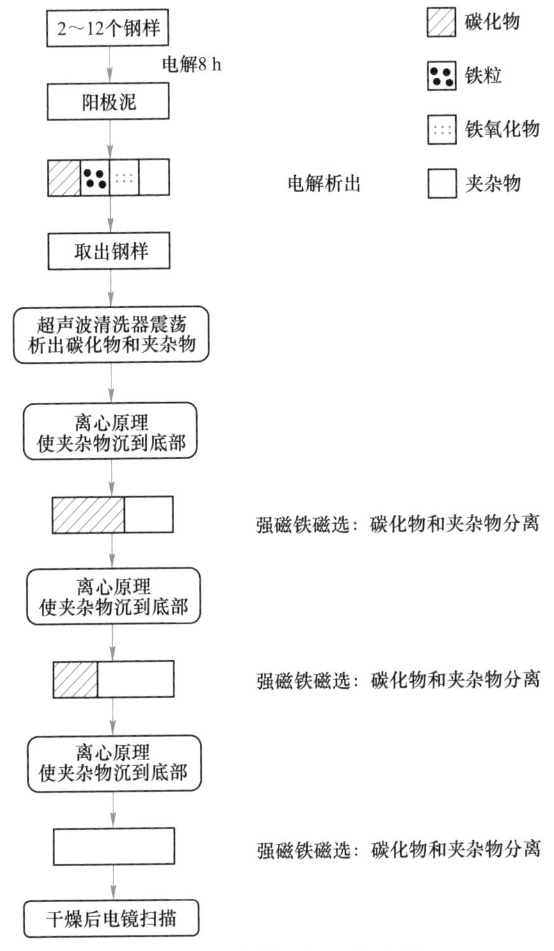

图 5-52　小样电解工艺流程

D　显微夹杂物实例

通过小样电解镁处理钢和高铝钢中夹杂物形貌相片如图 5-53 所示。

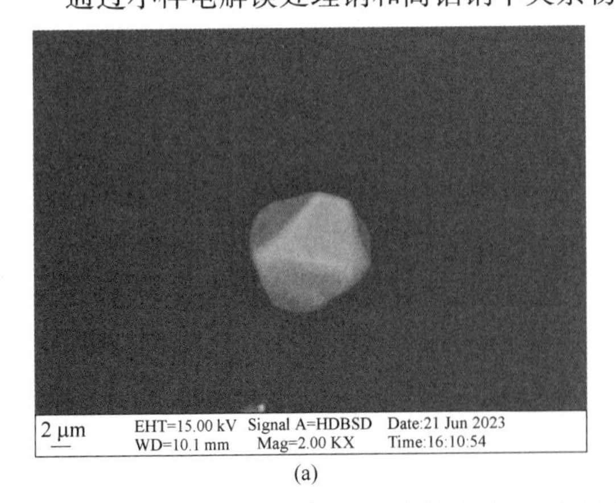

(a)

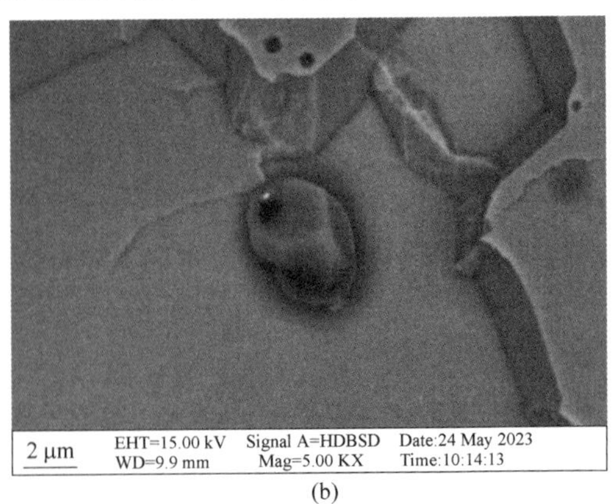

(b)

图 5-53　通过小样电解镁处理钢和高铝钢中夹杂物形貌

（a）MnS 面扫结果；（b）Al_2O_3-MnS 面扫结果

任务清单

<table>
<tr><th>项目名称</th><th>任务清单内容</th></tr>
<tr><td>任务情景</td><td>国内某钢铁企业炼钢厂生产的管线钢，在质量抽检过程中发现了如图 5-54 所示的夹杂物。
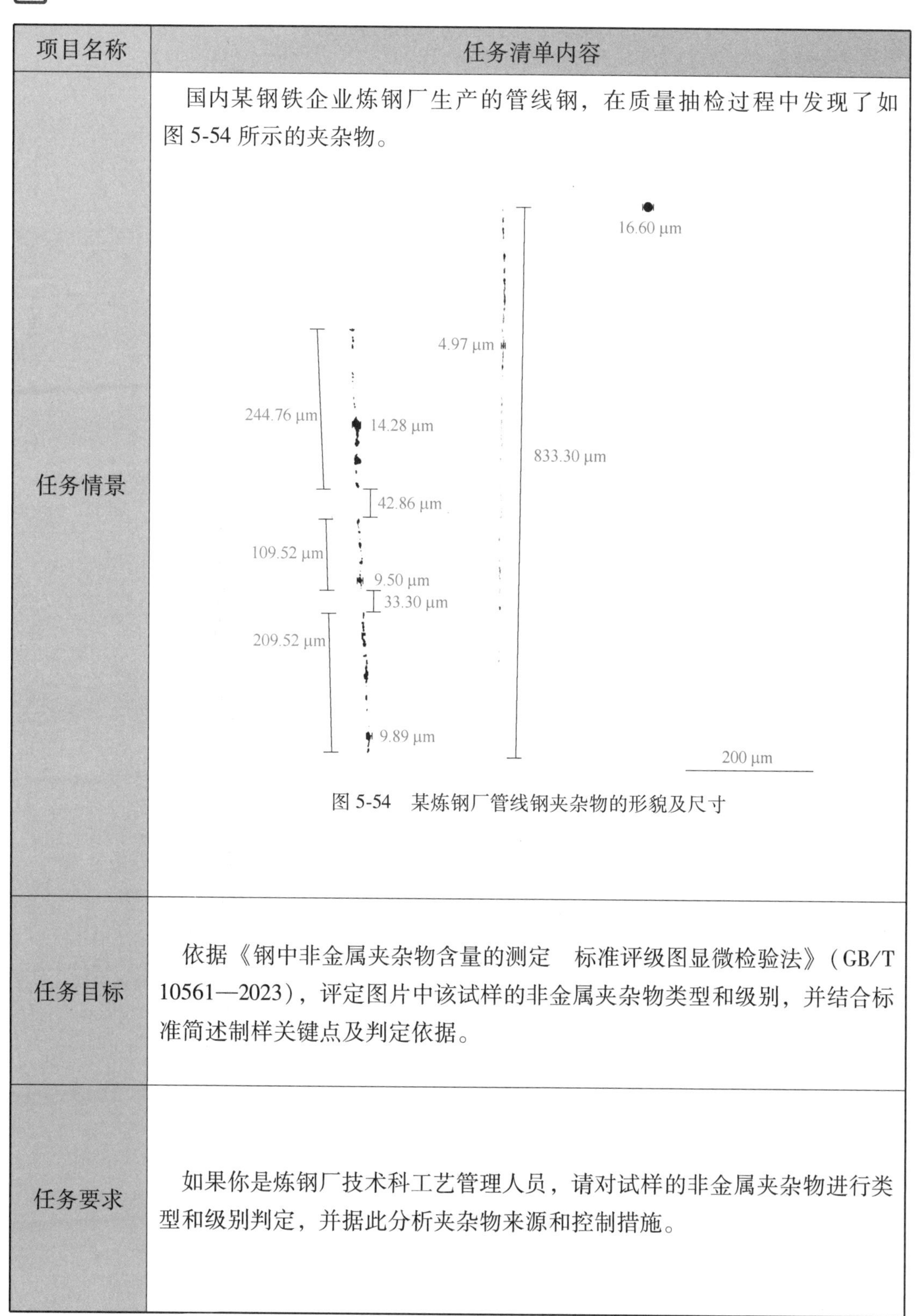

图 5-54　某炼钢厂管线钢夹杂物的形貌及尺寸</td></tr>
<tr><td>任务目标</td><td>依据《钢中非金属夹杂物含量的测定　标准评级图显微检验法》（GB/T 10561—2023），评定图片中该试样的非金属夹杂物类型和级别，并结合标准简述制样关键点及判定依据。</td></tr>
<tr><td>任务要求</td><td>如果你是炼钢厂技术科工艺管理人员，请对试样的非金属夹杂物进行类型和级别判定，并据此分析夹杂物来源和控制措施。</td></tr>
</table>

项目名称	任务清单内容
任务思考	（1）金相图片显示了几种不同类型的夹杂物？ （2）每一种夹杂物的类型如何判断，依据是什么？ （3）每一类夹杂物的级别如何判定？ （4）分析夹杂物可能来源。 （5）制定夹杂物优化控制工艺。

项目名称	任务清单内容
任务实施	
任务总结	通过完成上述任务，你学到了哪些知识，掌握了哪些技能?
实施人员	
任务点评	

做中学，学中做

请根据连铸钢板坯低倍组织缺陷评级图对图 5-55~图 5-60 低倍组织缺陷进行评级。

金相照片	类型	级别
200 μm 图 5-55　金相照片 1		

金相照片	类型	级别
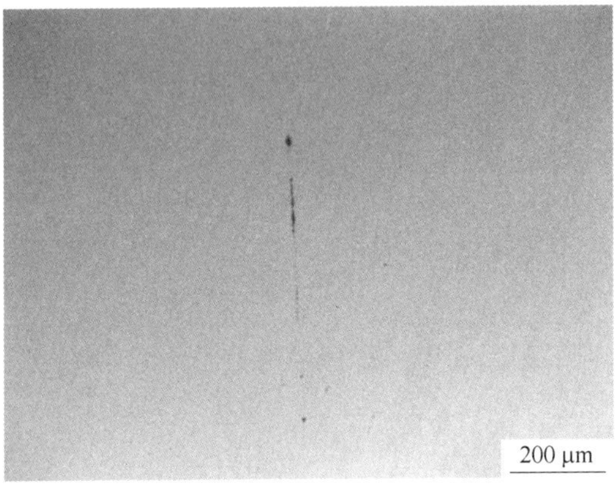 图 5-56 金相照片 2		
 图 5-57 金相照片 3		
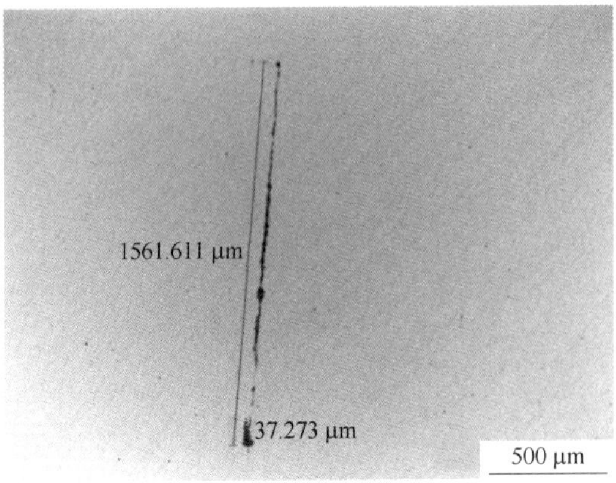 图 5-58 金相照片 4		

金相照片	类型	级别
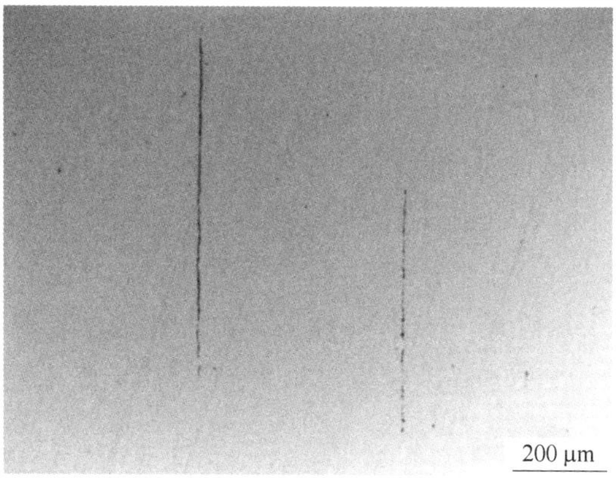 200 μm 图 5-59　金相照片 5		
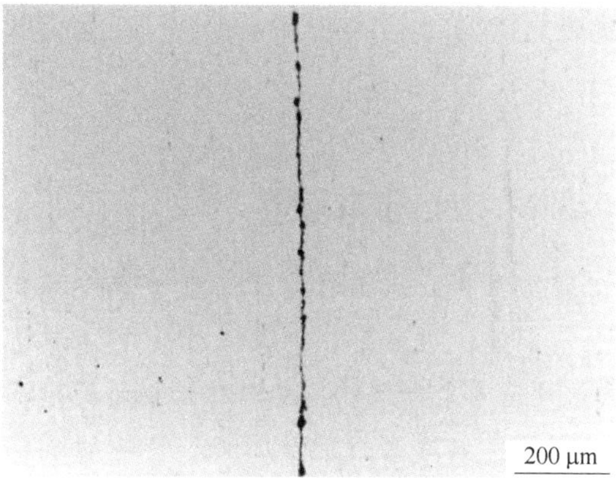 200 μm 图 5-60　金相照片 6		

问题研讨

轴承钢是重要的机械设备基础零件制造材料，在军工、航天、交通等领域应用广泛。随着制造业的飞速发展，机械设备的质量与服役时间都大幅度增长，这对轴承钢的疲劳寿命和质量的稳定性提出了更高的要求。轴承钢中的夹杂物容易从金属基体上剥落下来，是导致轴承早期疲劳剥落、轴承寿命显著降低的主要原因，严重影响轴承的使用寿命和可靠性，因此，必须降低轴承钢中的夹杂物含量。目前，轴承钢控制夹杂物的思路主要有两种：一种是铝强脱氧制备技术，钢中全氧含量越来越低，夹杂物数量越来越少，然而这种脱氧方式并不能消除尖晶石和钙铝酸盐等 DS 类大颗粒夹杂物；另一种是硅锰弱脱氧制备技术，可以有效解决 DS 类大颗粒夹杂物的问题，但是这种制备工艺生成的硅酸盐类夹杂物难以去除，钢中全氧含量较高，夹杂物数量多。因此，利用铁合金脱氧制备轴承钢，夹杂物去除难度大，去除不彻底，限制了高品质轴承钢质量的进一步提升。请思考：有没有更好的、创新的方法解决目前夹杂物控制的难题？

知识拓展

改善或消除铸坯宏观偏析及缩孔的技术手段主要有以下几种。

（1）为液相穴提供等轴晶形成的条件。低过热度浇注技术（中间包感应加热）和电磁搅拌技术（结晶器电磁搅拌），提供宽的中心等轴晶区。

（2）改善凝固末期钢液的补缩条件。连铸末端强冷技术（适应于160 mm^2断面以下小方坯）及末端电磁搅拌（目前广泛使用）。

（3）补偿铸坯凝固末端的收缩。凝固末端轻压下技术（板坯和大方坯应用较普遍）、大压下量控制技术（目前大方坯广泛使用，小方坯使用较少）以及重压下技术（大方坯使用较少）。

（4）改善中高碳钢宏观偏析及缩孔的常用及合理手段。

大方坯："结晶器电磁搅拌+凝固末端电磁搅拌+轻压下技术"。

小方坯："结晶器电磁搅拌+凝固末端电磁搅拌"。

钢铁材料

攻克电力行业的"芯片"——取向硅钢

芯片对于手机、电脑这些电子产品来说非常重要。能源行业里也有一种类似于"芯片"的钢铁材料——高等级取向硅钢。

晶粒是有方向性的，取向硅钢晶粒方向排列基本是一致的，就像把一把芝麻撒在桌子上面，芝麻的尾巴都朝着一个方向。取向硅钢的定向导磁性能非常好，传输的效率非常高。变压器的"心脏"部分就是用的取向硅钢，以提升能效、降低电力输配过程中的损耗。

硅钢也被称为钢铁皇冠上的明珠。高等级取向硅钢是电力传输中必备的尖端功能材料。它的制造工艺复杂，我国过去很长时间都无法独立自主地生产。

2008年以前，变压器用的硅钢主要是被海外供应商垄断。对于国内的变压器生产企业来说，进口硅钢供应非常紧张、成本也很高，这个难题如果不突破，不仅钢铁工业的综合技术水平无法提升，而且下游电力行业的发展也会受到影响。我国西部的电能通过一级一级变电站向东输送时，会产生20%~50%的能量损耗，降低电力输送损耗关键就在于变压器的核心材料——取向硅钢。它可以说是电力行业的"芯片"，也是全球钢铁行业封锁最严密的一项技术。

20世纪90年代，我国正式启动三峡电站等一批大型水电工程，电力行业对取向硅钢的需求急剧增长。而此时，进口取向硅钢价格暴涨，单次提价高达每吨1000美元，且限量供应。我国电力发展与安全受制于人，国内高等级取向硅钢的突破迫在眉睫。

取向硅钢制造流程复杂，有上千个关键工艺节点，是钢铁产品制造难度最大的品种之一。普通钢材历经的是"千锤百炼"，而取向硅钢还要"精雕细琢"。从无到有，技术难点需要一一攻克。关键工艺参数不能来自实验室，必须从生产线真实试验中获得，每一次试验需要使用 300 t 原料。

宝武集团研发人员历时十年，突破核心技术，最终实现了最高等级所有厚度规格取向硅钢产品的全覆盖，达到世界领先水平。在西电东送等国家重大工程中，宝武集团生产的取向硅钢大量应用在变压器上，取向硅钢每提高一个牌号，一年就可以节约大概一个三峡的发电量。

宝武取得了高等级取向硅钢自主研发的成功，实现在这一领域从无到有的跨越，从“受制于人”到“实现超越”。宝武很快把产品投入昌吉、古泉等国家重大工程建设中，迅速达成了与保变电气、特变电工和西电西变等行业排头兵企业的合作。

宝武取向硅钢为变压器装上了“中国芯”。在白鹤滩水电站建设项目中，取向硅钢主要用于核心发电机组，能够保障水电站高效发电以及清洁能源稳定输出。近年来，宝武硅钢的产量已经稳居世界第一，有力支撑了我国特高压输电技术和装备产业链的“走出去”，出口产品到 38 个国家和地区，海外用户达到了 200 余家。

据测算，如果我国在网运行的变压器都采用宝武新型取向硅钢产品制造，每年可节约电耗大约 870 亿千瓦时，超过白鹤滩水电站一年的发电量，相当于每年减少二氧化碳排放约 8670 万吨。

能量加油站

党的二十大报告原文学习：新时代的伟大成就是党和人民一道拼出来、干出来、奋斗出来的！

全国劳模荣彦明：作为首钢京唐公司的一名精轧操作工，轧最好的钢，以自己的技能报国，是荣彦明矢志不渝的追求。2008 年，荣彦明从河北工业职业技术大学（原河北工业职业技术学院）毕业，十余年的时光转瞬而过，当时的年轻人变成了坐在操控台前的“老师傅”。与轧机生产线朝夕相伴的时光，淡去了最初的兴奋与惶恐，化成一座座奖杯、一项项荣誉——

22 岁被评为首钢京唐公司“青年创新标兵”；

25 岁获得“首钢技术能手”称号；

27 岁当上“首钢劳动模范”；

28 岁成了“北京市劳动模范”；

33 岁当选“全国劳动模范”；

35 岁代表钢铁人站在了北京国家体育场的中央……

面对光灿灿却又沉甸甸的荣誉，荣彦明深有感触：“毕业参加工作，恰逢其时，正赶上首钢搬迁调整、走出北京，成为京津冀协同发展的先锋队。首钢京唐公司是渤海湾的一颗明珠，被业界专家称为中国钢铁工业的梦工厂。要在这里体现人生价值，岗位圆梦，就要苦心志、劳筋骨，长本领、精操作，赶先进、超先进，轧出最好的钢。”

懂行的人都知道，浇铸好的钢坯通常有 230 mm 厚，通过粗轧轧到 29 ~ 60 mm，精轧工再将粗轧后的钢进一步轧制到25.4 mm以下的厚度。基于此，业内人士有个共识，热轧生产有两难：一厚一薄，都是难啃的“硬骨头”。轧厚板材，表层和中部金属结构组织难均匀；轧薄板材，板形难控易轧废。

中石油中俄东线X80管线钢，厚度为21.4 mm，技术参数十分苛刻，需要在-30 ℃以下的环境里进行落锤冲击实验，要求冲击力为4500 t时不发生脆裂。生产操作中，荣彦明严格控制精轧入口板坯温度，细致调整，使轧制力、电流等达到设备设计的最佳极限值，轧制的板材内外部金属结构组织均匀，达到了国内先进水平。

某薄规格防爆钢，厚度仅1.6 mm，宽度却达到1175 mm——宽厚比越大，轧制时板坯越容易跑偏，轧制的精准度越难控制。荣彦明和团队成员通过控制板坯头、板坯尾温度，采用快冷技术、增大变形抗力等组合拳，避免了板材轧制跑偏、起浪、甩尾和堆钢等问题，轧制实验一举成功，填补了国内同型号热轧产品生产的空白。

工作越久，荣彦明在同事间的名声越响亮，哪里有难轧的钢，哪里就有荣彦明的身影。他的技能也越来越精湛，高强度汽车用钢、集装箱板、汽车外板等多种规格产品的首次亮相，都出自他的手，有的产品还拿下中国冶金钢铁企业特优质量奖。

在荣彦明的信念里，不仅要轧出最好的钢，而且还要轧好每一块钢，挑好每一个重担。

马口铁冷轧板薄如蝉翼，用于制作可口可乐等饮料易拉罐，被世界冶金业内人士誉为“钢铁之花”。该产品对板面质量要求十分严格，哪怕出现针尖大的细眼，厂家都要退货罚款。这个任务交到了2250热轧生产线上，几经努力，生产团队将成材率逐步稳定在了98%左右。成材率攀升到98%，已是国内先进水平，再往上提升，就像在优秀运动员100 m冲刺成绩上再提高0.1 s，难度可想而知。在荣彦明和团队成员的共同努力下，轧制薄规格马口铁冷轧基料的操作日渐精进，成品卷轧废率、质量缺陷率、客户不满度等锐减，成材率再次爬坡上升0.29%，每年可增加效益1260万元，达到国内钢厂领先水平。

十四年如一日，荣彦明一直在不懈努力，就像他在冬奥会开幕式中做的那样，在追逐用科技创新点燃首钢高质量发展引擎的钢铁梦，实现中华民族伟大复兴的道路上，一定有他手中传递出去的一份力量。

模块 6　连铸工艺虚拟仿真实训

学习目标

知识目标：

（1）直观理解连铸机主要装备组成及功能；

（2）重点掌握结晶器、拉矫机等关键连铸装备的组成及其运行特点；

（3）熟悉连铸生产操作流程；

（4）掌握连铸过程控制操作流程；

（5）掌握冷却、压下等外场冶金技术的调控机理。

技能目标：

（1）能够利用虚拟仿真系统进行连铸板坯的生产操作及工艺控制；

（2）能够利用虚拟仿真实训平台组装和拆解连铸主体设备；

（3）能够利用虚拟仿真实训平台进行连铸生产过程操作；

（4）能够利用虚拟仿真实训平台进行连铸过程控制操作。

素质目标：

（1）培养学生知识应用能力、综合实践能力、思维判断与分析能力；

（2）培养学生安全意识、创新精神、科学严谨的工作态度；

（3）树立学生的专业自信心与自豪感。

视频　连铸板坯虚拟仿真操作视频

任务 6.1　连铸板坯虚拟仿真实训

知识准备

板坯连铸操作流程如图 6-1 所示。

下面以 SPHC 钢种为例，说明板坯连铸操作。

进入仿真程序。点击“板坯连铸虚拟仿真平台——仿真操作系统”进入图 6-2 所示界面。

点击“送引锭模式”弹出“送引锭模式选择前提条件”，如图 6-3 所示。

润滑、液压等条件不满足需要到指定的页面操作，激活条件。

“液压系统”操作。如图 6-4 所示，“机旁/远程”按钮选择“远程”，点击“自动启动”，连铸机液压系

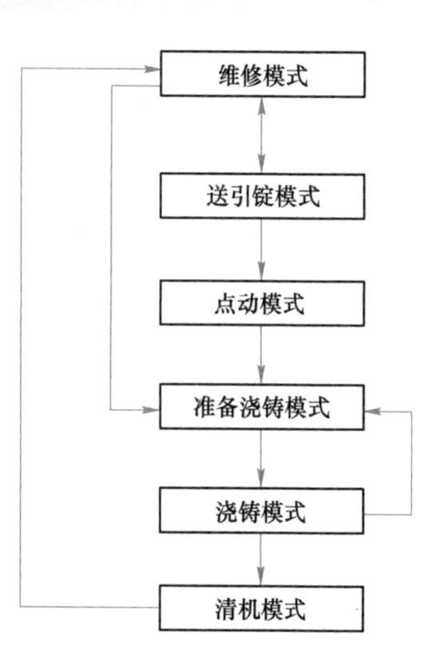

图 6-1　板坯连铸虚拟仿真操作流程

统即可自动打开。

“调宽控制”操作。结晶器调宽系统控制界面用于对板坯厚度、宽度、锥度设定调节等相关联设备实施详细监视控制，如图 6-5 所示。

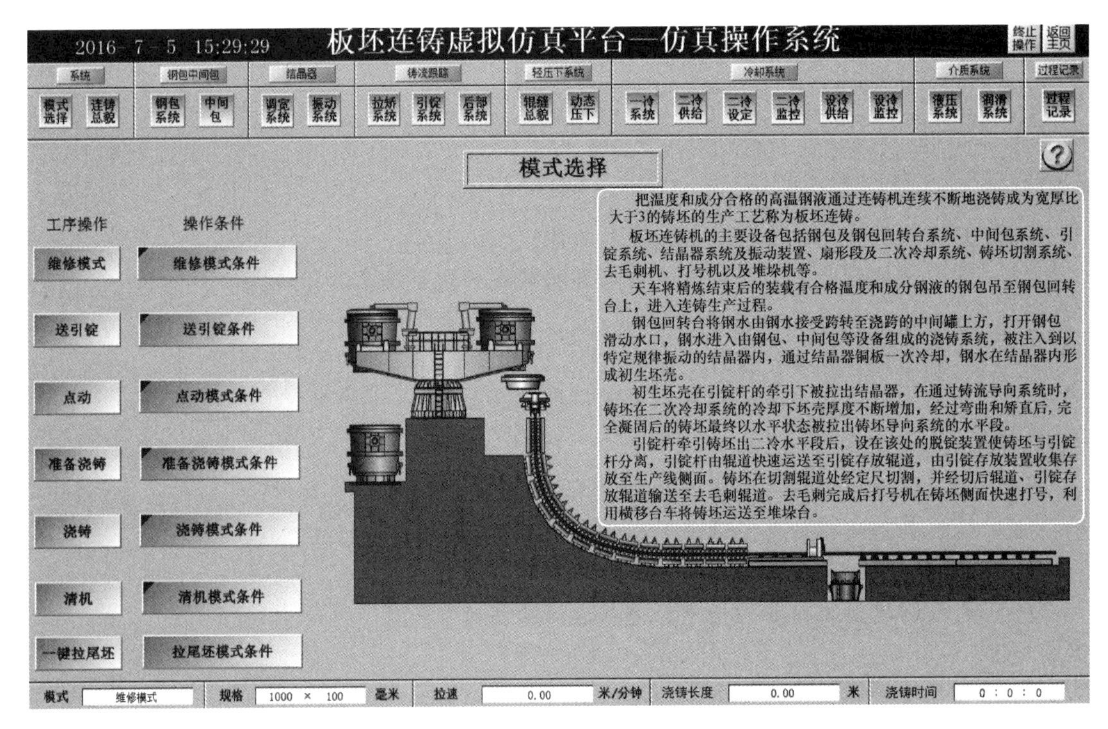

图 6-2 模式选择

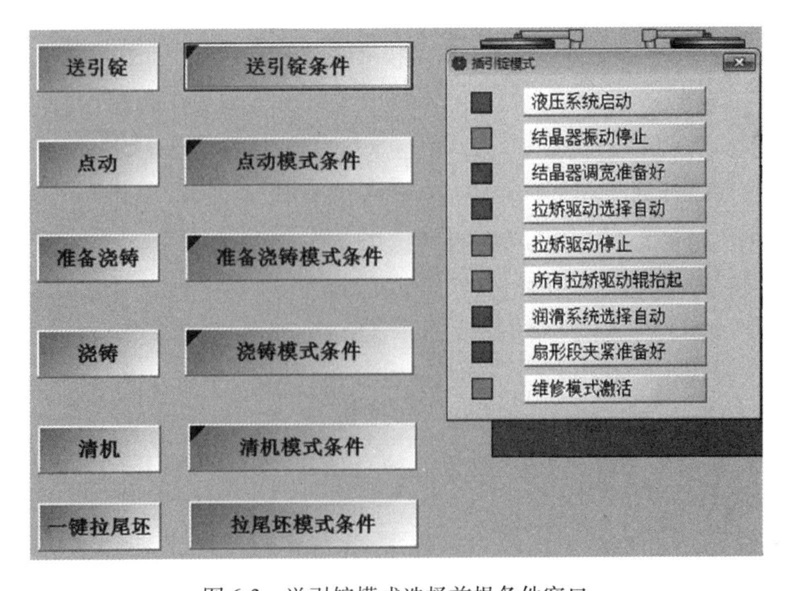

图 6-3 送引锭模式选择前提条件窗口

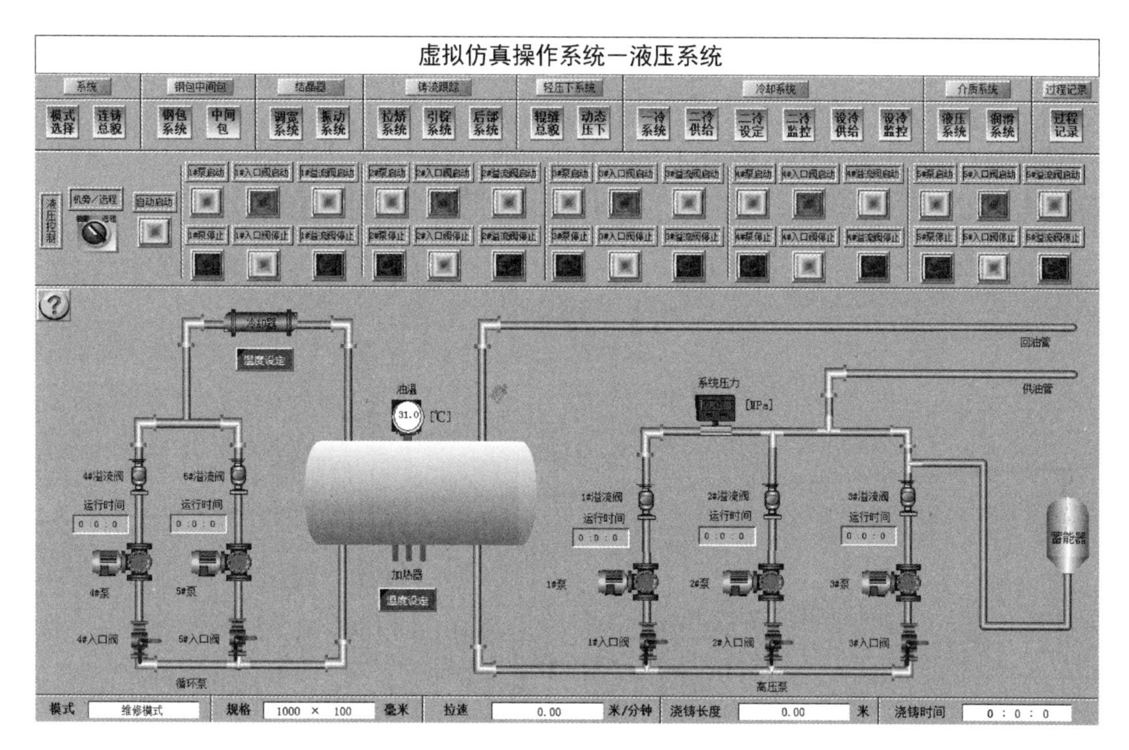

图 6-4 液压系统操作页面

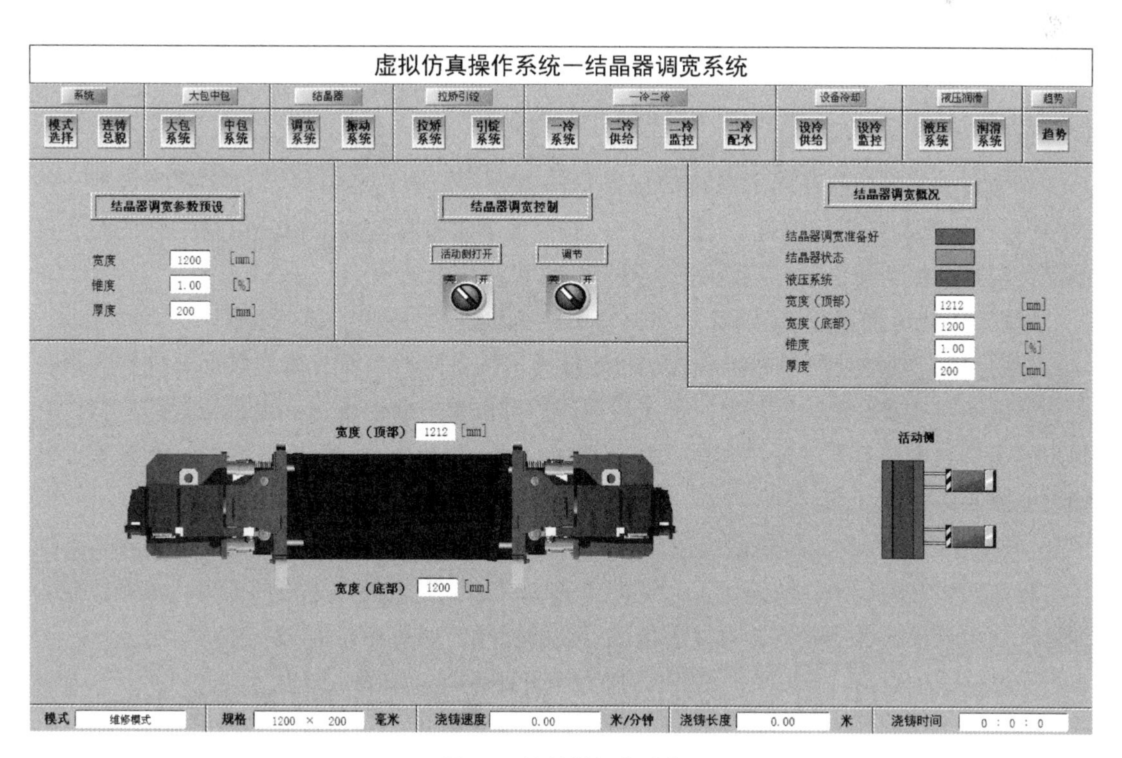

图 6-5 结晶器调宽系统

操作顺序是：当液压系统准备好时，在界面中间“结晶器调宽控制”窗口依次点击结晶器“活动侧打开”“调节”按钮（见图 6-6），结晶器将执行相应的调节至所设定的规格值。

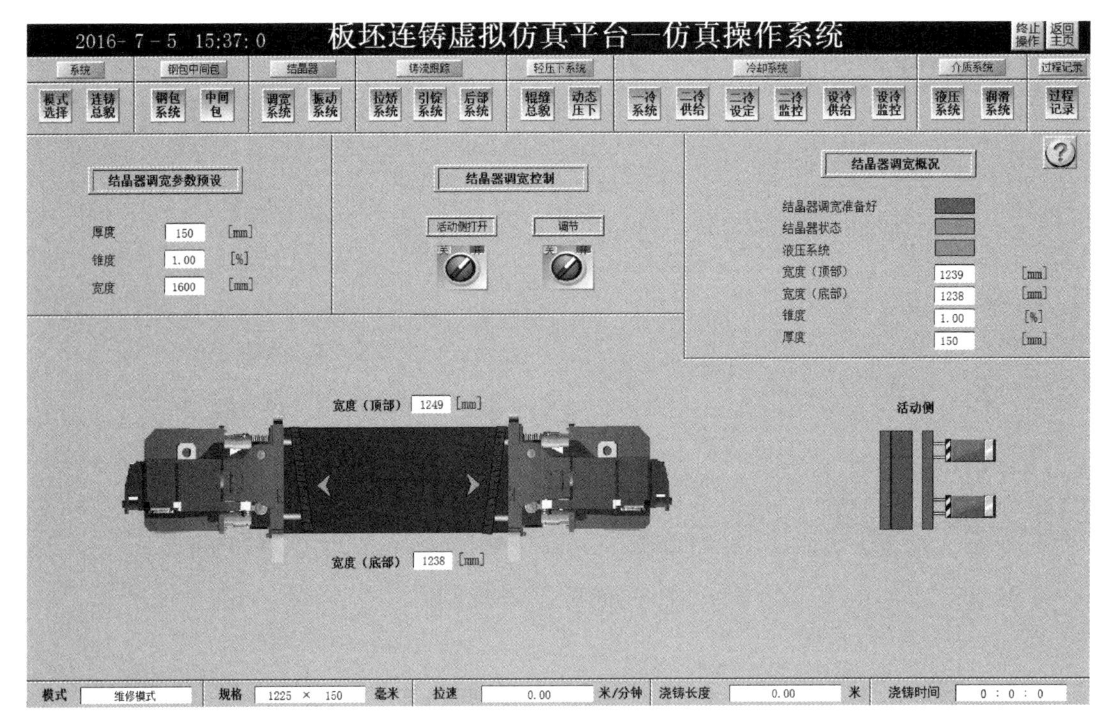

图 6-6 结晶器调宽操作

界面右上部为结晶器调宽系统信息显示，“结晶器调宽准备好”“结晶器状态”及“液压系统”相应方框为绿色，表示正常；红色表示未准备好或故障。值得注意的是，在结晶器调宽动作期间，“结晶器状态”显示为红色。

“润滑控制”操作。如图 6-7 所示，在“机旁/远程”按钮，选择远程。

“扇形段”操作。在“连铸总貌”中，浇铸前准备阶段，所有扇形段都要处在夹紧位置，如果不在夹紧位置，就需要对其进行操作。点击相应扇形段，弹出相应操作窗口，在弹出的窗口点击灰色下三角“夹紧”按钮即可（见图 6-8），也可以选择“一键夹紧”按钮，如图 6-9 所示。

“拉矫系统”操作。拉桥系统选择远程，如图 6-10 所示。

现在插引锭模式条件都满足了，点击“送引锭条件”前的灰色矩形框后，矩形框变为绿色，表示该模式已经选择，可以进行送引锭的操作，如图 6-11 所示。

左侧模式中点击“送引锭”按钮，进入送引锭界面，如图 6-12 所示。

引锭系统控制界面用于对连铸机实施传送引锭作业等相关联设备实施详细监视控制。浇铸前需要将引锭系统选择为“远程”模式。

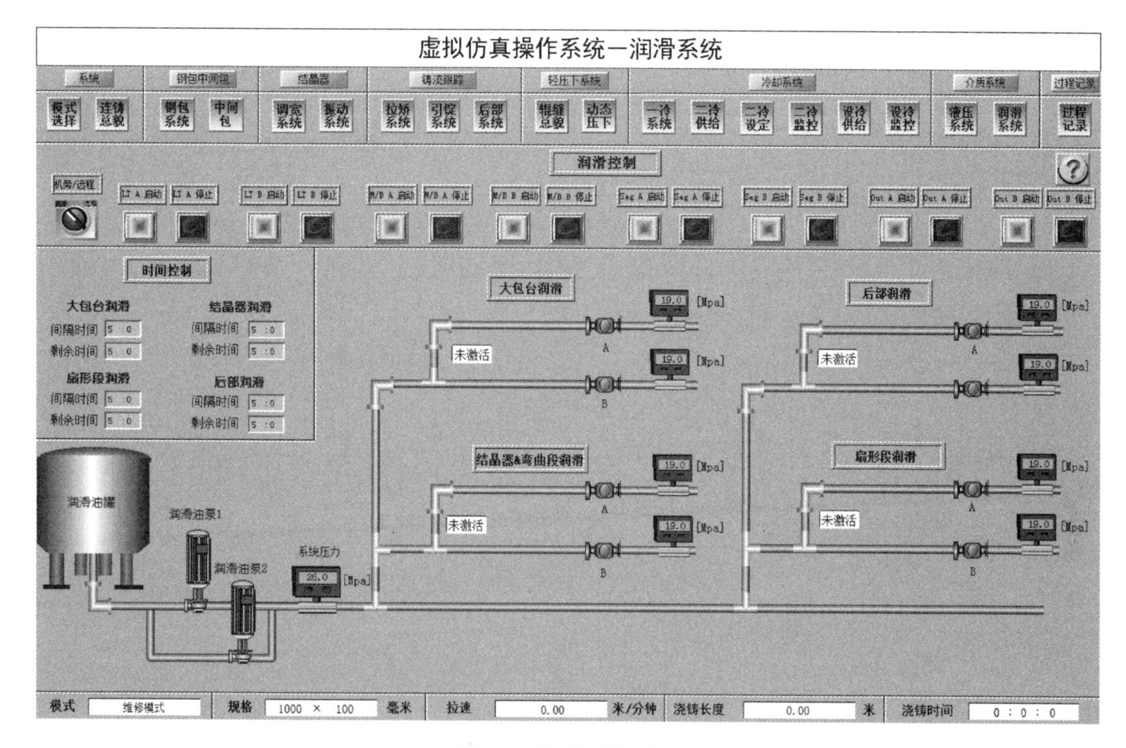

图 6-7　润滑系统界面

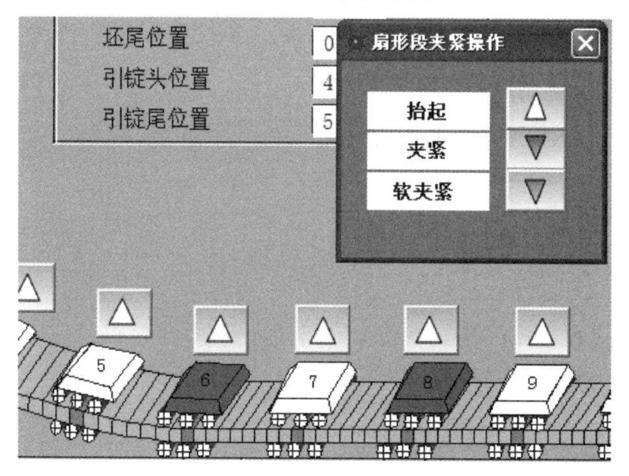

图 6-8　扇形段夹紧操作

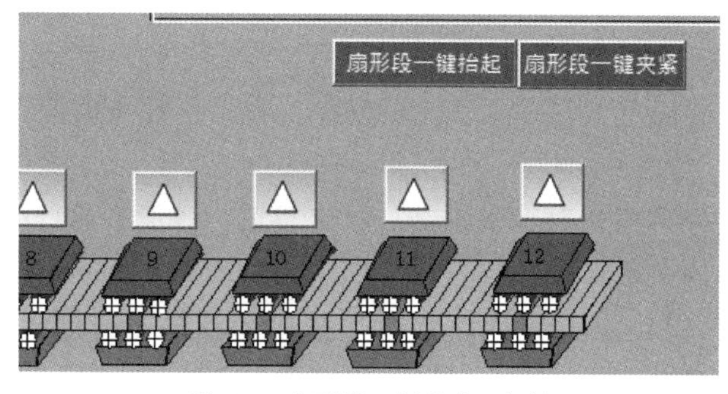

图 6-9　扇形段一键抬起/夹紧

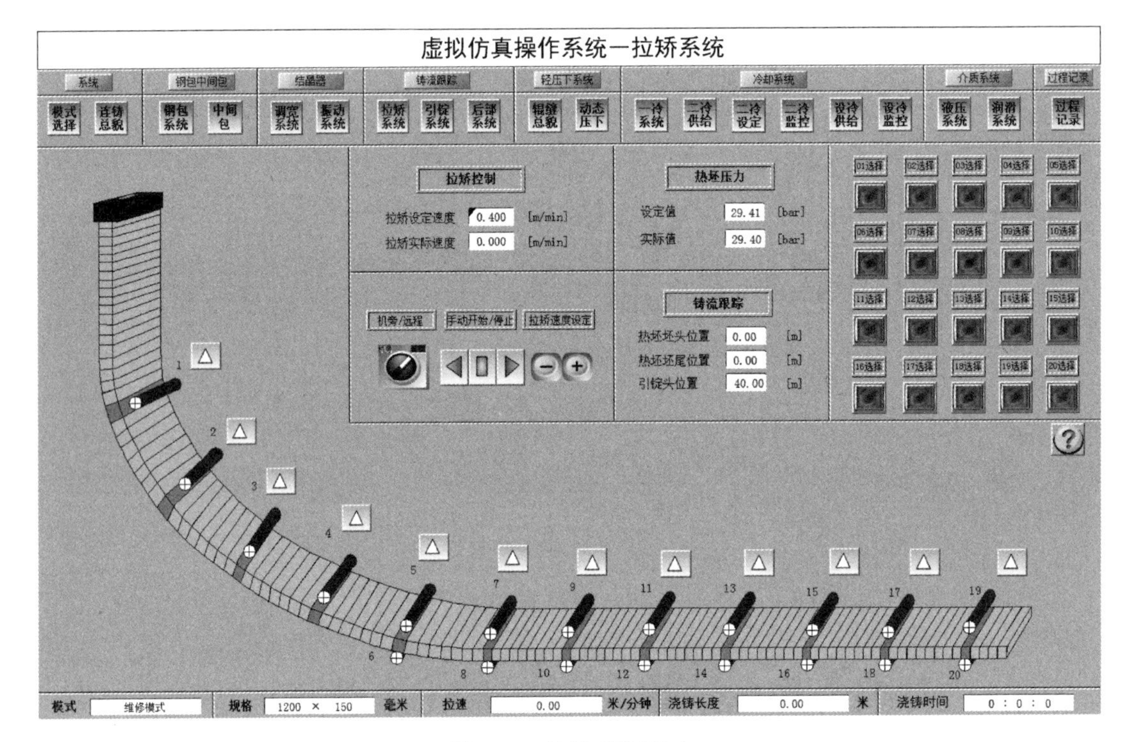

图 6-10 拉矫系统界面

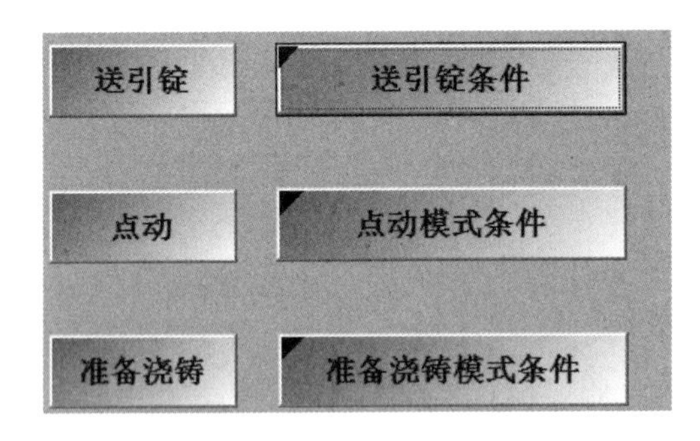

图 6-11 送引锭模式已选择

在界面相应窗口点击“机旁/远程”按钮，引锭系统分别处于不同的控制模式下。

（1）在远程模式下，选择“送引锭模式”后，点击“自动启动”按钮，引锭自动进行下装引锭动作。在界面左上方有“引锭尾位置”和“引锭头位置”显示。引锭头位置在 0~40 m 范围内。

（2）在机旁模式下，可以对“引锭链”和“辊道”等设备进行单独控制，点击相应按钮，进行相应设备的手动控制。

在“引锭控制”操作点击“自动启动”按钮，引锭链进行下装操作，如图 6-13 所示。

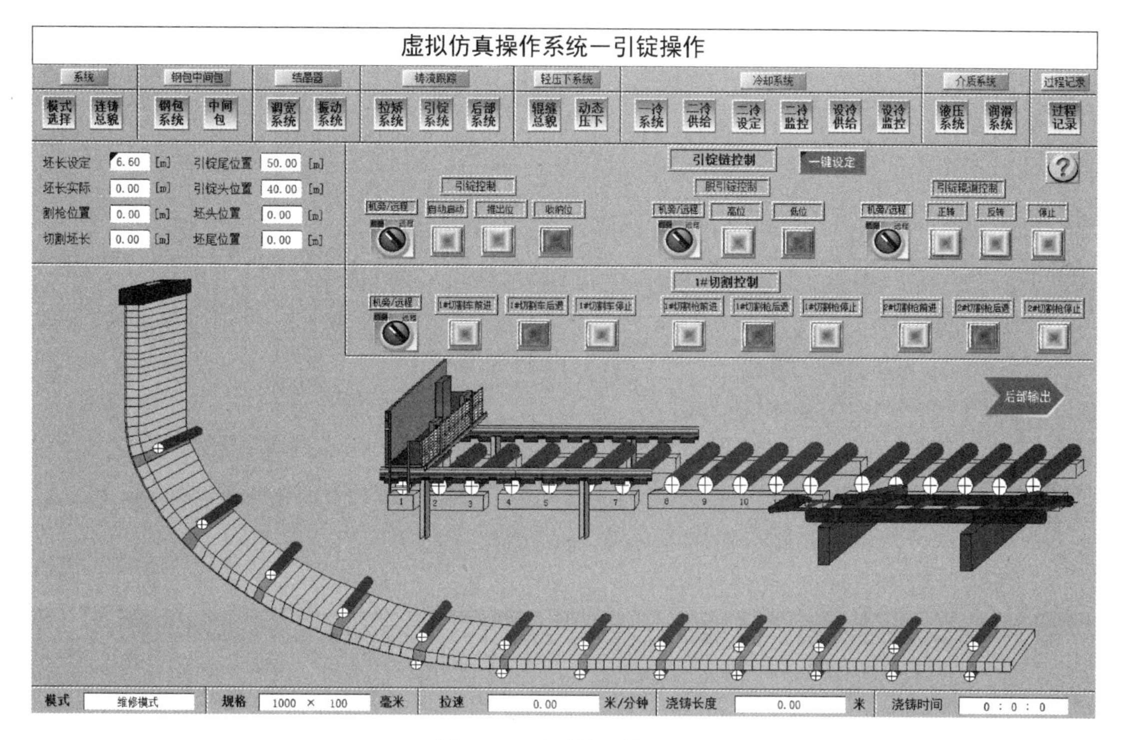

图 6-12　送引锭系统界面

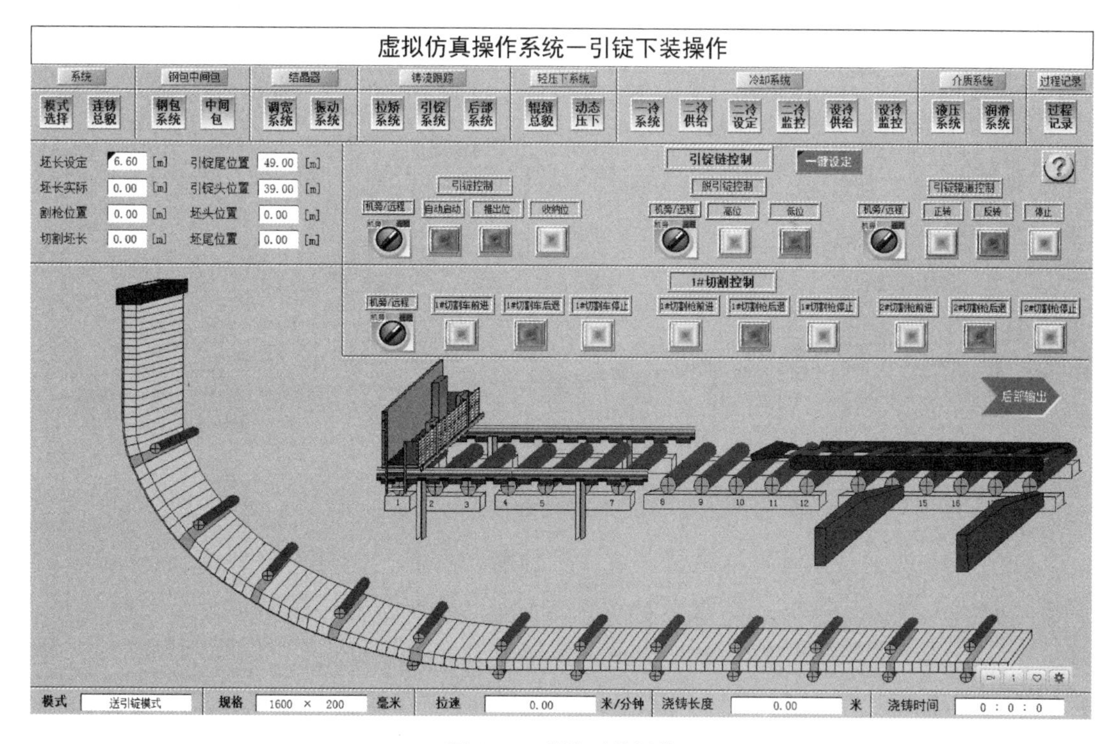

图 6-13　引锭下装操作

当引锭头运行到结晶器底部大约 1 m 时，拉矫自动停止，准备进入点动模式，如图 6-14 所示。

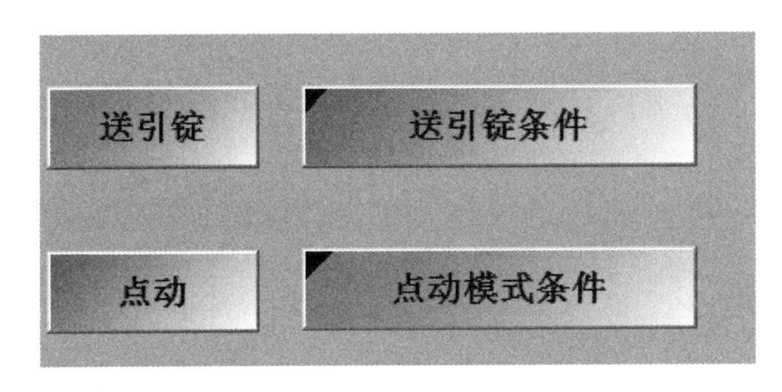

图 6-14 点动模式具备条件

点击“点动”按钮，进入“拉矫系统”，如图 6-15 所示。

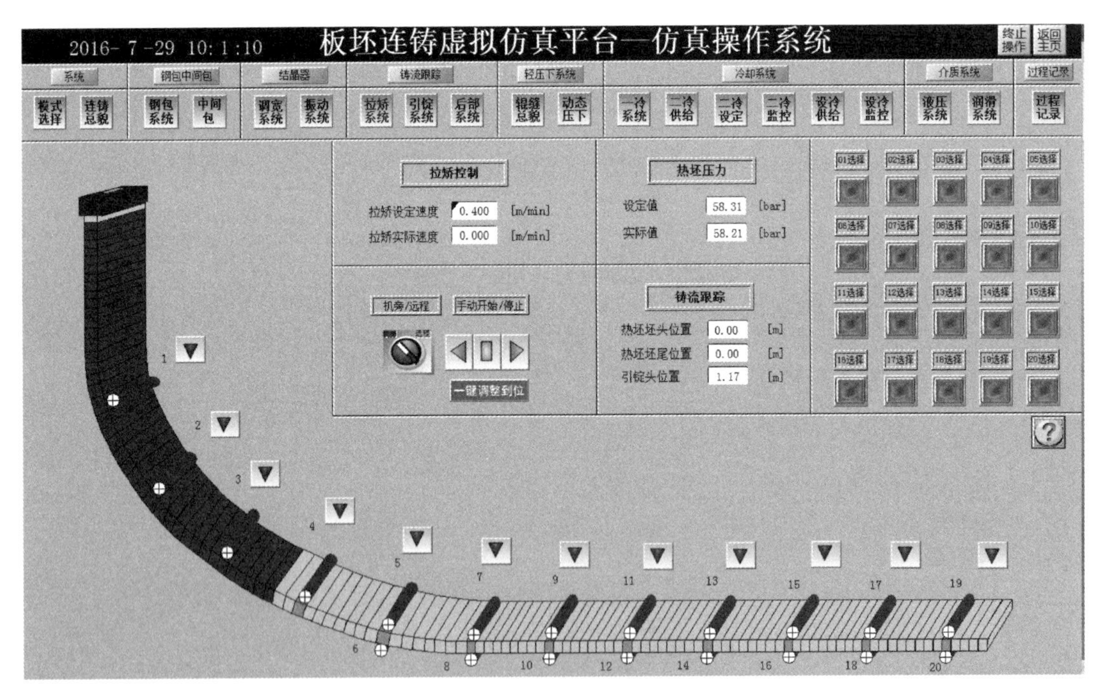

图 6-15 拉矫系统界面

如图 6-16 所示，系统可以进行一键设定功能，点击“一键调整到位”，系统将引锭送到最佳位置，并显示“引锭点动调整到位”。也可以手动控制，按下左向三角，拉矫速度将以一定的速度上引锭，待引锭头位置在 0.40 m 左右，引锭调整到位，释放按钮。

当引锭点动调整就绪后，返回“模式选择”界面，点击“准备浇铸模式条件”按钮，如图 6-17 所示。

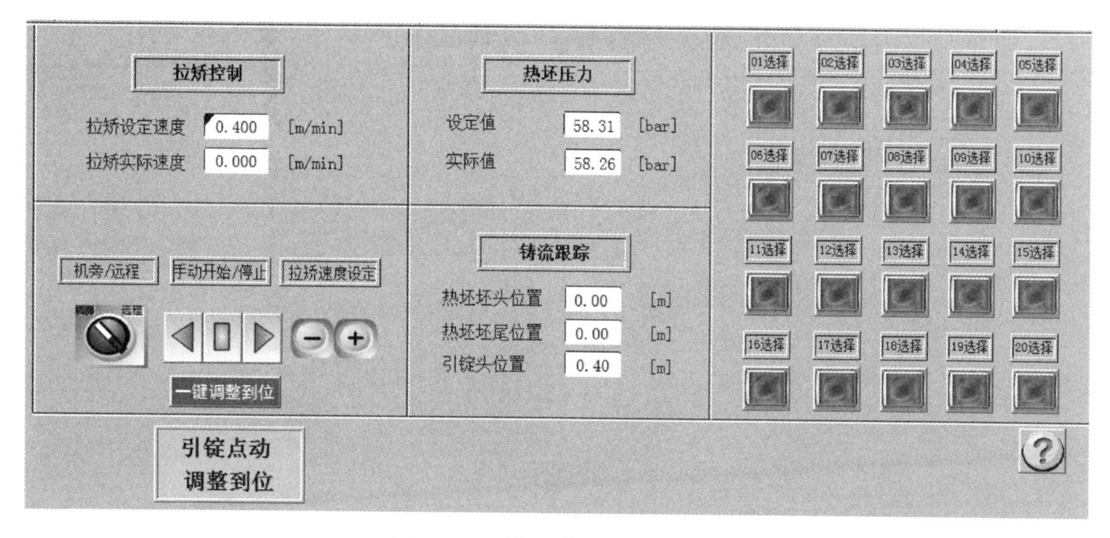

图 6-16　引锭一键调整到位界面

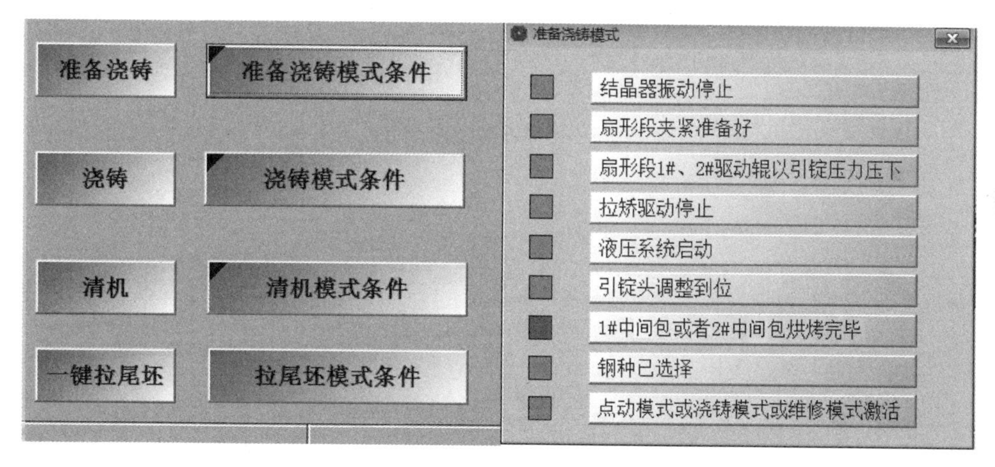

图 6-17　准备浇铸模式

“中间包系统”操作。中间包烘烤系统控制界面（见图 6-18）用于对中间包、中间包车行走等设备以及中间包烘烤等相关联设备实施详细监视控制。浇铸前需要将中间包进行烘烤，烘烤到所需温度后，抬起烘烤器，将中间包车开到结晶器位。

通过各自中间包车行走操作台，可实施中间包车的行走作业。当中间包车在预热位时，点击各自中间包烘烤器“上升/下降”及“预热关/开”等操作按钮，可实现中间包烘烤器升降、对中间包预热烘烤等功能。中间包烘烤至 1035 ℃，烘烤自动停止，禁止继续烘烤。

中间包联锁条件为：一台中间包车处于预热位，另一台中间包车方可向浇铸位方向行走；中间包车处于预热位，烘烤器方可降下烘烤；液压工作后，中间包车方能行走。

烘烤完毕后，将中间包车开到结晶器位，如图 6-19 所示。

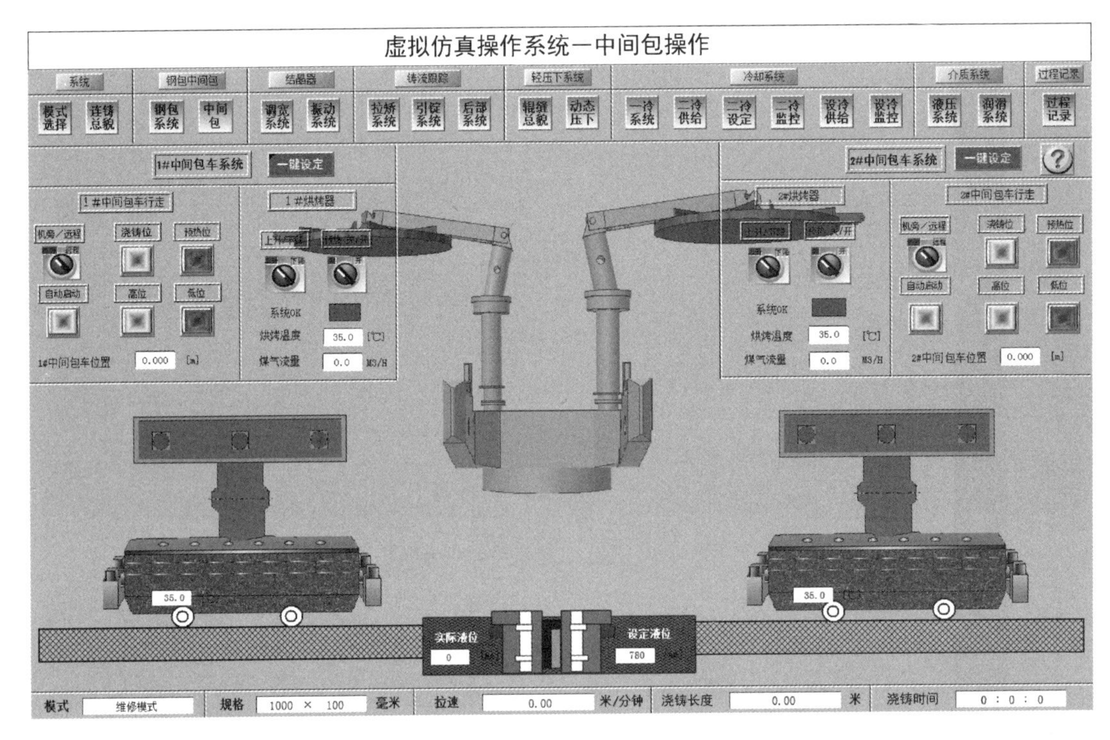

图 6-18 中间包操作界面

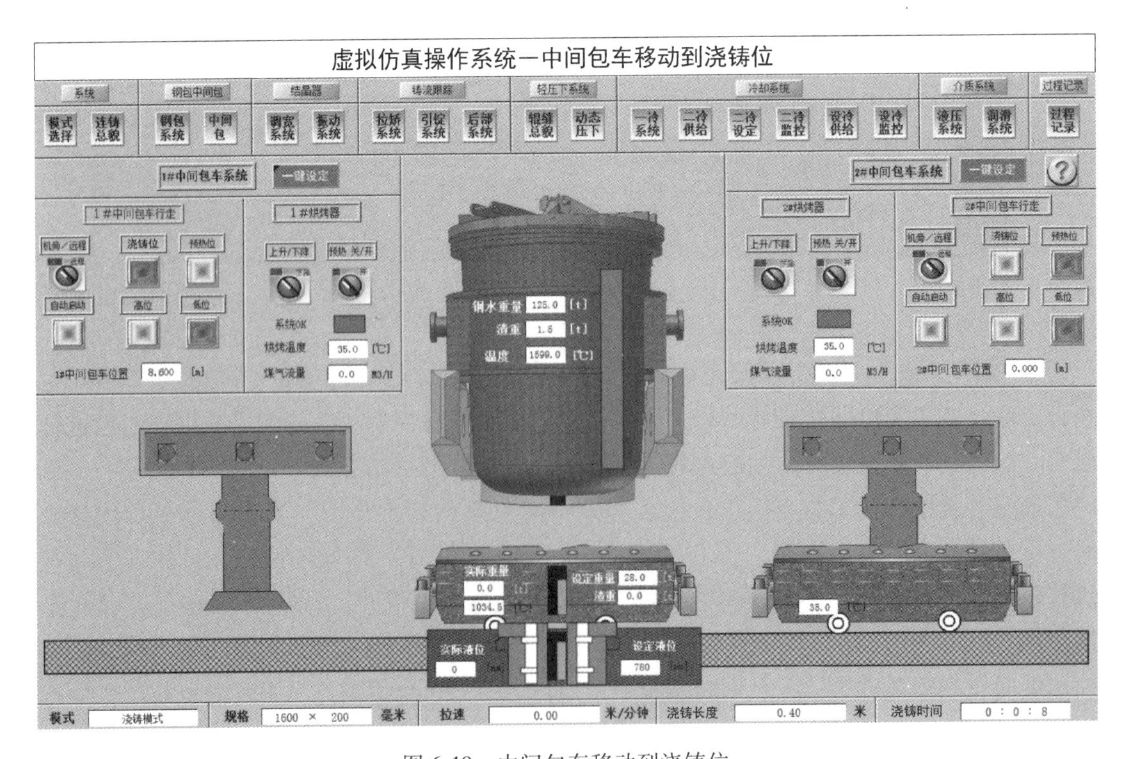

图 6-19 中间包车移动到浇铸位

中间包车加热过程可以选择一键设定功能，如图 6-20 所示。

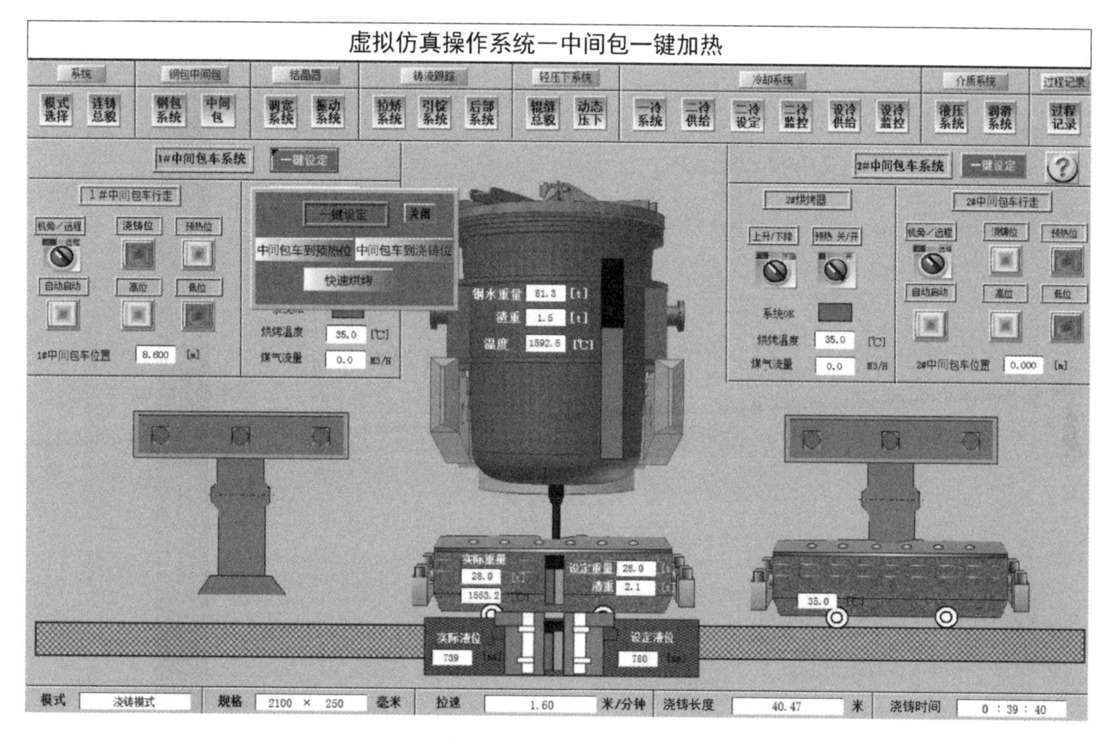

图 6-20　中间包一键加热

当中间包烘烤完毕并走到浇铸位后，返回“模式选择”界面，此时具备了“准备浇铸模式条件”，如图 6-21 所示，点击“准备浇铸”按钮，此按钮变绿表示选中。

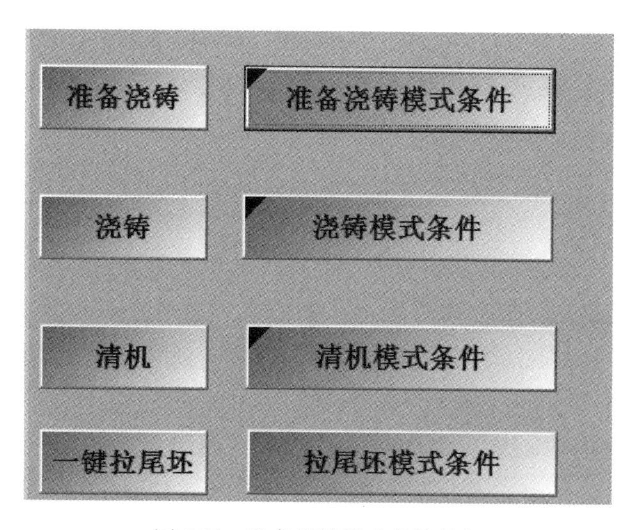

图 6-21　准备浇铸模式条件具备

点击“浇铸模式条件”，弹出如图 6-22 所示窗口。

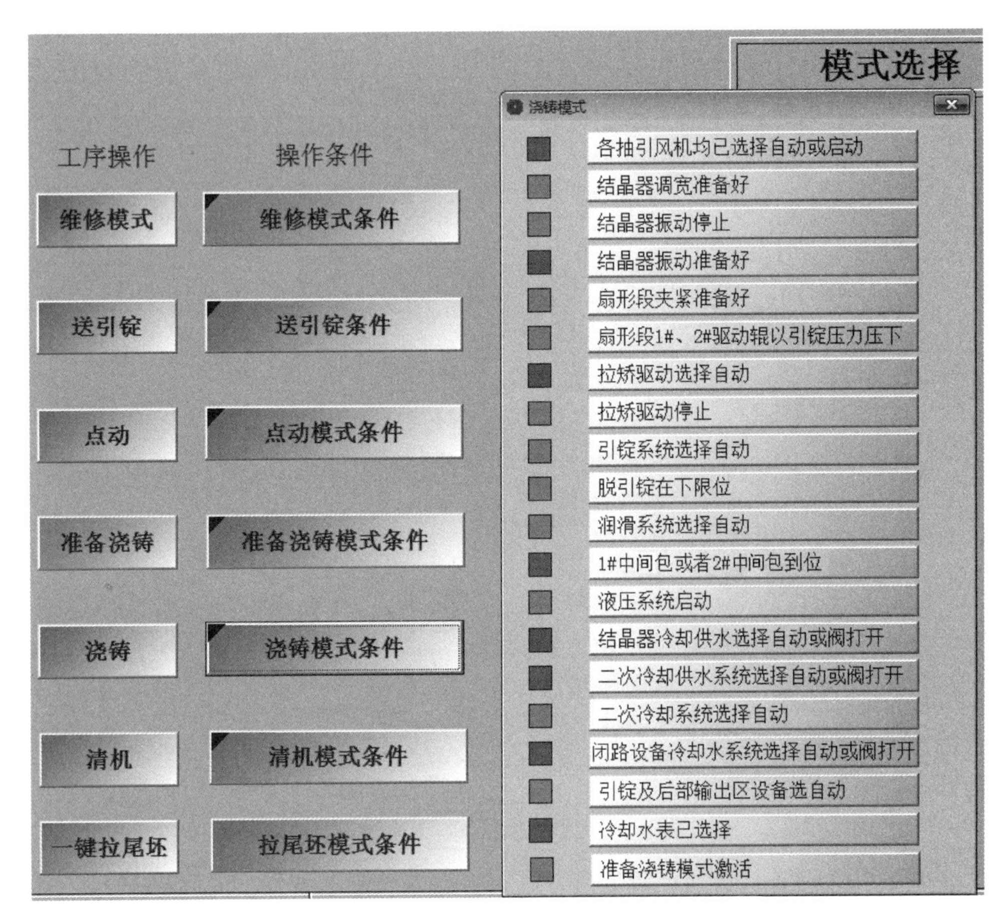

图 6-22 浇铸模式条件窗口

风机、中间包车、冷却等条件不满足需要到指定的界面操作，激活条件。

“抽引风机”操作。在浇铸前准备阶段，所有抽引风机都要选择自动模式，如果不在自动模式，就需要对其进行操作。操作面板位于“连铸总貌”画面左下角，点击各抽引风机，如图 6-23 所示，点击“机旁/远程”按钮，即可切换自动/手动模式。

“振动控制”操作。如图 6-24 所示，结晶器振动系统控制界面用于对结晶器振幅、振频设定调节等相关联设备实施详细监视控制。浇铸前需要先将振动系统选择为“自动”模式，然后先后进行“参数调整”和“运行”动作，对振动振幅和频率进行采集设定。在界面左上角相应窗口选择振动表，或输入结晶器振幅、振频等设定值（振幅允许值为 0~20 mm、振频允许值为 0~200 cpm），如图 6-25 所示。

在界面右上角相应窗口点击“参数调整”按钮，将设定值植入实际执行设定值中。当液压系统准备好时，在界面右上角相应窗口点击结晶器“机旁/远程”“参数调整”及“停止/运行”相关按钮，结晶器振动系统将执行相应的运动作业。

拉矫选择远程设置，如图 6-26 所示。

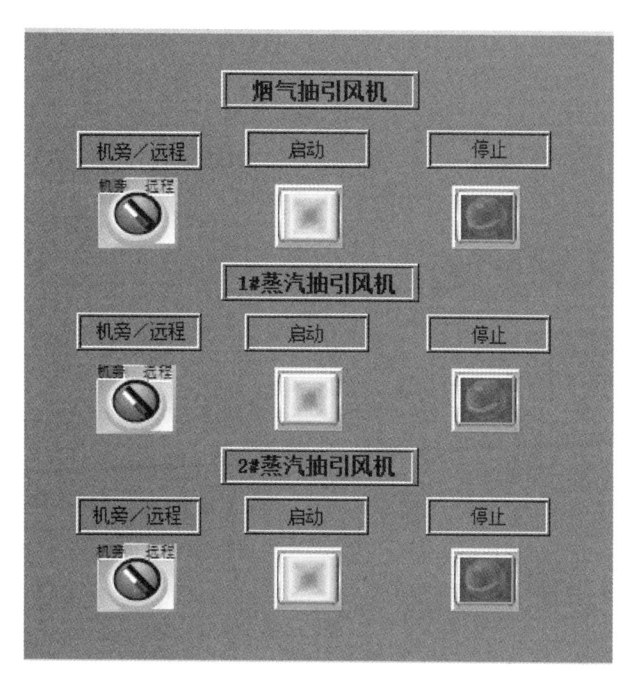

图 6-23　抽引风机操作面板

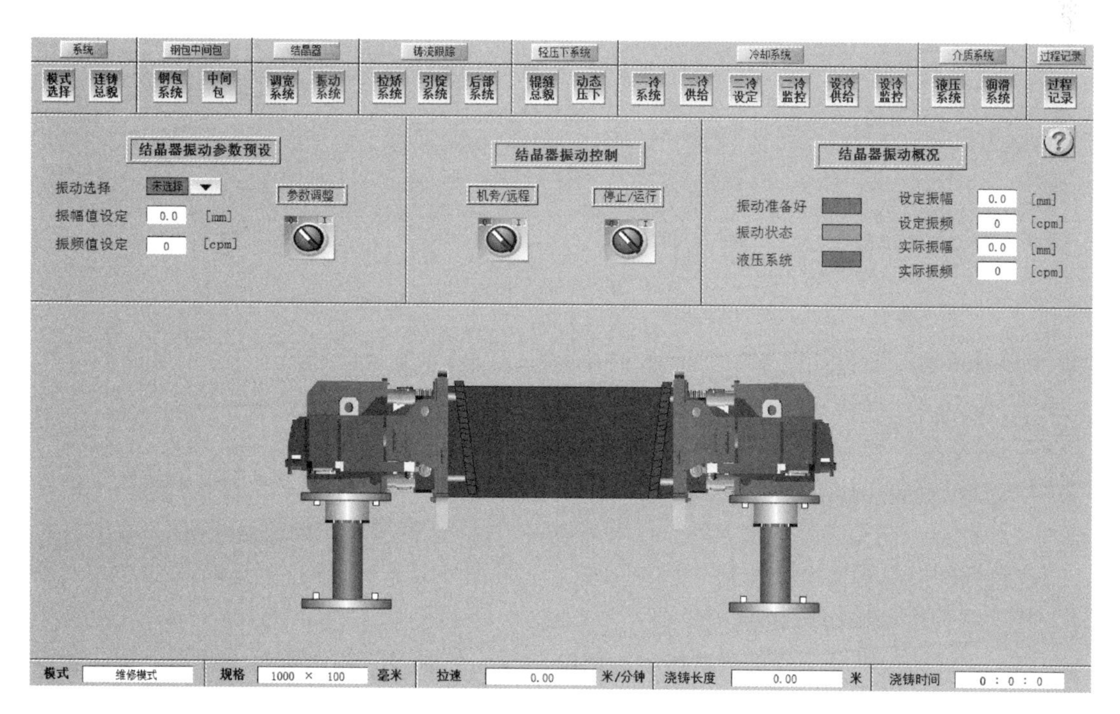

图 6-24　振动系统界面

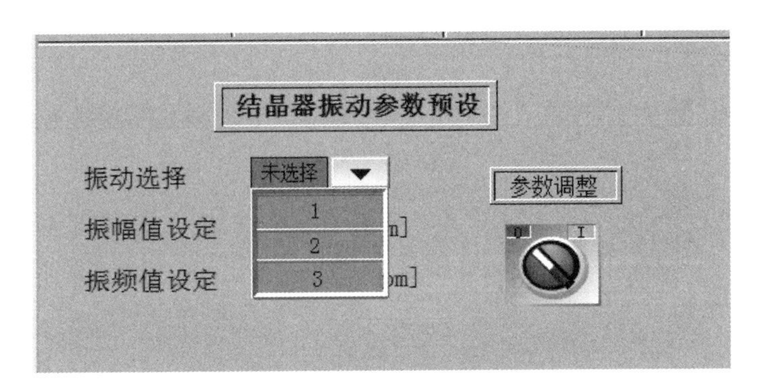

图 6-25 结晶器振动参数设置

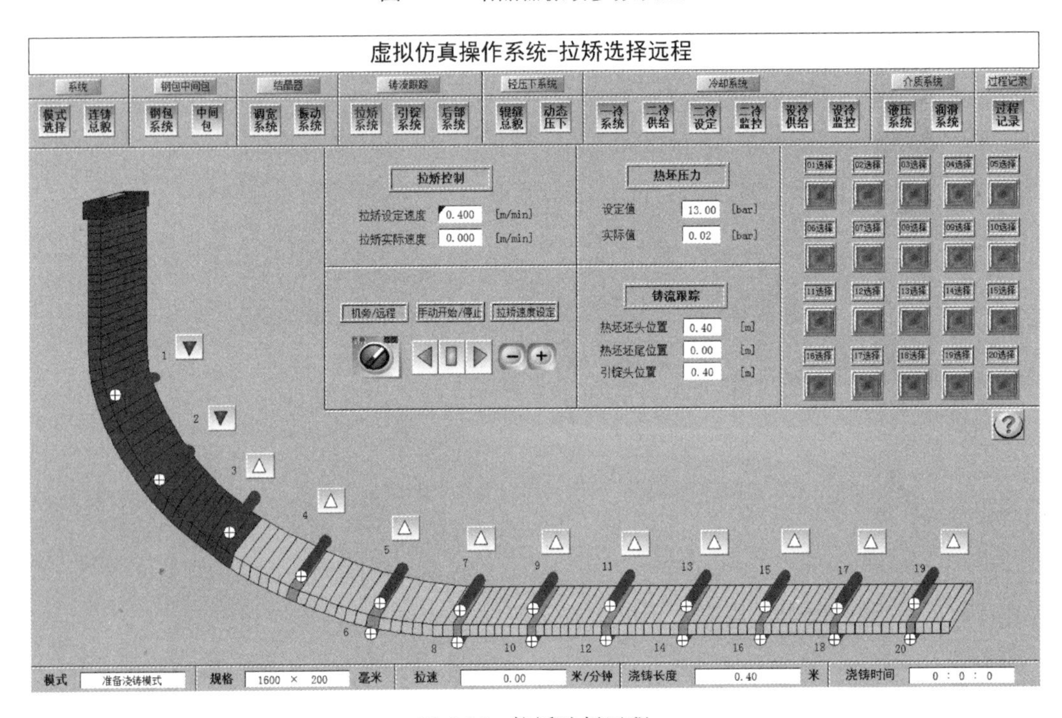

图 6-26 拉矫选择远程

“设冷供给”操作如图 6-27 所示，打开远程，设备水可自动打开。

“一冷系统”操作如图 6-28 所示，打开远程，一冷系统打开。

“二冷供给”操作如图 6-29 所示，打开远程，二冷系统打开。

“二冷设定”操作。配水表如图 6-30 所示，根据生产实际需要，可选择水表，一键手动，一键自动，方式选择“投入动态压下后方可选择”，直接修改设定值。

浇铸期间后部输出全部选到“远程”模式（见图 6-31），仅在拉尾坯时可以打开“手动”模式进行手动操作。

以上为浇铸前准备工作的全部内容，同时对相应界面内的操作功能进行了介绍。若以上所有操作均已完成，那浇铸前的基本准备工作也已完成。

“铸坯质量跟踪”。点击“后部输出”系统，点击“铸坯质量跟踪判断系统”，如图 6-32 所示。

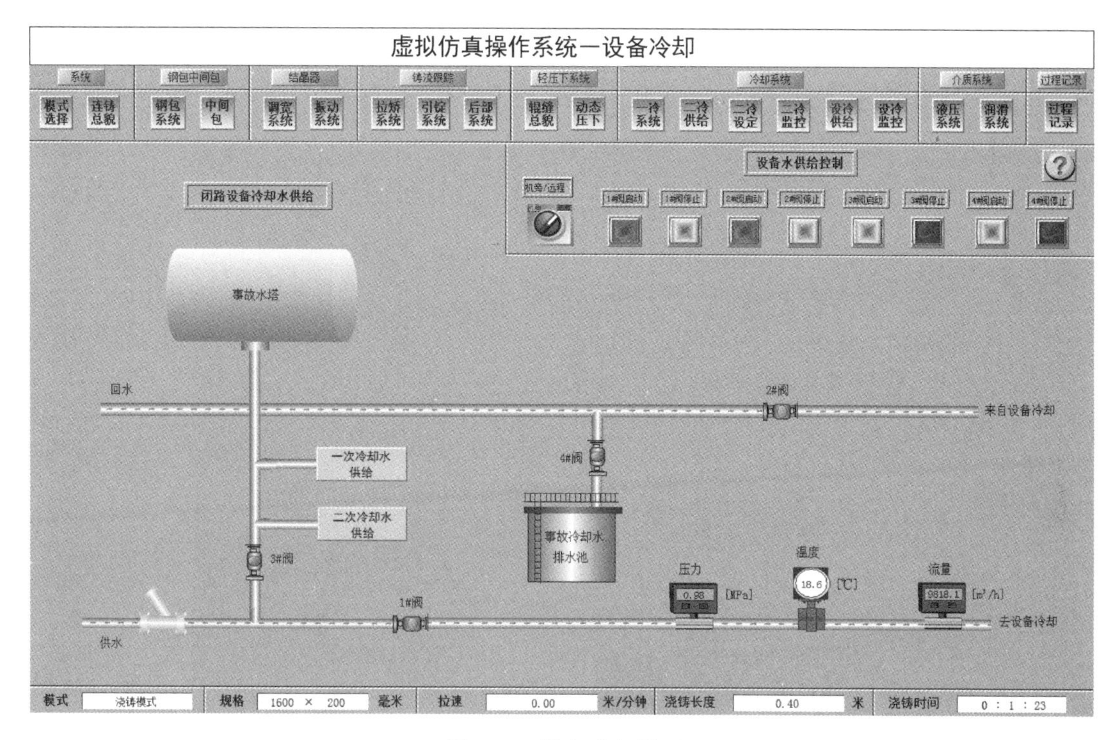

图 6-27　设备冷却界面

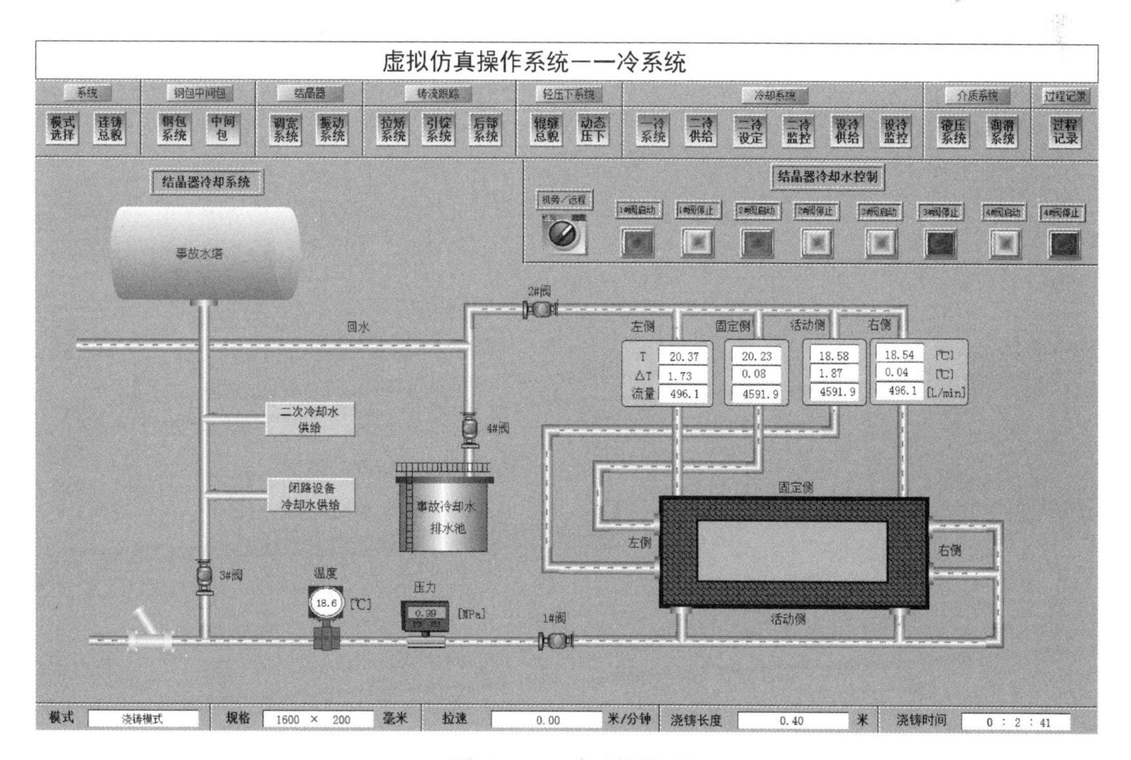

图 6-28　一冷系统界面

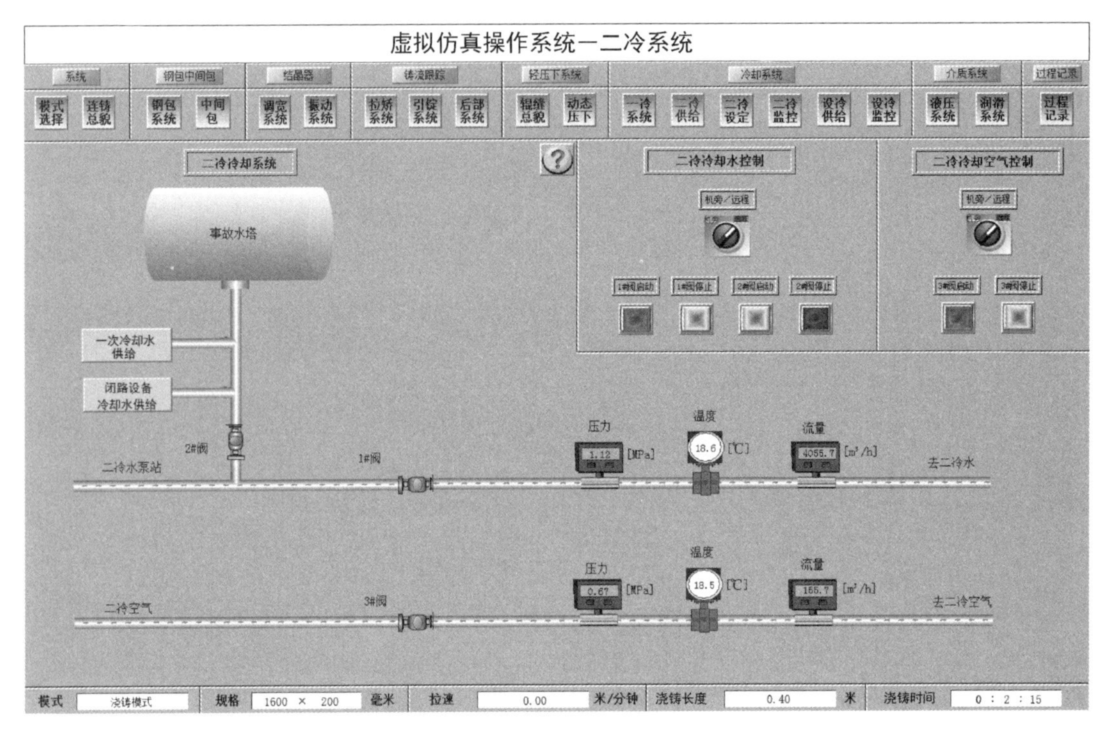

图 6-29 二冷系统界面

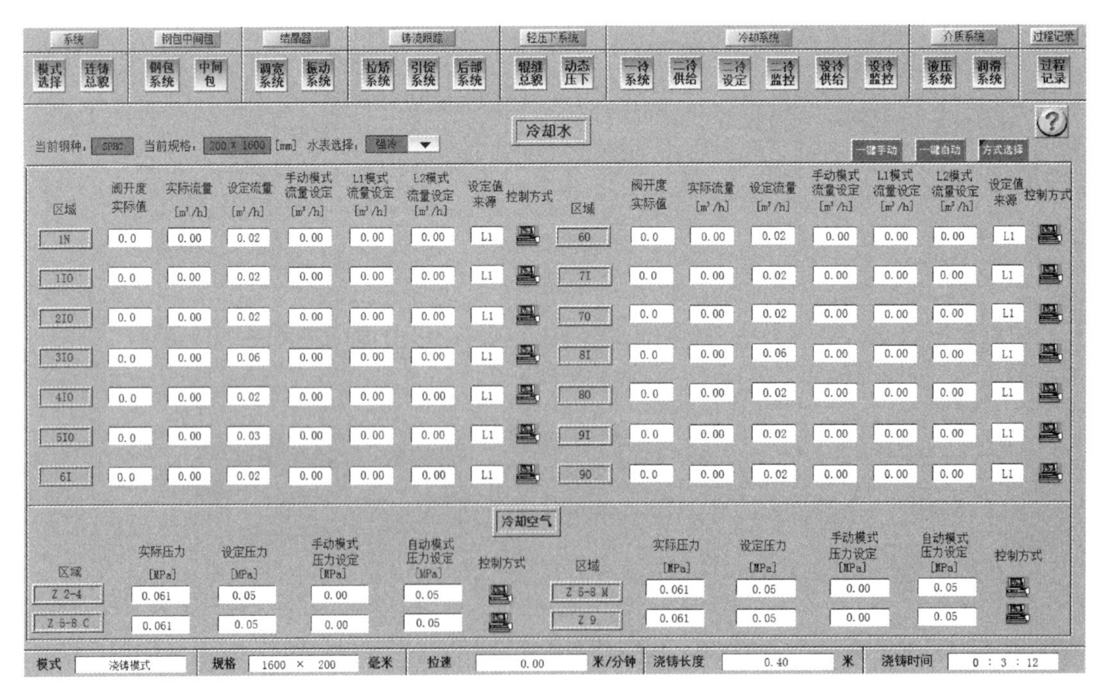

图 6-30 二冷配水表设定

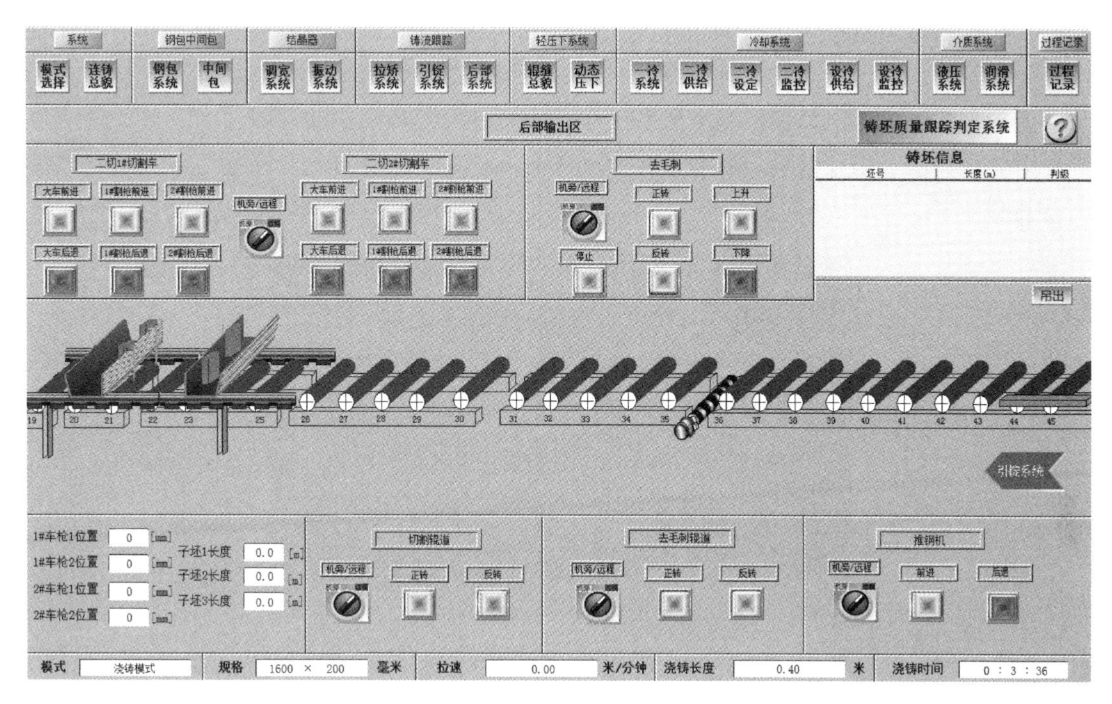

图 6-31　后部输出系统界面

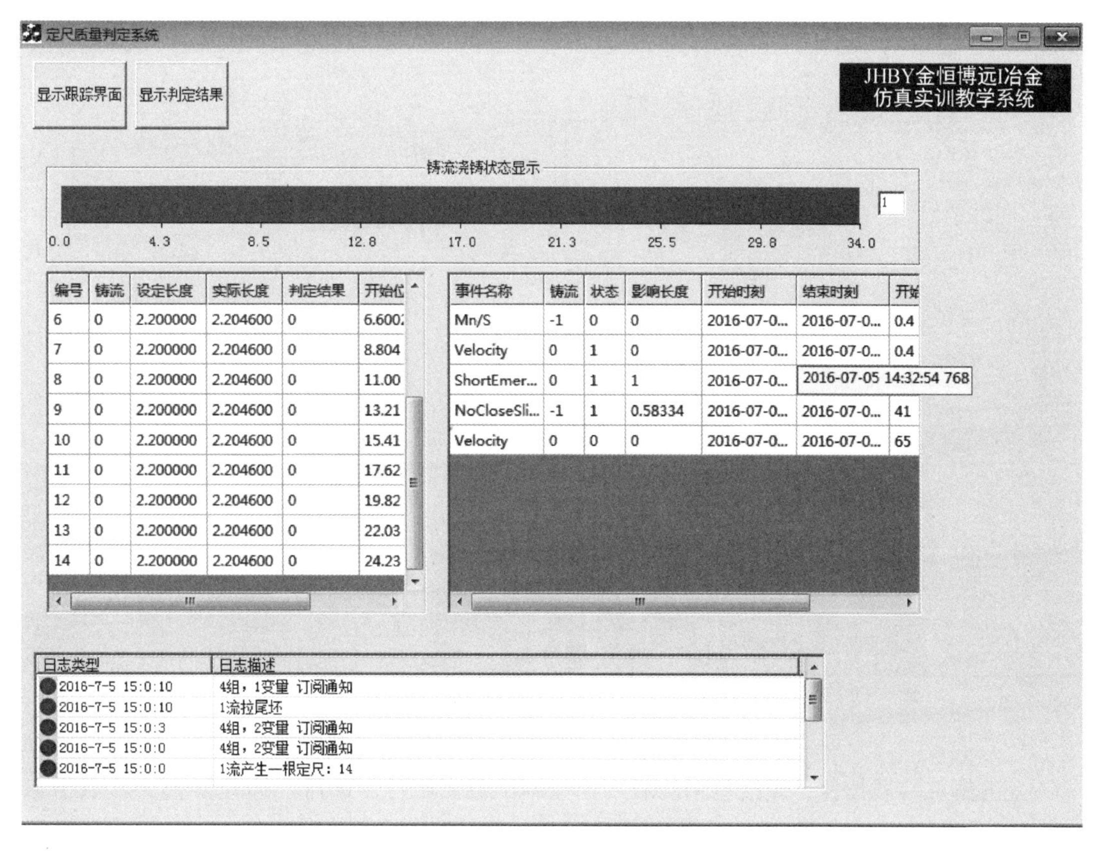

图 6-32　定尺质量判断系统

左边显示铸流信息，包括子坯长度、判断结果等，右侧显示发生的质量事件情况及影响铸坯的详细信息情况。此系统是判定二切后的坯子的合格情况。

此时完成了开始浇铸前的基本准备工作，下面进行浇铸操作的说明。

开始浇铸：点击“浇铸”按钮（见图6-33），按钮颜色由灰色变绿色，即表示可以进行浇铸作业了。

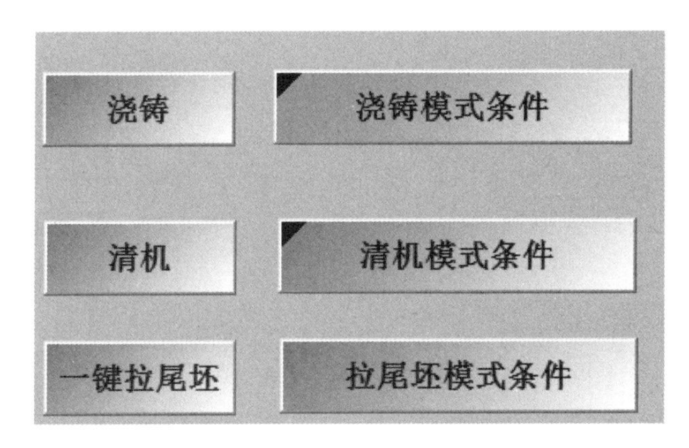

图6-33 浇铸模式

此时进入“钢包系统”操作界面，如图6-34所示。

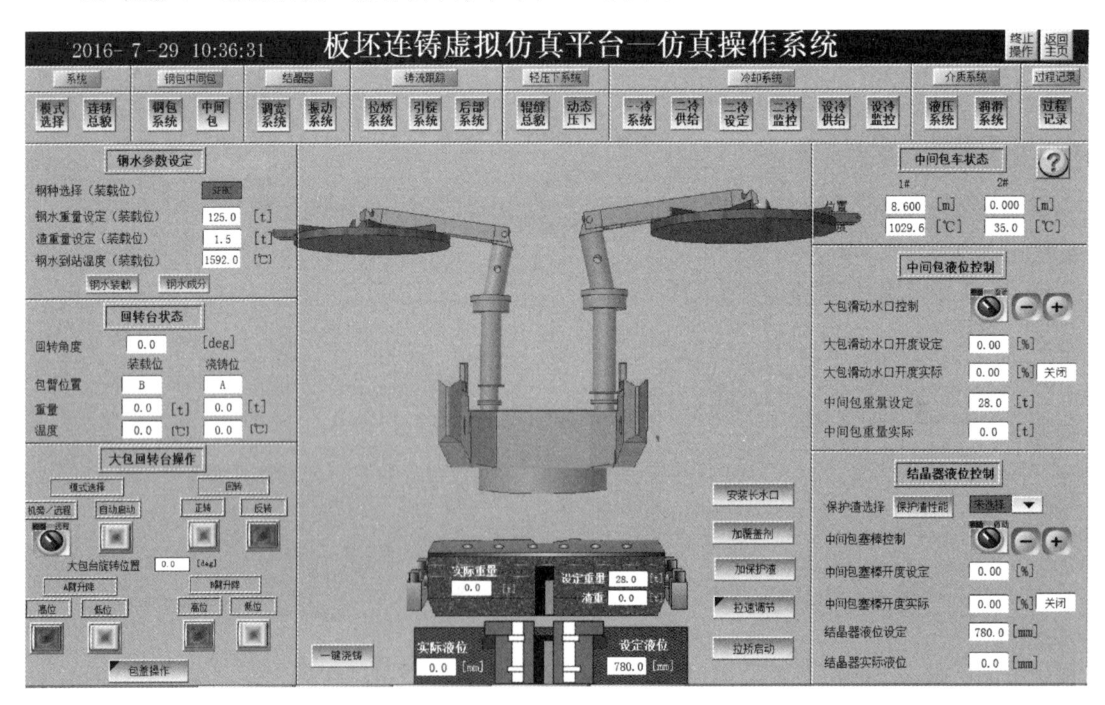

图6-34 钢包操作界面

点击钢水装载按钮，B钢包钢水载入，控制钢包回转台，选择“远程”模式，点击自动启动，回转台选择179.9°，B钢包到达浇铸位。

点击包盖操作按钮，选择远程、自动启动，如图 6-35 所示，盖上包盖，开始进行浇铸，如图 6-36 所示。

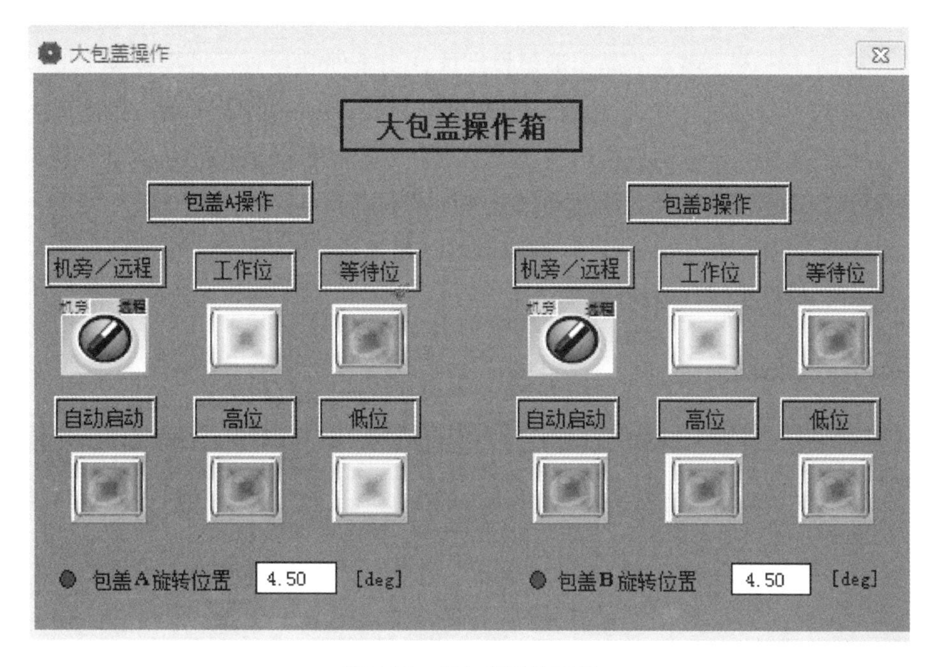

图 6-35　钢包盖操作面板

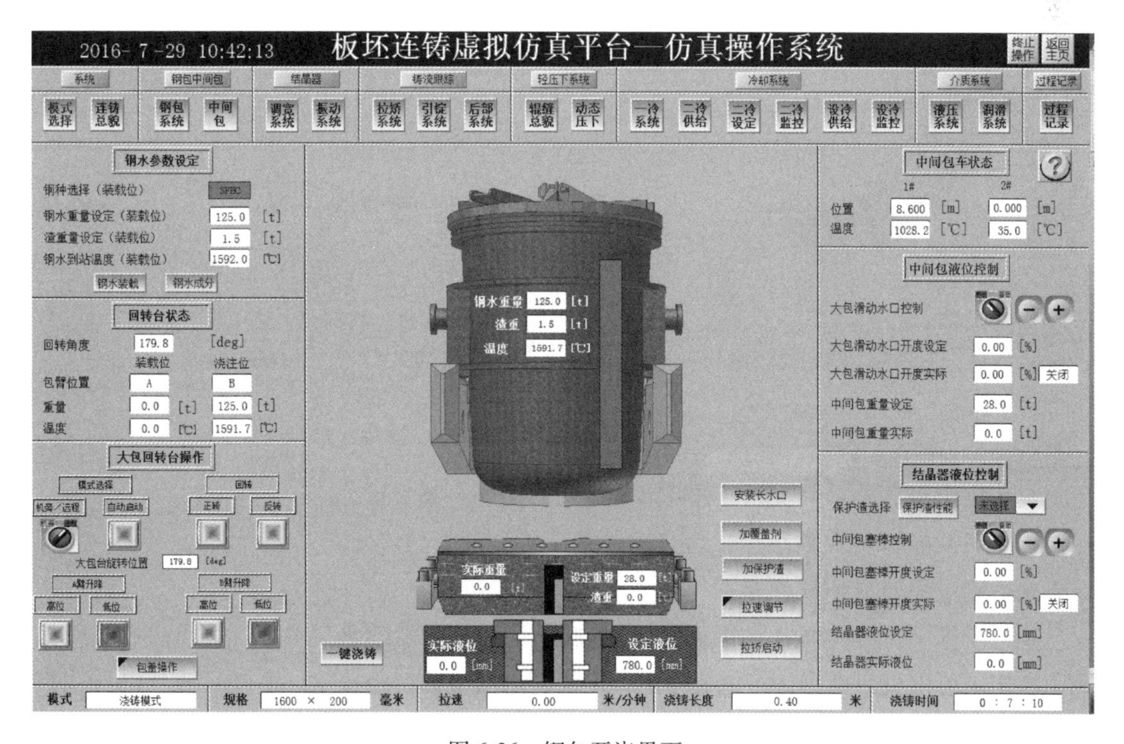

图 6-36　钢包开浇界面

“中间包液位控制”窗口：输入中间包吨位设定值，当条件满足时，可操控其上方按钮，通过“手动”方式点击“+”“-”相应调整水口开口度，将钢水注入至中间包内。当实际重量大于设定重量时，就可以选择“自动”方式，系统自动控制中间包的重量。在结晶器液位控制一栏内，输入结晶器液位设定值，当条件满足时，可操控其上方按钮，通过“手动”方式点击“+”“-”相应调整塞棒开口度，将钢水注入至结晶器内。当拉坯长度大于1 m且液位大于设定液位时，就可以选择“自动”方式，系统自动控制结晶器的液位。浇铸作业开始后，以设定速度梯次升速到设定值。不同的钢种拉速不相同，可以通过“拉矫控制”界面点击“+”“-”相应调整拉矫速度设定值，如图6-37所示，每种钢水的拉速最高值各不相同。

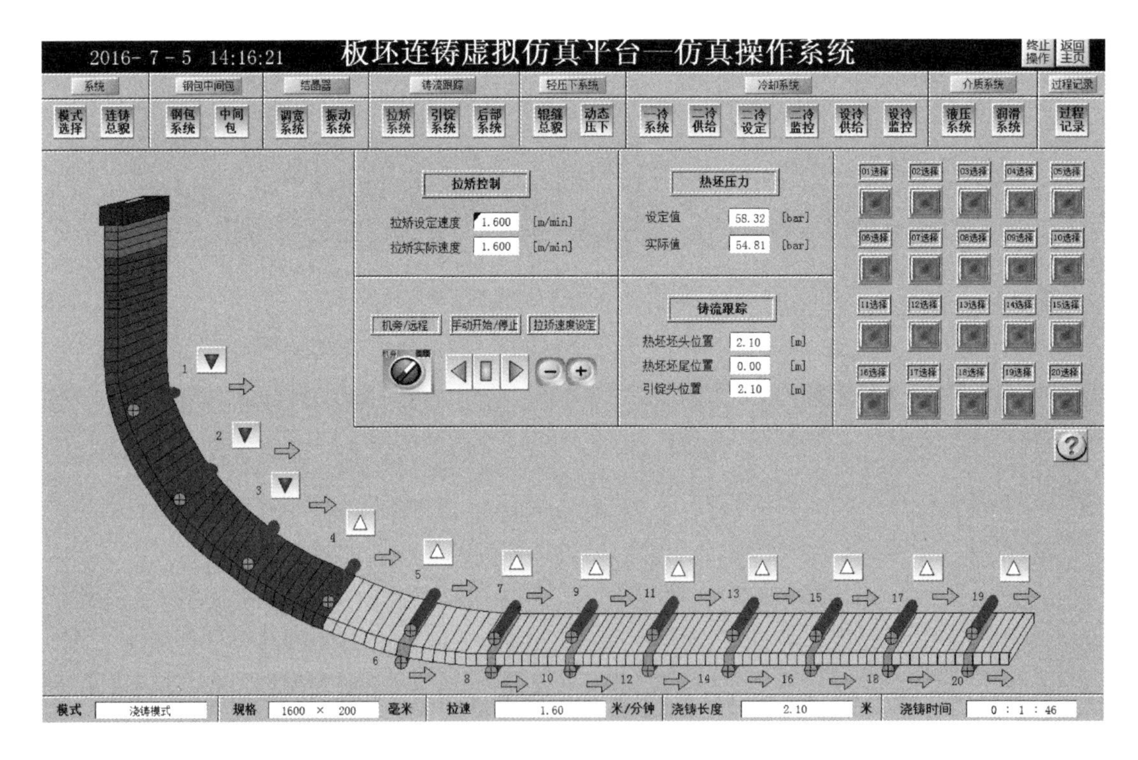

图6-37 拉速控制

热坯拉出扇形段后由切割机进行定尺切割，如图6-38所示。

二次切割如图6-39所示，二切完成如图6-40所示。

去毛刺过程如图6-41所示。

换包操作。浇铸过程中，可以选择换包操作。首先将滑动水口关闭，盖包盖操作可以远程操作也可以机旁操作，将包盖移到等待位，点击装载钢包按钮，钢包回转台点击“自动启动”，钢包开始旋转，当A包移到浇铸位，再继续浇铸，如图6-42所示。

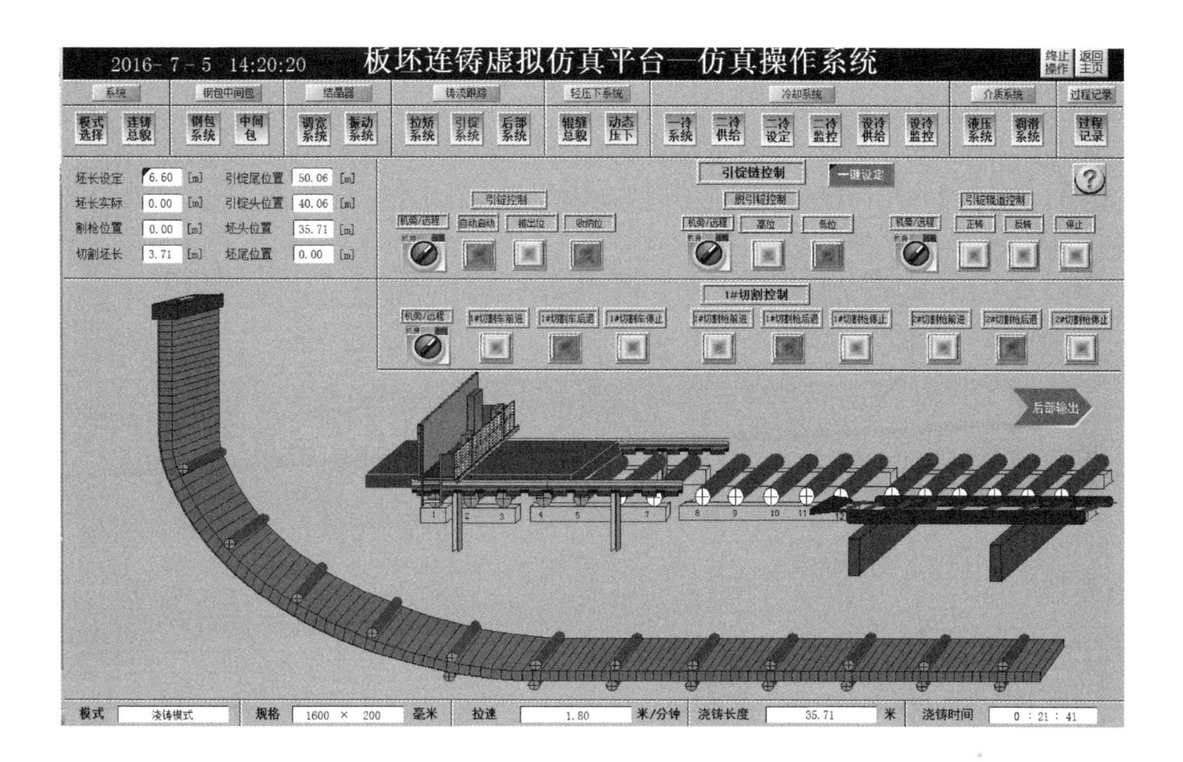
2016- 7 - 5 14:20:20
板坯连铸虚拟仿真平台—仿真操作系统
终止操作
返回主页
系统
钢包中间包
结晶器
铸流跟踪
轻压下系统
冷却系统
介质系统
过程记录
模式选择
连铸总貌
钢包系统
中间包
调宽系统
振动系统
拉矫系统
引锭系统
后部系统
辊缝总貌
动态压下
一冷系统
二冷供给
二冷设定
二冷监控
设冷供给
设冷监控
液压系统
润滑系统
过程记录
坯长设定 6.60 [m]
坯长实际 0.00 [m]
割枪位置 0.00 [m]
切割坯长 3.71 [m]
引锭尾位置 50.06 [m]
引锭头位置 40.06 [m]
坯头位置 35.71 [m]
坯尾位置 0.00 [m]
引锭链控制
一键设定
引锭控制
机旁/远程
自动启动
推出位
收纳位
脱引锭控制
机旁/远程
高位
低位
引锭辊道控制
机旁/远程
正转
反转
停止
1#切割控制
机旁/远程
1#切割车前进
1#切割车后退
1#切割车停止
1#切割枪前进
1#切割枪后退
1#切割枪停止
2#切割枪前进
2#切割枪后退
2#切割枪停止
后部输出
1 2 3 4 5 7 8 9 10 11
模式 浇铸模式
规格 1600 × 200 毫米
拉速 1.80 米/分钟
浇铸长度 35.71 米
浇铸时间 0 : 21 : 41

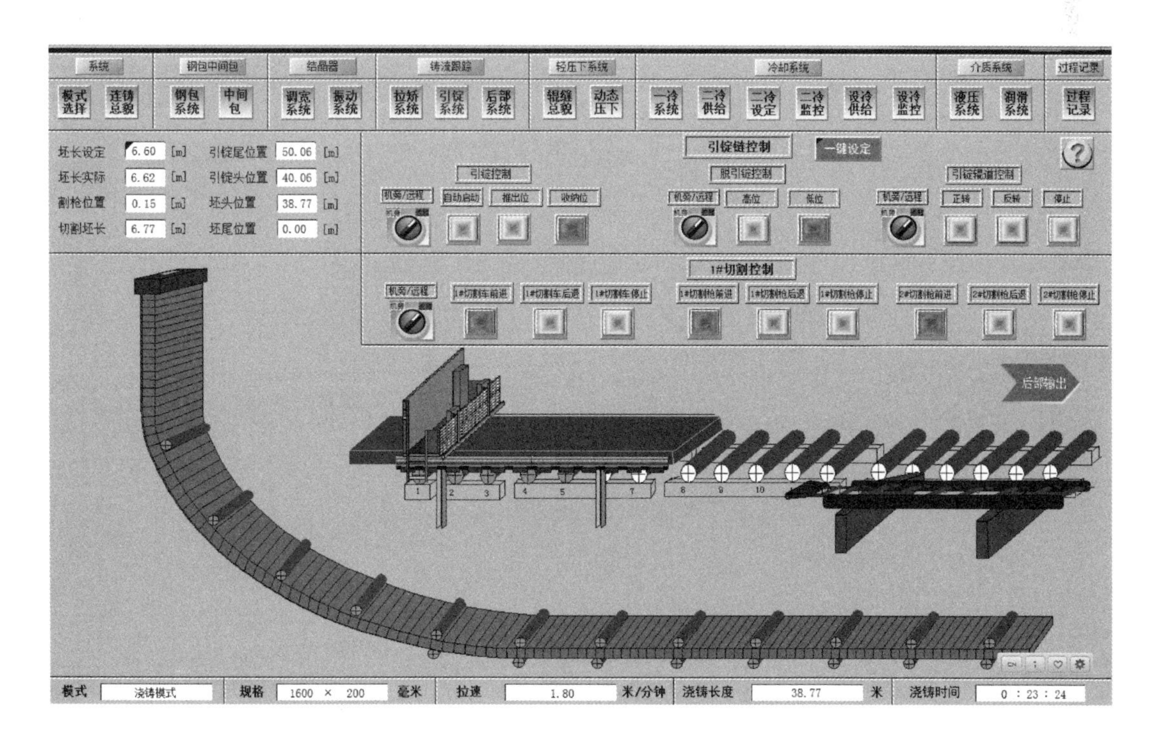
系统
钢包中间包
结晶器
铸流跟踪
轻压下系统
冷却系统
介质系统
过程记录
模式选择
连铸总貌
钢包系统
中间包
调宽系统
振动系统
拉矫系统
引锭系统
后部系统
辊缝总貌
动态压下
一冷系统
二冷供给
二冷设定
二冷监控
设冷供给
设冷监控
液压系统
润滑系统
过程记录
坯长设定 6.60 [m]
坯长实际 6.62 [m]
割枪位置 0.15 [m]
切割坯长 6.77 [m]
引锭尾位置 50.06 [m]
引锭头位置 40.06 [m]
坯头位置 38.77 [m]
坯尾位置 0.00 [m]
引锭链控制
一键设定
引锭控制
机旁/远程
自动启动
推出位
收纳位
脱引锭控制
机旁/远程
高位
低位
引锭辊道控制
机旁/远程
正转
反转
停止
1#切割控制
机旁/远程
1#切割车前进
1#切割车后退
1#切割车停止
1#切割枪前进
1#切割枪后退
1#切割枪停止
2#切割枪前进
2#切割枪后退
2#切割枪停止
后部输出
1 2 3 4 5 7 8 9 10
模式 浇铸模式
规格 1600 × 200 毫米
拉速 1.80 米/分钟
浇铸长度 38.77 米
浇铸时间 0 : 23 : 24

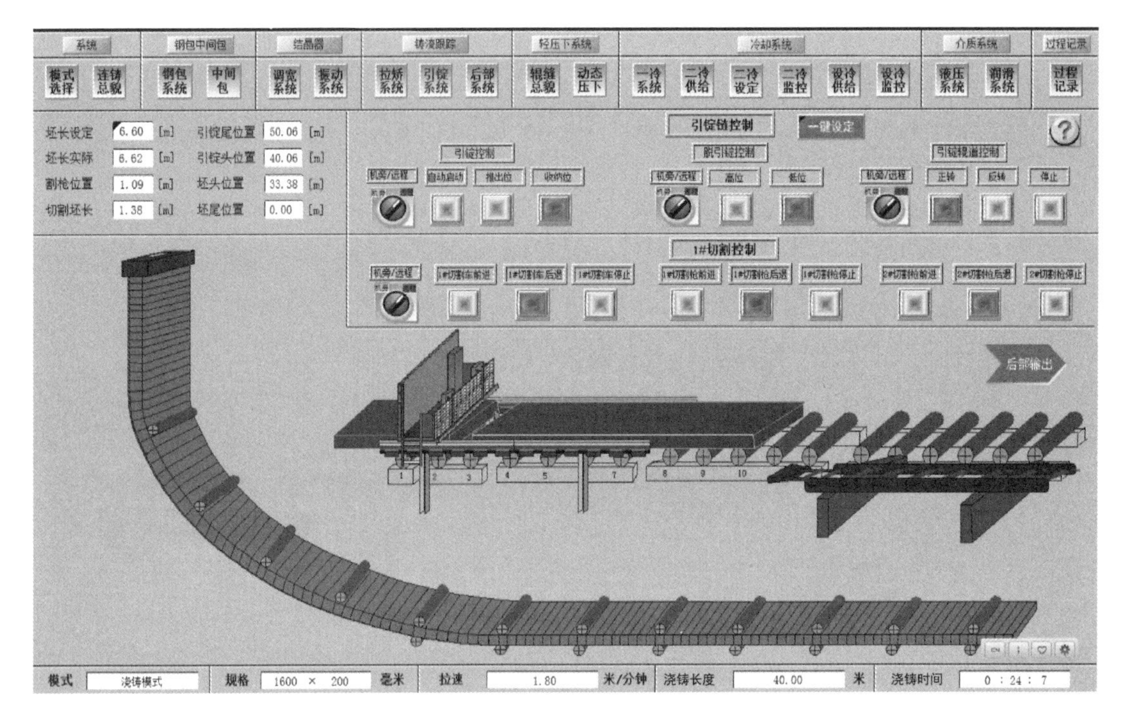

图 6-38 铸坯切割一次切割

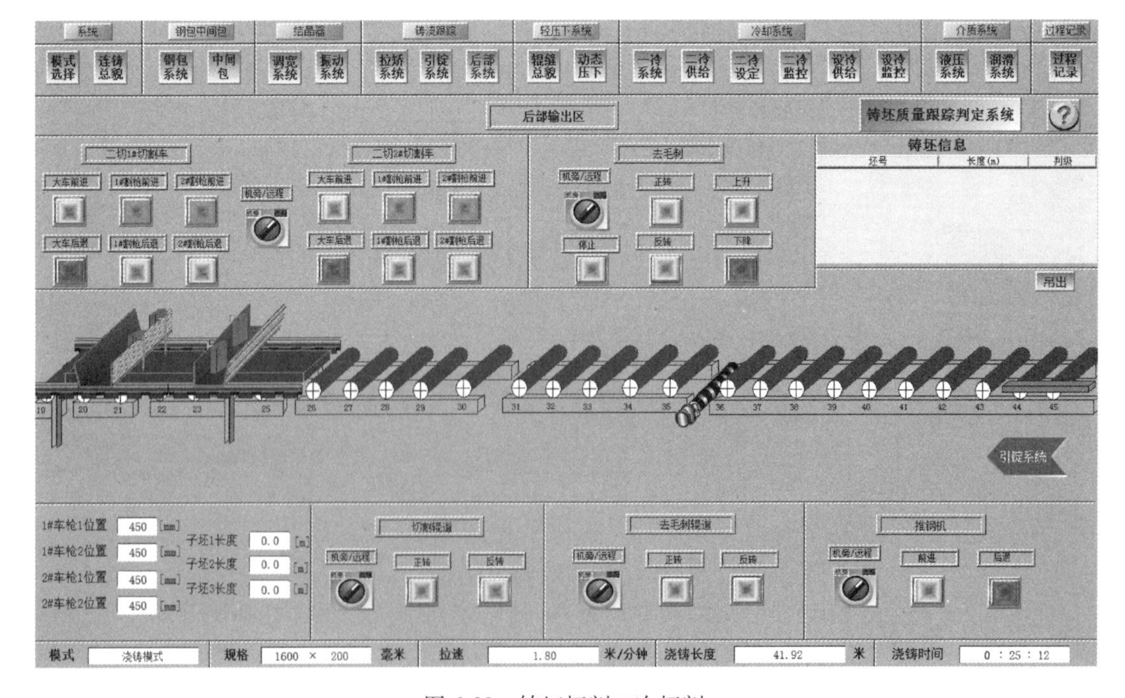

图 6-39 铸坯切割二次切割

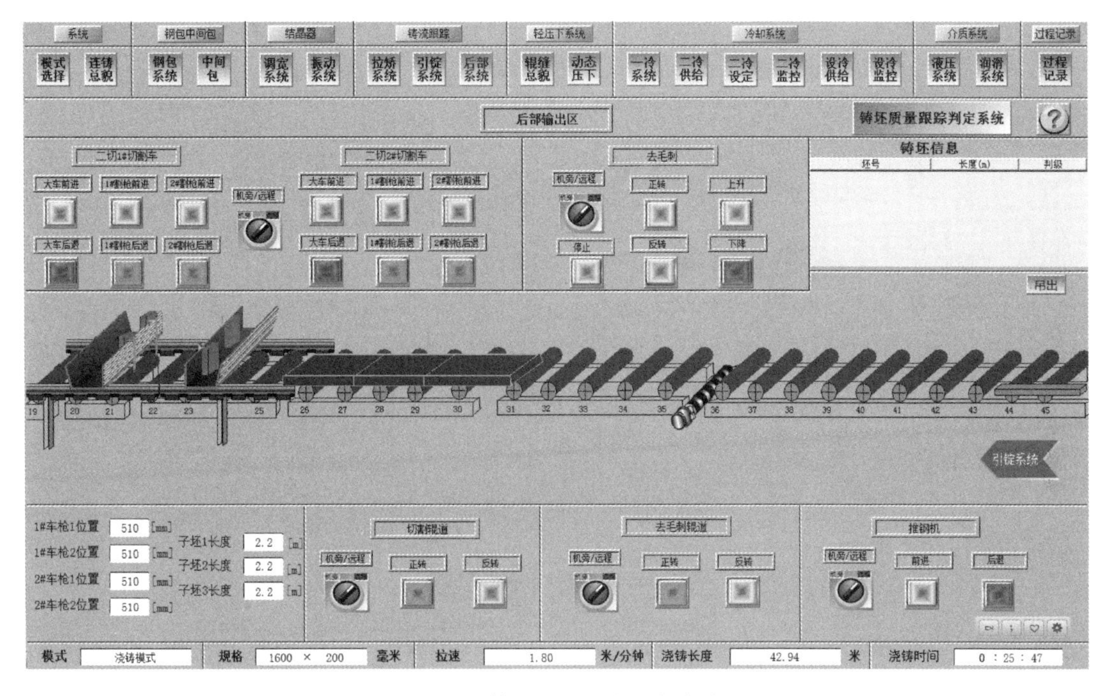

图 6-40　铸坯切割二次切割完成

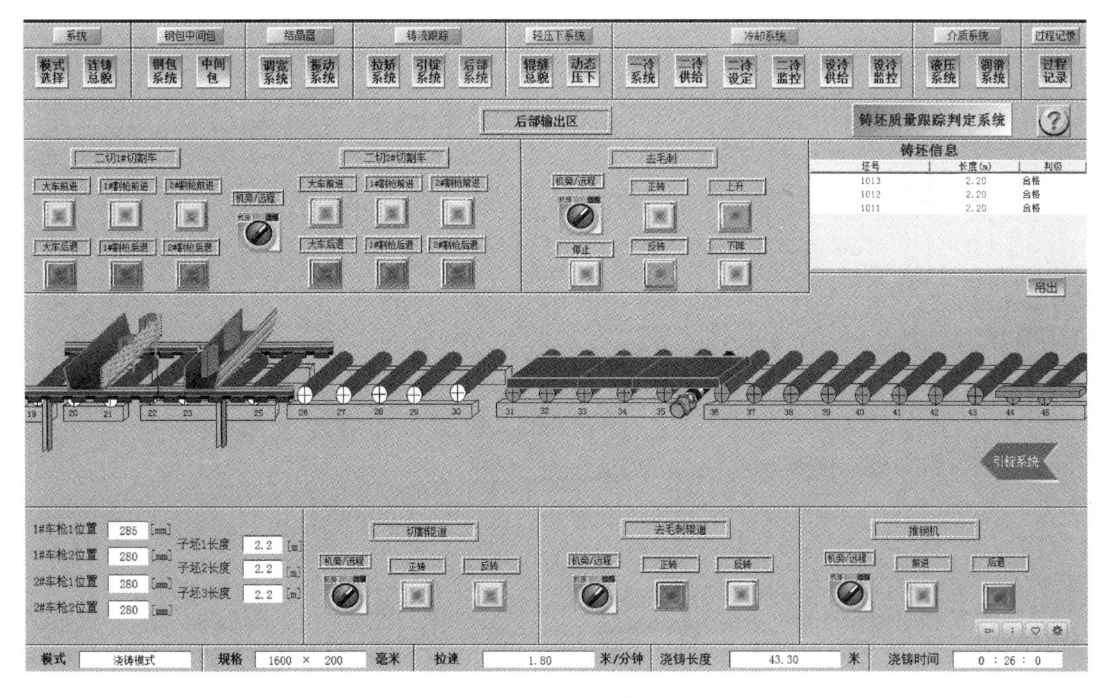

图 6-41　去毛刺

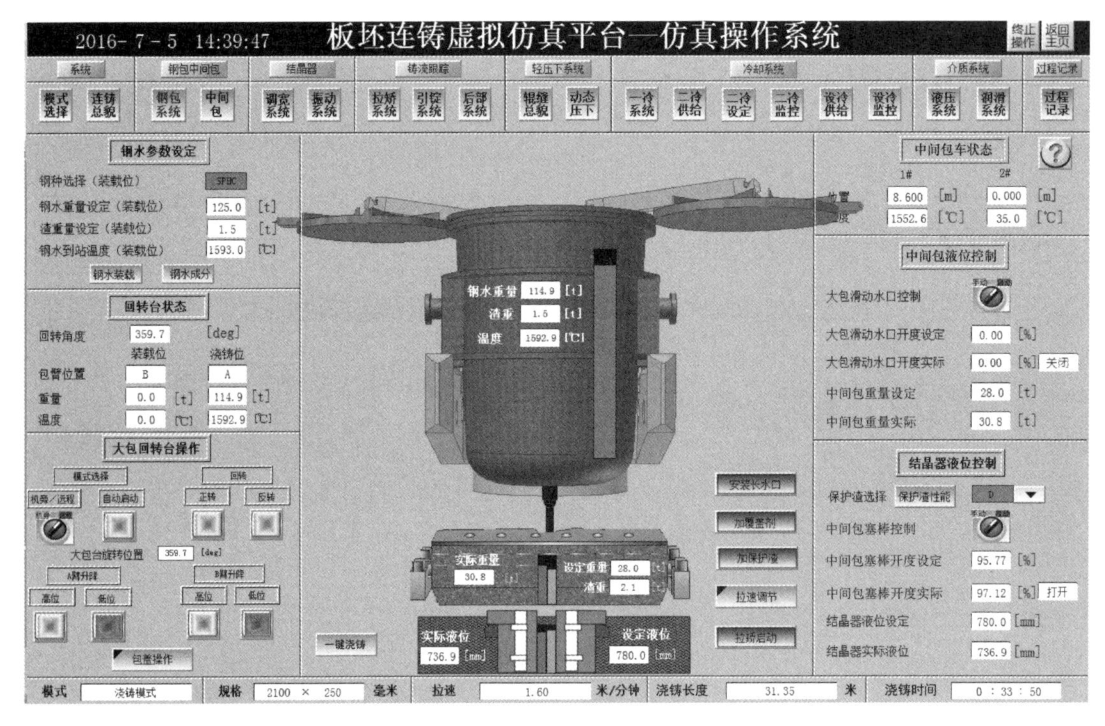

图 6-42 钢包换包操作

浇铸信息查询。钢包系统可以随时查看钢水的成分、保护渣性能、渣重等信息，如图 6-43、图 6-44 所示。

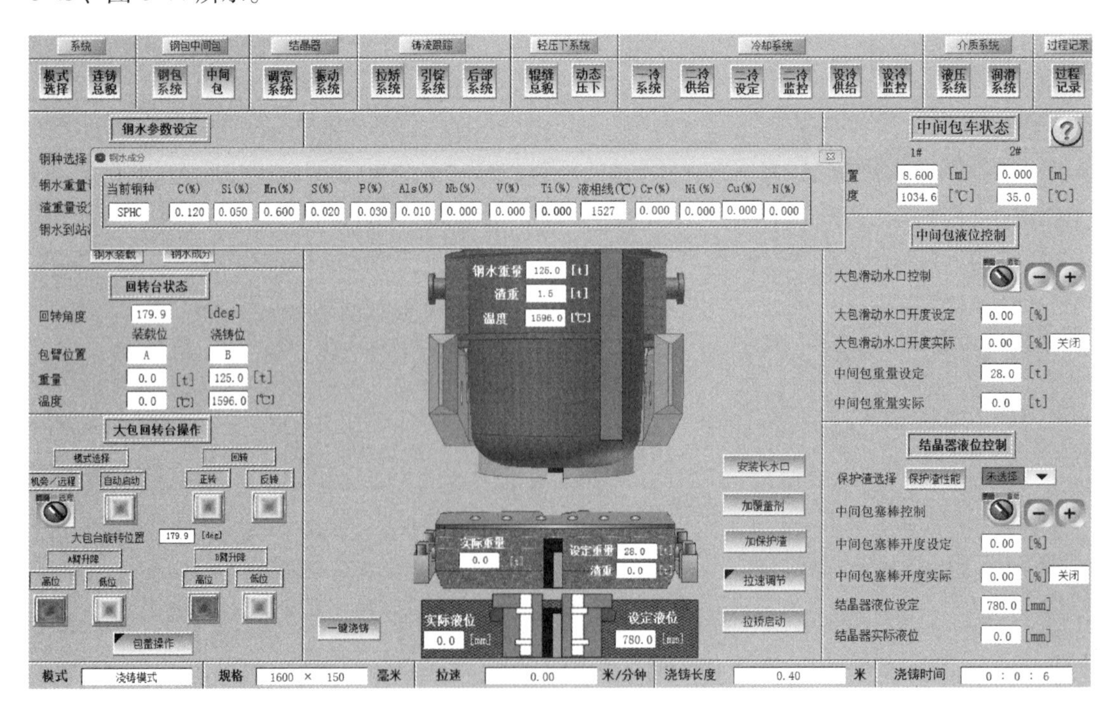

图 6-43 查看钢水成分浇铸信息

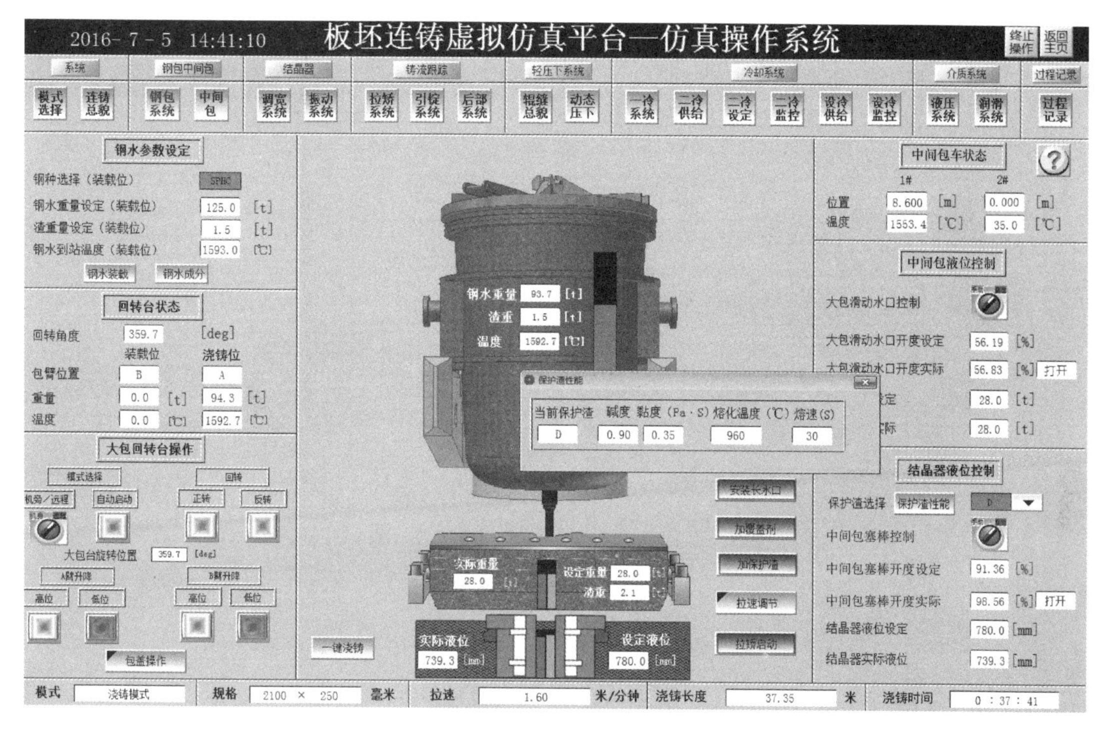

图 6-44　查看保护渣信息

投入动态压下。在开浇后，点击动态压下系统，进行动态轻压下参数配置，如图 6-45 所示。

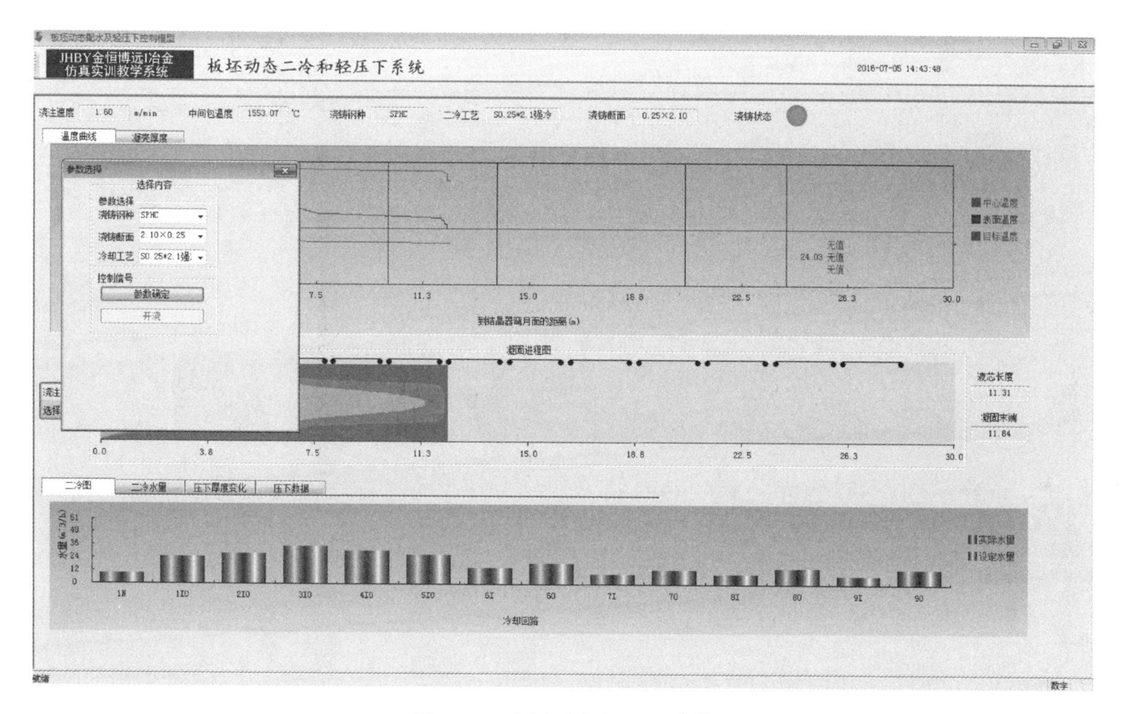

图 6-45　配置动态轻压下参数

注意：拉坯启动后，33 m之前投入动态压下，如图6-46所示。

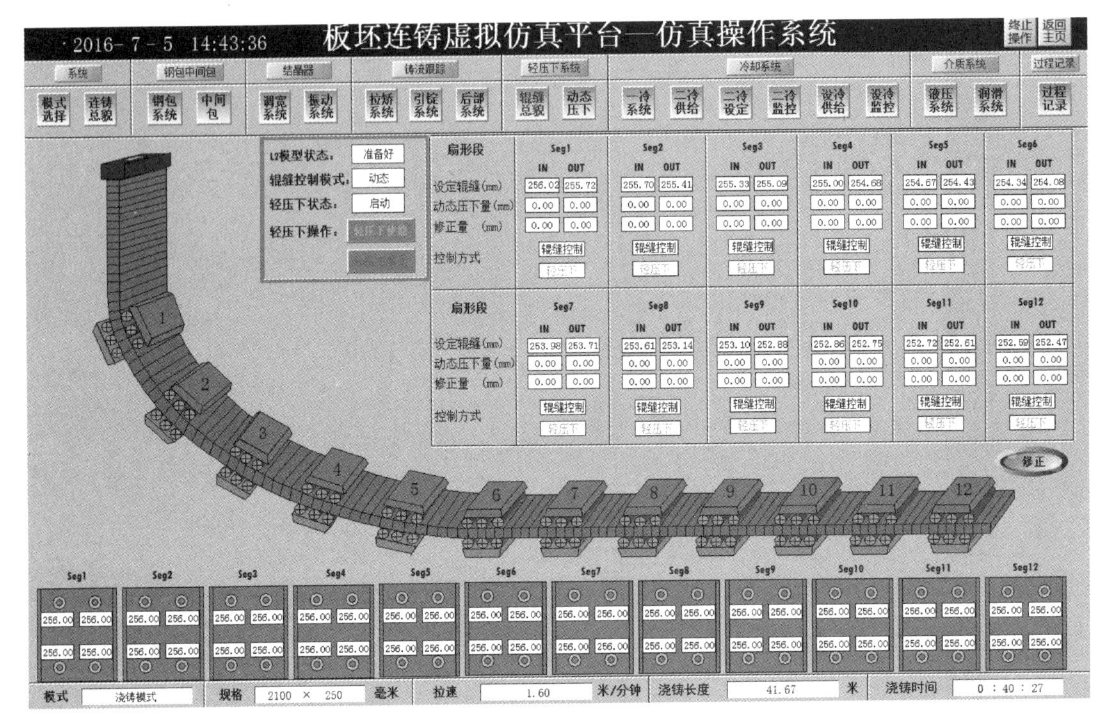

图6-46 辊缝总貌界面

动态压下，追踪铸坯信息，对铸坯进行动态调整，如图6-47所示。

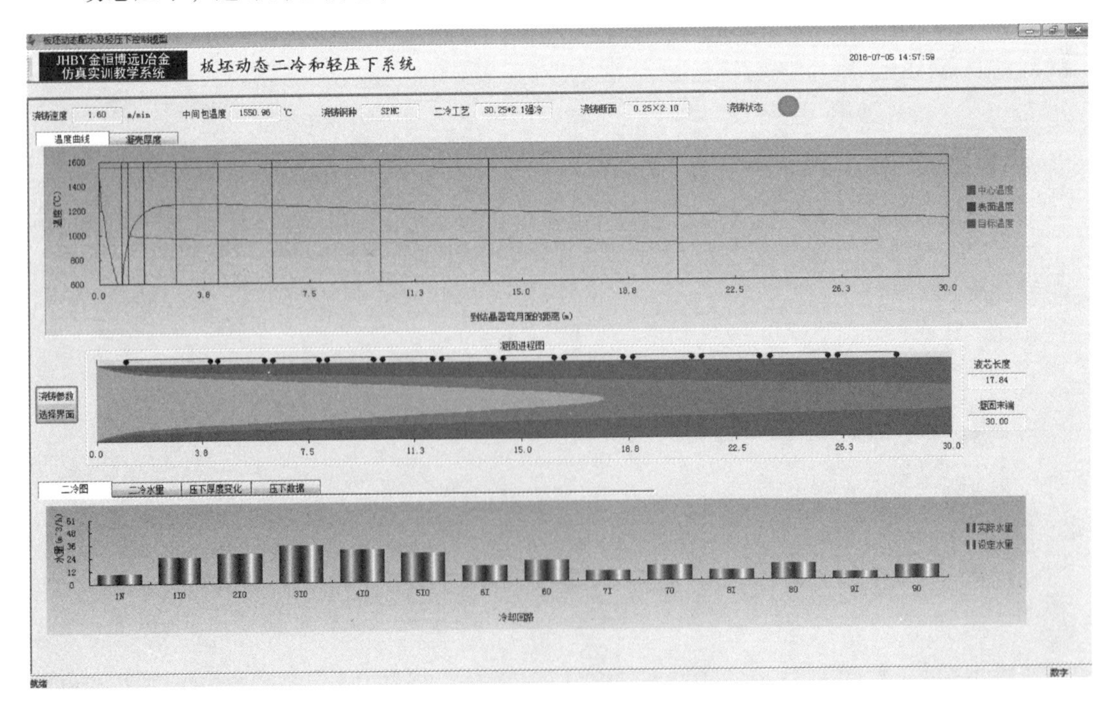

图6-47 动态二冷和轻压下系统

可以在“二冷设定”系统中，点击方式选择，对配水表进行修改，如图 6-48 所示。

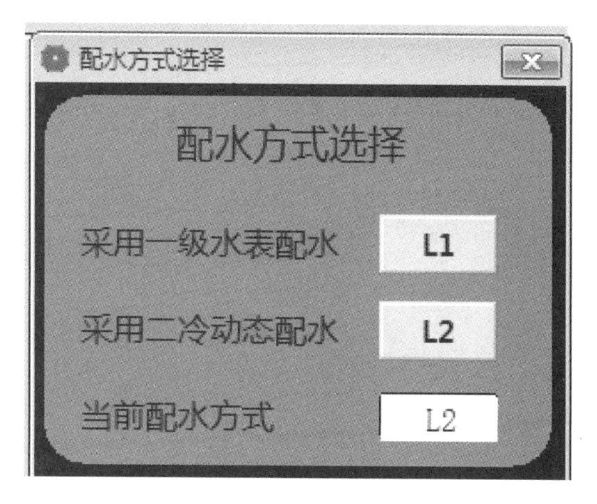

图 6-48　配水方式选择

尾坯处理。在教师机配置里边可以使用“一键拉尾坯”功能，如图 6-49 所示。

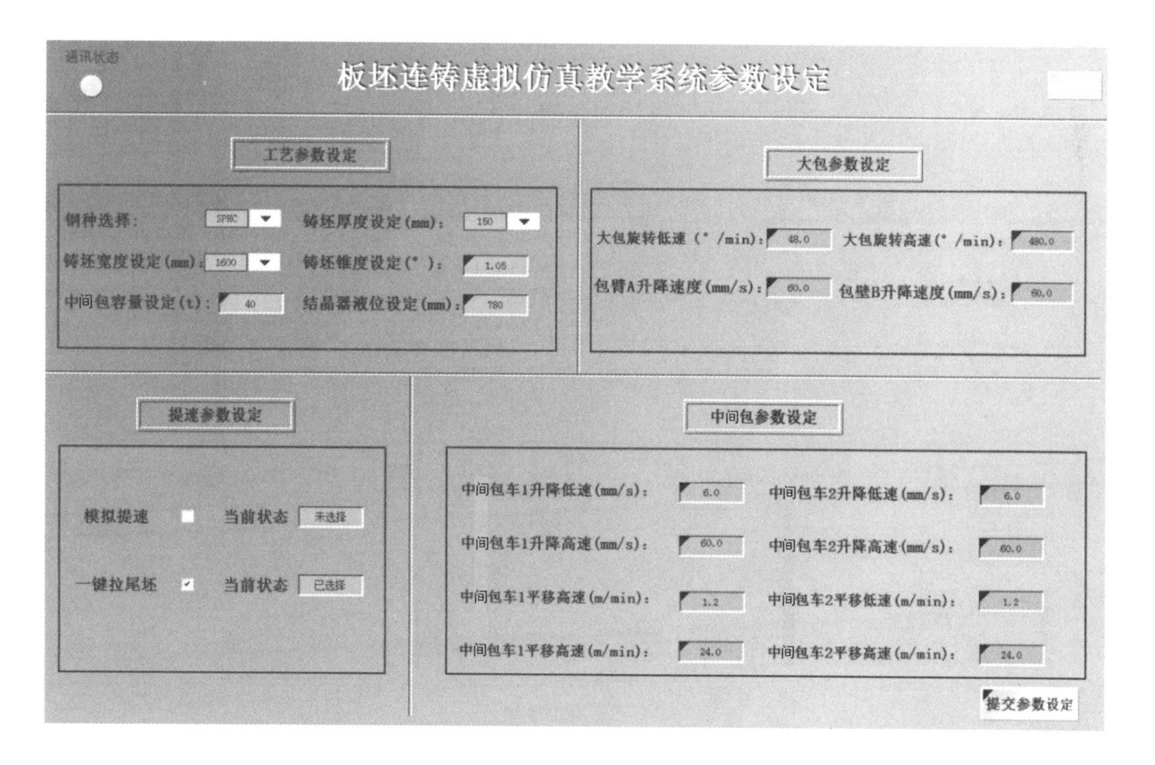

图 6-49　一键拉尾坯模式

当关闭塞棒且尾坯出结晶器，就满足拉尾坯条件，可以在“模式选择”系统，选择“一键拉尾坯”，如图 6-50 所示。

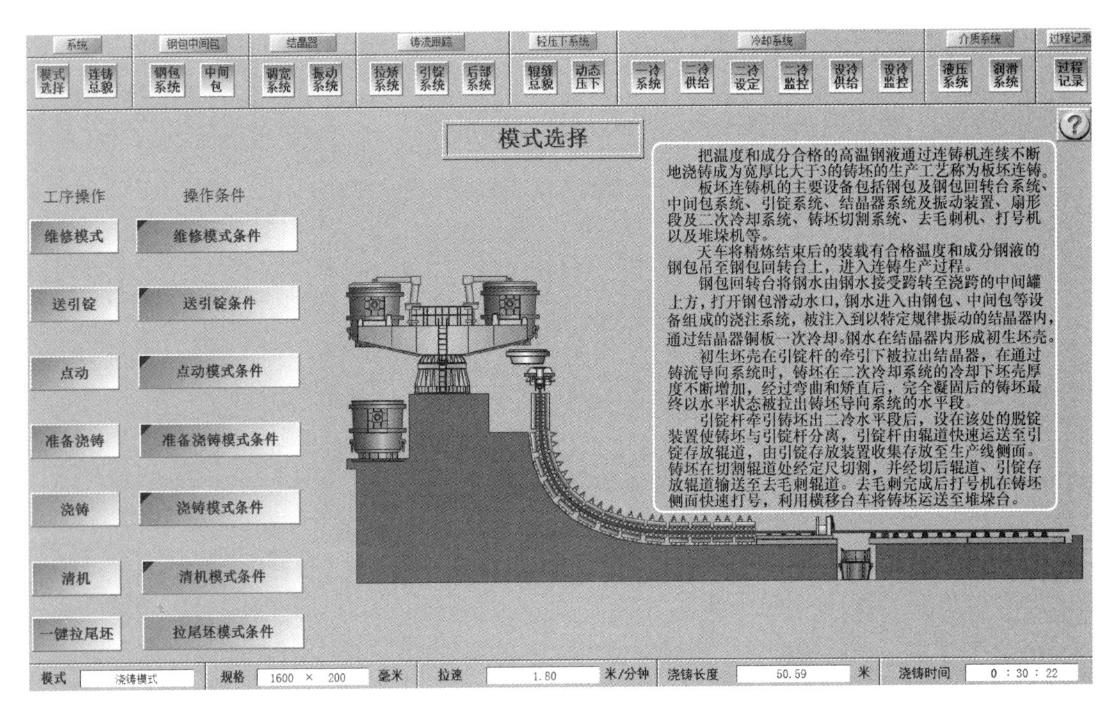

图 6-50 一键拉尾坯

点击“一键拉尾坯”按钮，完成尾坯的处理，在尾坯统计中，不允许任何操作，如图 6-51 所示。

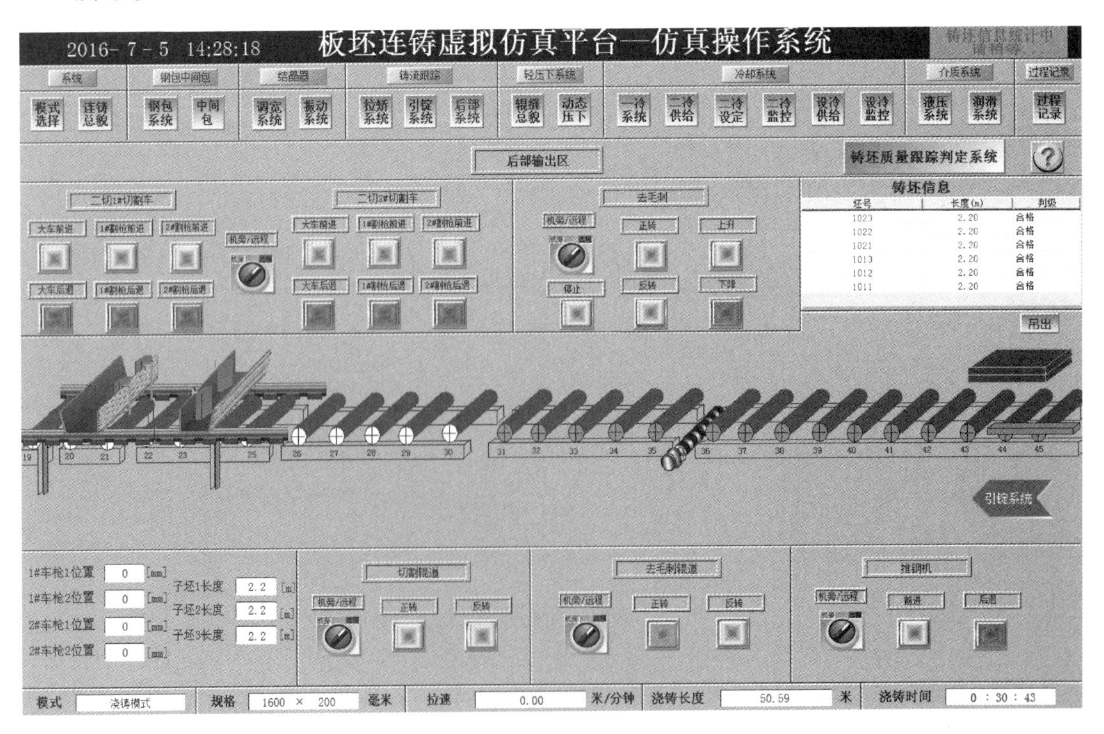

图 6-51 铸坯信息统计

铸坯信息统计完成，在“后部系统”中可以查看铸坯的信息，包括坯号、长度及判断结果。

浇铸结束：当中间包吨位小于 8 t 后，可转入“清机模式”，点击“清机”按钮，塞棒被强制打手动，并且塞棒开口变为 0。连铸作业进入拉尾坯阶段，随着坯尾长度的逐渐增加，驱动辊及扇形段相应抬起，如图 6-52 所示。

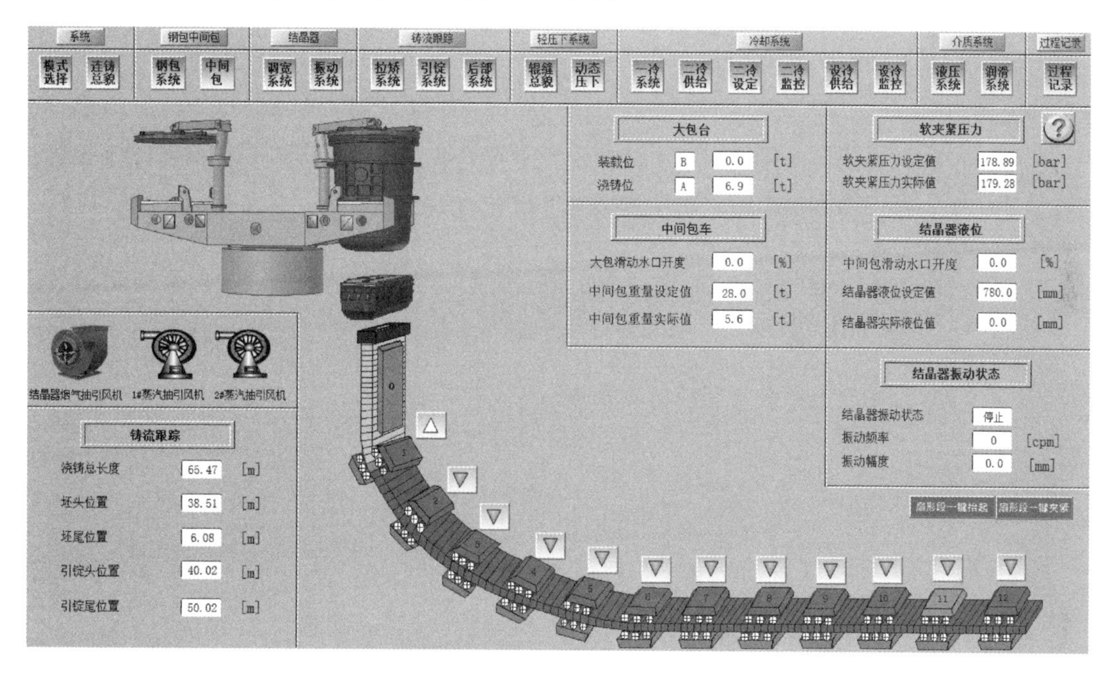

图 6-52 拉尾坯扇形段依次抬起

扇形段白色表示抬起，灰色表示压下，橙色表示软夹紧；驱动辊白色表示抬起，蓝色表示引锭压力压下，橙色表示热坯压力压下，如图 6-52 所示。当铸坯完全拉出扇形段，由辊道运出后，整个拉钢过程结束。在此过程中，可以使用“一键拉尾坯”功能来快速统计出铸坯信息，以尽早结束拉尾坯过程。

任务清单

项目名称	任务清单内容
任务情景	国内某钢铁企业预用板坯连铸机生产2炉Q235B，铸坯规格为250 mm×2100 mm，铸坯定尺长度为3.8 m，连铸机目标拉速1.3 m/min。
任务目标	能够利用连铸板坯虚拟仿真软件完成2炉钢的浇铸。
任务要求	虚拟仿真操作应以不违背生产原则、冶金原理为准则，在此基础上模拟完成钢水的浇铸，生产合格的连铸坯。
任务思考	如何进行换包操作？如何设定切割工艺参数？如何将连铸坯切割为3.8 m定尺？
任务实施	完成连铸板坯虚拟仿真操作。
任务总结	通过完成上述任务，你学到了哪些知识，掌握了哪些技能？
实施人员	
任务点评	

做中学，学中做

连铸方坯的生产操作有哪些特点？请利用虚拟仿真实训软件，完成连铸方坯的虚拟仿真操作。

问题研讨

你认为目前的虚拟仿真实训软件还存在哪些不科学、不合理的地方？给出你的改进建议和意见。

任务 6.2 连铸关键工艺技术与过程控制虚拟仿真实验

知识准备

实验的内容与操作步骤如图 6-53 所示。

图 6-53 虚拟仿真实验操作步骤

6.2.1 实验模块一步骤（连铸机设备组装）

6.2.1.2 连铸机模型组装

点击实验模块一后，可以看到如图 6-54 所示页面，点击“连铸设备组装”标签，可以进入组装实验部分。

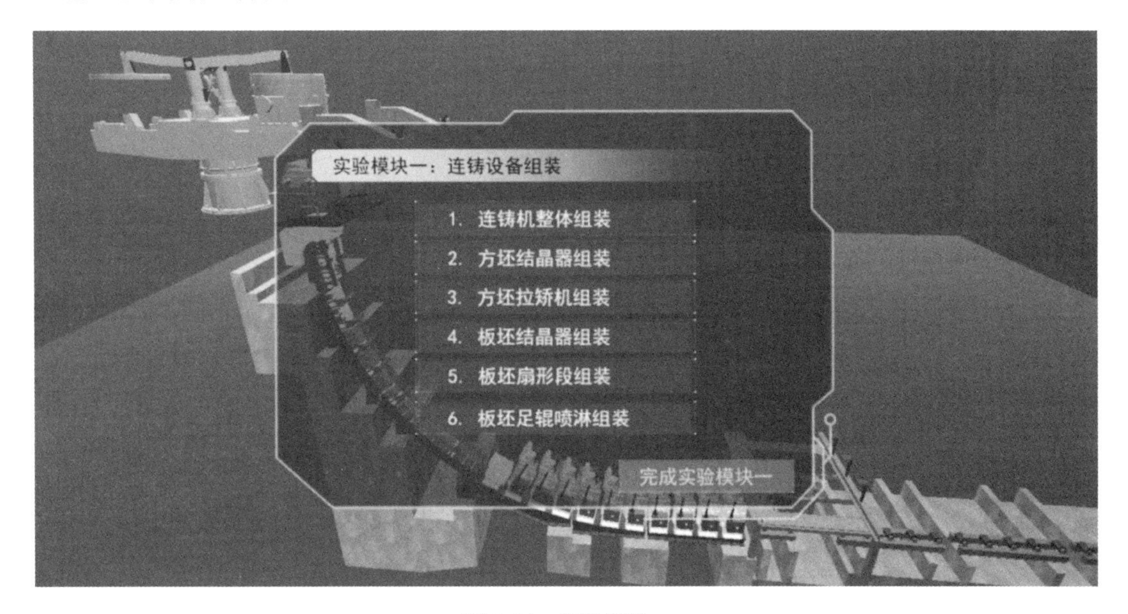

图 6-54 实验模块一

第一个组装实验是“连铸机整体组装”，目的是让学生了解连铸机各部分组成当前状态是组装完成，各个部分已经安装就位，学生可以观察各个部分组件所在位置。

如图 6-55 所示，点击“确认 & 开始组装”按钮后，各个组件部分被隐藏，暗红色立

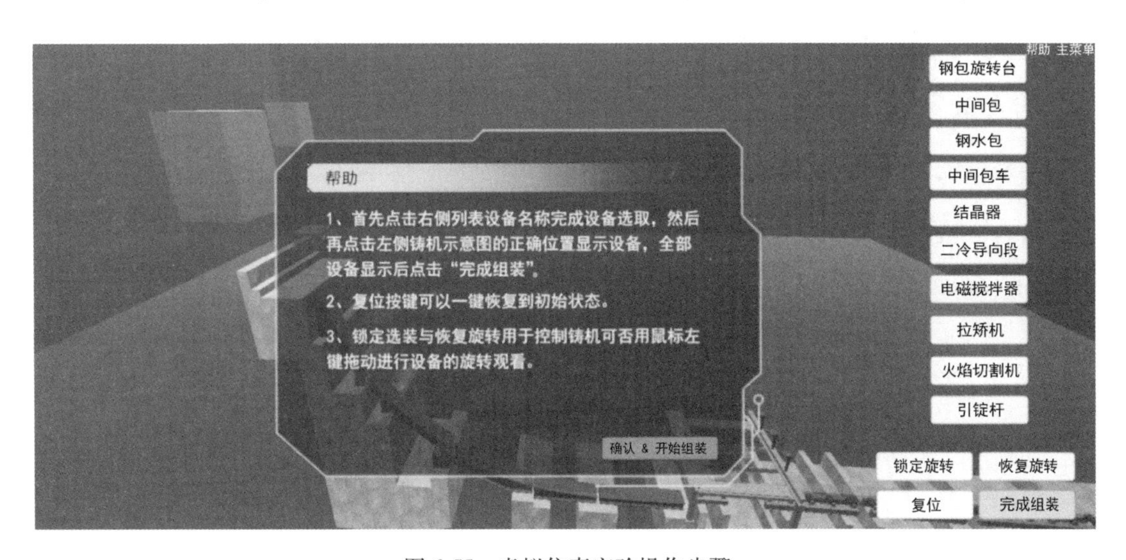

图 6-55 虚拟仿真实验操作步骤

方体区域是表示需要安装组件的空间，右侧按钮表示需要安装的组件；安装过程如下：

如图6-56所示，首先，点击右侧按钮，选择要开始安装的组件；其次，在图中选择并点击合适的立方体。

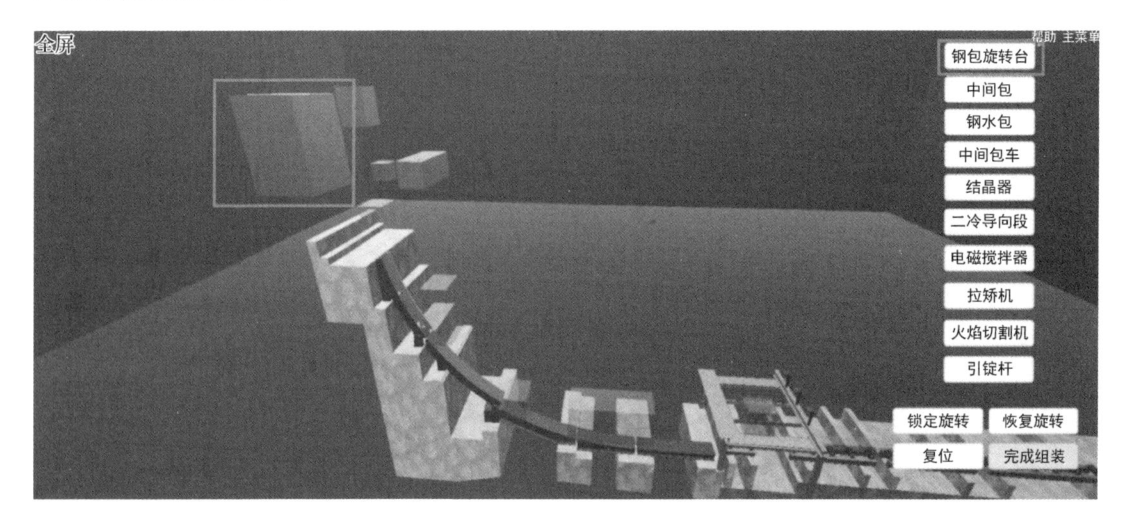

图6-56 组装钢包回转台

如果点击位置正确，则立方体消失，取而代之的是组件图像，如图6-57所示；否则，则不会有任何效果。再次点击右侧按钮，并完成安装，最后点击“完成组装”结束本实验步骤。

如果想重复实验，可以点击“复位”，重新开始。

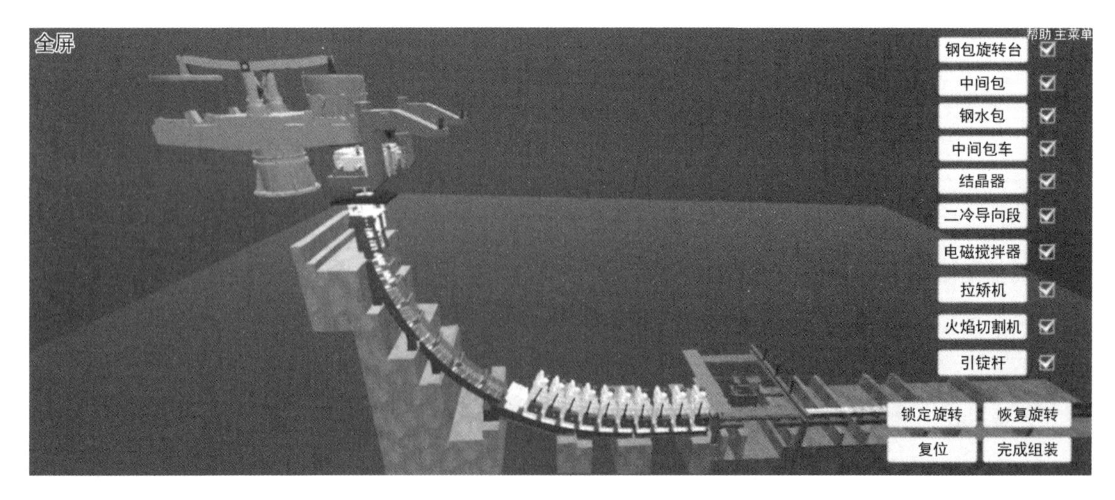

图6-57 钢包回转台组装完毕

如果想以不同的角度观察连铸机模型，可以点击“恢复旋转”按钮，此时，场景可以使用鼠标左键拖动，变换场景视角。点击“锁定旋转”固定场景进行组装。点击“完成组装”后（也可以点击右上角“主菜单”按钮），在弹出的对话框中，选择后续的实验步骤。

6.2.1.3 方坯结晶器组装

在后续实验步骤中，方坯结晶器、方坯拉矫机、板坯结晶器、板坯扇形段、足辊喷淋组装的实验过程基本相同。以下介绍“方坯结晶器”的实验过程，其他实验请参考此过程。

点击“方坯结晶器”，进入实验（见图 6-58），界面列出各类构件，其中包含方坯结晶器正确的构件，也包含不属于方坯结晶器的构件。实验中，需要选择正确的构件，并完成组装。

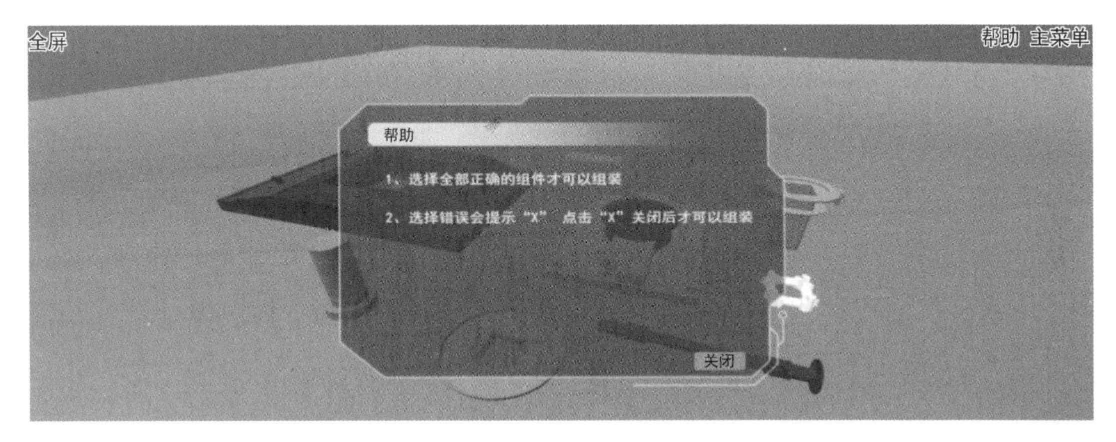

图 6-58 方坯结晶器组装

如图 6-59 所示，在选择过程中，正确的构件会出现“√”，错误的构件会出现“×”；正确的构件，不需要进行操作；错误的构件，可以通过点击“×”，去掉该选项。

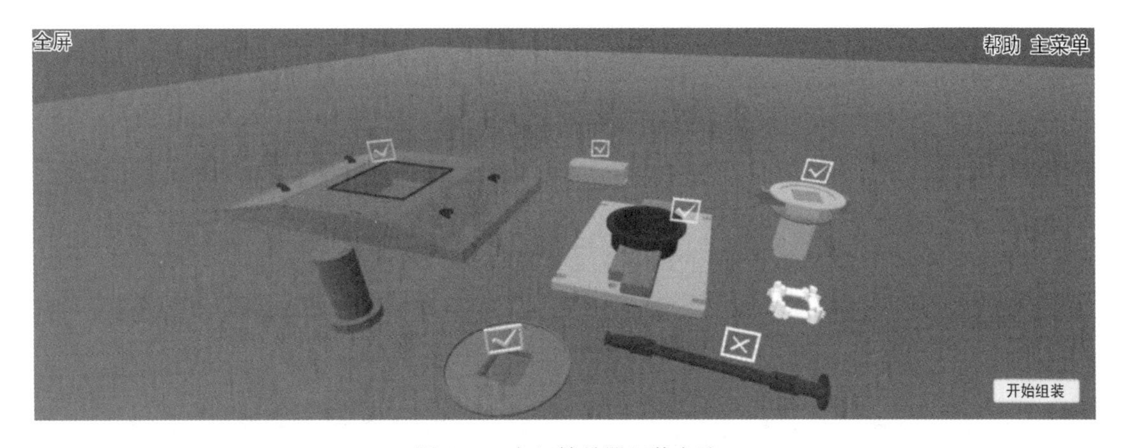

图 6-59 方坯结晶器组装方法

如果在组装过程中，缺少必要的构件，或者选择了错误的构件，点击“组装”，会出现如图 6-60 所示的提示信息标签；要消除错误提示信息，可以点击信息标签。

如果选择的构件完整且正确，点击“开始组装”，则会出现组装后的模型，同时，页面右侧的菜单允许学生隐藏/显示部分组件，如图 6-61 所示。例如：点击“隐藏结晶器外壳”，可以了解结晶器的内部结构、构件组装的次序。最后点击“完成组装及查看”结束本实验步骤。

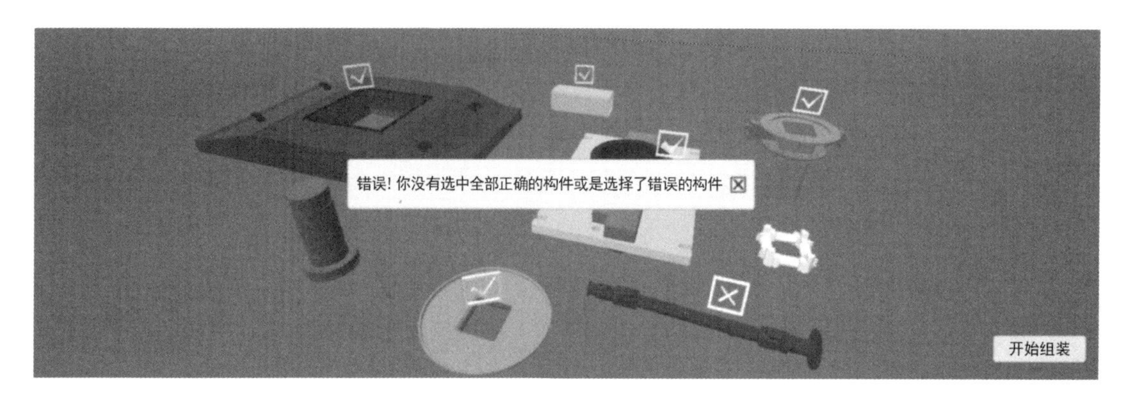

图 6-60 方坯结晶器组装提示信息

图 6-61 方坯结晶器组装完毕

拆解组装方坯拉矫机、拆解组装板坯结晶器段、拆解组装板坯扇形段、拆解组装足辊喷淋4个实验过程与拆解组装方坯结晶器过程、评分标准相同，实验时请参考拆解组装方坯结晶器。各个实验步骤均已完成（打对勾），如图6-62所示，点击“完成实验模块一”（或者点击“主页”），回到主页面。

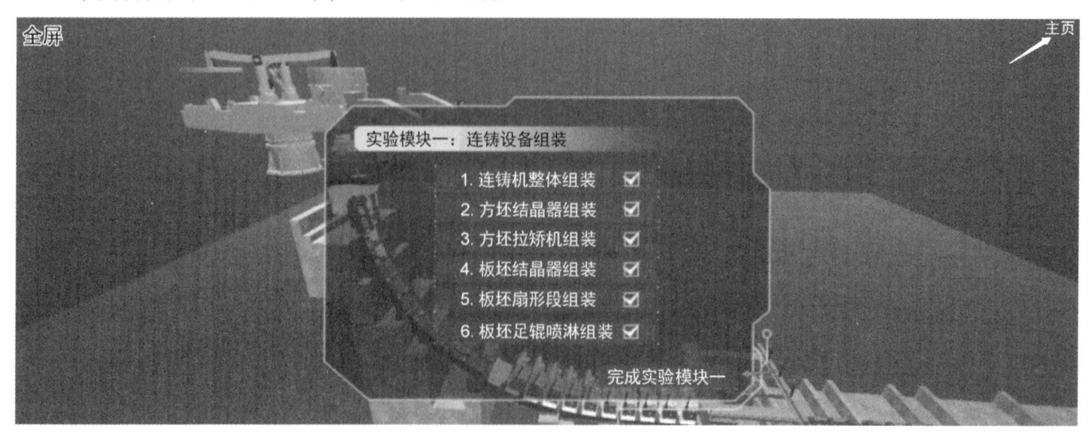

图 6-62 实验模块一完成

6.2.2 实验模块二步骤（连铸生产过程操作）

在“主页”选择“连铸生产过程操作”，开始进行模块二的实验内容。

本实验通过虚拟场景，完成对钢厂实景的了解，并通过对关键操作的观察，学习连铸的生产过程。对于使用计算机的学生，在浏览场景的过程中，可以通过键盘的 W(前)、A(后)、S(左)、D(右)，来控制视角的移动，也可以通过键盘↑↓←→控制视角移动；鼠标右键拖动可以改变视角方向。

实验过程中，可以根据地面的箭头提示（见图 6-63），找到指定的地点，完成各项操作。

图 6-63　虚拟场景箭头

到达操作的场景时，场景中的文字标牌和四棱柱（见图 6-64）是操作的开始，点击四棱柱，可开始动画演示。

图 6-64　文字标牌和四棱柱

在演示动画过程中，可以通过鼠标键盘控制视角，跟随动画场景变化，如图6-65所示。

图6-65 动画演示

如图6-66所示，用户也可以通过“导航”按钮，选择各个操作场景的切换，由于操作场景分布在建筑物中不同的空间，建议用户通过行走的方式，了解建筑的结构和铸机的组成。

图6-66 导航窗口

在操作过程中，部分实验场景模拟真实环境，动画较慢，例如启动开浇、拉坯等，可以通过导航中的对话框，选择适当的加速，例如拉坯可以用5×或10×来提升动画演示速度。

6.2.3 实验模块三步骤（连铸过程控制操作）

回到“主页”，选择“连铸过程控制操作”（见图 6-67），开始进行模块三的实验内容。

图 6-67 连铸过程控制操作主页面

点击“实验模块三：连铸过程控制操作”，进入中控室场景，显示显示器画面，进行数据设置及结果观察。“连铸过程控制操作”内容共有 9 个实验步骤：开浇条件与工艺选择、温度演变、凝固特征、关键工艺、手动压下、非静态浇铸、终浇操作、工艺机理、综合实验测试。

6.2.3.1 开浇条件与工艺选择

如图 6-68 所示，本步骤的功能是实现开浇前的数据设置，其中包括钢种的选择、铸

图 6-68 开浇条件及工艺选择

（蓝色方框内的选项都要设置）

坯断面、水表设置、压下设置以及拉速的选择。设置各项指标数据后，点击“保存设置并开浇”按钮，系统开始进行模型计算，计算结果可以在其他步骤中查看。如果想加快计算速度，可以在“模拟加速”选项中，选择以较快的速度进行计算。

6.2.3.2 温度演变

如图 6-69 所示，本步骤演示在浇铸过程中，固相厚度、液相厚度、中心温度、表面温度的变化情况，请选择对应的曲线，并计算凝固末端位置，在完成实验后，点击“提交答案”。

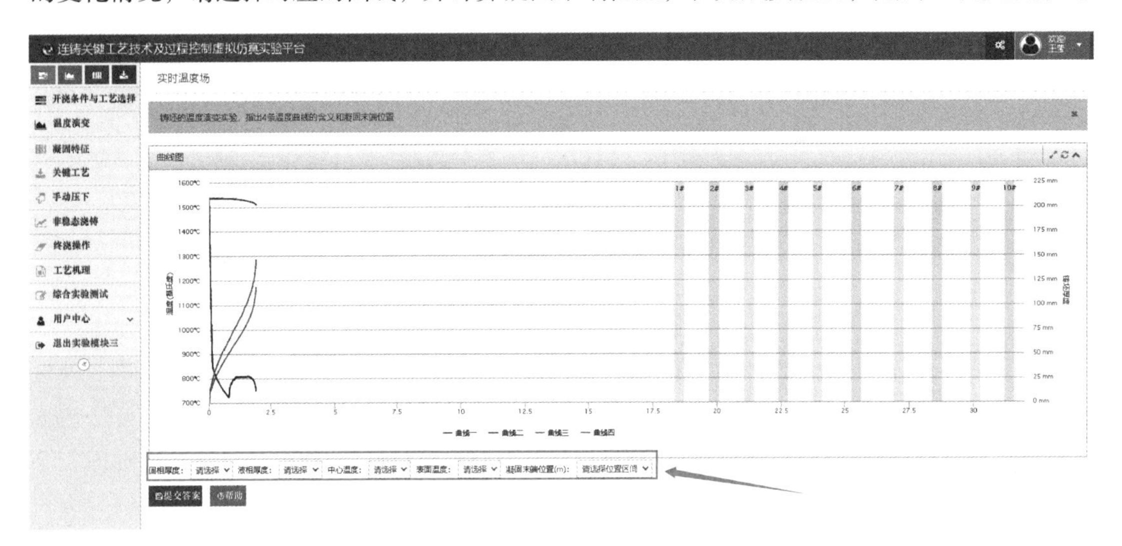

图 6-69 温度演变

（蓝色方框内的选项都要设置）

6.2.3.3 凝固特征

凝固特征中，演示了铸坯侧面中心刨面图的云图（见图 6-70），本步骤需要选择固相

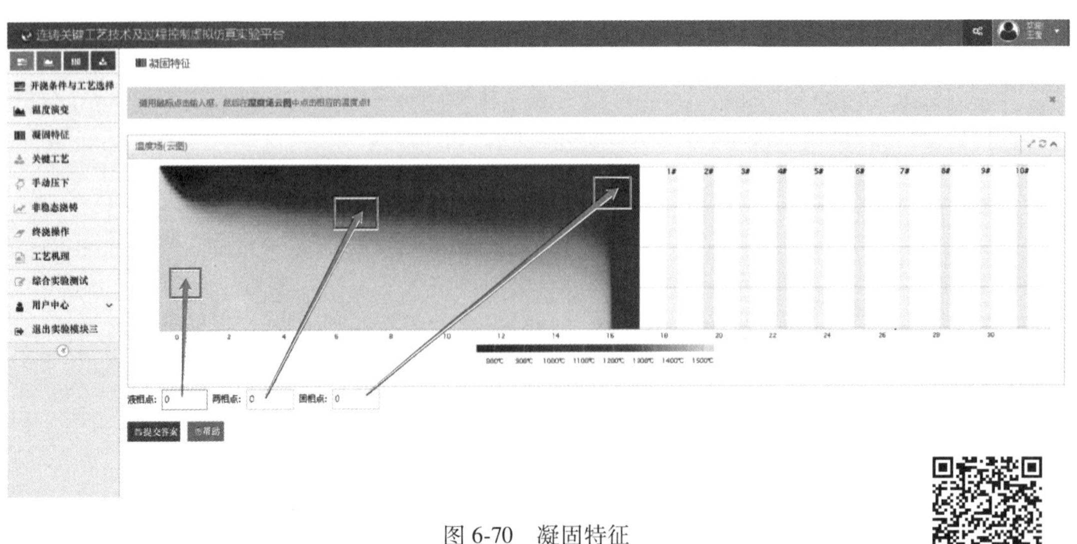

图 6-70 凝固特征

图 6-70 彩图

区、液相区和两相区的代表点；完成后，可以点击“提交答案”；如果温度点选择错误，可以继续点击温度点，直到满足要求。

提示：先点击输入框，再选择温度区域，温度可以自动填入输入框。

图 6-70 中，黄色区域为液相区，温度约为 1500 ℃；红色区域为两相区，温度约为 1200 ℃；蓝色区域为固相区，温度约为 900 ℃。

6.2.3.4　关键工艺

本步骤需要观察锥度图（见图 6-71，点击查看至少 3 个拉矫机辊缝），并查看数据表页面和二冷水页面情况（见图 6-72），本步骤不需提交答案，完成操作后，系统自动记录数据。

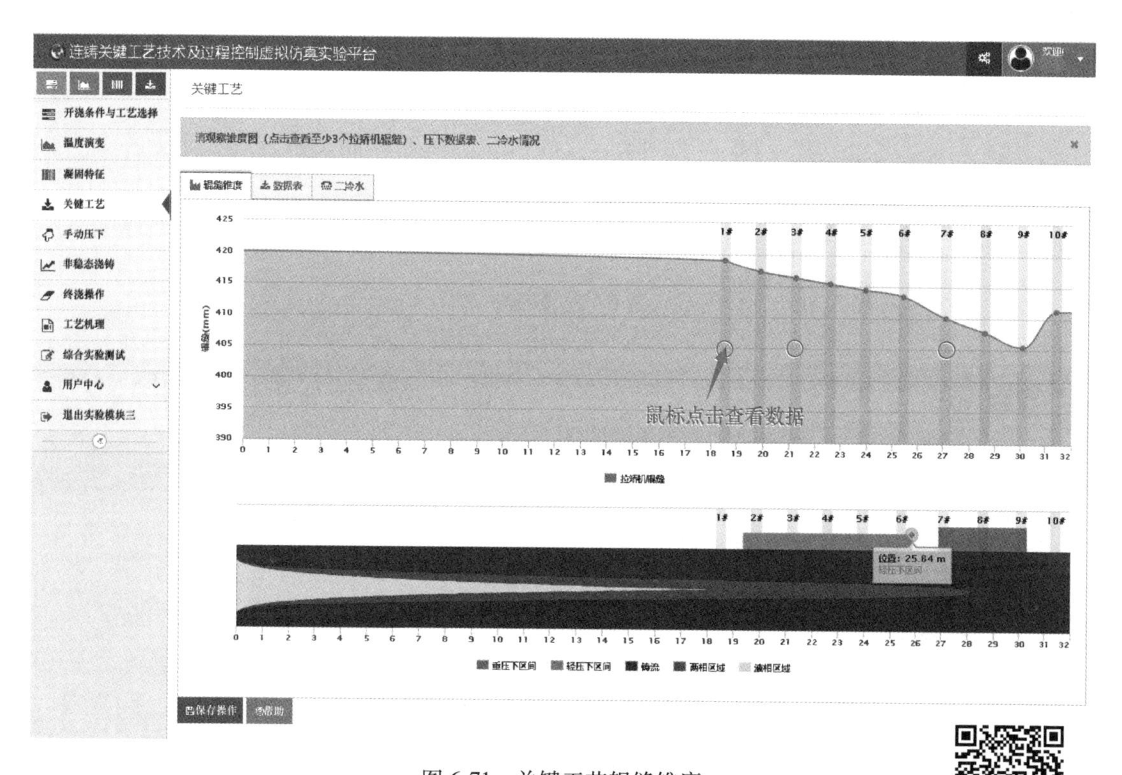

图 6-71　关键工艺辊缝锥度

图 6-71 彩图

图 6-71 中，需在 1 号～10 号区域内用鼠标点击曲线，查看辊缝值，至少查看 3 处。然后点击“数据表”“二冷水”标签查看相关信息。

6.2.3.5　手动压下

如图 6-73 所示，本实验操作需要学生在表格中输入至少 5 个压下量的数据，并且在完成数据输入后，点击按钮“使用新值进行手动压下”，点击按钮后，注意观察图像的变化情况。

6.2.3.6　非稳态浇铸

如图 6-74 所示，非稳态浇铸，表示在更换钢水包时拉速的变化情况，需要通过拖动图中曲线节点的位置，模拟在换包时的拉速变化。完成拉速设置后，点击“保存设置并开始非稳态模拟”按钮，出现“保存成功，开始非稳态浇铸，请查看相关变化 温度演变和凝固特征”提示信息，点击“温度演变”和“凝固特征”分别查看结果变化。

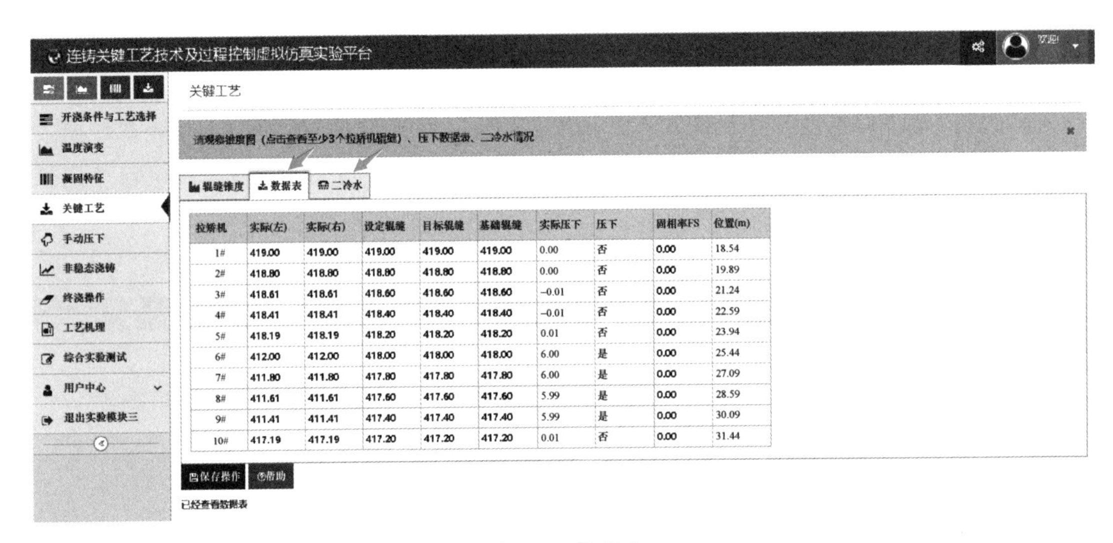

拉矫机	实际(左)	实际(右)	设定辊缝	目标辊缝	基础辊缝	实际压下	压下	固相率FS	位置(m)
1#	419.00	419.00	419.00	419.00	419.00	0.00	否	0.00	18.54
2#	418.80	418.80	418.80	418.80	418.80	0.00	否	0.00	19.89
3#	418.61	418.61	418.60	418.60	418.60	−0.01	否	0.00	21.24
4#	418.41	418.41	418.40	418.40	418.40	−0.01	否	0.00	22.59
5#	418.19	418.19	418.20	418.20	418.20	0.01	否	0.00	23.94
6#	412.00	412.00	418.00	418.00	418.00	6.00	是	0.00	25.44
7#	411.80	411.80	417.80	417.80	417.80	6.00	是	0.00	27.09
8#	411.61	411.61	417.60	417.60	417.60	5.99	是	0.00	28.59
9#	411.41	411.41	417.40	417.40	417.40	5.99	是	0.00	30.09
10#	417.19	417.19	417.20	417.20	417.20	0.01	否	0.00	31.44

图 6-72 数据表

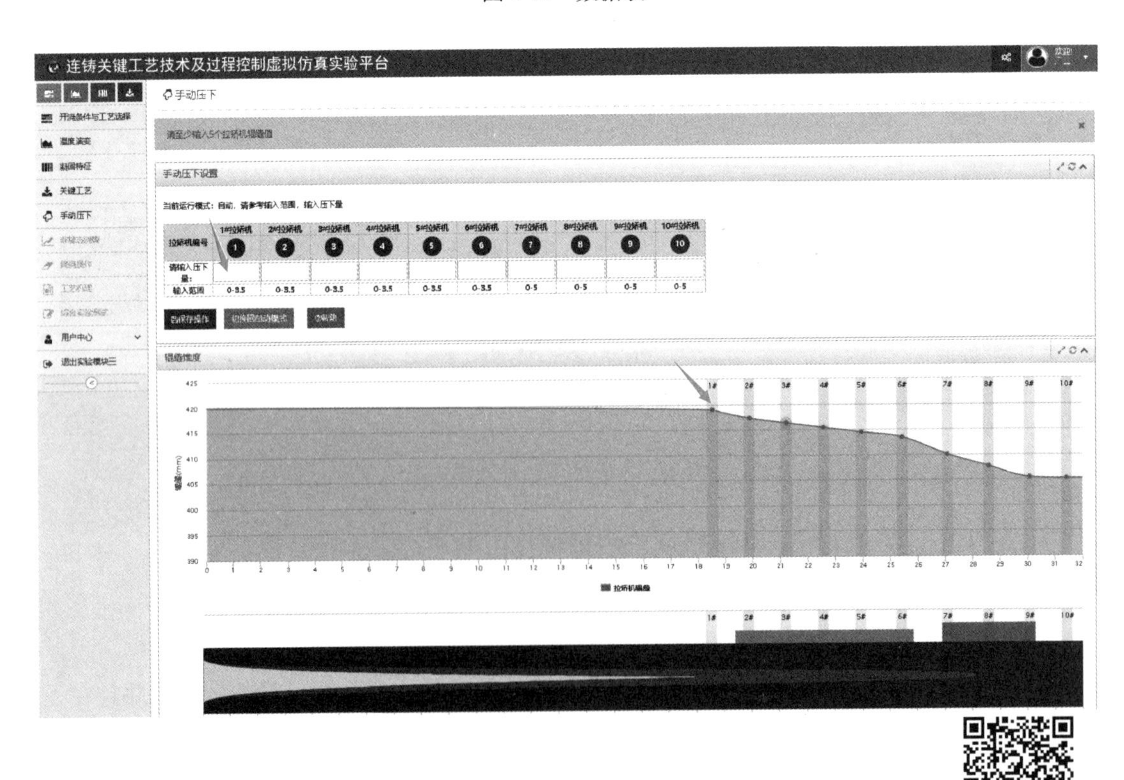

图 6-73 手动压下

图 6-73 彩图

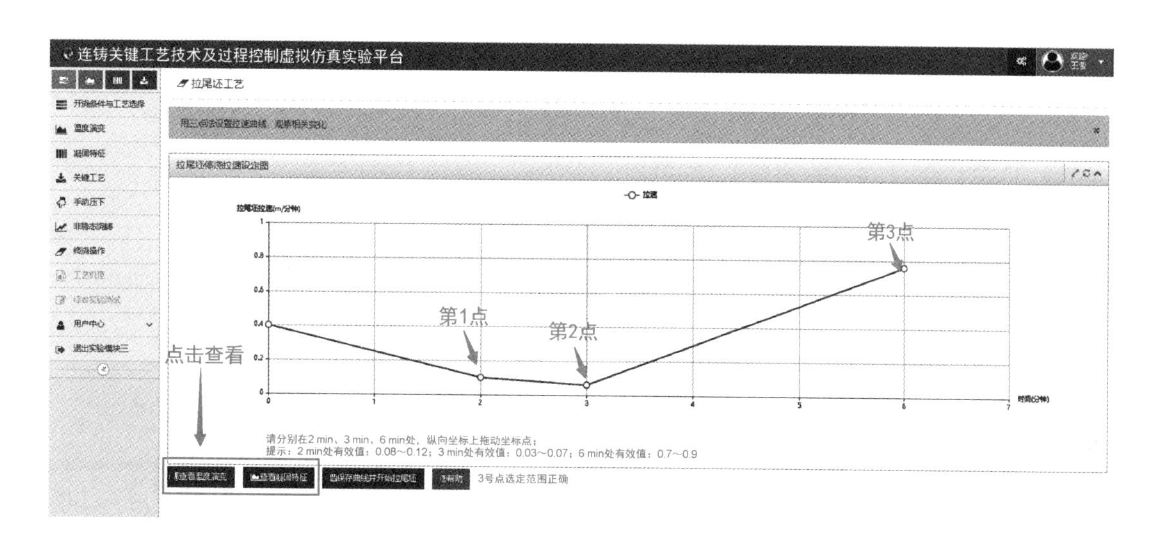

图 6-74　拉尾坯工艺

提示：拖动点到指定范围内，成功后，会出现两个新按钮，点击按钮，查看内容，即完成实验。

6.2.3.7　终浇操作

终浇表示在拉尾坯时拉速的变化情况，需要通过拖动图中曲线节点的位置，模拟在拉尾坯时的拉速变化。完成拉速设置后，点击“保存设置并开始拉尾坯”按钮，与“非稳态浇铸”类似，出现“保存成功，开始拉尾坯，请查看相关变化　温度演变和凝固特征”提示信息，点击“温度演变”和“凝固特征”分别查看结果变化。

提示：拖动点到指定范围内，成功后，会出现两个新按钮，点击按钮，查看内容，即完成实验。

6.2.3.8　工艺机理

如图 6-75 所示，本步骤要求在观看视频过程中，在弹出的对话框中，完成答题操作。视频共包括 3 段：结晶器足辊强冷技术、高效挤压技术、单点+连续压下。

输入答案后，点击“提交”，并完成视频观看，然后再观看下一视频；如果当前视频没有完成播放，那么其他视频将不会播放。

6.2.3.9　综合实验测试

如图 6-76 所示，本步骤要求进行在线测试，测试内容为连铸计算内容，共 10 道题，其中包括单选题、多选题和判断题，完成答题后，点击“提交答案”。

所有实验完成后，一定要将界面移动至底部点击“提交”按钮（见图 6-77），提交后系统会提示实验成绩（见图 6-78）。此过程大约需要 3 s 时间，请耐心等待。

连铸关键工艺技术及过程控制虚拟仿真实验平台
工艺机理
填写具体数值，不要填写范围，例如：2.3
解释说明

图 6-75 工艺机理

连铸关键工艺技术及过程控制虚拟仿真实验平台
综合实验测试
开浇条件与工艺选择
温度演变
凝固特征
关键工艺
手动压下
非稳态浇铸
终浇操作
工艺机理
综合实验测试
连铸工艺过程3D
实验报告
用户中心
退出系统
请完成以下实验相关测试题目（有奖励加分）
1、开浇过程堵引锭头的目的是：（ ）
A. 保温
B. 防止二次氧化
C. 防止开浇漏钢
D. 保护引锭头进一步完善的地方
2、堵引锭头一般选用的冷料不包括：（ ）
A. 石棉
B. 钢丝钢片
C. 陶瓷纤维
D. 耐火砖
3、以下哪一项不是结晶器的四大功能之一：（ ）
A. 质量控制器
B. 凝固成型器
C. 液位稳定器
D. 高效换热器
4、以下哪一项不是连铸坯凝固末端压下的在线控制参数：（ ）
A. 压下区间
B. 压下量
C. 压下效率
D. 压下率
5、连铸坯凝固末端压下位置一般在：（ ）
A. 中心固相率0.1~0.3

6、[单选题]以下哪一项不是凝固末端压下提升铸坯均质度与致密度的原理：（ ）

◉ A. 混匀溶质偏析钢液

○ B. 补偿凝固收缩

○ C. 闭合缩孔

○ D. 破碎粗大柱状晶

7、[多选题]结晶器的主要功能包括：（ ）

☑ A. 高效的传热器

☑ B. 钢水凝固成型器

☑ C. 钢水净化器

☑ D. 铸坯表面质量控制器

8、[多选题]拉矫机的主要功能包括：（ ）

☑ A. 拉坯

☑ B. 凝固末端压下

☑ C. 矫直铸坯

☑ D. 喷水冷却

9、[多选题]扇形段的主要功能包括：（ ）

☑ A. 拉坯

☑ B. 凝固末端压下

☑ C. 矫直铸坯

☑ D. 喷水冷却

10、[判断题]凝固末端压下量越大对铸坯中心疏松的改善效果越明显：（ ）

◉ A. 正确

○ B. 错误

提交答案　帮助

图 6-76　综合测试

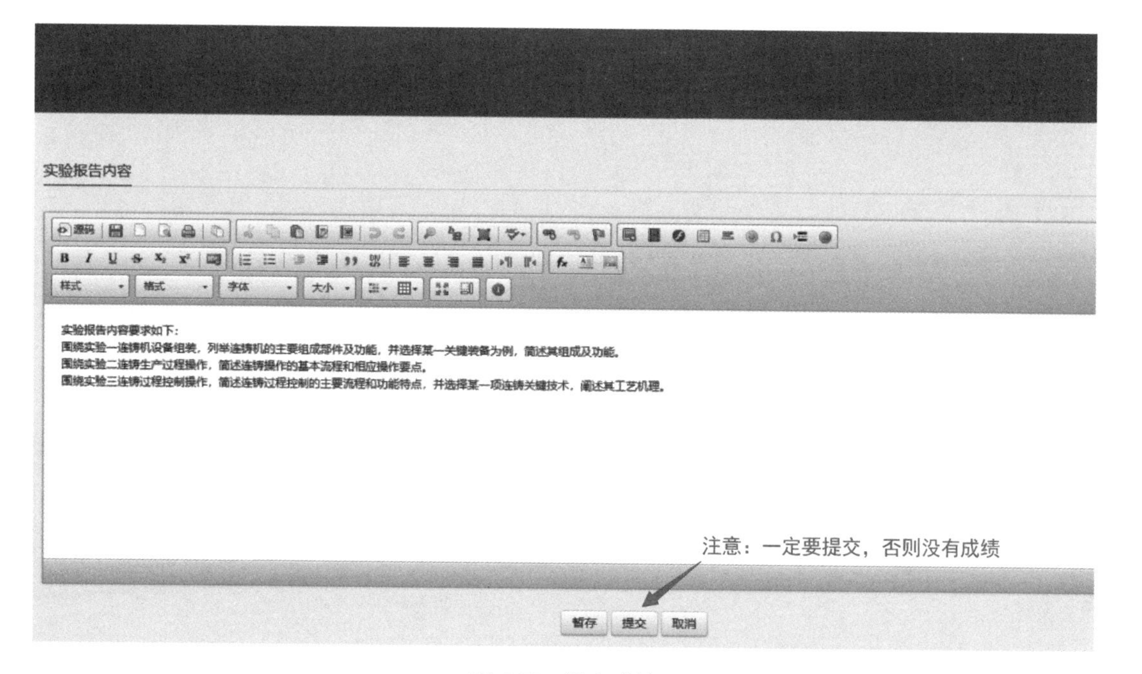

图 6-77　提交成绩

实验数据及结果提交实验空间成功
实验报告
开始时间
结束时间
实验时长
实验成绩
完成状态
2021-7-26 18:08:16
2021-7-26 18:38:56
0时30分
0
未完成
返回实验空间

图 6-78 提交成功

任务清单

项目名称	任务清单内容
任务情景	本实验主要设置连铸装备、生产操作、过程控制 3 个模块，其中过程控制主要包含浇铸设置、凝固传热、关键工艺 3 个部分，共计 5 部分实验内容，具体如下： （1）连铸装备分解学习。对结晶器、拉矫机、扇形段等设备拆解拼装，了解设备结构。 （2）连铸生产操作。掌握连铸生产关键操作及操作过程关键控制变量，包括送引锭杆、中间包车行走、钢包到位、开浇拉坯、火焰切割等。 （3）开浇条件与拉速工艺设置。完成连铸生产过程的准备工作，选择钢种、断面，并设置二冷、压下工艺参数及开浇曲线。 （4）铸坯凝固传热特征。通过交互式操作，掌握浇铸等过程连铸坯凝固传热规律及铸坯凝固特征。 （5）关键工艺。掌握凝固末端压下、表层组织高塑化控制等连铸关键工艺控制技术机理，熟悉非稳态浇铸、拉尾坯等工况下凝固末端压下控制规律。
任务目标	能够利用智能实验平台完成连铸关键工艺技术及过程控制虚拟仿真实验。
任务要求	在深刻理解设备工作原理、工艺原理和关键控制技术机理的前提下，完成连铸关键工艺技术及过程控制虚拟仿真实验。
任务思考	
任务实施	完成连铸关键工艺技术及过程控制虚拟仿真实验，提交实验报告。
任务总结	通过完成上述任务，你学到了哪些知识，掌握了哪些技能？
实施人员	
任务点评	

问题研讨

你认为目前的连铸关键工艺技术及过程控制虚拟仿真实验还存在哪些不科学、不合理的地方？给出你的改进建议和意见。

知识拓展

拓展 6-1 数字连铸与数字孪生技术

数字孪生（Digital Twin）是充分利用物理模型、传感器更新、运行历史等数据，集成多学科、多物理量、多尺度、多概率的仿真过程，在虚拟空间中完成映射，从而反映相对应的实体装备的全生命周期过程。

数字孪生是虚拟世界与现实世界的动态连接。数字孪生技术通过传感技术和物联网技术（IoT）连接现实世界，采用人工智能技术（AI）、大数据分析、数值计算等技术手段建立并持续更新数字模型，为决策提供依据。

数据以及虚拟世界的数字孪生应用，是方法和思维方式的改变。冶金工作者经历了从“假设+实验+归纳”的实验验证（试错法）、“样本数据+机理模型”的模拟择优方法，到运用数据以及虚拟世界的数字孪生研究开发连铸技术过程的变化，实现流程工业的“黑箱”映射到信息数字的“透明”。

数字连铸本质就是通过数据，建立一个并行于现实世界连铸机包括钢水、铸坯、设备的虚拟连铸系统，从而可以低成本地、安全地研究、开发、测试各种工艺参数、设备性能，进行各种工艺、设备等优化，预测和指导现实世界的连铸。

连铸是钢铁大流程中的一个环节，连铸的数字化之路必然在钢铁行业数字化发展的大环境下进行，未来的技术必须将云端业务能力延伸到边缘节点，强化边缘低时延、实时性工业控制，发挥边云协同能力，实现分布式云功能，这样才能实现虚拟世界对现实连铸的实时性工业控制。

未来连铸的数字化要有几个突破：

（1）建立信息物理系统的数字孪生。目标是建立高保真度的数字孪生模型，其核心包括两部分：一部分是位于云端的数字孪生自学习系统，它依据来自物理世界的数据，利用机器学习等智能技术，不断进行自学习，修正模型来适应物理世界的经时变化；另一部分是位于边缘的实时控制，它融入原有的自动化系统，调用经过自学习的数字孪生模型的最新更新，承担生产过程的初设定与动态设定。数字孪生如何无缝地融入原有的边缘自动化系统，用于实现数字孪生与物理实体的实时交互，是解决实际问题的关键。

（2）要在“双层架构”上取得突破。边缘已经发展成为边缘云，它实质上是融合了数字孪生的强大智能功能的自动化系统，它与物理实体实时交互，循环赋能。边缘设有边缘数据中心，进行相应的数据存储、管理和调用。

位于云端智能层的资源配置与管理系统可以包括多个部分：

1）生产计划与调度管理系统（MES、ERP）；

2）设备运维、管理、诊断、维护、点检、检修等；

3）物流、原料、介质、能源调度、管理以及工件跟踪、产品管理、排放管理等；

4）安全系统；

5）连铸仿真模拟系统；

6）数字孪生模型自学习系统，自学习、自适应、高度自治；

7）大数据中心，数据处理、储存、存取，特殊的数据管理方式。

各部分从不同的角度对数字孪生系统的分析决策提供支撑，保证数据采集齐全可靠，数据分析精准，决策科学正确，赋能有效执行。这需要各专业的专家深入研究和多学科的密切配合。

（3）“云”“边”“端”的连接、协调与配合。位于连铸生产线的端部应当具有完备的数据检测系统和精准的基础自动化系统。由于连铸作业条件和技术水平的限制，过去的一些数据难以检测，甚至检测不了，现在可以采用各种新的检测方法来检测，未来会有更多的检测方法和手段。利用机器视觉技术可以提供多维测量的信息，经过数据变换和计算，获得需要的铸坯尺寸、形状、温度、坯壳厚度、表面图形等，并给出定量的表达，这方面有很大的创新空间。可以将原有光纤网络系统与新型的5G网络混合，形成泛在网络，将“云”“边”“端”的内部和外部连接起来，保证数据在系统内自由流动。这样一来，基于全流程建设信息物理系统，将整个流程融合成为一个整体的连铸数字化系统就建立起来了。

钢铁材料

创新材料助推大火箭腾飞

火箭升空需要航天发动机提供强大的动力。很长时间以来，我国航空发动机上需要的某些关键部件材料，不能自主生产，航空产业链条被卡。这种特殊金属材料需要耐高温、耐腐蚀、高强度，制造难度大。

宝武特冶研发团队历经10多年的不懈努力，用镍基合金材料为火箭发动机配套研制了高温合金系列涡轮转子锻件和超长高温合金精细薄壁管材，满足了我国大型运载火箭的迫切需求。

2004年，国内一家航天单位前往上海，与宝武特冶团队展开技术交流及商务洽谈，期望该团队能试制运载火箭发动机的四个关键部件材料。不过，因交付周期等因素，宝武特冶团队与这个项目失之交臂了。

大约一年半后，那家航天单位再次找上宝武特冶团队。原来，此前负责研制的两家单位在某项关键技术指标上未达用户预期，材料综合性能也不理想，使得发动机用涡轮转子锻件的研制成了制约“长征五号”大推力火箭的突出瓶颈。

而解决这一问题的关键在于研制火箭发动机用的镍基合金材料。于是，宝武特冶团队参与到了“长征五号”运载火箭的材料研发工作中。“长征五号”可是“长征”系列火箭里个头最大、分量最重的，大家都亲切地称它为“胖五”。宝武特冶团队承担了火箭发动机中超长镍基合金管材的制造任务。管材外径仅如筷子般粗细，长度却达两层楼高，且仅靠0.4 mm厚的“小身板”，就得承受火箭发动机喷射出的近3000 ℃高温火焰的炙烤。

这“小身板”制造难度极大，宝武特冶团队的研发人员熬过了无数个不眠之夜，历经无数次试验攻关，其间不乏多次失败与挫折。但团队成员皆是“身经百战”的老手，多数时候，他们靠着一股使命感、责任感支撑着自己，每当遇到瓶颈，就会告诫自己：面对国家重任，必须使命必达！就这样，他们攻克了90多道工序的制造难关，最终成功试制出全部符合设计要求的镍基合金材料，这对航天工程而言，使命特殊且战略意义重大。

能量加油站

党的二十大报告原文学习：加强基础研究，突出原创，鼓励自由探索。提升科技投入效能，深化财政科技经费分配使用机制改革，激发创新活力。加强企业主导的产学研深度融合，强化目标导向，提高科技成果转化和产业化水平。

笔尖钢的突破：提到笔尖钢，人们对其可能并不陌生，因为日常使用的圆珠笔和中性笔中，均使用了这一材料。可是曾经中国每年生产400亿支圆珠笔，占据全球60%的市场份额，大部分利润都被提供特种钢材和设备的日德企业瓜分了。

我国从2011年就开始重点攻克笔尖钢，经过5年的研发，太钢在2016年成功冶炼了一炉笔尖钢，大规模生产之后，日德企业被迫下调25%左右的价格。这就意味着，太钢可以趁机夺取国内笔尖钢市场，甚至还能成功拿下全球市场。那么，研发笔尖钢究竟难在哪里？要知道，研发笔尖钢并不难，最大的困难在于，在球座壁体上有5条供墨水流通的沟槽。更为重要的是，这些沟槽加工误差必须控制在3 μm左右，也就意味着误差不能超过0.003 mm。

这又是什么概念呢？要知道，一根头发丝的直径大约为100 μm，而3 μm就相当于一根头发丝直径的1/30左右。可以想象，加工一个笔尖钢，对于技术要求究竟有多高。如果加工误差过大，那么就会导致在书写过程中出现不流通的情况。而太钢生产的笔尖钢，可以确保连续书写800 m左右不断线。也就是说，国产笔尖钢的质量已经丝毫不弱于日德企业，也就意味着中国终于解决了这一难题。此后，日德企业很难继续瓜分中国圆珠笔利润，这也反映中国已经朝着高端制造领域发展。

模块 7　连铸工艺数值模拟

学习目标

知识目标：

（1）了解 Fluent 软件的功能；

（2）重点掌握连铸结晶器流场和温度场数值模拟基本理论知识。

技能目标：

（1）能够针对连铸结晶器浇铸工艺建立数学模型；

（2）能够利用 Fluent 软件对结晶器流场进行数值模拟；

（3）能够利用 Fluent 软件对结晶器温度场进行数值模拟；

（4）能够对连铸结晶器流场和温度场模拟结果进行后处理；

（5）能够对连铸结晶器流场和温度场模拟结果进行科学分析。

素质目标：

（1）培养学生整合知识和综合运用知识的能力；

（2）培养学生技术实践应用能力；

（3）树立创新创业意识和提升可持续发展能力。

任务 7.1　板坯连铸机结晶器流场和温度场数值模拟

知识准备

在连铸生产过程中，结晶器内钢液流场以及温度场分布是否合理，对于提高连铸生产率、维持连铸过程正常生产、保证铸坯质量都起着至关重要的作用。结晶器流场是指在金属或合金凝固过程中，液态金属经过结晶器时所形成的流场。这个流场对于凝固过程中晶体的生长和形态具有重要影响。在连铸生产过程中，通过优化结晶器流场，可以获得更均匀、致密的晶体结构，提高材料的强度和韧性。影响结晶器钢液流动特性的关键因素包括浸入式水口的设计、水口的浸入深度以及拉坯的速率等。若结晶器内流场分布不合理，会导致液体的流速增快，在弯曲的表面更加湍急，从而导致卷渣的形成，并且给凝固件带来巨大的冲击，使得夹杂物和气泡更容易被凝固件捕获，从而导致连铸顺行性降低，甚至铸坯质量下降。因此，在实际生产中，必须全面考虑各种因素对结晶器内部流场的影响。

在实际生产过程中，结晶器的流场分布特征无法直观地用肉眼去观察、判断，进而进行调整，只能在后续铸坯出现缺陷时才能发现。数值仿真模拟技术在连铸工艺中的应用可以对不同工况条件下的结晶器流场、温度场分布特征进行模拟预测，改善传统连铸工艺“黑箱”操作的现状，进而及时对工艺情况进行调整，大大减少铸坯缺陷，提高生产效率和降低生产成本。因此，数值模拟仿真技术在连铸工艺中的应用是新质生产力生成视阈下智能冶金技术专业高层次技术技能人才必须掌握的一项技能。

下面以实际连铸生产过程中板坯结晶器工艺设备为原型，首先采用 SolidWorks 以及 ANSYS Space Claim 软件对其计算域进行 1∶1 模型建立，然后采用 ANSYS Fluent Meshing 软件进行多面体网格划分，之后采用 ANSYS Fluent 求解器对结晶器的温度场以及流场进行求解计算，最后将模型计算结果导入 ANSYS CFD Post 软件进行后处理。

在连铸生产过程中，结晶器内部钢液的流动与钢渣界面波动是一个十分复杂的物理化学过程，受钢液凝固特性、结晶器振动等多方面因素的影响。因此，结合模拟仿真技术的特点，在结晶器模型建立之前做出如下假设：

（1）将结晶器水口流出的钢液视为不可压缩流体；

（2）不考虑连铸结晶器内凝固坯壳和相变的存在对流场分布的影响；

（3）假设结晶器保护渣只有液渣层，不考虑其粉渣层和烧结层；

（4）假设钢液流动不受结晶器振动和锥度的影响；

（5）结晶器内钢水的物性参数不随时间变化，假定为常数。

在以上条件的基础上，忽略结晶器以及浸入式水口的耐火材料部分，只对结晶器工艺过程中的钢液相建立相应的计算域模型。图 7-1 所示为板坯结晶器常用的两孔浸入式水口原型参数，结晶器断面尺寸为常规 565 mm×165 mm 常规板坯。

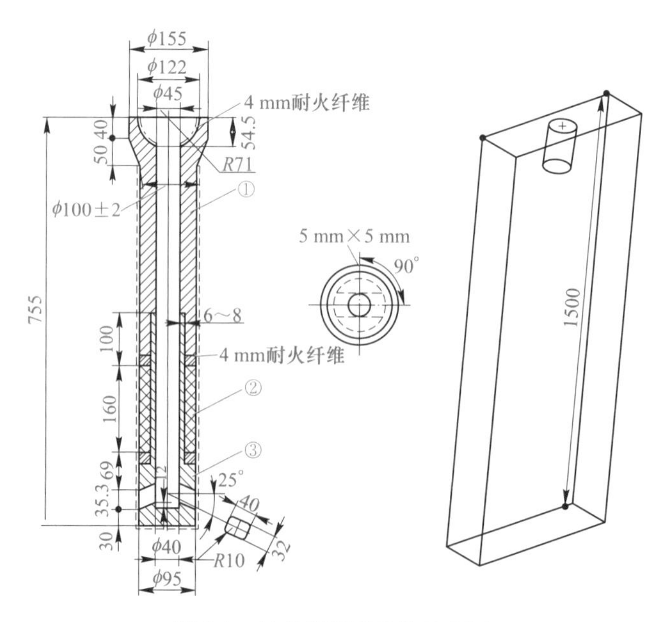

图 7-1 结晶器原型参数示意图

7.1.1 采用 SolidWorks 软件基于结晶器原型参数进行初步模型的建立

采用 SolidWorks 软件基于结晶器原型参数进行初步模型的建立，建立步骤如下：

（1）浸入式水口模型的建立。首先根据实际浸入式双孔水口参数选择上视基准面对水口腔体进行放样操作，然后选择腔体前视基准面对浸入式水口两侧出钢孔进行扫描、拉伸、切除等操作，完成浸入式水口两侧出钢孔的建立，如图 7-2 所示。

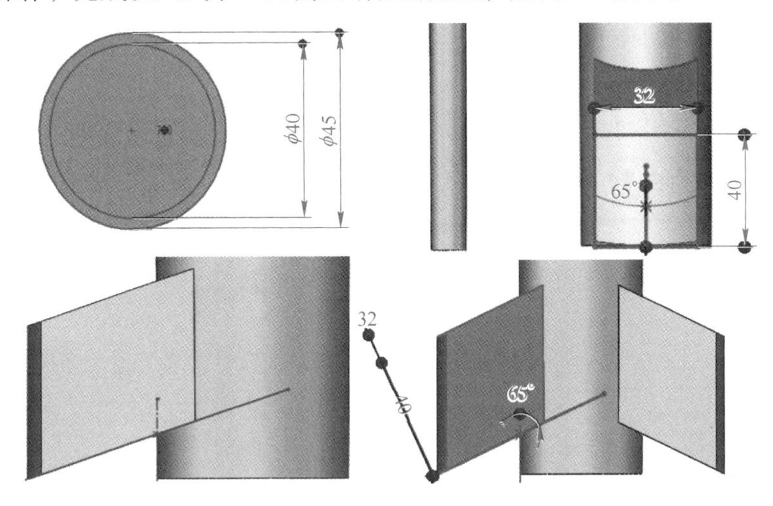

图 7-2 两孔浸入式水口模型的建立（mm）

（2）结晶器铸坯主体模型的建立。如图 7-3 所示，根据结晶器铸坯断面尺寸，首先选择上视基准面进行铸坯断面的草图绘制，然后进行拉伸处理，完成铸坯主体建模，最后根据水口尺寸进行挖孔、切除等操作，从而完成整个结晶器铸坯主体模型的建立。常规结晶器铸坯主体长度应该为 900 mm 左右，在这里为了减小出口回流对整体结晶器流场的影响，将计算域中结晶器铸坯主体模型长度增加到 1500 mm。

（3）整体结晶器计算域模型的建立。如图 7-4 所示，将上述所建立的两孔浸入式水口

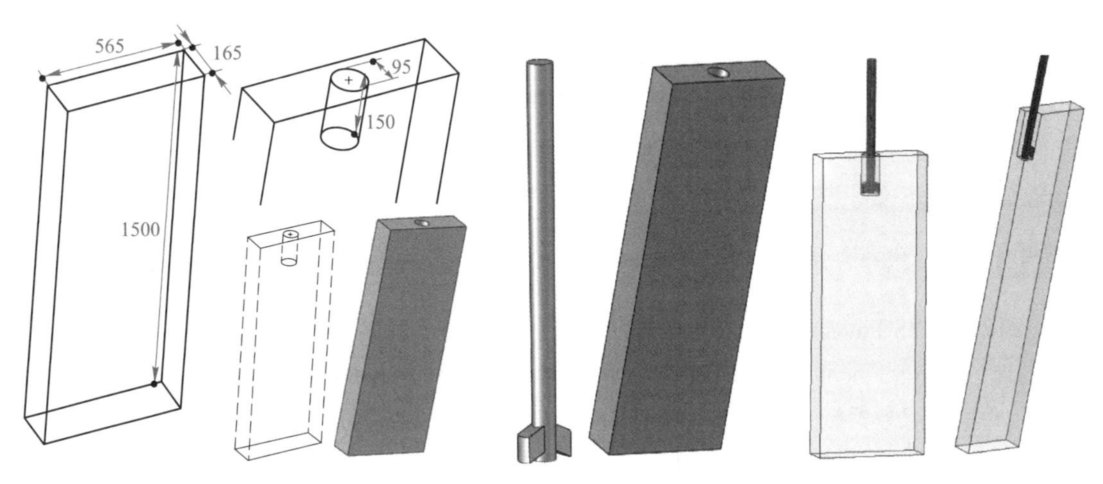

图 7-3 结晶器铸坯主体模型的建立（mm）

图 7-4 整体结晶器计算域模型的建立

以及结晶器铸坯主体模型进行装配操作。根据配合操作对水口在结晶器内的浸入深度进行调节、固定。由于结晶器整体为轴对称模型，所以为提高计算效率，采用切除操作对整体模型的3/4部分进行切除，保留1/4模型为最终的模型计算域。将最终模型以step格式用英文名称另存，以便导入ANSYS Space Claim软件。

7.1.2 采用ANSYS Space Claim软件对上述建立的结晶器计算域模型进行边界条件的定义

采用ANSYS Space Claim软件对上述建立的结晶器计算域模型进行边界条件的定义，设置步骤如下：

（1）ANSYS Space Claim导入设置。如图7-5所示，打开ANSYS Space Claim软件，文件格式选择STEP格式，选中英文名命名的文件点击“打开”进行导入。

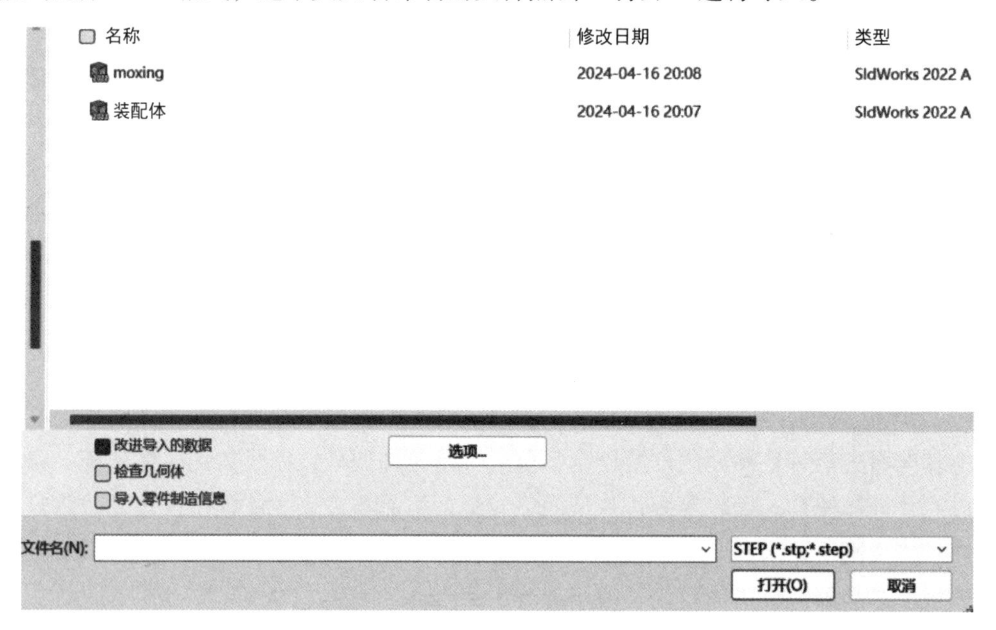

图7-5　ANSYS Space Claim导入设置

（2）ANSYS Space Claim中模型边界条件的定义。如图7-6所示，在结构部分首先对结晶器以及水口计算域部分进行命名，然后在下方结构属性设置里边将共享拓扑选择为共享，然后点击选择群组部分，对计算域中各个面的边界条件进行定义。在上述一系列设置完成之后，点击文件进行保存，保存文件为英文名称。

7.1.3 采用ANSYS Fluent Meshing对计算域模型进行多面体网格划分

采用ANSYS Fluent Meshing对计算域模型进行多面体网格划分，设置步骤如下：

（1）ANSYS Fluent Meshing启动界面设置。启动ANSYS Fluent Meshing，选择双精度求解，并根据服务器配置情况选取相应的并行计算线程，如图7-7所示。

（2）文件的导入设置。在Workflow选项中选择Watertight Geometry模式，点击Import Geometry，对刚才保存的Space Claim进行导入，如图7-8所示。

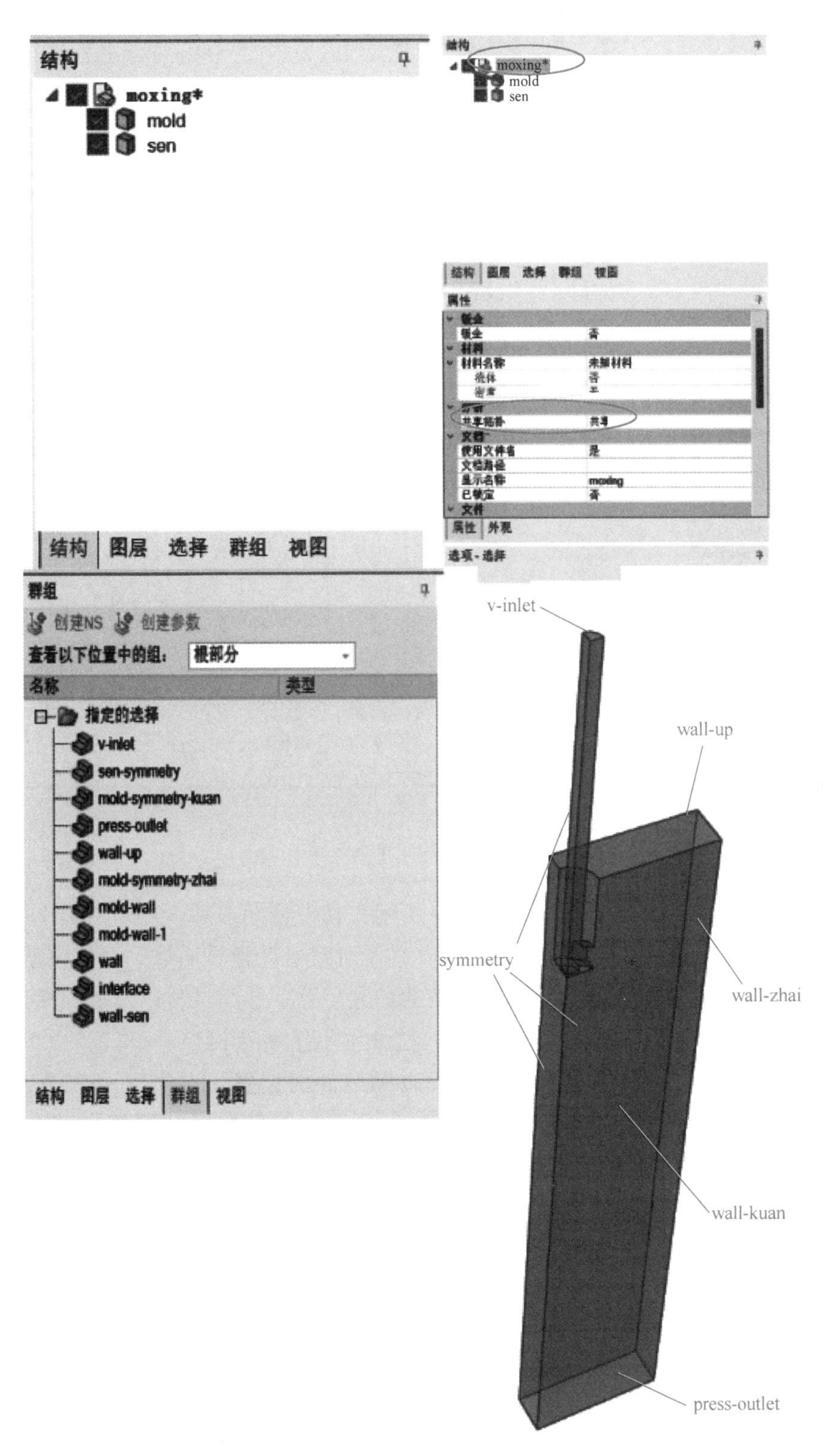
结构
moxing*
mold
sen
结构　图层　选择　群组　视图
群组
创建NS　创建参数
查看以下位置中的组：根部分
名称　类型
指定的选择
v-inlet
sen-symmetry
mold-symmetry-kuan
press-outlet
wall-up
mold-symmetry-zhai
mold-wall
mold-wall-1
wall
interface
wall-sen
结构　图层　选择　群组　视图
v-inlet
wall-up
symmetry
wall-zhai
wall-kuan
press-outlet

图 7-6　边界条件设置

Double Precision

Display Mesh After Reading

Load ACT

Parallel (Local Machine)

Meshing Processes 10

Solver Processes 10

图 7-7 ANSYS Fluent Meshing 启动界面设置

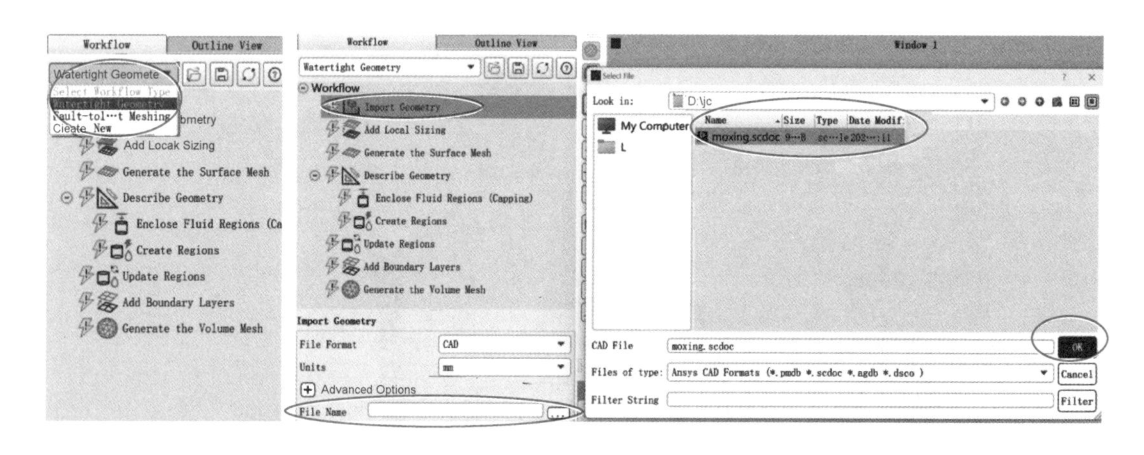

图 7-8 文件导入设置

（3）模型面网格的划分设置。如图 7-9 所示，在模型导入后，点击 Add Local Sizing，选中 Update 直接进行下一步面网格的设置。进入面网格设置界面后，根据模型的最大尺寸以及最小尺寸、结合服务器配置对面网格的最大尺寸、最小尺寸以及增长率进行设置，网格加密，点击 Generate the surface Mesh，建立相应设置的面网格。

（4）模型几何结构属性、流体域以及边界条件的设置。点击下一步进入 Describe geometry 几何结构设置模块，设置如图 7-10 所示，一般保持默认设置即可。然后点击 Describe geometry 进入 Update Boundaries 边界条件的设置界面，对在 Space Claim 中设置的边界条件进行对应和确认。边界条件设置无误后，点击 Update Boundaries 进入 Update Regions 计算域类型的设置，在这里本计算只有两个流体域，确认之后点击左下角的 Update Regions 进入下一步添加边界层的设置界面。

（5）模型边界层网格的添加以及体网格的生成设置。在进入 Add Boundary Layers 添加边界层的设定后，对所添加的边界层层数以及增长率进行设置，一般设置为 3~5 层。设置好边界层后，点击左下角的 Add Boundary Layers，进入下一步 Generate the Volume Mesh 体网格的生成设置界面。在 Fill With 选项中选择 poly-hexcore 多面体网格，然后在 Advanced Options 选项中对 Avoid 1/8 octree transitions 选项选择 yes，其他选项可以微调或者保持默认。设置好后，点击左下角的 Generate the Volume Mesh 生成相应的体网格，如图 7-11 所示。

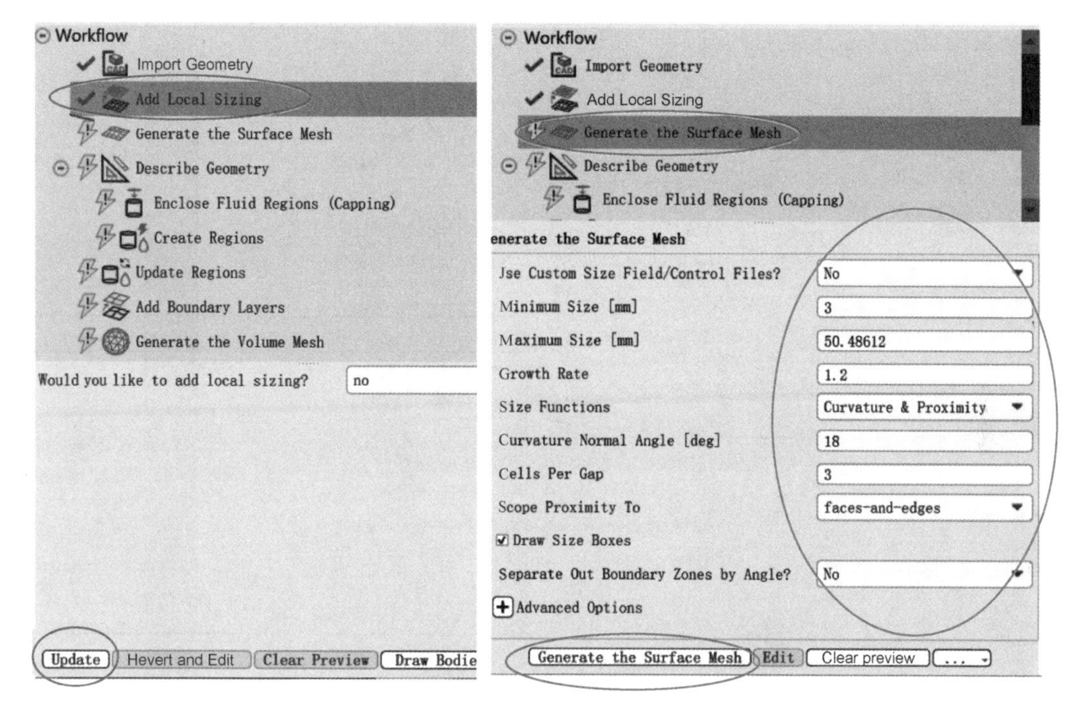

图 7-9 模型网络划分设置

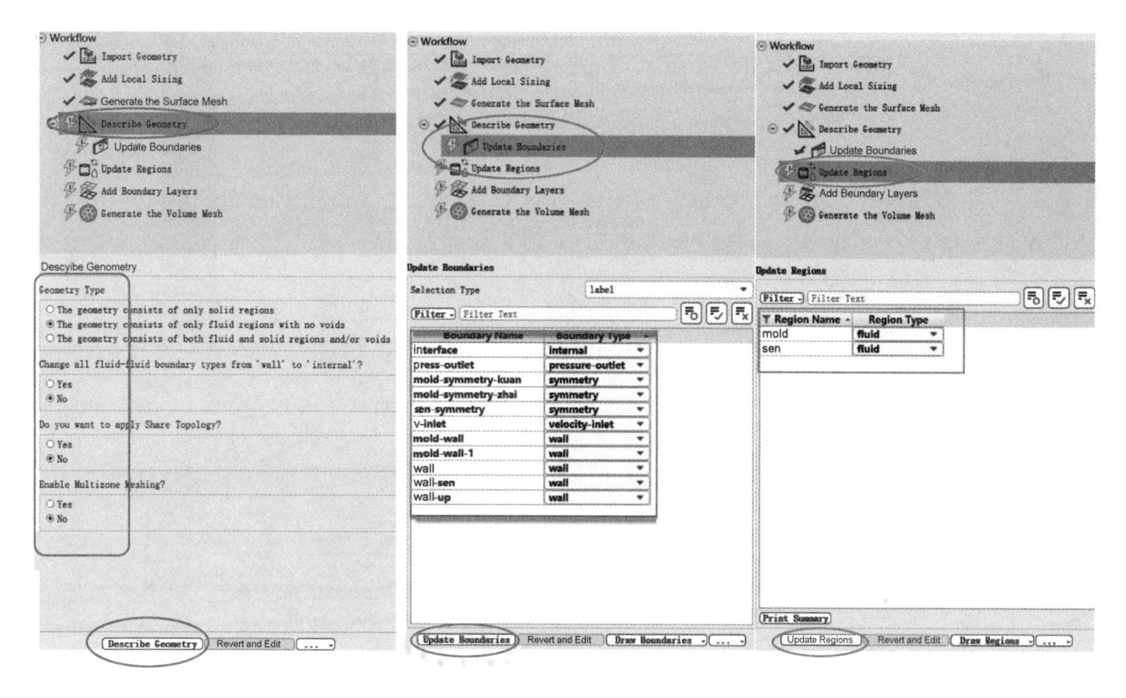

图 7-10 模型几何结构属性、流体域以及边界条件的设置

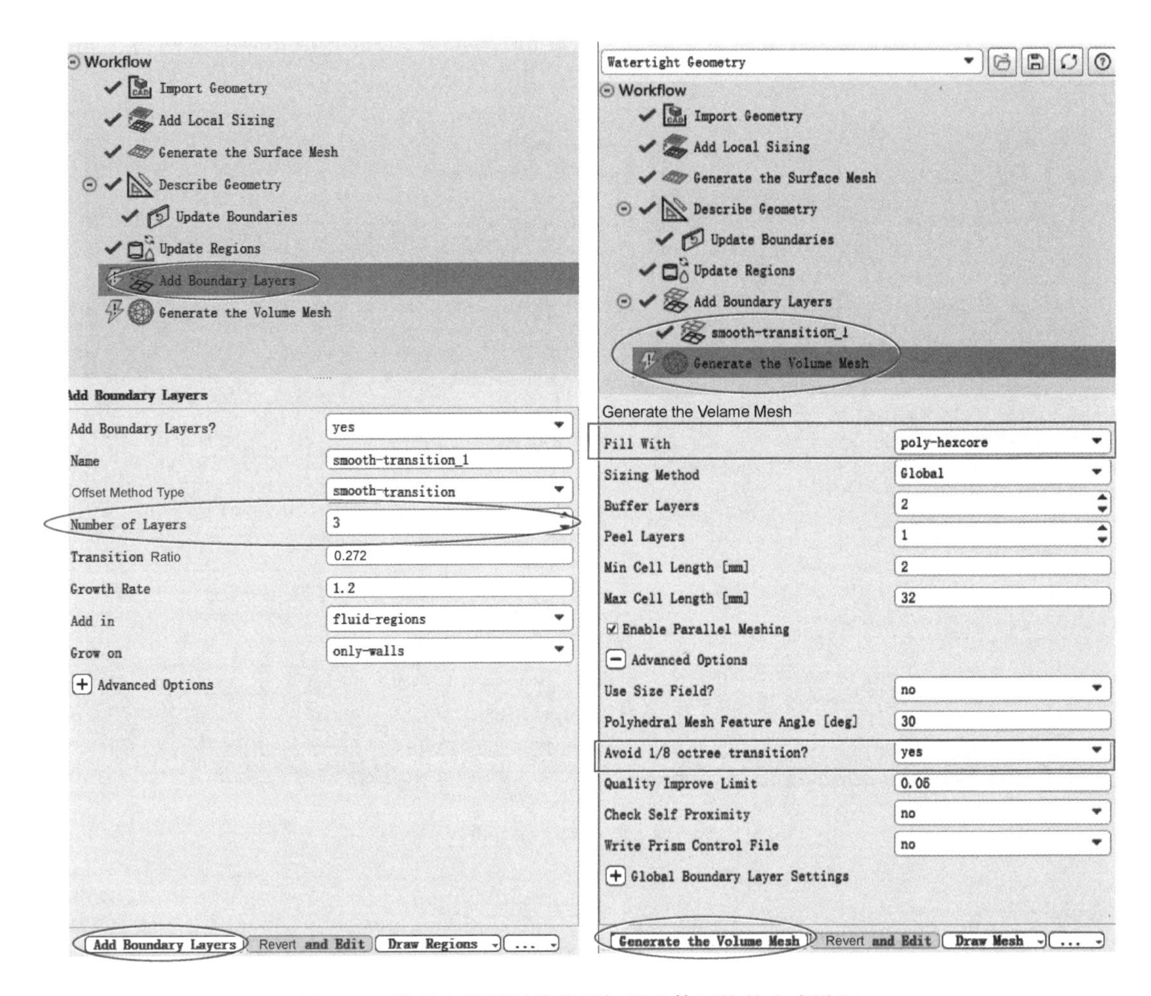

图 7-11 模型边界层网格的添加以及体网格的生成设置

（6）模型体网格质量的查看设置。在体网格生成后，可以点击 Console 控制台，查看生成的体网格质量以及网格数量，如图 7-12 所示。一般单相流计算，多面体网格质量 0.2 以上即可满足计算要求。

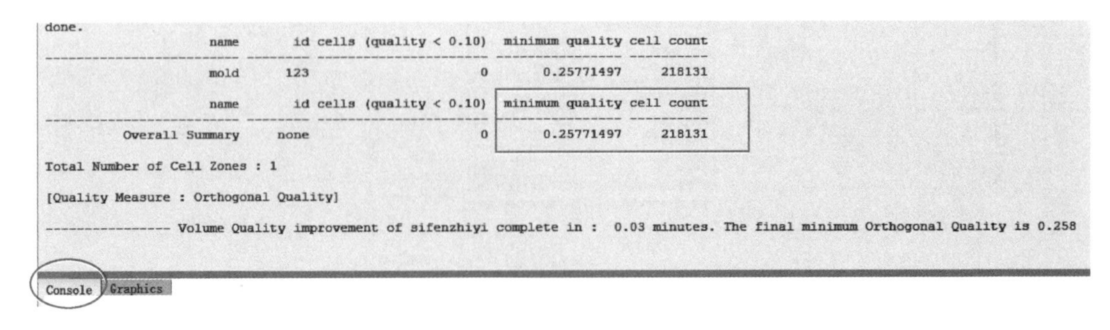

图 7-12 模型体网格质量的查看设置

（7）网格文件的保存设置。如图 7-13 所示，在模型体网格生成完成后，点击左上角

File，选择 Write 对网格进行保存。点击左上角的 Switch to Solution 切换到求解模式，进入 Fluent 求解器中对模型进行求解计算。

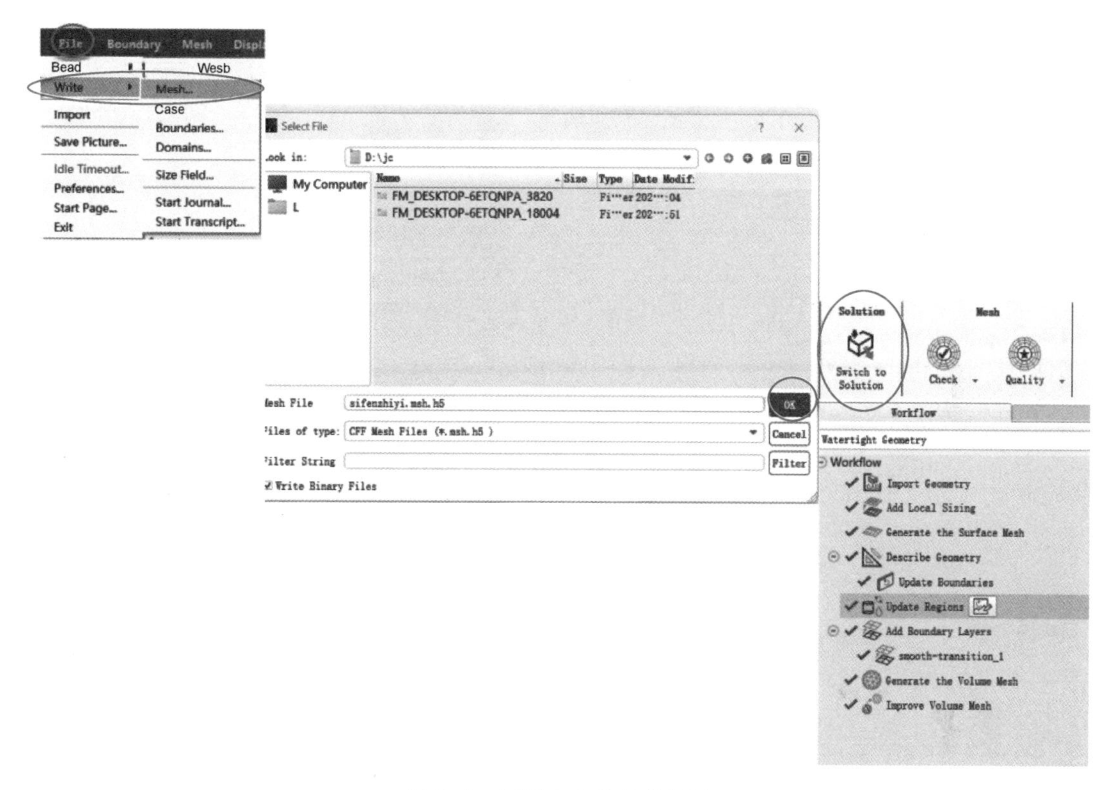

图 7-13　网络文件的保存设置

7.1.4　采用 ANSYS Fluent 对计算域模型进行求解计算

采用 ANSYS Fluent 对计算域模型进行求解计算，设置步骤如下：

（1）ANSYS Fluent 中网格质量的检查设置。进入 ANSYS Fluent Meshing 求解器后（见图 7-14），首先依次点击 Check 和 Report Quality 选项对模型整体网格质量进行检查。当网格 Volume statistics 以及 Volume statistics 的最小值为负值时，说明有负体积，应重新划分网格。Mesh Quality 中最小网格质量在 0.2 以上时，可以进行相应的计算。之后勾选重力选项 Gravity，设置重力加速度，根据模型的坐标系来定义重力加速度的方向。若加速度方向与坐标轴方向一致，则在对应的 X、Y、Z 输入框中填写重力加速度的值，方向与坐标轴箭头一致为正数，相反则为负数。因此，本模型 Y 轴的正方向向上，所以加速度为负。

（2）ANSYS Fluent 模型的网格显示设置。如图 7-15 所示，点击 Display，在 Mesh Display 中勾选 Edges，再点击 Display，可以在右侧界面中看到模型网格图像。

（3）ANSYS Fluent 中能量方程的设置。如图 7-16 所示，点击左侧模型树中的 Models，

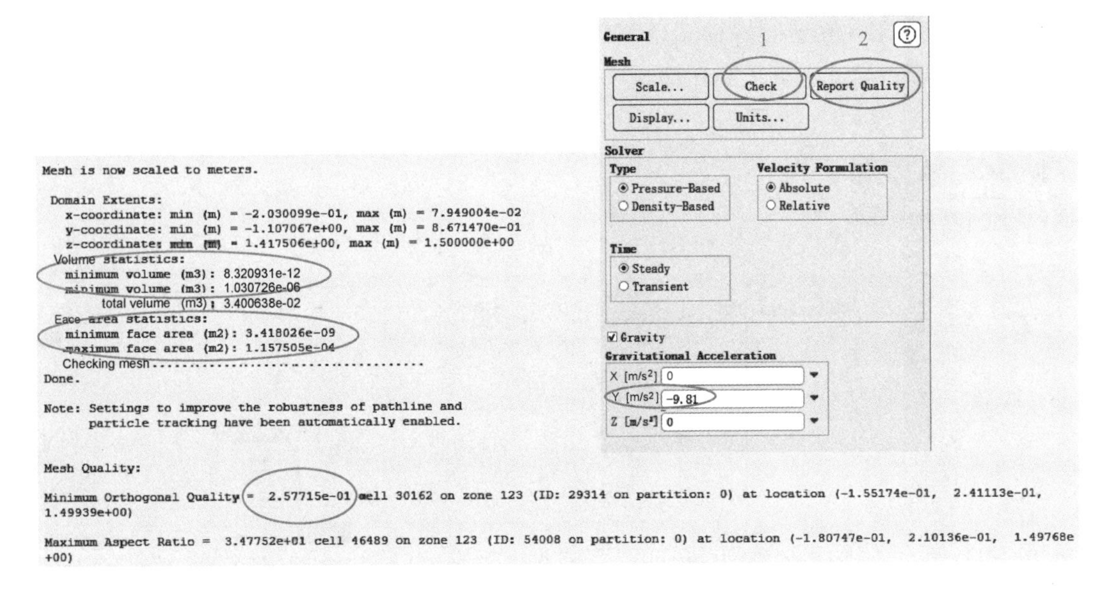

图 7-14 网格质量的检查设置

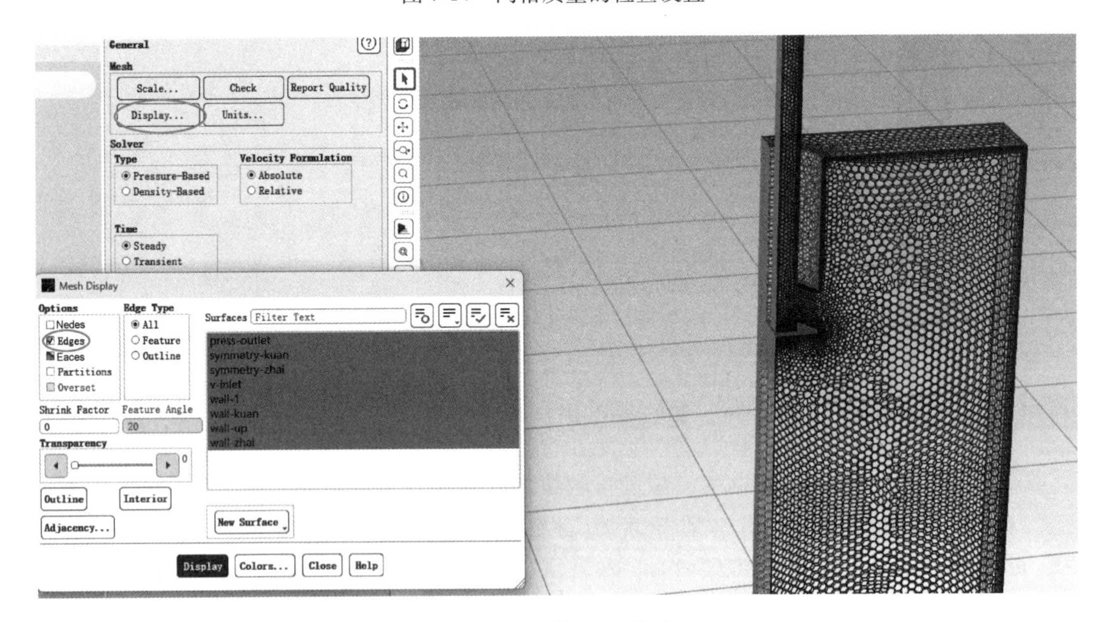

图 7-15 网格显示设置

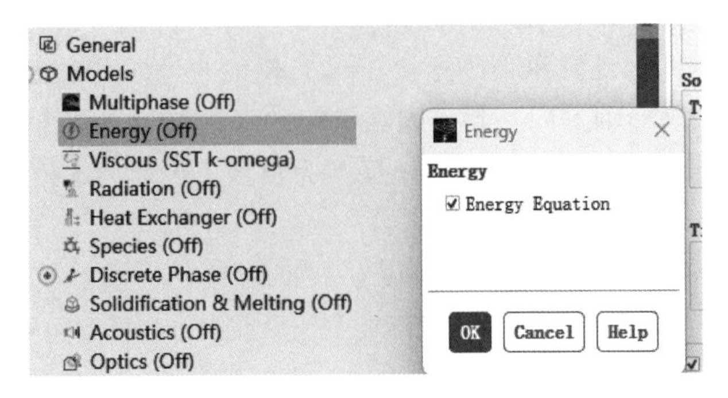

图 7-16 能量方程设置

然后双击 Energy 能量方程选项，在弹出的界面中勾选能量控制方程选项 Energy Equation。选择 OK，加载能量控制方程。

（4）ANSYS Fluent 中湍流模型的设置。如图 7-17 所示，双击 Viscous Model 湍流模型选择选项，选择适合的湍流模型，本模拟在这里保持默认选项，选择 k-omega 湍流模型，点击 OK。

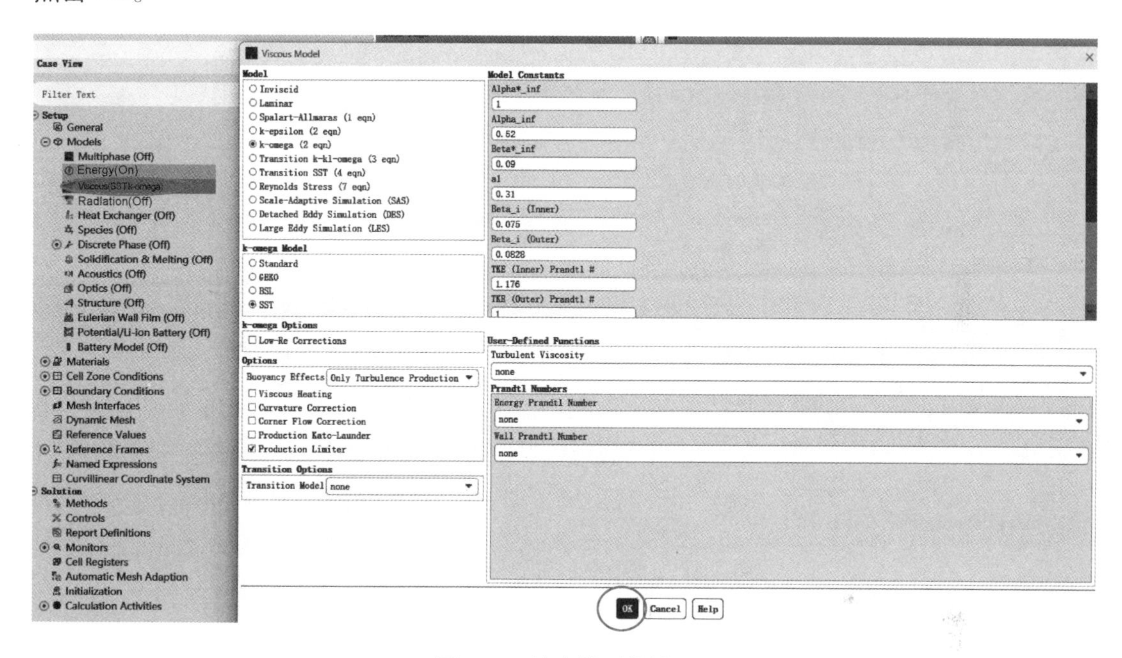

图 7-17　湍流模型的设置

（5）ANSYS Fluent 中材料属性的设置。如图 7-18 所示，在左侧模型树上点击 Materials

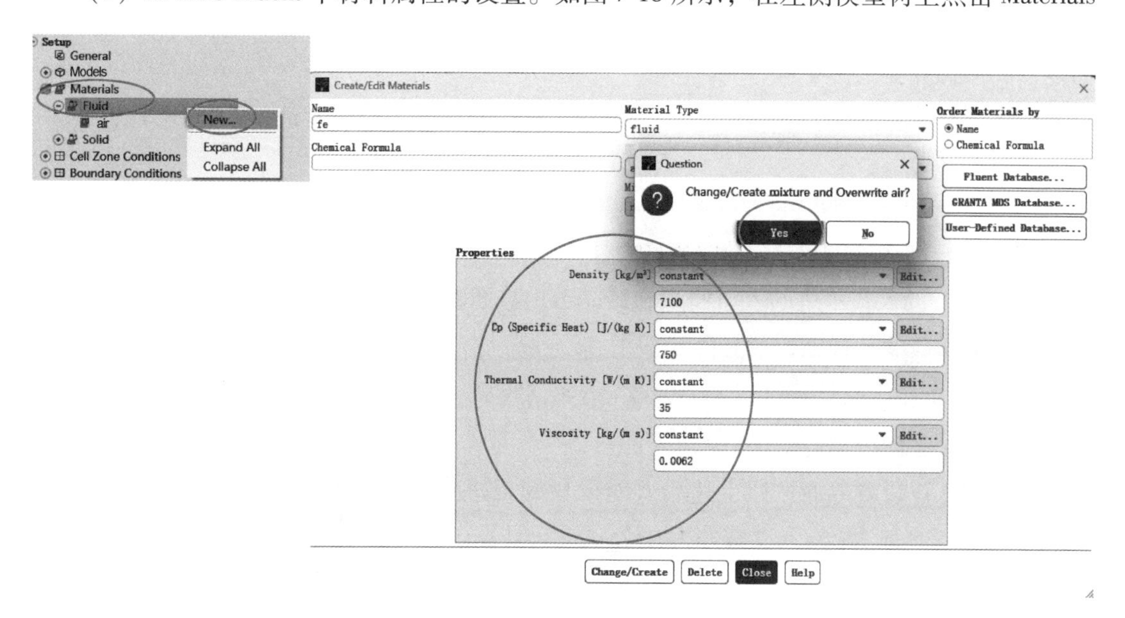

图 7-18　材料属性的设置

材料属性设置，右键点击 Fluid 流体属性设置，选择 New 新材料设置，在弹出的设置界面上对钢液的流体参数进行设置。设置完成后点击 Change/Creat，在弹出的确认界面上选择 Yes，覆盖原有的空气属性。

（6）ANSYS Fluent 中计算域内部区域条件的设置。如图 7-19 所示，点击左侧模型树中的 Cell Zone Conditions，对流体计算域内部区域条件进行确认。双击 Fluid 选项，在弹出界面的对应窗口内选择刚才设置的钢液材料。

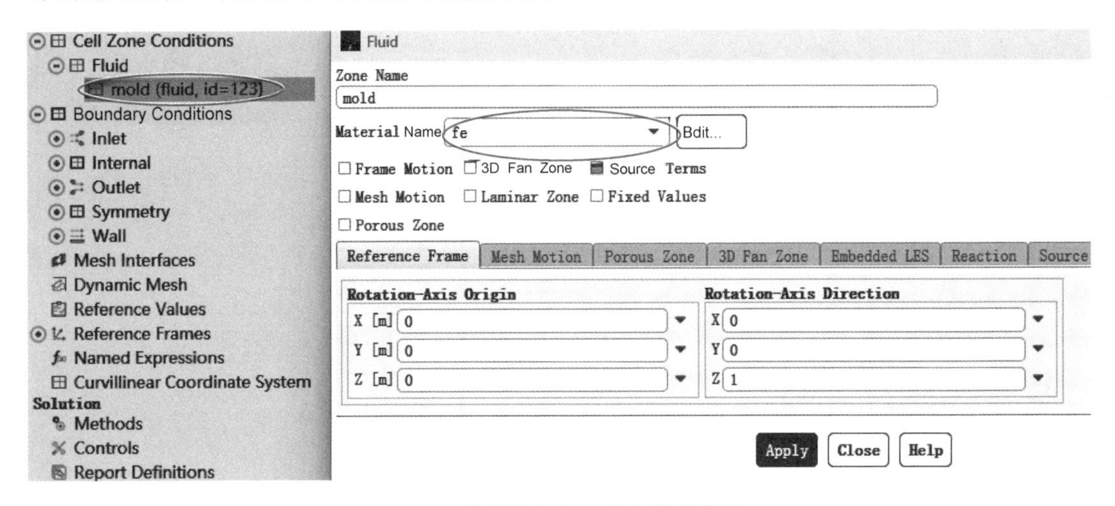

图 7-19　计算域内部区域条件的设置

（7）ANSYS Fluent 中模型边界条件的设置，如图 7-20 所示。

1）入口边界条件的设置。双击模型树中的 Boundary Conditions，在右侧的 Task Page 中点击 inlet，并在 Type 栏下拉菜单中选择 v-inlet。

2）水口入口速度以及湍流强度的计算与设置。入口速度大小根据结晶器的拉坯速度而定，具体计算公式如下：

$$v_{\mathrm{i}} = \frac{v_{拉} \times S_{\mathrm{o}}}{S_{\mathrm{i}}} \tag{7-1}$$

式中　v_{i}——浸入式水口的入口速度；

$v_{拉}$——结晶器的拉速，m/min；

S_{o}，S_{i}——浸入式水口的入口面积和结晶器出口面积，m^2。

相应的入口湍流强度的计算公式如下：

$$I = 0.16Re^{\frac{1}{8}} \tag{7-2}$$

式中　Re——计算得到的雷诺数。

在速度入口设置界面按照上述公式对入口速度进行设置，湍流设置选择 Intensity and Hydraulic Diameter，湍流强度按照上述公式进行计算。Hydraulic Diameter 水力直径为水口入口的直径。选择 Thermal，对入口温度进行设置，钢液入口温度为 1800 K，如图 7-21 所示。

图 7-20　模型边界条件设置

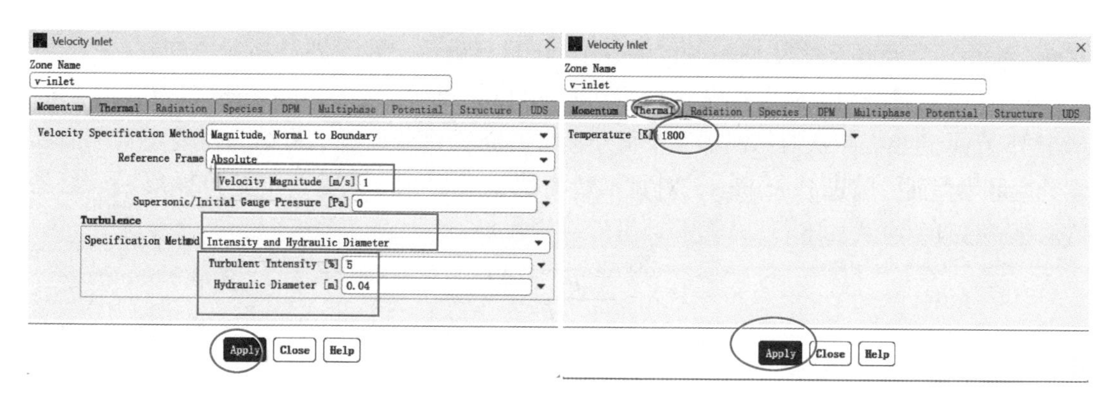

图 7-21　速度入口设置

3）出口边界的设置。模型出口选择压力出口，在 Task Page 中点击 pressure-outlet，在下方 Type 选项中选择 pressure-outlet，点击 Edit 进行设置。压力出口设置中表压保持默认，湍流设置中将湍流强度设置为 1%～2%，减小出口回流对整体流场的影响，点击 Apply 进行确认，如图 7-22 所示。

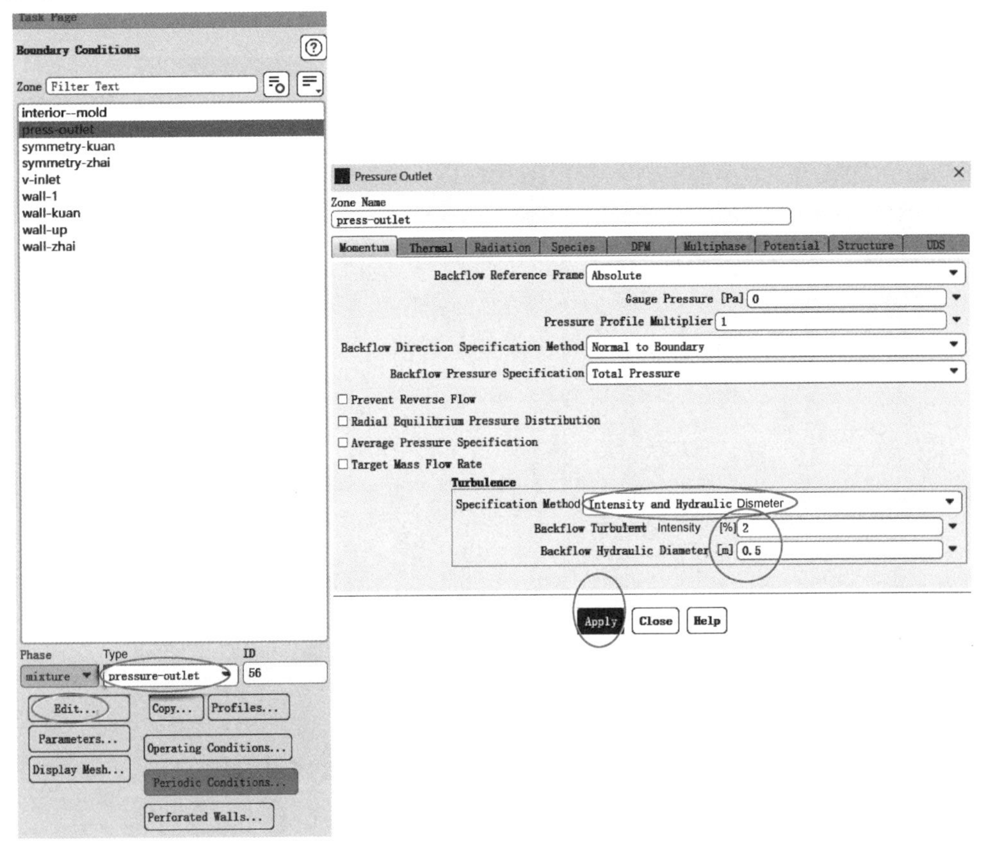

图 7-22　出口边界设置

4）钢液面边界条件的设置。在 Task Page 中点击 wall-up，在下方 Type 选项中选择 wall，点击 Edit 进行设置，将 Shear Condition 设置为 Specified Shear，添加钢液面的剪切力，其他设置保持默认，点击 Apply 进行确认。点击 Thermal，将 up 面设置为绝热壁面，勾选 Temperature，将温度设置为 1800 K，点击 Apply 进行确认，如图 7-23 所示。

5）结晶器宽窄面壁面散热条件设置。双击 Task Page，点击 wall-kuan 以及 wall-zhai，单击 Thermal 选项，依次对结晶器宽窄面壁面散热条件进行设置，将结晶器模型宽窄面都设置为绝热壁面，勾选 Heat Flux，对宽窄壁面的热通量进行设置，如图 7-24 所示。结晶器的热通量计算公式如下：

$$\bar{q}=\frac{c_{pw}\rho_{w}Q_{w}\Delta T_{w}}{F_{m}} \tag{7-3}$$

式中　$\bar{q}$——结晶器热流密度，W/m^2；

c_{pw}——水的比热容，J/(kg·℃)；

ρ_w ——水的密度，kg/m^3；

Q_w ——结晶器冷却水的流量，m^3/s；

ΔT_w ——结晶器冷却水进出口的温差,℃；

F_m ——结晶器有效传热面积，m^2。

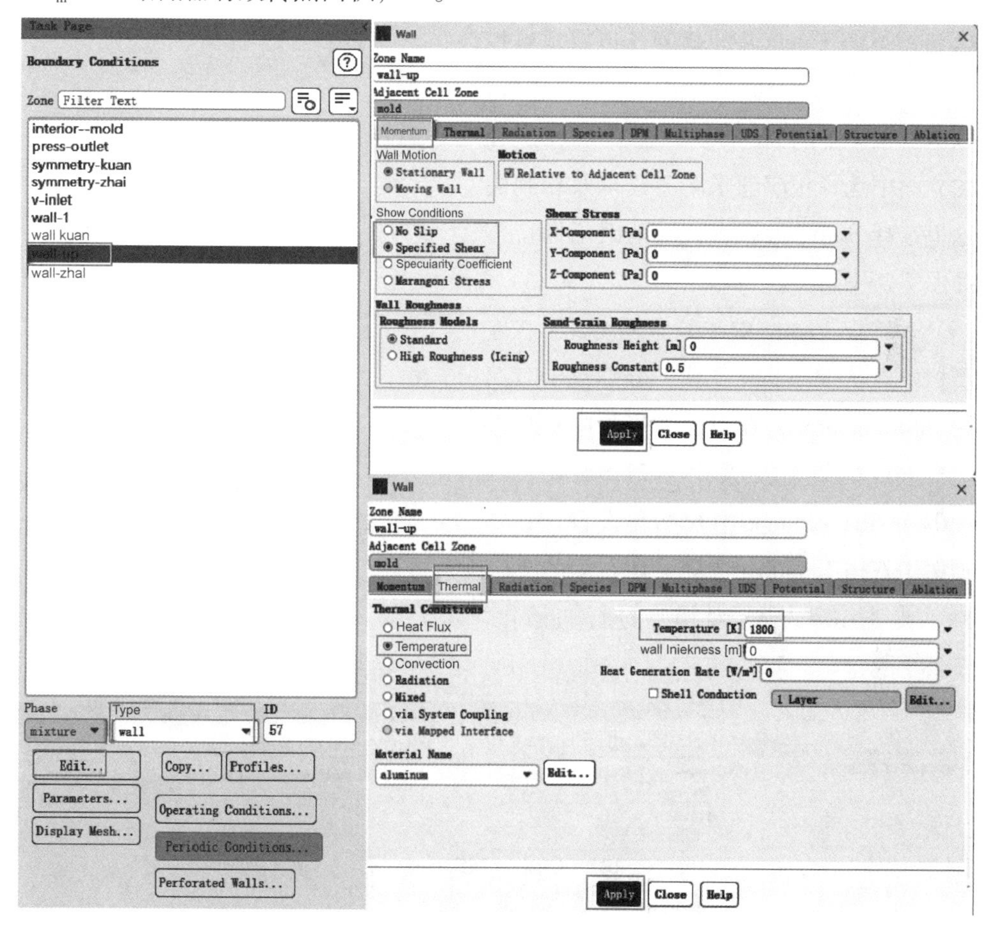

图 7-23　钢液面条件的设置

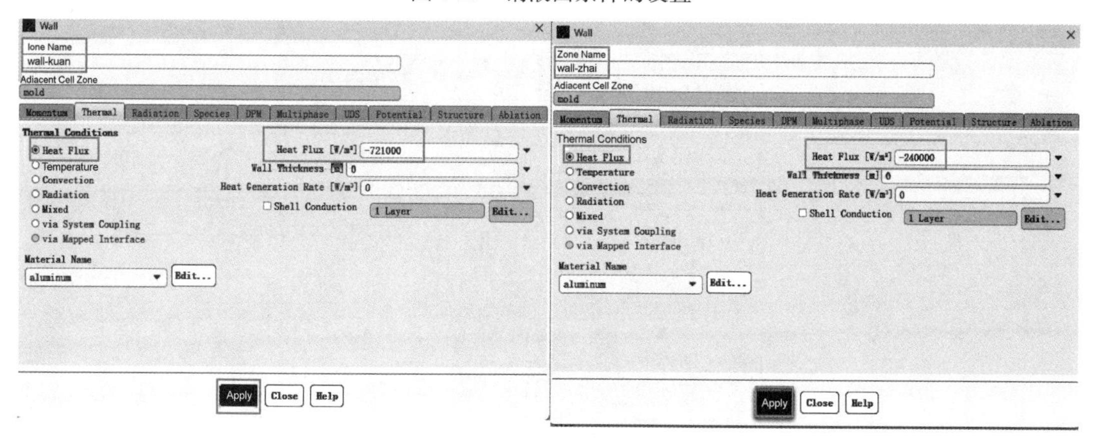

图 7-24　散热条件的设置

6）结晶器对称面的条件设置。在 Task Page 中点击 symmetry-kuan 和 symmetry-zhai，在下方 Type 选项中选择 symmetry 的边界条件。symmetry 中的设置保持默认，如图 7-25 所示。

（8）ANSYS Fluent 中求解算法以及求解控制设置。在左侧模型树中点击 Solution 选项，分别双击其菜单下的 Methods 以及 Controls，在弹出的界面中选择相应的求解算法以及松弛因子。这里选择 SIMPLE 算法，松弛因子保持不变，如图 7-26 所示。

（9）ANSYS Fluent 中残差监测设置。在左侧模型树中点击 Monitors 选项，分别双击其菜单下的 Residual 功能，在弹出的界面中对残差收敛标准进行相应设置，如图 7-27 所示。

（10）ANSYS Fluent 中初始化设置。在左侧模型树中双击 Initialize 选项，在右侧的 Task Page 中，点击 Initialize，对模型进行初始化，如图 7-28 所示。

图 7-25 对称面条件的设置

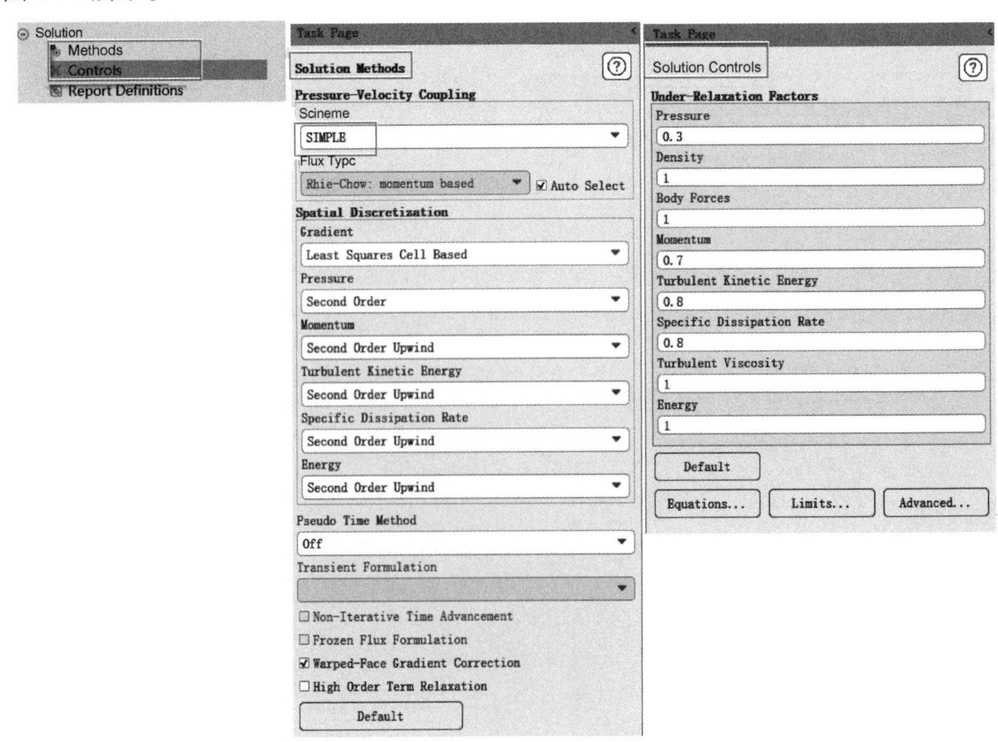

图 7-26 求解算法以及求解控制设置

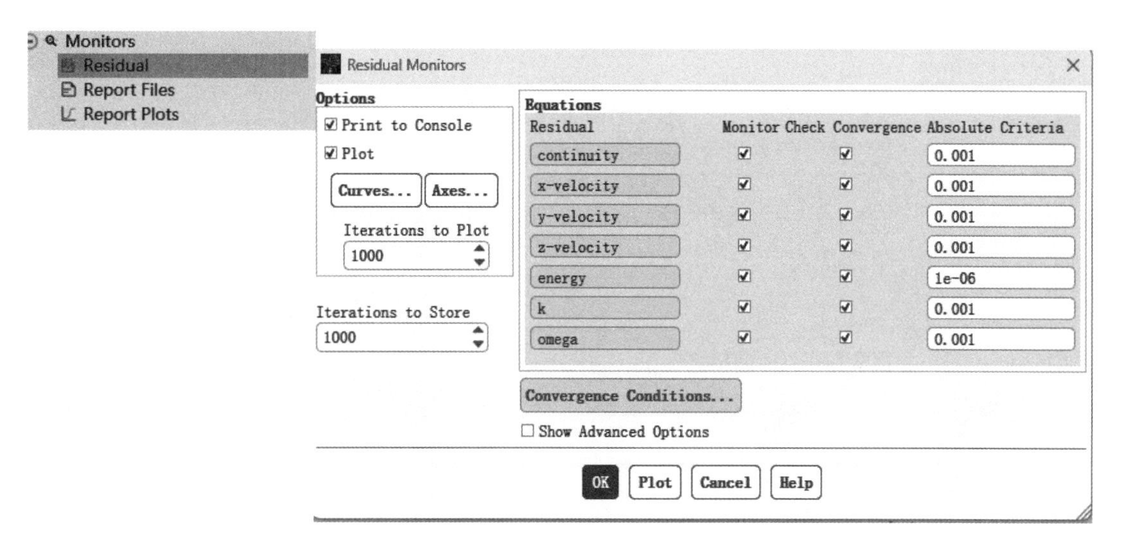

图 7-27　残差监测设置

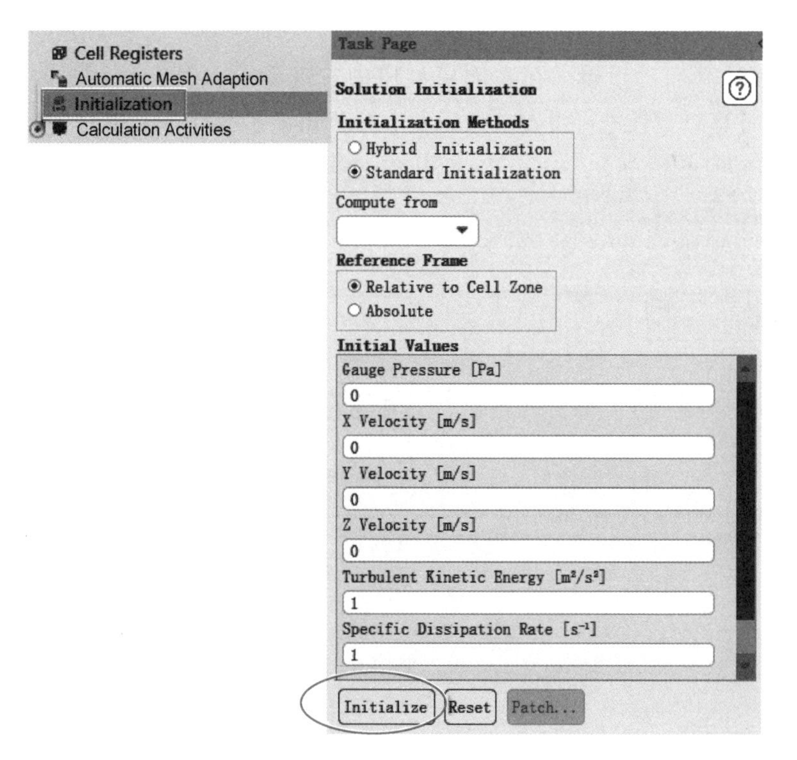

图 7-28　初始化设置

（11）ANSYS Fluent 中自动保存设置。在左侧模型树中双击 Calculation Activities 选项，在右侧 Task Page 界面中点击 Edit，在弹出的界面对计算过程中案例的自动保存频率以及保存位置进行设置，如图 7-29 所示。

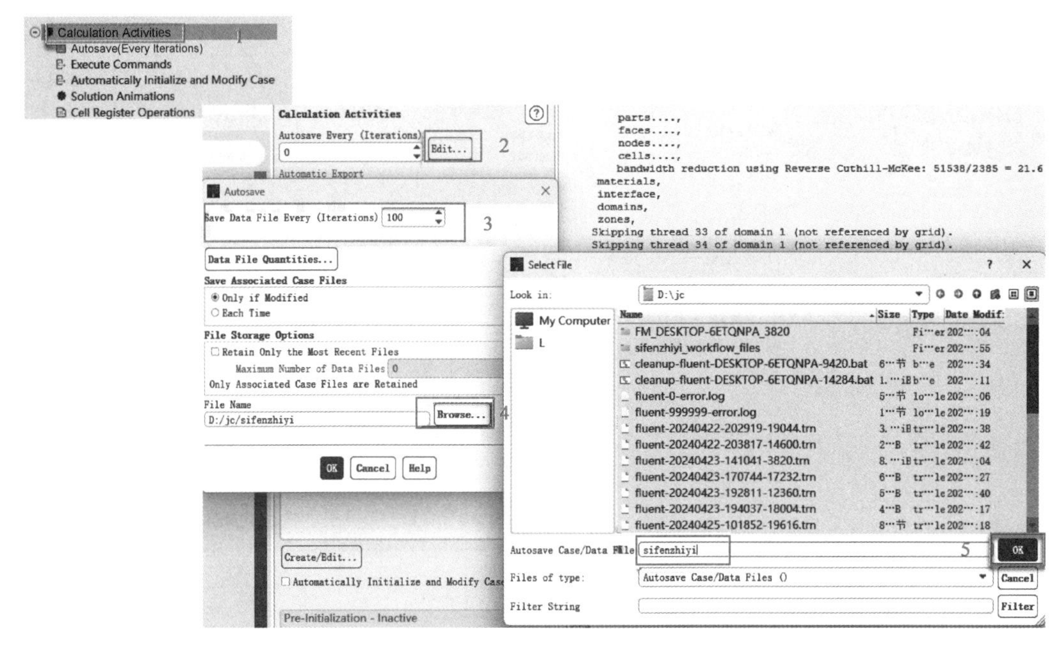

图 7-29 自动保存设置

（12）求解计算启动设置。在左侧模型树中左键 Run Calculation 选项，在右侧 Task Page 界面中对计算总步长进行设置，最后点击 Calculate 进行计算，如图 7-30 所示。

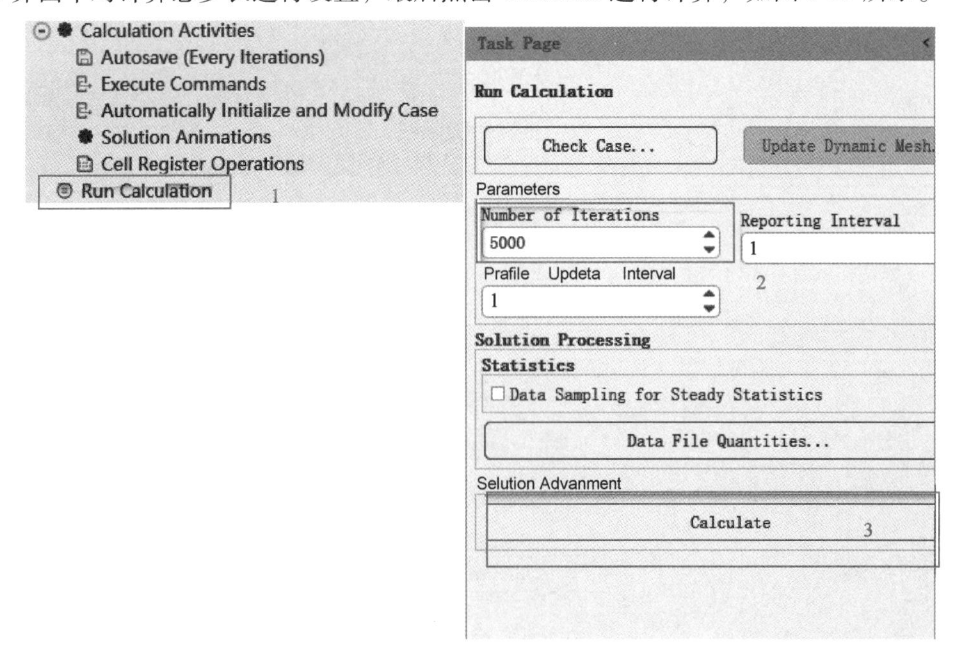

图 7-30 求解计算启动设置

（13）计算完成后文件保存设置。在计算达到收敛或者达到计算目标后，依次点击左上侧的 Fill→Write→Case & Data，对最终计算文件进行保存，如图 7-31 所示。

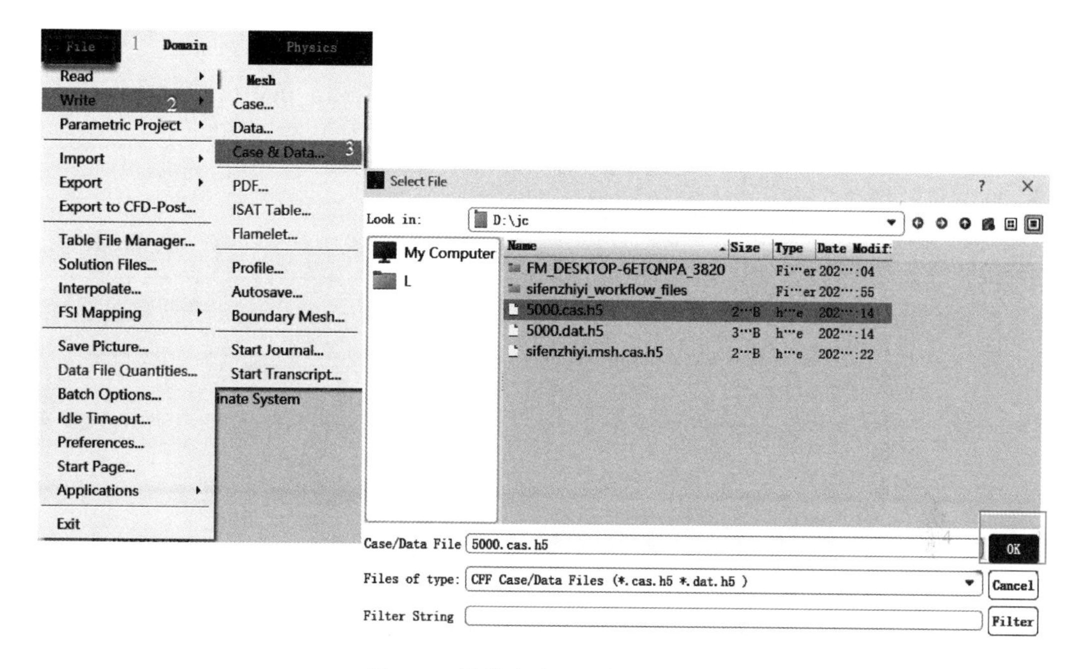

图 7-31 计算完成后文件保存设置

7.1.5 采用 ANSYS CFD-POST 对计算结果进行后处理

在模型计算结果后处理阶段中，通过对结晶器横截面和钢液面的速度云图、温度云图分布和相应的计算数据来综合判断整体流场的形态是否合理，进而对现阶段工艺提供理论指导。

(1) 文件的导入。双击打开 ANSYS CFD-POST 软件，在弹出的界面上选择 Fill，在其菜单栏内单击 Load Results，在弹出的界面中找到保存的 Case & Data 文件，点击 Open 进行文件导入，如图 7-32 所示。

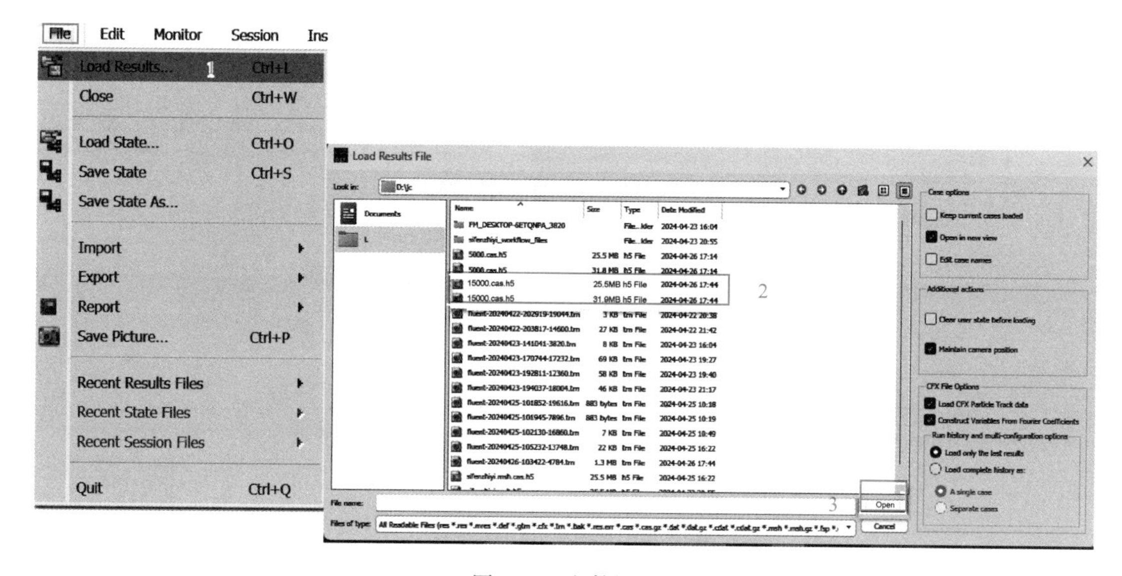

图 7-32 文件导入

（2）云图的显示与设置。

1）云图的创建：在上侧任务栏部分，选择Count 的图标，在弹出的对话框中点击OK，建立一个云图，如图7-33所示。

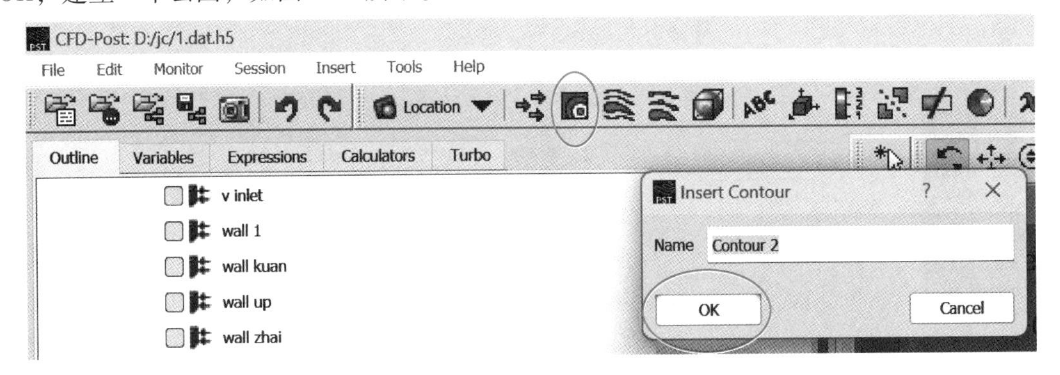

图7-33　云图的显示与设置

2）速度、温度云图的显示设置：在左侧模型树中，双击Contour选项，在下侧显示框中依次对显示截面、显示参数进行确认，点击Apply，即可在右侧显示云图，如图7-34、图7-35所示。

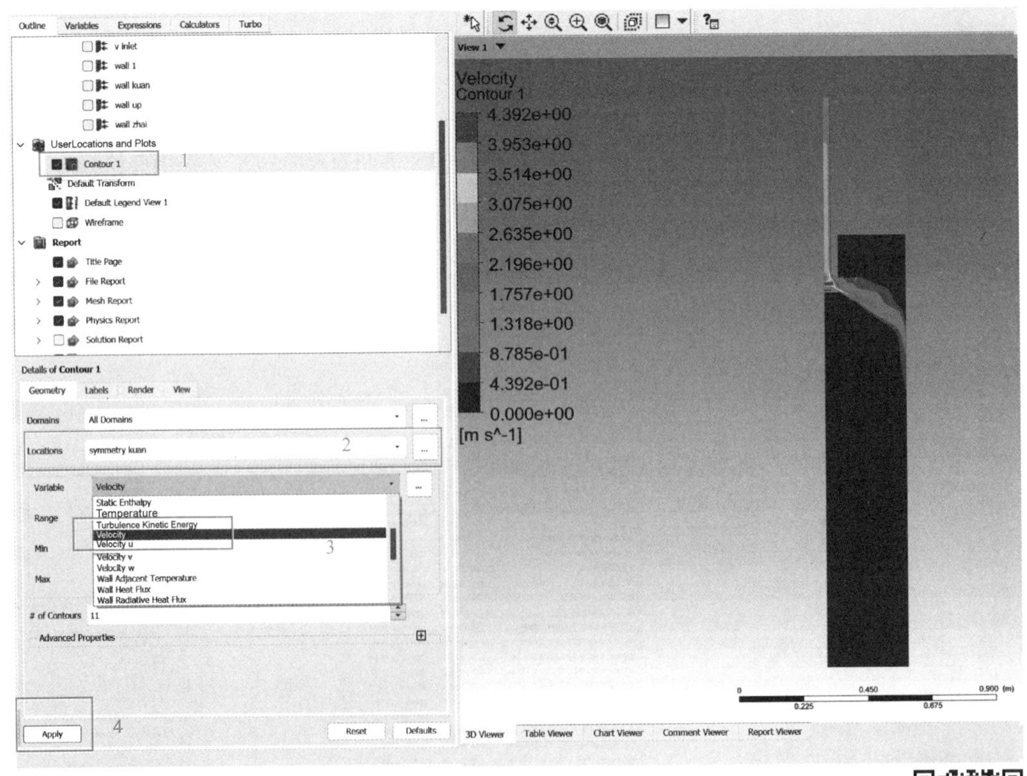

图7-34　速度云图显示设置

图7-34彩图

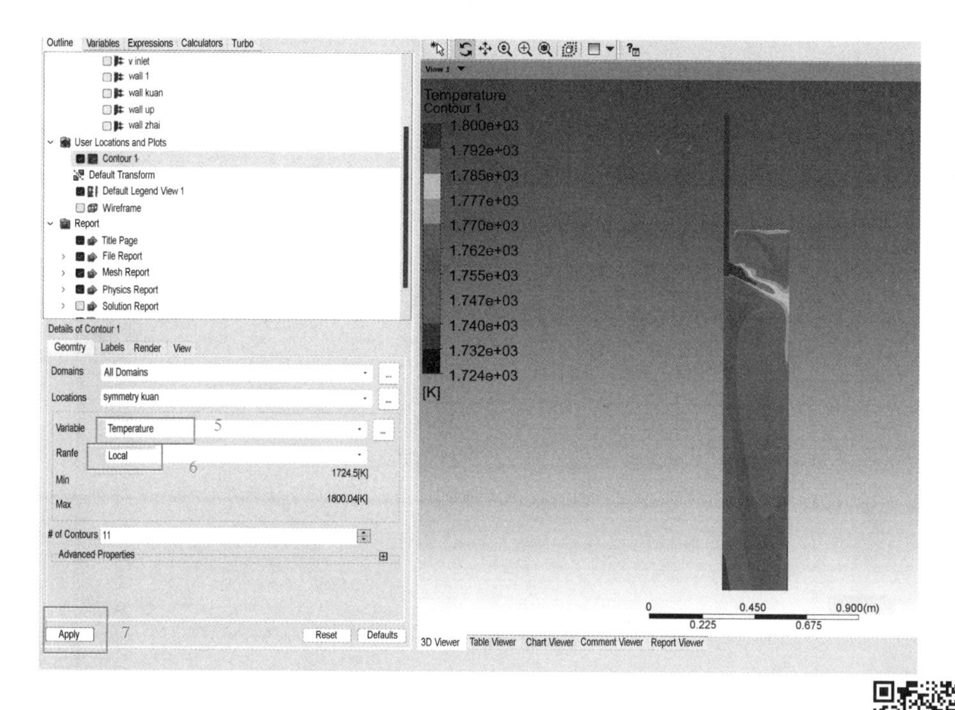

图 7-35　温度云图的显示设置

图 7-35 彩图

在云图处理好后，点击左上侧菜单栏中的图标，在弹出的对话框中按照图 7-36 依次对保存图片的位置、背景、像素等参数进行设置，点击 Save 进行保存。

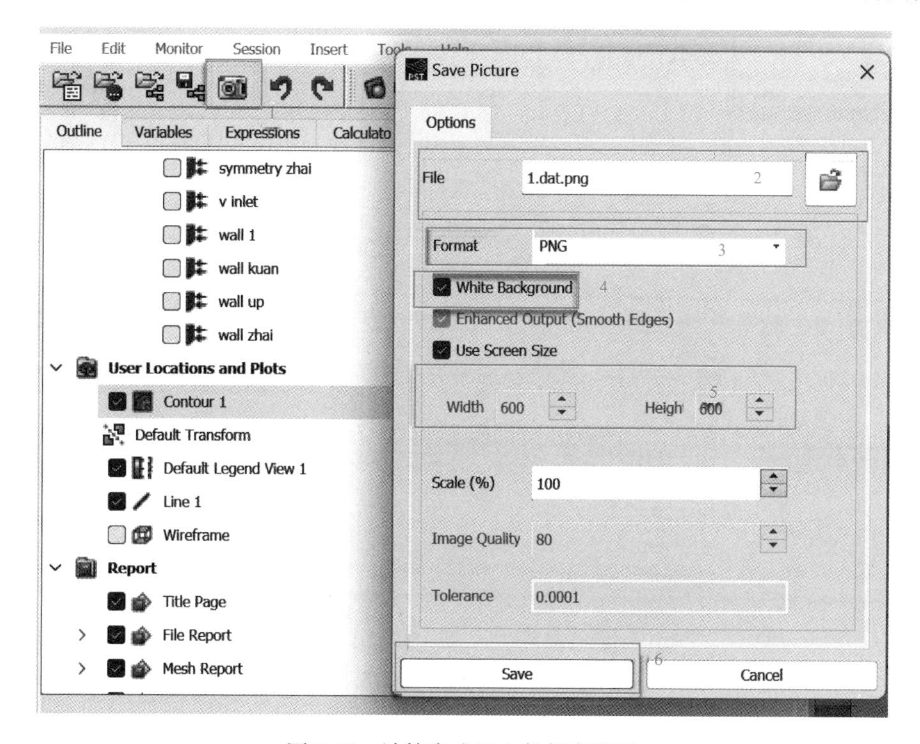

图 7-36　计算完成后文件保存设置

（3）计算数据的提取。首先在想取点的面上建立一条线，依次点击 Location→Line→point1→point2→Samples→Apply，如图 7-37 所示。

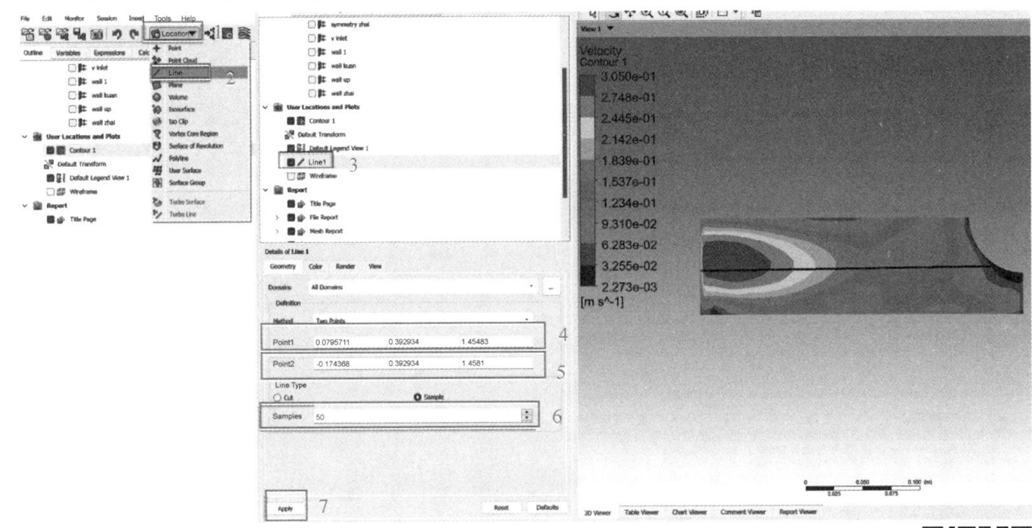

图 7-37 计算数据的提取设置

图 7-37 彩图

如图 7-38 所示，在左上角点击 Chart 图标，建立一个图表，然后在图表设置界面对显示内容进行依次设置。

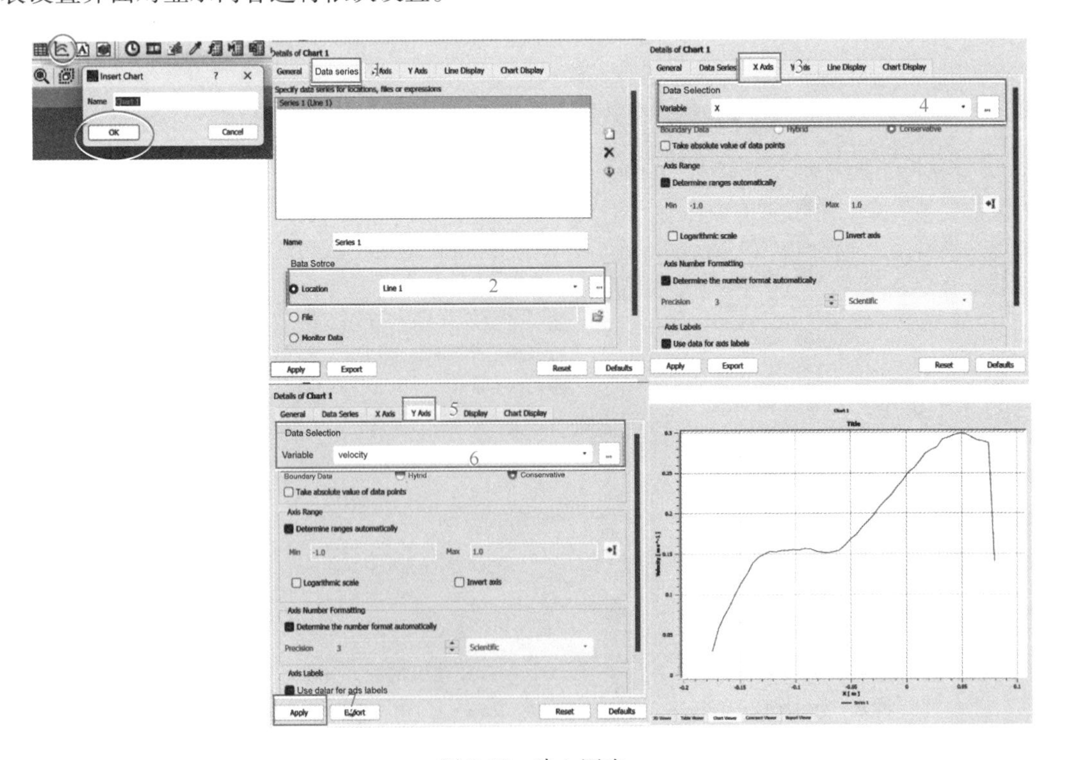

图 7-38 建立图表

在对数据点进行确认后，点击 Export，在弹出的界面中对所提取的计算数据进行保存（见图 7-39），之后用 Excel 打开即可进一步分析。

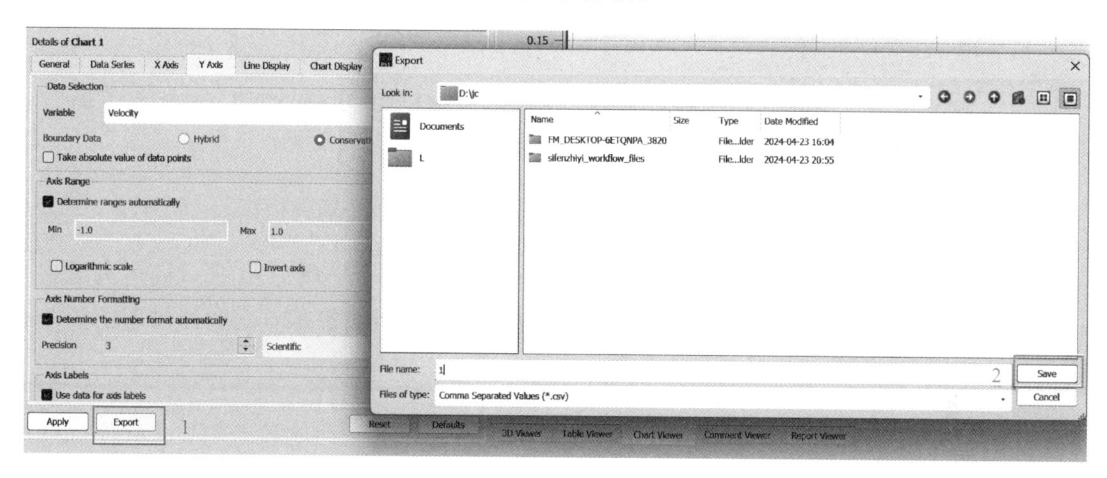

图 7-39 提取数据的保存

任务清单

项目名称	任务清单内容
任务情景	基于 Fluent 数值模拟软件，对国内某钢厂 2000 mm×250 mm 板坯连铸结晶器内钢液流场与温度场进行研究。
任务目标	学会利用数值模拟软件进行结晶器流场和温度场的模拟。
任务要求	重点研究不同拉速、不同浸入式水口插入深度与浸入式水口倾角对结晶器内流场和温度场的影响，为合理选择工艺参数等难点问题提供理论依据和指导。
任务思考	如何根据任务情景建立几何模型、数学模型；如何利用 Fluent 软件进行数值模拟；如何对模拟结果进行后处理。
任务实施	完成数值模拟实验，提交数值模拟实验报告。
任务总结	通过完成上述任务，你学到了哪些知识，掌握了哪些技能？
实施人员	
任务点评	

做中学，学中做

对 210 t 钢包内钢液吹氩工艺和温度场进行数值模拟。

问题研讨

数值模拟结果是否科学合理，需要进行模型的验证，一般采用什么方式进行验证？

知识拓展

在工程应用中，很多情况下实验研究难度大或无法进行，如高温条件下的流体流动传热、传质、热辐射、化学反应、气体燃烧、热交换等的实验研究。随着计算机技术和计算方法的发展，数值模拟能提供相应的计算方法，只需结合相关物理问题，选择合适的流体模型、设置正确的边界条件、分析计算结果，便可精确处理数值、稳健快速求解、丰富物理模型。数值模拟技术已成为机械设计、流体流动、高温液体冷却、高温气体传热、可燃气体燃烧、高温化学反应研究中一个非常重要的手段。

拓展 7-1 Fluent 软件功能简介

Fluent 是国际上流行的商用 CFD 软件包，主要用于模拟流场、传热与相变、化学反应与燃烧、多相流、旋转机械、动/变形网格、噪声、材料加工等复杂机理的流动问题，具有丰富的物理模型、先进的数值方法和强大的前后处理功能，广泛应用于航空航天、汽车设计、石油天然气、涡轮机设计、化学工程、冶金工程等领域。Fluent 软件不仅可单独使用，而且还可和其他模拟方法联合使用、彼此验证，以便于更精准地分析解决工程应用问题。

进行数值模拟首先要建立反映问题（工程问题、物理问题等）本质的数学模型。之后便是寻求高效率、高准确度的计算方法，包括微分方程的离散化方法及求解方法、坐标的建立、边界条件的处理等。确定计算方法和坐标系后，开始编制程序并进行计算。在计算工作完成后，大量数据可通过图像形象显示。

Fluent 软件计算求解包括以下步骤：（1）创建模型划分网格；（2）导入网格，检查网格及确定计算域尺寸；（3）定义求解器；（4）定义模型；（5）设置材料；（6）设置边界条件；（7）设定求解控制及求解方法；（8）设置初始条件；（9）计算求解；（10）结果后处理。

在冶金工业领域，钢铁冶炼过程通常在 1200~1800 ℃的温度下完成，难以直接观察与测量冶金过程的化学反应、流体流动等工艺变化。冶金过程主要包括高温不可压缩金属液、高压高速气流从低速到超声速、气/液从单相流到多相流、气-渣-金多相化学反应、燃烧、气-固混合、气-液-固之间的传热、高温金属液冷却等。尽管以相似原理为基础的冷态模拟实验使用较多，但受到实验条件的限制，且多数缩小比例的冷态实验是定性分析，无法合理反映高温液体的流动、反应、传热等过程。

冶金过程研究的反应器内流体流动与传质、各相化学反应速度、可燃物质的燃烧、高温气体和液体传热等现象，均能用数学方法正确描述，同时计算机技术的快速发展为求解数学方程提供了保障，因此，数值模拟技术在冶金工程领域得到了广泛应用。

拓展 7-2 数值模拟基本理论

尽管流动规律仍然满足质量守恒、动量守恒和能量守恒三大定律，但流体力学不同于固体力学，其根本原因在于流体在流动过程中发生形变，使问题求解变得异常复杂，通常很难求得解析解。为此，对具体问题进行数值求解就成为研究流体流动的一个重要的研究方向和方法，其最基本的理论基础就是计算流体力学和计算传热学。

（1）质量守恒方程。

质量守恒方程又称为连续性方程，任何流动都必须满足质量守恒定律。该定律可以表述为单位时间内流通微元体中质量的增加，等同于同一时间间隔内流入该微元体的净质量。

质量守恒方程见式（7-4）。

$$\frac{\partial \rho}{\partial t} + \nabla \cdot (\rho v) = S_m \tag{7-4}$$

式中 ρ——流体密度，kg/m³；

t——时间，s；

v——速度矢量，m/s；

S_m——加入连续相的质量，kg。

（2）动量守恒方程。

微元体中流体的动量对时间的变化率等于外界作用在该微元体上各种力之和。惯性系中的动量守恒方程可以表示为式（7-5）。

$$\frac{\partial(\rho v)}{\partial t} + \nabla \cdot (\rho v v) = -\nabla P + -\nabla \tau + \rho g + F \tag{7-5}$$

式中 ρ——气体密度，kg/m³；

v——流体速度，m/s；

t——时间，s；

P——静态压力，MPa；

ρg——体积力，N；

F——其他外部体积力（如外电场力、磁力等），N；

τ——黏性应力张量。

（3）能量守恒方程。

能量守恒定律是包含有热交换的流动系统必须满足的基本定律，其本质是热力学第一定律。能量守恒方程见式（7-6）。

$$\frac{\partial(\rho E)}{\partial t} + \nabla \cdot [v(\rho E + P)] = \nabla \cdot [K_{eff} \cdot \nabla T - \sum_j h_j J_j + (\tau_{eff} \cdot v)] + S_h \tag{7-6}$$

式中 ρ——气体密度，kg/m³；

E——微元体流体的总能，即内能和动能之和，J；

t——时间，s；

v——流体速度，m/s；

P——静态压力，MPa；

h_j——组分 j 的焓；

K_{eff}——有效导热系数，W/(m·K)，可以表示为 $K_{\text{eff}}=k_i+k$；

T——温度，K；

J_j——组分 j 的扩散通量，mol/(m²·s)；

τ_{eff}——黏性应力张量；

S_{h}——由于化学反应引起的放热和吸热，或代表其他自定义热源项，J。

$$h_j = \int_{T_{\text{ref}}}^{T} C_{P,\ J}\mathrm{d}T \tag{7-7}$$

式中 T_{ref}——参考温度，$T_{\text{ref}}=298$ K；

$C_{P,\ J}$——气体的定压比热容。

（4）湍流控制方程。

湍流是自然界和工程装置中非常普遍的流动类型。其运动特征是在运动中流体的质点具有不断随机的相互掺混现象，速度和压力等物理量在空间和时间上都具有随机性质的脉动。根据标准 k-ε 湍流模型、湍动能 k 和湍流耗散率 ε 由式（7-8）可得：

$$\frac{\partial(\rho k)}{\partial t} + \frac{\partial(\rho k v_i)}{\partial x_i} = \frac{\partial}{\partial x_j}\left[\left(\mu + \frac{\mu_{\text{t}}}{\delta_{\text{k}}}\right)\cdot\frac{\partial k}{\partial x_i}\right] + G_{\text{k}} + G_{\text{b}} - \rho\varepsilon - Y_{\text{M}} + S_{\text{K}} \tag{7-8}$$

式中 ρ——气体密度，kg/m³；

t——时间，s；

v_i——某一方向上流体流速，m/s；

x_i，x_j——i 方向和 j 方向的笛卡儿坐标；

μ——湍流动力黏度，Pa·s；

μ_{t}——湍流黏度系数，Pa·s；

δ_{k}——k 湍流的湍流普朗特数；

G_{k}——平均速度产生的湍动能，J；

G_{b}——浮力产生的湍动能，J；

Y_{M}——可压缩湍流脉动产生的湍流耗散率；

S_{K}——自定义源项。

拓展 7-3 物理模型

Fluent 软件包含丰富而先进的物理模型，主要包括以下几种。

（1）多相流模型。

Fluent 提供了 4 种多相流模型：VOF(Volume of Fluid）模型、Mixture(混合）模型、Eulerian(欧拉）模型和 Wet Steam(湿蒸汽）模型。一般常用的是前三种，Wet Steam 模型只有在求解类型是 Density-Based 时才能激活。

VOF 模型、混合模型、欧拉模型都属于用欧拉观点处理多相流的计算方法。其中，VOF 模型适合于求解分层流和需要追踪自由表面的问题，如水面的波动、容器内液体的填充等；而混合模型和欧拉模型适合于计算体积浓度大于10%的流动问题。

在冶金领域，VOF 模型可用来模拟炼钢过程气-渣-金的多相流过程、连铸过程中气泡在结晶器中的上浮过程及弯月面处的卷渣行为。欧拉模型可用来模拟三相混合流（液、颗粒、气），如喷淋床的模拟，也可以模拟相间传热和相间传质的流动。

（2）湍流模型。

Fluent 提供了丰富的湍流模型，包括 Spalart-Allmaras 模型、k-ω 模型组、k-ε 模型组，并将大涡模拟（LES）纳入其标准模块，同时开发了更加高效的分离涡模型（DES），提供的壁面函数和加强壁面处理的方法可以很好地处理壁面附近的流动问题。

在冶金领域，k-ε 模型被广泛用来模拟金属液在高炉、转炉、钢包、中间包及结晶器等容器中的流动行为。相比 k-ε 模型，大涡模型在模拟钢液的瞬态流场时结果更准确，但计算时间更久。

（3）辐射模型。

Fluent 提供了 5 种辐射模型，用户可以在传热计算中使用这些模型，分别是离散传播辐射模型、P-1 辐射模型、Rosseland 辐射模型、表面辐射模型和离散坐标辐射模型。

辐射模型能够应用的典型场合包括火焰辐射，表面辐射换热，导热、对流与辐射的耦合问题，HVAC（Heating，Ventilation and Air Conditioning）中通过开口的辐射换热及汽车工业中车厢的传热分析，玻璃加工、玻璃纤维拉拔过程以及陶瓷工业中的辐射传热等。

在冶金领域，辐射模型可用来模拟高炉炼铁、转炉炼钢、电弧炉炼钢、炉外精炼及连铸过程的金属液与冷却水、高温气体与废钢、炉体与冷却水等的热交换。另外，辐射模型还可用于模拟炼钢过程金属液对炉壁的热辐射、电弧炉及 LF 精炼过程三相电极的热辐射等。

（4）组分输运和反应模型。

Fluent 提供了 4 种模拟反应的方法，即通用有限速度模型、非预混燃烧模型、预混燃烧模型、部分预混燃烧模型。通用有限速度模型主要用于化学组分混合、输运和反应的问题，以及壁面或粒子表面反应的问题；非预混燃烧模型主要用于包括湍流扩散火焰的反应系统，接近化学平衡，其中氧化物和燃料以及两个或三个流道分别流入所要计算的区域；预混燃烧模型主要用于单一、完全预混合反应物流动；部分预混燃烧模型主要用于区域内具有变化等值比率的预混合火焰的情况。

在冶金领域，化学反应模型被广泛用来模拟金属液在高炉、转炉、电弧炉、钢包等反应器中的还原反应及氧化反应，同时也可模拟高炉喷煤过程煤粉的燃烧、电弧炉炉壁氧燃枪的气体燃烧等燃烧过程。相比于流体流动、传热等模拟过程，炉内化学反应及气体的燃烧模拟过程更为复杂，计算时间也更长。

（5）离散相模型。

Fluent 可以用离散相模型计算散布在流场中的粒子运动和轨迹。例如，在油气混合气中，空气是连续相，而散布在空气中的细小油滴则是离散相。连续相的计算可以用求解流场控制方程的方式完成，而离散相的运动和轨迹需要用离散相模型进行计算。

离散相模型实际上是连续相和离散相物质相互作用的模型。在带有离散相模型的计算过程中，通常是先计算连续相流场，再用流场变量通过离散相模型计算离散相粒子受到的作用力，并确定其运动轨迹。离散相计算是在拉格朗日观点下进行的，即在计算过程中是以单个粒子为对象进行计算的，而不像连续相计算那样是在欧拉观点下进行的。

在冶金领域，如喷雾干燥器、煤粉高炉、液体燃料喷雾，可以使用离散相模型（DPM），模拟射入的粒子、泡沫及液滴与背景流之间进行热、质量及动量的交换。通过与流动模型的耦合，DPM 模型可用来模拟夹杂物在中间包及连铸过程中的运动轨迹。

钢铁材料

让中国高铁用上国产“风火轮”

风驰电掣的高铁列车，车轮起着关键作用。高铁车轮既要承重、承受高温，还得耐磨损，是轨道交通领域的“大国重器”，生产过程中细微的瑕疵都会造成重大安全隐患。

制造高铁车轮的原材料，是一种特种钢材，制造要求非常严苛。国产高铁列车研发过程中，车轮曾是一大难题，国内不能供给，长期被国外企业垄断，严重威胁我国高铁产业链、供应链的安全。

如今，宝武集团研发生产的动车组车轮，被形象地称为“风火轮”，2016 年开始装配到我国的复兴号动车组上，与国外车轮同场竞技。到 2022 年年底，装配我国“风火轮”的高铁列车，累计安全行驶里程最长的一辆，已经行驶了 300 多万千米。

我国的高铁过去只能进口车轮，穿的是“洋跑鞋”。换上中国自己生产的“跑鞋”是中国高铁的梦想。从 2008 年开始，马钢正式启动高铁车轮国产化项目，用了 5 年时间实现自主创新。

为了让时速为 350 千米的复兴号动车早日穿上中国“跑鞋”，马钢经过几十轮工业试验，破解了制约高铁车轮开发的几十项关键技术瓶颈，成功研制出综合性能优于进口车轮的自主化高速车轮。2015 年，我国的自主化高速车轮装到了复兴号的两款动车组上，开启了 60 万千米的装车运用考核历程。

为了充分掌握高铁车轮在各种地理环境下的服役情况，马钢联合主机厂、国铁集团铁道科学研究院、太原重工集团等组成测试团队。由于白天列车要正常运行，团队成员经常是在深夜或者凌晨列车短暂休整时，钻进列车的底部来收集数据。

无论是酷热还是严寒，在复杂恶劣的服役条件下，马钢高铁车轮的安全运行里程达到 60 万千米，顺利通过认证考核。其间，装配着自主化高速车轮的两辆中国标准动车组，更是完成了时速超 420 千米的世界最高速车轮的交会、重联试验，跑出让世界惊叹的“中国速度”。

2018 年，马钢生产的 160 件时速 320 千米的高速车轮首次驶出国门，装在了德国高铁上。在复兴号采用的 254 项重要标准中，中国标准占到 84%，整体设计和关键技术全部自主研发，其中就有马钢车轮的身影。

能量加油站

百炼成钢的内涵与意义

“百炼之钢”可比喻久经锻炼、坚强不屈的优秀人物。在西汉时代，我国劳动人民就创造出了炼钢方法，把熟铁放在木炭中加热，一边加热一边进行渗碳，使其碳含量达到一定百分比，然后经过上百次的冶炼和锻打将磷、硫、气体以及杂质去除，最终就炼成了钢，古代称其为“百炼钢”。《钢铁是怎样炼成的》是苏联作家尼古拉·奥斯特洛夫斯基所写的一部著名的长篇小说，讲述的就是保尔·柯察金在革命中艰苦战斗，把自己的追求和祖国人民连在一起，锻炼出了钢铁般的意志，成为钢铁战士。小说中有大量激人奋进的经典语录，如：“人最宝贵的东西是生命，生命对于我们只有一次，一个人的生命应当这样度过：当他回首往事的时候，他不因虚度年华而悔恨，也不因碌碌无为而羞愧——这样，在临死的时候，他能够说：‘我整个的生命和全部精力，都已献给世界上最壮丽的事业——为人类的解放而斗争。’”

参 考 文 献

［1］时彦林，崔衡．连铸工培训教程［M］．北京：冶金工业出版社，2013.
［2］王雅贞，张岩．新编连续铸钢工艺及设备［M］．2 版．北京：冶金工业出版社，2007.
［3］史宸兴．实用连铸冶金技术［M］．北京：冶金工业出版社，1998.
［4］朱立光，王硕明，张彩军．现代连铸工艺与实践［M］．石家庄：河北科学技术出版社，2000.
［5］蔡开科，程士富．连续铸钢原理与工艺［M］．北京：冶金工业出版社，1994.
［6］张小平，梁爱生，等．近终形连铸技术［M］．北京：冶金工业出版社，2001.
［7］蔡开科．连铸坯质量控制［M］．北京：冶金工业出版社，2010.
［8］余志祥．连铸坯热送热装技术［M］．北京：冶金工业出版社，2002.
［9］蔡开科．连铸结晶器［M］．北京：冶金工业出版社，2008.
［10］姜锡山．连铸钢缺陷分析与对策［M］．北京：机械工业出版社，2012.
［11］Flemming G，Hensger K E. Present and future CSP technology expands product range［J］. Steel Technology，2000，77（1）：53.
［12］卢盛意．连铸坯质量［M］．2 版．北京：冶金工业出版社，2000.
［13］Liu Heping，Yang Chunzheng，Zhang Hui. Numerical simulation of fluid flow and thermal characteristics of thin slab in the funnel-type molds of two casters［J］. ISIJ International，2011，51（3）：392.
［14］Deng Xiaoxuan，Wang Qiangqiang，Wang Xinhua. Study on a novel submerged entry nozzle to reduce flux entrainment in funnel-shaped thin slab mold for high speed casting［J］. Metallurgical International，2012，17（3）：53.
［15］冯捷，史学红．连续铸钢生产［M］．北京：冶金工业出版社，2005.
［16］冯捷，贾艳．连续铸钢实训［M］．北京：冶金工业出版社，2004.
［17］卢盛意．连铸坯质量研究［M］．北京：冶金工业出版社，2011.
［18］朱苗勇．现代冶金工艺学——钢铁冶金卷［M］．北京：冶金工业出版社，2011.
［19］蒋慎言．连铸及炉外精炼自动化技术［M］．北京：冶金工业出版社，2006.
［20］郭戈，乔俊飞．连铸过程控制理论与技术［M］．北京：冶金工业出版社，2003.
［21］干勇，仇圣桃，萧泽强．连续铸钢过程数学物理模拟［M］．北京：冶金工业出版社，2001.
［22］田乃媛．薄板坯连铸连轧［M］．北京：冶金工业出版社，2004.
［23］杨拉道，谢东钢．常规板坯连铸技术［M］．北京：冶金工业出版社，2002.
［24］曹磊，祭程，杨吉林，等．轻压下帘线钢大方坯成分偏析特征及形成机制［J］．钢铁，2010，45（8）：44-46，60.
［25］王建军，包燕平，曲英，等．中间包冶金学［M］．北京：冶金工业出版社，2001.
［26］曹磊．宽厚板连铸动态轻压下工艺［J］．中国冶金，2015，25（1）：45-49.
［27］曹磊．开浇第一炉连铸坯夹杂物形成原因与控制措施［J］．中国冶金，2014，24（2）：9-13.
［28］王国连，曹磊．宽厚板连铸坯中间裂纹成因分析及控制［J］．中国冶金，2017，27（10）：54-58，69.
［29］曹磊．包晶钢连铸坯表面纵裂与保护渣性能选择［J］．钢铁，2015，50（2）：38-42.
［30］曹磊，王国连，田志伟，等．板坯连铸机无水封顶技术的开发与应用［J］．炼钢，2017，33（6）：47-50，56.

[31] 张剑君，毛新平，王春峰，等．薄板坯连铸连轧炼钢高效生产技术进步与展望［J］．钢铁，2019，54（5）：1-8.
[32] 朱苗勇．新一代高效连铸技术发展思考［J］．钢铁，2019，54（8）：21-36.
[33] 曹磊，王国连，史志强，等．Nb-V-Ti 微合金低碳钢 Q550D250 mm×1820 mm 连铸板坯角部横裂纹的控制工艺［J］．特殊钢，2017，38（5）：47-49.
[34] 曹磊，孙顺义，蒋海涛，等．宽板坯连铸机保护渣性能要求及评价方法［J］．宽厚板，2014，20（5）：26-30.
[35] 毛新平，高吉祥，柴毅忠，等．中国薄板坯连铸连轧技术的发展［J］．钢铁，2014，49（7）：49-60.
[36] 朱立光，王硕明．高速连铸保护渣结晶特性的研究［J］．金属学报，1999（12）：1280-1283.
[37] 曹磊，王国连．250 mm 铸坯红送工艺生产 Nb-V-Ti 微合金钢表面裂纹分析［J］．特殊钢，2018，39（4）：784.
[38] 周书才，吕俊杰，李华基．电磁搅拌对马氏体不锈钢连铸坯组织和表面质量的影响［J］．铸造技术，2006，27（1）：1192.
[39] Kulkarni M S，Subash Babu A. A system of process models for estimating parameters of continuous easting using near solidus properties steel［J］. Materials and Manufacturing Processes，2003，18（2）：287-312.
[40] 贺道中．连续铸钢［M］. 2 版．北京：冶金工业出版社，2013.
[41] 杨婷，杨拉道，高琦．薄板坯连铸-连轧技术的发展［N］．世界金属导报，2017-1-24（B03）.
[42] 胡世平．短流程炼钢用耐火材料［M］．北京：冶金工业出版社，2000.
[43] 许宏安．让无加热不补热成为现实［N］．世界金属导报，2016-10-20（006）.
[44] 卢艳青，张崇民，戴云朵，等．中间包 CaO 质陶瓷过滤器滤除夹杂效果的研究［J］．冶金能源，2003（6）：9-11.
[45] 王诚训，孙炜明，张义先，等．钢包用耐火材料［M］．北京：冶金工业出版社，2003.
[46] 陈庆安．棒线材免加热直接轧制工艺与控制技术开发［D］．沈阳：东北大学，2016.
[47] 戴斌煜．金属液态成形原理［M］．北京：国防工业出版社，2010.
[48] 殷瑞钰．新世纪炼钢科技进步回顾与“十二五”展望［J］．炼钢，2012，10（5）：1-12.
[49] 潘秀兰，梁慧智，王艳红，等．国内外连铸中间包冶金技术［J］．世界钢铁，2009（6）：9-15.
[50] 李嘉牟．双辊薄带铸轧技术［J］．一重技术，2019（3）：1-6，17.
[51] 杨拉道，高琦．国内外连铸技术的发展［J］．世界金属导报，2017-1-3（B03）.
[52] 王诚训．炉外精炼用耐火材料［M］. 2 版．北京：冶金工业出版社，2007.
[53] 德国钢铁学会．钢铁生产概览［M］．中国金属学会，译．北京：冶金工业出版社，2011.
[54] 张金柱，潘国平，杨兆林．薄板坯连铸装备及生产技术［M］．北京：冶金工业出版社，2007.
[55] 杨拉道，高琦．国内外大型连铸装备技术的发展［N］．世界金属导报，2017-1-10（B03）.
[56] Cao Lei，Zhu Liguang，Guo Zhihong，et al. Thermodynamics and nucleation kinetics model of non-alloyed carbon deoxidation of bearing steel［J］. Steel Research International，2023，94（3）：202200269.
[57] Cao Lei，Zhu Liguang，Zhao Ruihua，et al. Thermodynamics of the formation of non-metallic inclusions during the deoxidation of GCr15 bearing steel［J］. Metals，2023，13（10）：1680.
[58] Cao Lei，Zhu Liguang，Guo Zhihong. Research status of inclusions in bearing steel and discussion on nonalloy deoxidation proces［J］. Journal of Iron and Steel Research International，2023，30（1）：1-20.

[59] Cao Lei, Zhu Liguang, Guo Zhihong, et al. Thermodynamic model and mechanism of non-alloyed hydrogen deoxidation of GCr15 bearing steel [J]. Ironmaking & Steelmaking, 2022, 50 (4): 360-369.

[60] Qiu Guoxing, Zhan Dongping, Cao Lei, et al. Review on development of reduced activated ferritic/martensitic steel for fusion reactor [J]. Journal of Iron and Steel Research International, 2022, 29 (9): 1343-1356.

[61] Qiu Guoxing, Zhan Dongping, Cao Lei, et al. Effect of zirconium on inclusions and mechanical properties of China low activation martensitic steel [J]. Journal of Iron and Steel Research International, 2021, 28 (9): 1168-1179.

[62] Qi Min, Qiu Guoxing, Cai Mingchong, et al. Microstructure stability and mechanical properties of reduced activated ferritic martensitic steel during thermal aging at 550 ℃ for 5000 h [J]. Journal of Materials Engineering and Performance, 2023, 32 (12): 5410-5420.

[63] Qiu Guo-xing, Wei Xu-li, Bai Chong, et al. Inclusion and mechanical properties of ODS-RAFM steels with Y, Ti, and Zr fabricated by melting [J]. Nuclear Engineering and Technology, 2022, 54 (7): 2376-2385.

[64] 曹磊，张珊珊，韩提文，等. 基于 TRIZ 理论的连铸钢包自动开浇工艺设计 [J]. 钢铁钒钛，2023，44 (2): 194-199.

[65] 曹磊，石永亮，马保振，等. TRIZ 理论在改善引流砂对钢液危害中的应用 [J]. 耐火材料，2021，55 (6): 517-521.

[66] 曹磊，马保振，黄伟青，等. Nb-V-Ti 微合金化低合金钢 SG610E 250 mm×2000 mm 连铸尾坯封顶工艺试验与实践 [J]. 特殊钢，2021，42 (3): 31-34.

[67] 曹磊，高宇宁，宋昱，等. 转炉渣制备硅锰合金的方法 [P]. 中国专利: 2023108270760，2023-09-26.

[68] 曹磊，高云飞，曹珍，等. 一种钢包引流方法 [P]. 中国专利: 202011582969，2022-06-28.

[69] 曹磊，朱立光，郭志红. 高洁净度轴承钢的生产方法 [P]. 中国专利: 202111315826，2022-04-15.

[70] 曹磊，黄伟清，韩立浩，等. 一种连铸板坯结晶器 [P]. 中国专利: 201911307642，2020-04-21.

[71] 曹磊，袁建路，黄伟清，等. 一种宽厚板坯连铸机高拉速不停机无水封顶方法 [P]. 中国专利: 201911061588，2020-01-14.